三峡工程蓄水前河口生态与环境

线薇微　罗秉征　著

海洋出版社

2015年·北京

图书在版编目（CIP）数据

三峡工程蓄水前河口生态环境/线薇微，罗秉征著. —北京：海洋出版社，2015.6
ISBN 978-7-5027-9163-6

Ⅰ.①三… Ⅱ.①线… ②罗… Ⅲ.①三峡水利工程-水库蓄水-河口生态学 Ⅳ.①Q178.53

中国版本图书馆 CIP 数据核字（2015）第 118614 号

责任编辑：白　燕　朱　瑾
责任印制：赵麟苏
海洋出版社　**出版发行**

http://www.oceanpress.com.cn
北京市海淀区大慧寺路 8 号　邮编：100081
北京旺都印务有限公司印刷　新华书店北京发行所经销
2015 年 6 月第 1 版　2015 年 6 月第 1 次印刷
开本：787 mm×1092 mm　1/16　印张：20.75
字数：576 千字　定价：68.00 元
发行部：62132549　邮购部：68038093　总编室：62114335
海洋版图书印、装错误可随时退换

前 言

三峡工程是举世瞩目的特大型水利枢纽工程，1992 年动工，工期 17 年，2009 年竣工，2003 年蓄水到 135 米，2006 年蓄水到 156 米，2009 年工程竣工后，蓄水位提高到 175 米。三峡工程作为长江开发的关键性骨干工程，影响广泛而深远，它的兴建在防洪、发电、航运等方面带来了巨大的经济和社会效益，同时也不可避免对河口地区的生态环境带来显著影响。

长江三角洲及河口地区是我国重要的经济文化中心，是我国重要的粮、棉、油、水产等农业商品生产基地。由于河口地区位于长江的末端，海流与海洋的交接地带，淡水海水交汇，长江径流与海潮交互作用强烈，环境因子复杂多变。三峡工程兴建后，由于工程调蓄造成长江水情变动，通过改变长江的流量与水位特征及其季节性动态变化规律，将会对长江河口地区生态环境产生影响。

为了探讨三峡工程对生态与环境的影响并提出相应的对策，国家科学技术委员会（现为中华人民共和国科学技术部）于 1984 年 11 月在成都召开了长江三峡科研工作会议，听取了各部门和专家的意见，强调了对生态环境影响的研究。中国科学院受国家科学技术委员会的委托组织了将长江上游、中游、下游及河口作为一个大系统进行了综合调查和研究。1985 年至 1990 年，中国科学院海洋研究所承担了长江口及邻近海域生态环境综合性调查和研究，取得了多学科全面系统的大量监测数据和研究成果，并对三峡工程建设将带来的河口生态与环境的响应进行了预测。根据“长江三峡水利枢纽工程生态环境监测系统规划”的要求，1996 年国务院三峡工程建设委员会成立了长江三峡工程生态与环境监测系统，作为 28 个重点站之一，中国科学院海洋研究所继续承担了长江口及其邻近海域监测任务，监测工作从 1998 年开始，一直延续至今。

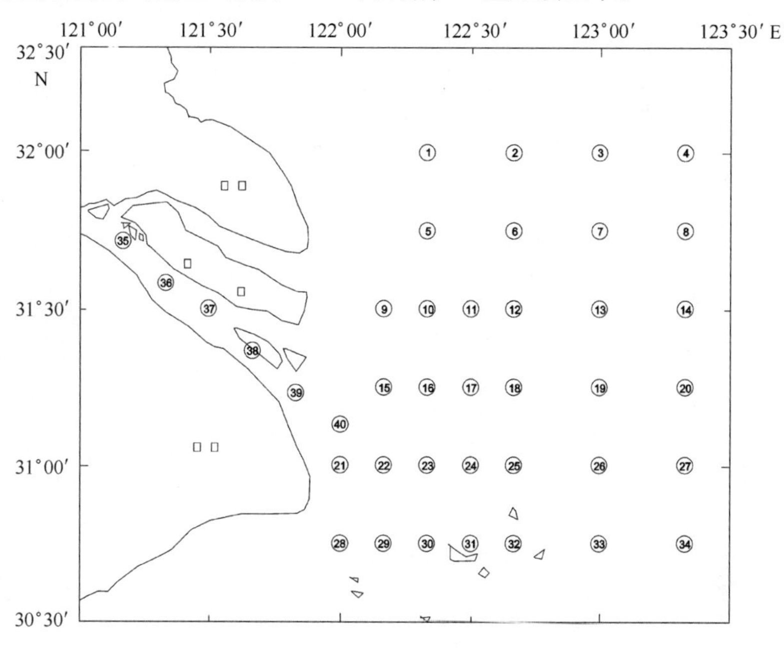

长江口生态环境与渔业资源站点布设

河口生态环境重点站基于对河口及邻近海域生态环境和生物资源两大系统内若干要素进行定时、定点的观测和调查，为建立三峡工程对长江流域生态环境影响监测信息系统提供数据源。其总目标在于建立河口水域生态系统综合监测站，客观评价三峡工程建设对河口生态系统结构多样性及其生物资源持续利用格局的影响；通过分析及总结归纳这些翔实可靠、覆盖多种自然、人文条件组合的数据，进一步确定三峡工程影响河口地区生态环境的程度、范围、机理及其规律。

长江口水域监测区域为30°30′~32°30′N，120°10′~123°30′E，包括长江南支、吕四渔场、嵊山渔场和长江冲淡水范围。并且，在长江冲淡水敏感水域内，站位布设密集。

本书根据1985—1988年和1998—2002年对长江河口及邻近海域生态环境要素及渔业资源数量监测资料完成。通过三峡工程蓄水前对不同时期长江口生态系统不同层面动态特征进行解析，以其为进一步评价三峡工程建设对河口生态环境影响提供重要背景资料。

目　　次

1 长江口海洋水文

1.1 春季温盐度分布

1999年5月和2001年5月在河口区各进行一次春季航次的调查。下面将分别对这两次调查的温盐分布特征进行分析。

1.1.1 盐度平面分布

历史资料的分析表明，由于长江巨量的径流流量，使其在河口区形成了巨大的冲淡水水体。在长江的洪水季节，这一冲淡水（称为长江冲淡水）的巨大水舌在地形和风等外在因素作用下，会向东北方向运移。尽管这一现象主要出现于夏季，但有时在春季也会出现，以盐度为指标描述和分析长江冲淡水主体运移的路径和方向（图1.1，图1.2）。

图1.1和图1.2中显示1999年5月监测区表层和底层盐度平面分布。由于电脑软件所具有的不可克服的缺陷，使图中的等值线分布有不尽合理之处。但从图中仍然可以获得春季盐度分布的基本特征。

1）一般认为，长江冲淡水主体的盐度界于3~26，其外缘盐度可达到31。从图1.1可以看出，在1999年5月11—15日，调查区表层最大盐度也不足26。由此表明，在1999年5月中旬，监测区的表层已完全被长江冲淡水主体占据。但在底层（图1.2），盐度大于31的外海水仍位于监测区的东部偏北水域。

2）前已指出，在洪水季节长江冲淡水主体不是顺着出口门向东南运移，而是先向东南然后转向东北方向运移，这是洪水季节长江冲淡水运移的最主要特征。历史资料表明，长江冲淡水路径的这一特征，在某些年份的5月份也会出现。在《渤海黄海东海海洋图集》（水文）中，5月份的盐度平面分布图（多年平均，表层）上，也可以看到长江冲淡水向东北转向的现象。但在图1.1中，这一现象却并不明显。

3）从图1.2中可以看到，在底层，长江冲淡水主要向东南方向扩展，31的等盐线表明了冲淡水与外海水的分界。该图表明，在122°30′E以东存在着以33等盐线为标志的外海高盐水入侵监测区的现象。这一侵入的高盐水就是台湾暖流水。

图1.3和图1.4分别显示2001年5月表层和底层的盐度分布。表层盐度分布图（图1.3）表明，在2001年5月，冲淡水具有双波模特征。这一特征提示了下述情况：

1）当时从长江口入海的径流量似比1999年同期的大；

2）从北港流出的径流量至少与从南港流出的相当；

3）北港外的冲淡水具有向东北扩展的特征。

图1.4所传达的信息与图1.3有所不同，主要的差异在于上述的双模态特征已不复存在。这表明，在底层监测区东北方的外海水比东南方强。

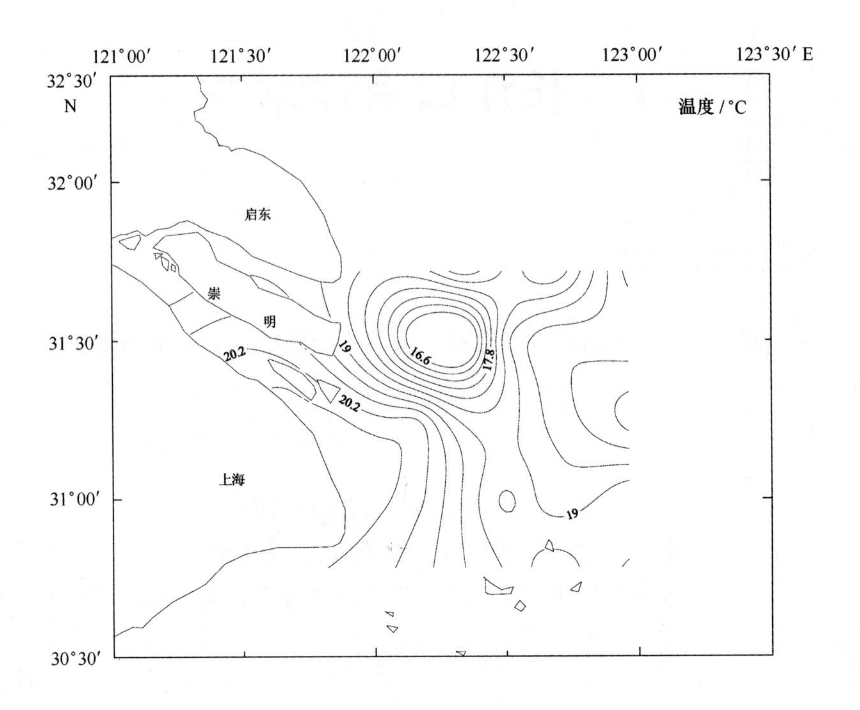

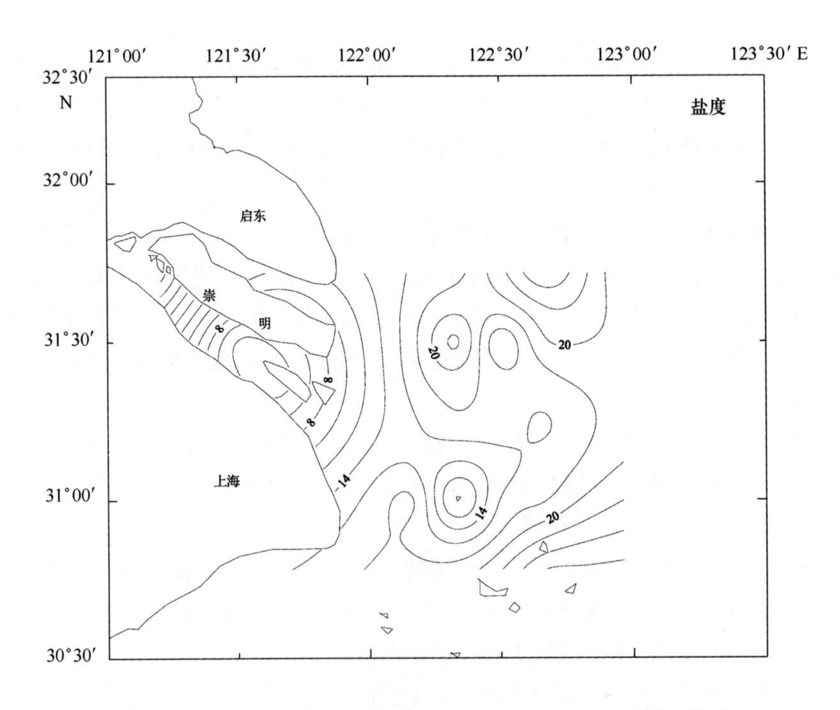

图 1.1　1999 年长江口表层温度（上图）、盐度（下图）分布

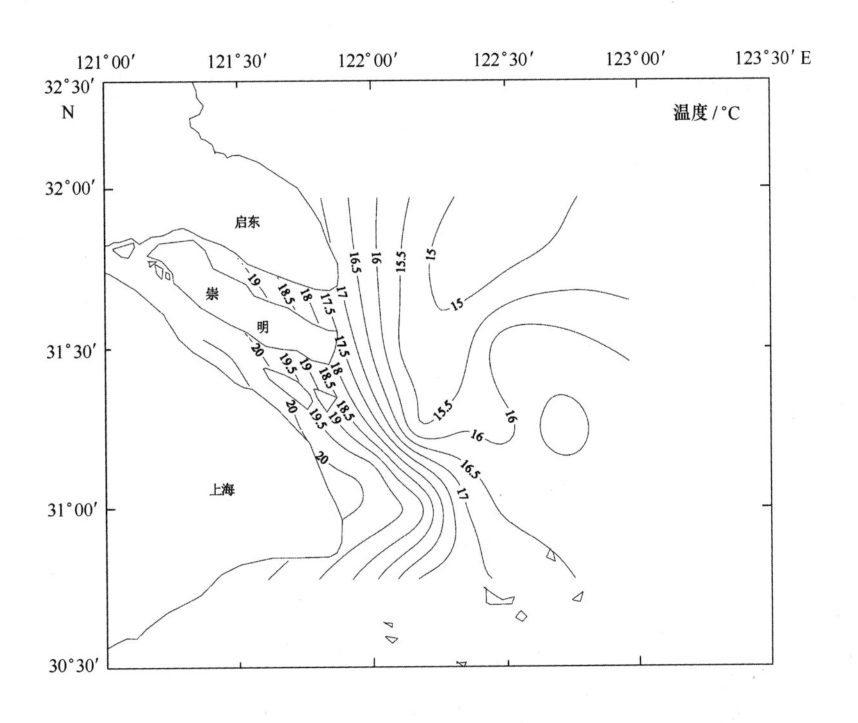

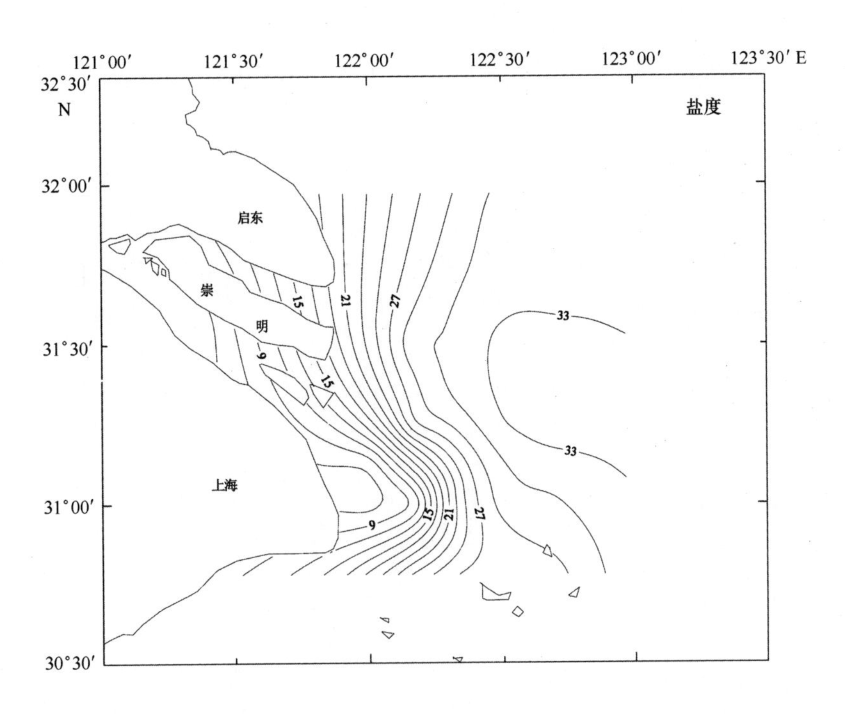

图 1.2 1999 年长江口底层温度（上图）、盐度（下图）分布

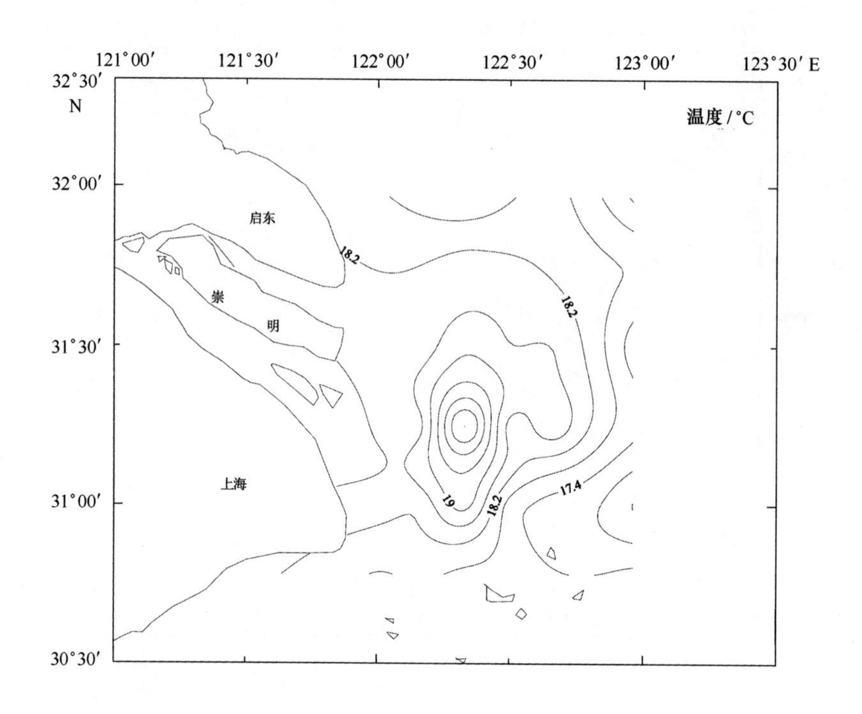

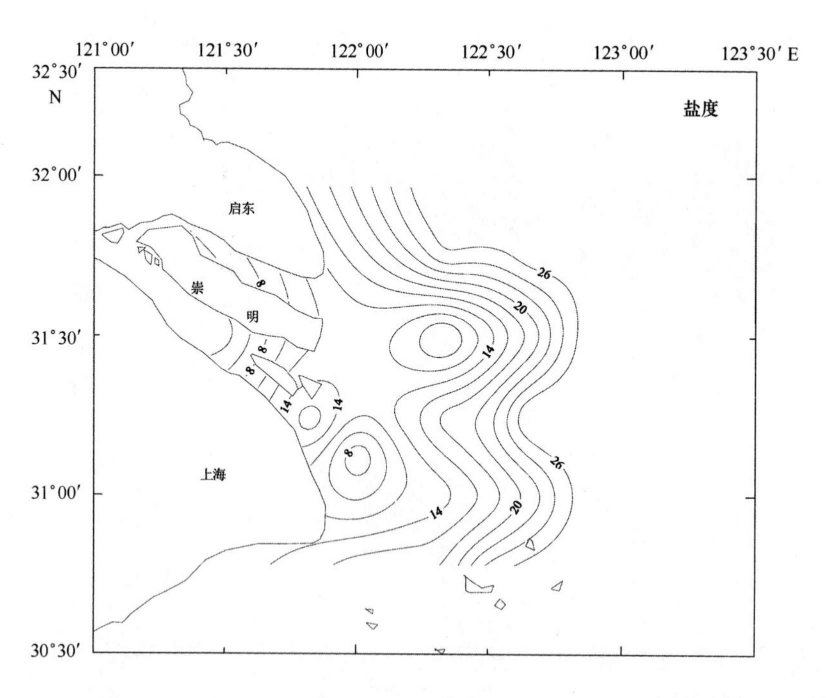

图 1.3　2001 年长江口表层温度（上图）、盐度（下图）分布

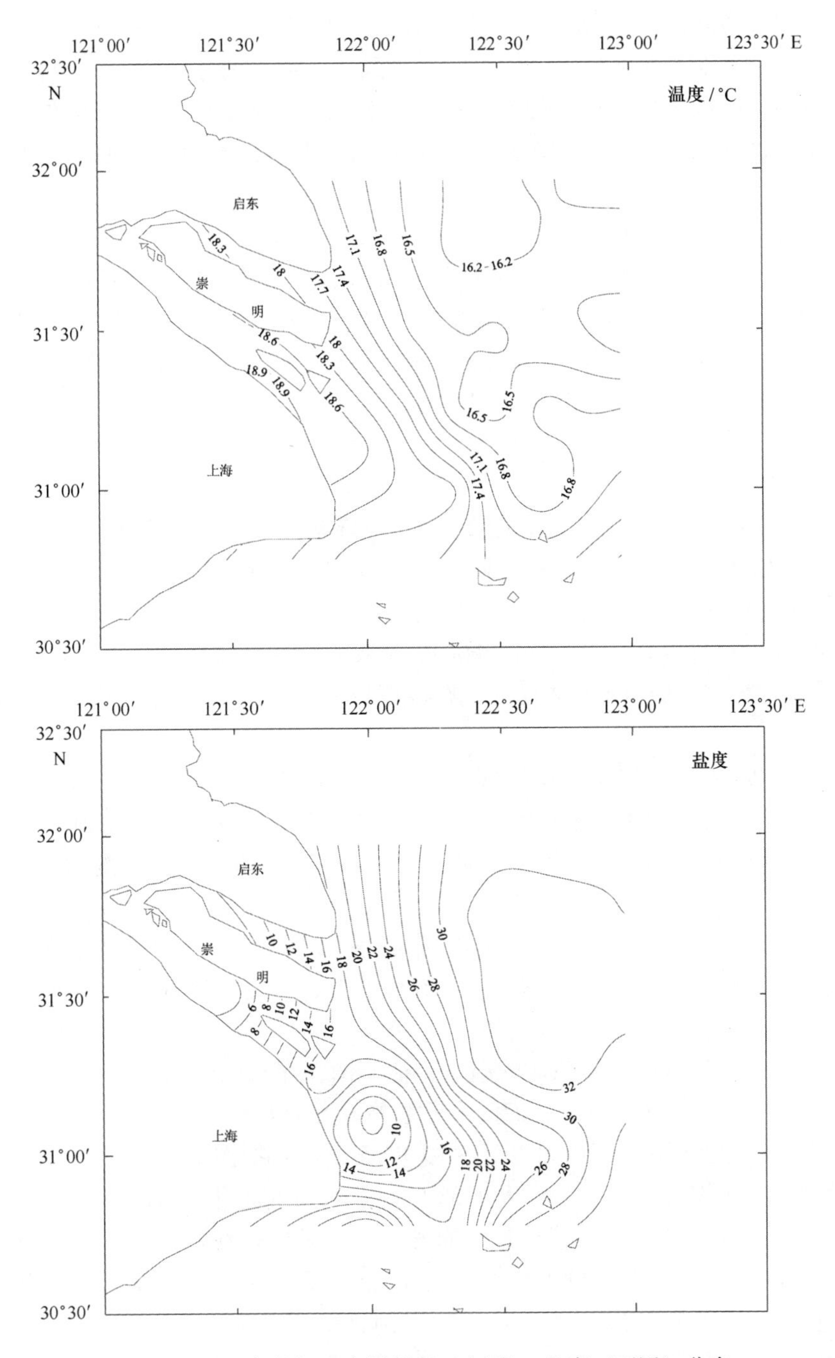

图 1.4 2001 年长江口底层温度（上图）、盐度（下图）分布

1.1.2 温度平面分布

水温是海洋水团分析中最重要的指标之一，但这一指标在分析春季长江冲淡水近岸段的水系中指示意义并不清晰。

图 1.1 和图 1.2 分别显示 1999 年 5 月温度表层和底层平面分布。图 1.1 中显示了一个非常

注目的特征，即在崇明岛以东出现了一个水温低于16.6℃的冷水块，其外围水温为18.2℃。但在底层图（图1.2）上则并无此冷水块的踪迹。对照《渤海黄海东海海洋图集》（水文）中相应的多年平均分布图，可以看出，这样的冷水块不具备持续存在的基础。当然外海较冷水短期入侵后形成的可能性也不能排除。不过，另一种可能性也不可能排除，即原始资料中可能有个别点的人为误差。

图1.3和图1.4分别为2001年5月的表层和底层的水温平面分布。把它与图1.1相对照，图1.3中却出现了以18.6℃为外围的暖中心（该中心最高水温等值线为20.2℃）。考虑到在底层（图1.4）并无这一暖水块的踪迹，这样，如果暖水块仅出现在表层，那么它也不可能具备持续存在的条件，当然也不能排除其短期出现的基础。至于观测资料的误差，当然也可能，但由于其位置是在长江口南支以东，这便使其短期存在的可能性增大。

1.1.2 断面分布

图1.5～图1.9为1999年5月温度和盐度的断面分布图，共包括了5个断面的温盐分布（按从北到南排列）。若以盐度值等于31的等值线为分界，那么，从图中可以看出，1999年5月的长江冲淡水分布具有下列特征：

1）长江冲淡水的厚度自长江口口门附近向东递减分布。总体而言，在南港和北港口门附近，在退潮的情况下，冲淡水一般可以达到海底，在南槽口外，冲淡水的最大深度可达到约38 m（见图1.9）。

2）从冲淡水厚度的南北分布看，在监测区范围内在远离长江口门处，若在不受底形（水深）影响的条件下，长江冲淡水厚度表现为北支外小而南槽外大。总体上呈由北向南增加之态，但这种分布特征与长江入海径流量的季节变化及其通过三个口门（北港，北槽，南槽）的流量分配密切相关。

3）长江冲淡水的厚度分布还与外海高盐水的入侵程度密切相关。图1.5表明，1999年5月从东北方向入侵长江口的黄海混合水似乎较强，而在南槽外，入侵的外海水（一般称为台湾暖流水）似乎不算强。

4）入侵长江口的外海水由于其源地的温盐特征不同，在水温断面上也有所反映。对比图1.5和图1.9可以看出，在30 m水深处，它们的水温之差可大于1.5℃。

2001年5月的温盐断面分布图由图1.10～图1.15给出。把图1.12与图1.6相比较，可以看出，在31°30′N，122°30′E附近有一盐度大于33的高盐水向上涌升到水深10米以浅处。鉴于在两个不同的年份中均有这种现象出现，表明这一涌升现象有可能存在。但比较图1.11和图1.5可以看出，在31°45′N，122°40′E处，2001年5月与1999年5月的盐度断面分布有较大差异，即在2001年5月中上述的涌升现象已远不如1999年5月明显。这表明，这一涌升现象即使在春季存在的话，其位置和范围也存在年际差异。考虑到31°30′N，122°30′E位于北港外，这里的次表层出现涌升现象可能意味着传统上所说的台湾暖流水已楔入这一区域。事实上，从图1.12～图1.15，可以看出，在2001年5月在122°30′E附近均可见到台湾暖流水楔入（或侵入）长江冲淡水近岸段的情况，与1999年5月相比，它所楔入的位置、范围和强度存在着年际差异。这种差异与长江入海径流量及其在入海口各汊道的比例与台湾暖流的季节或年际变化密切相关。

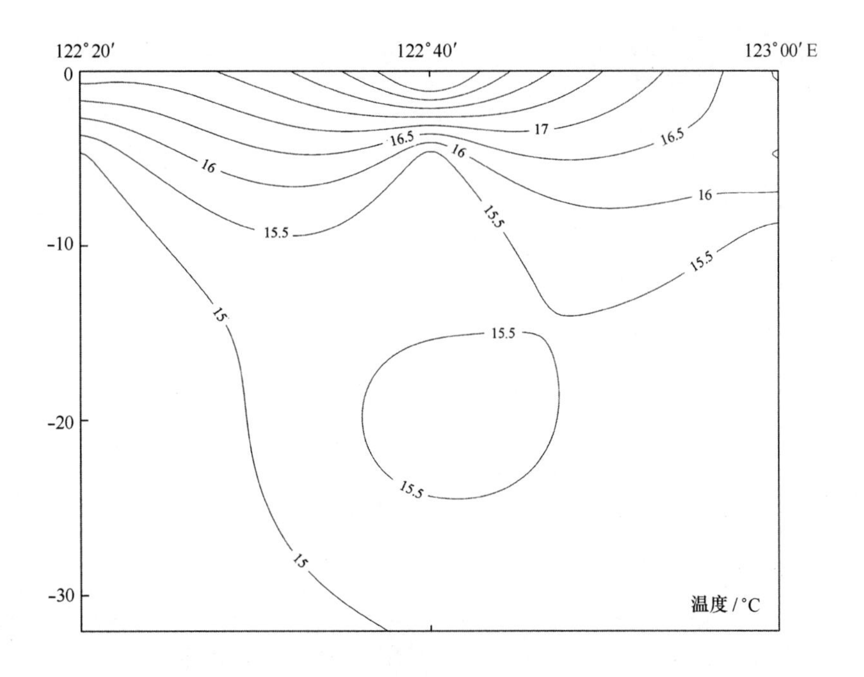

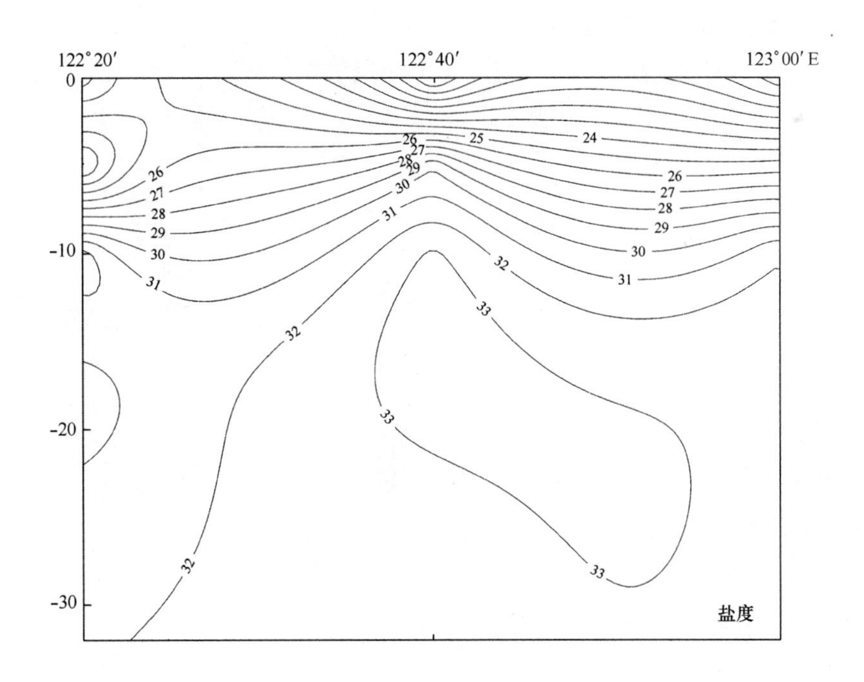

图1.5　1999年5~7站断面温度（上图）、盐度（下图）等值线图

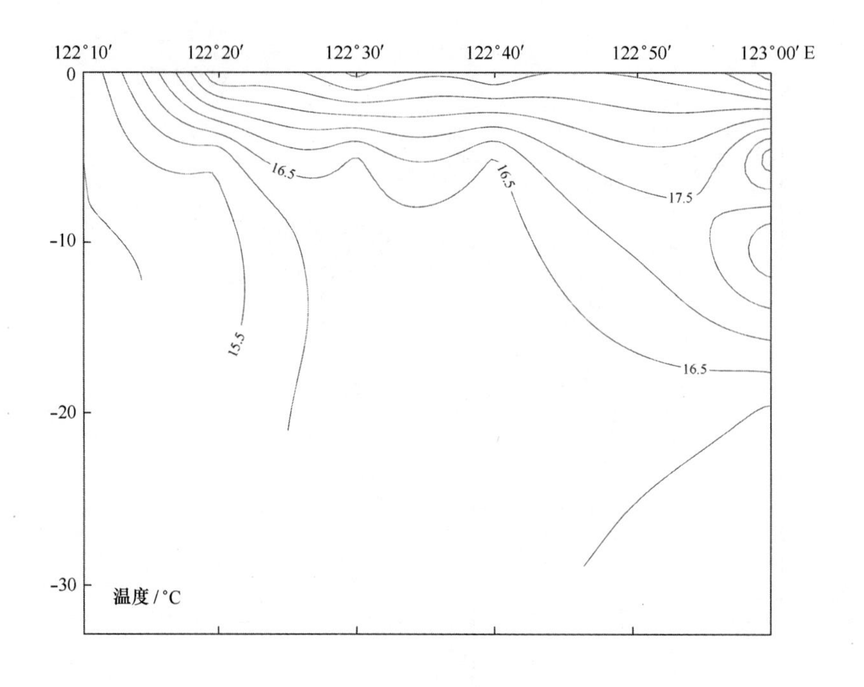

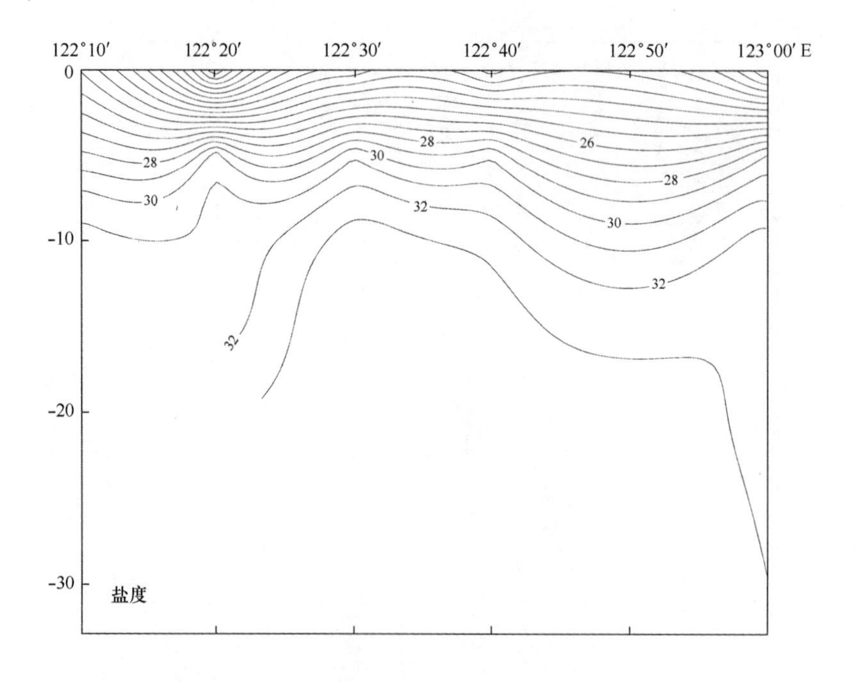

图 1.6　1999 年 9 ~ 13 站断面温度（上图）、盐度（下图）等值线图

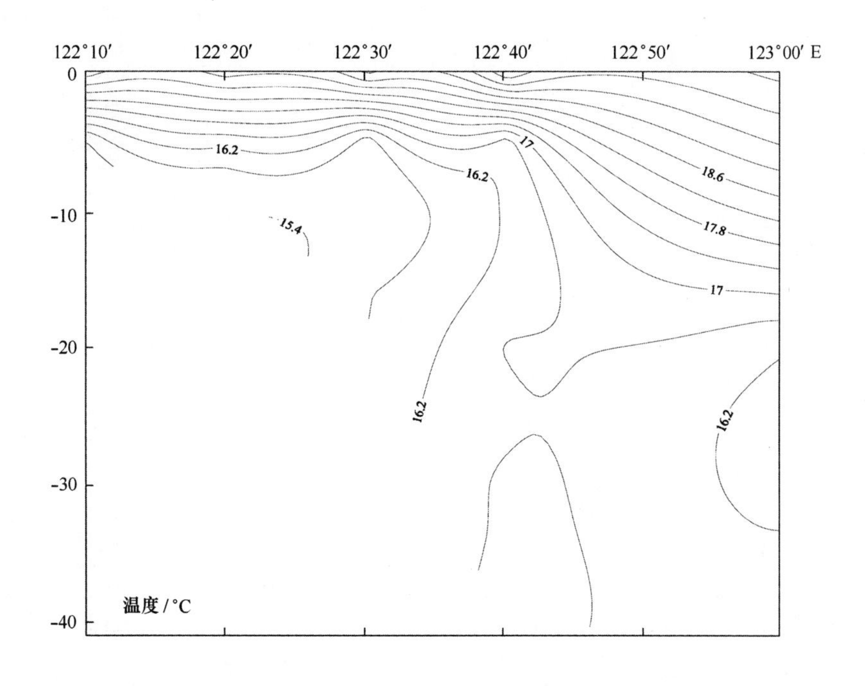

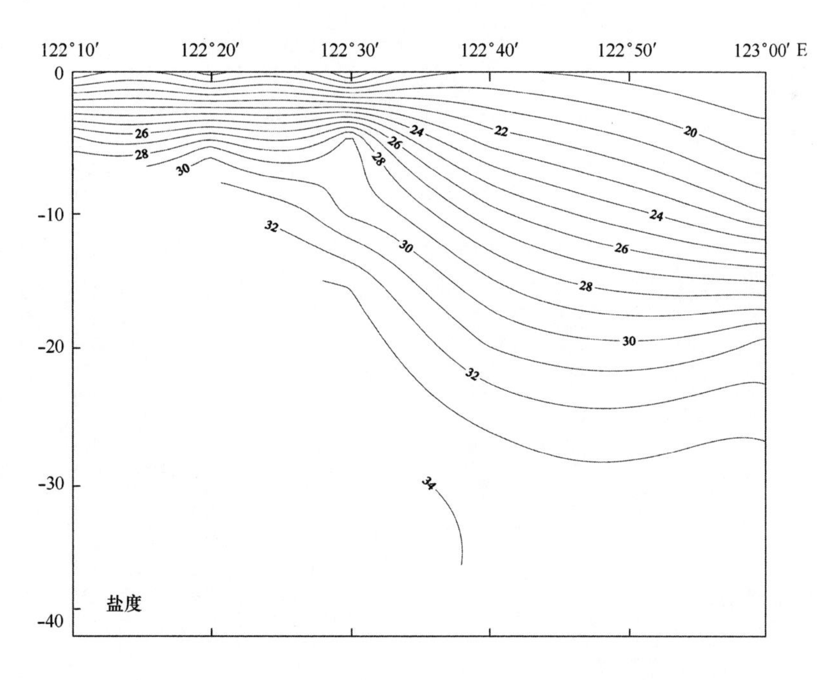

图 1.7　1999 年 15 ~ 19 站断面温度（上图）、盐度（下图）等值线图

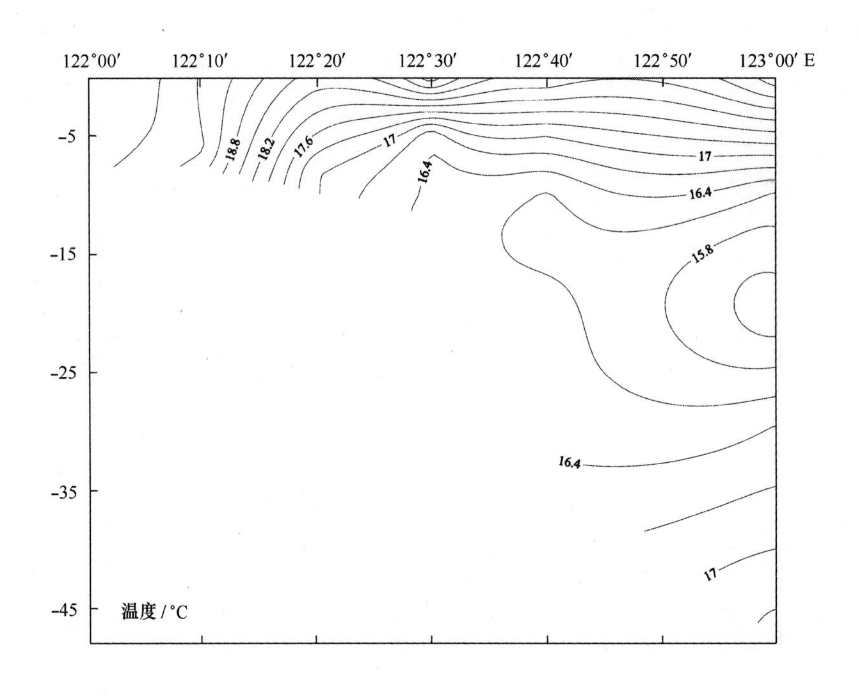

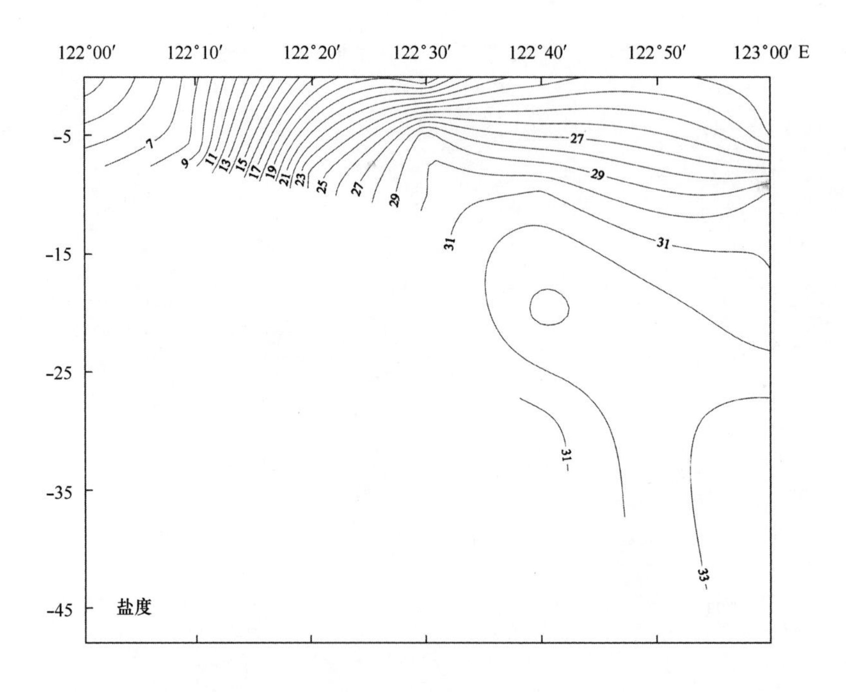

图 1.8　1999 年 21 ~ 26 站断面温度（上图）、盐度（下图）等值线图

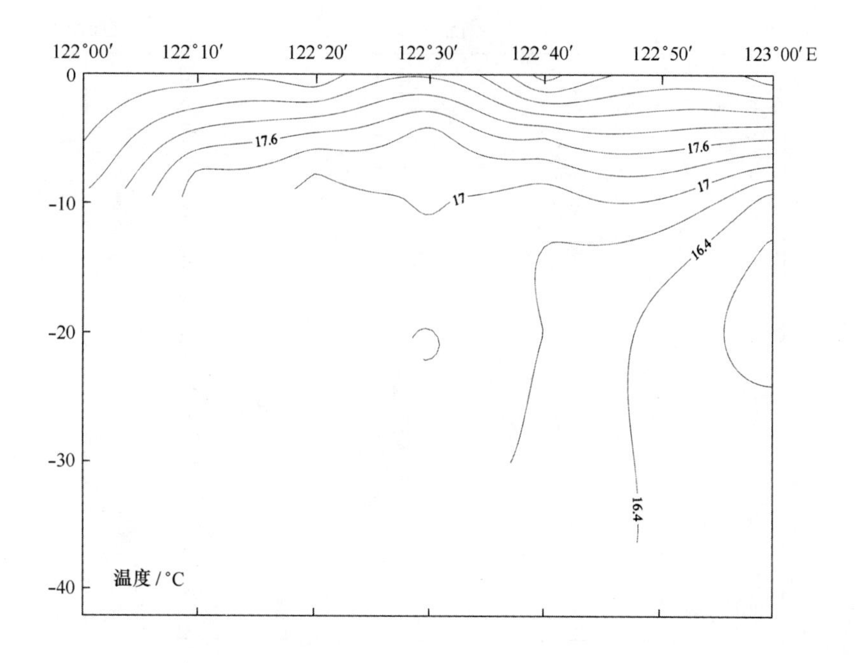

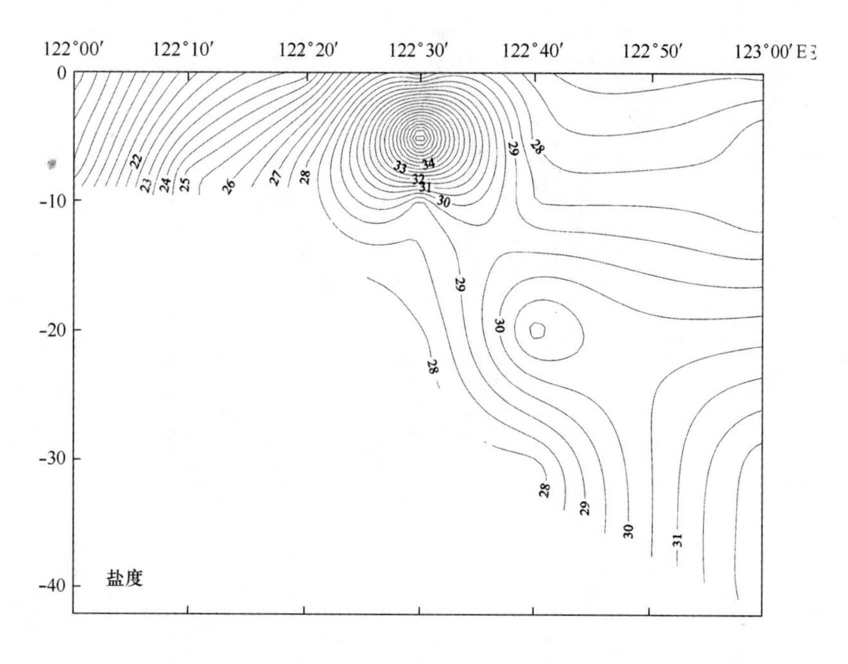

图 1.9 1999 年 28 ~ 33 站断面温度（上图）、盐度（下图）等值线图

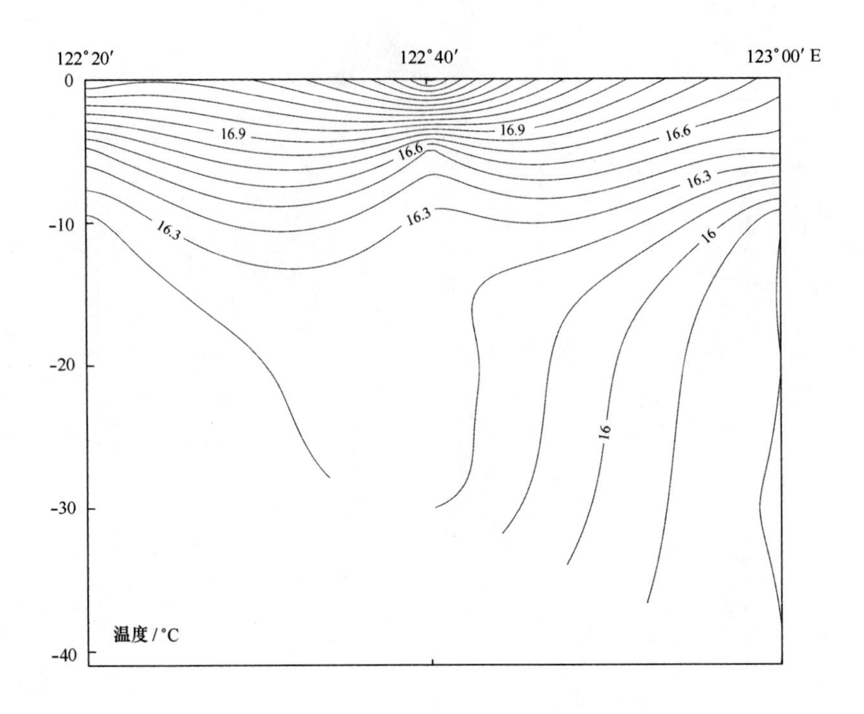

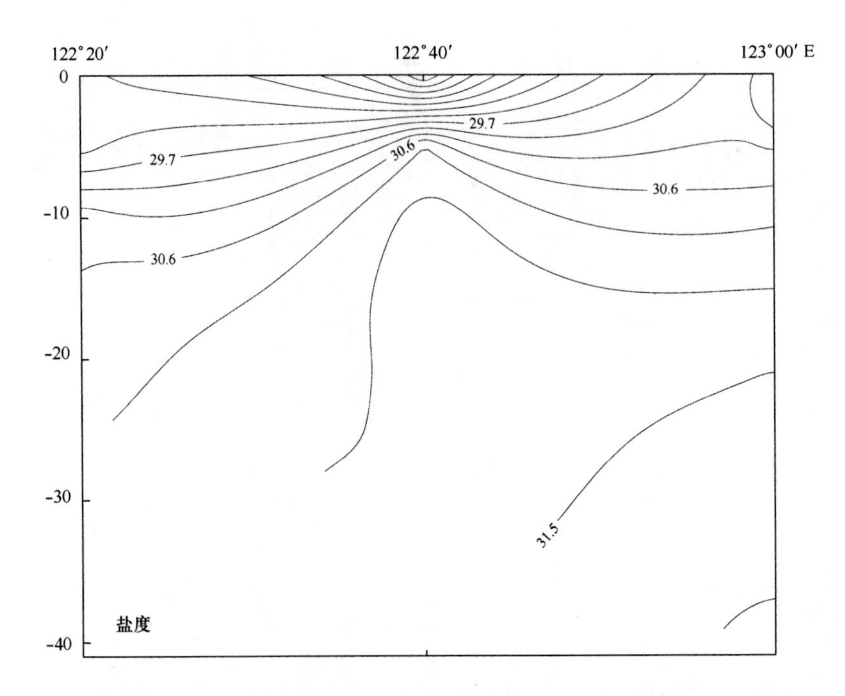

图1.10　2001年1~3站断面温度（上图）、盐度（下图）等值线图

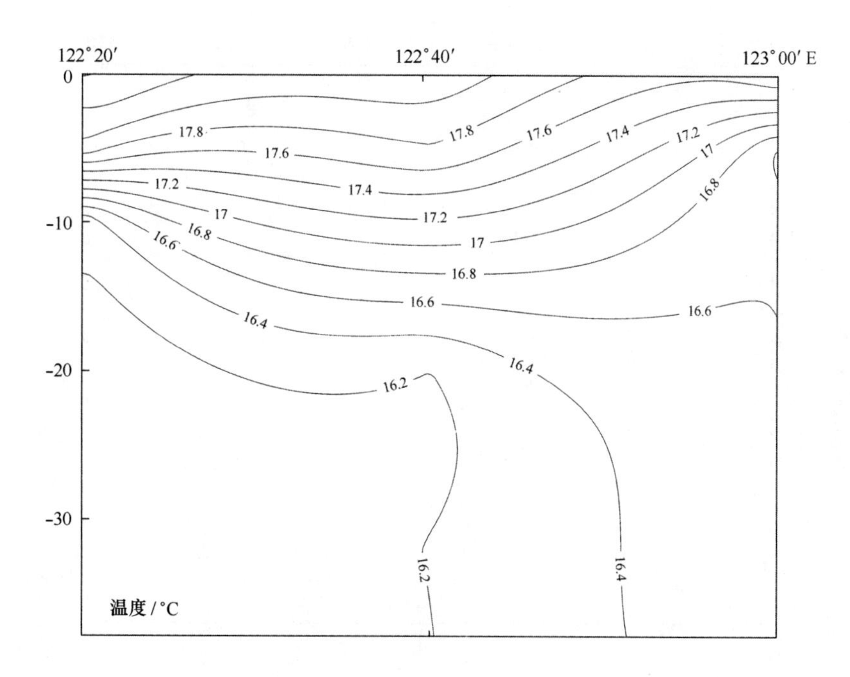

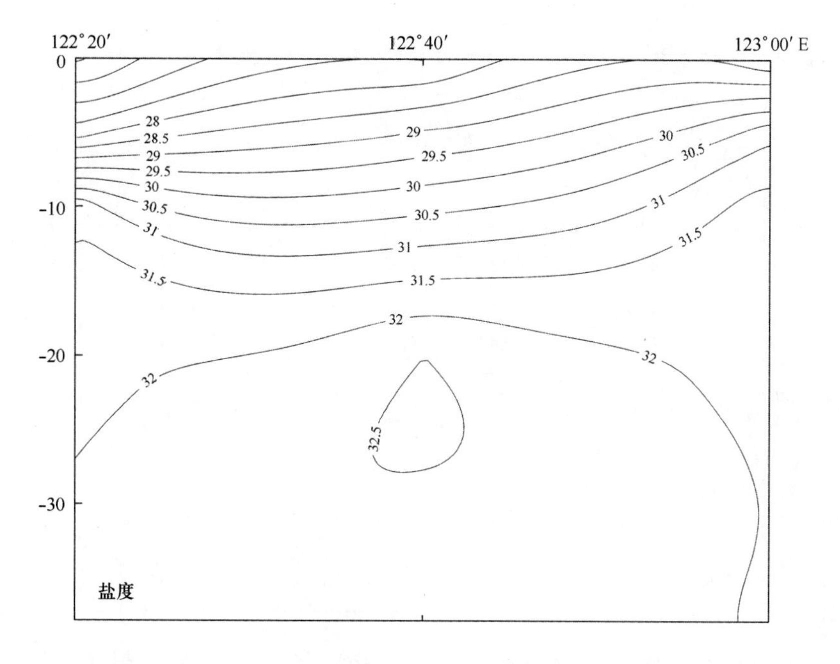

图 1.11　2001 年 5 ~ 7 站断面温度（上图）、盐度（下图）等值线图

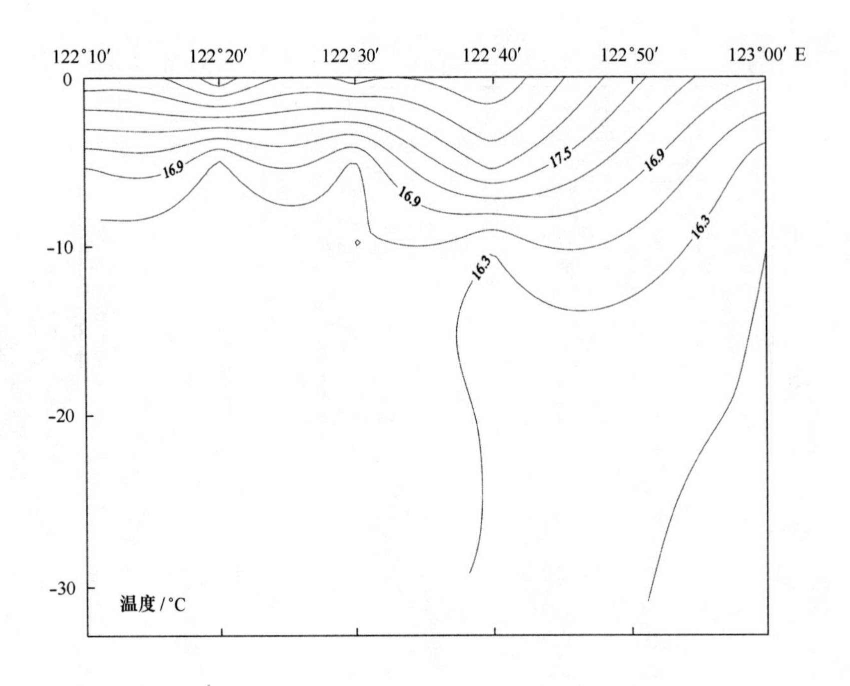

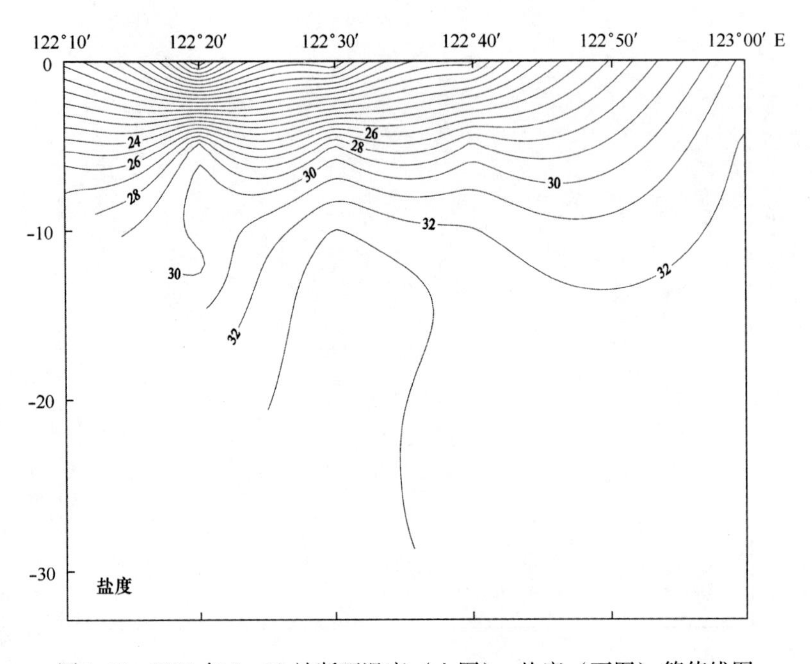

图 1.12　2001 年 9 ~ 13 站断面温度（上图）、盐度（下图）等值线图

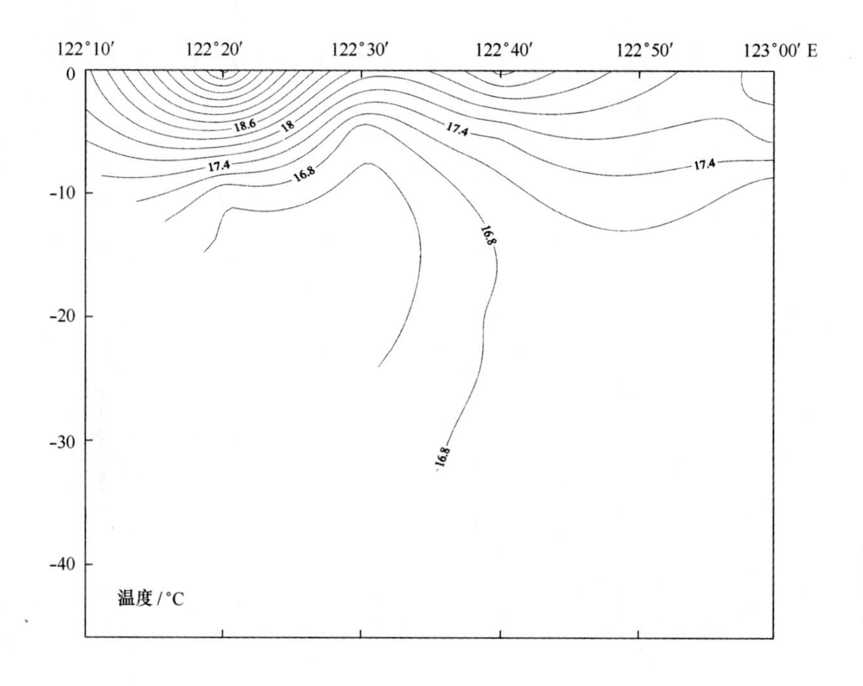

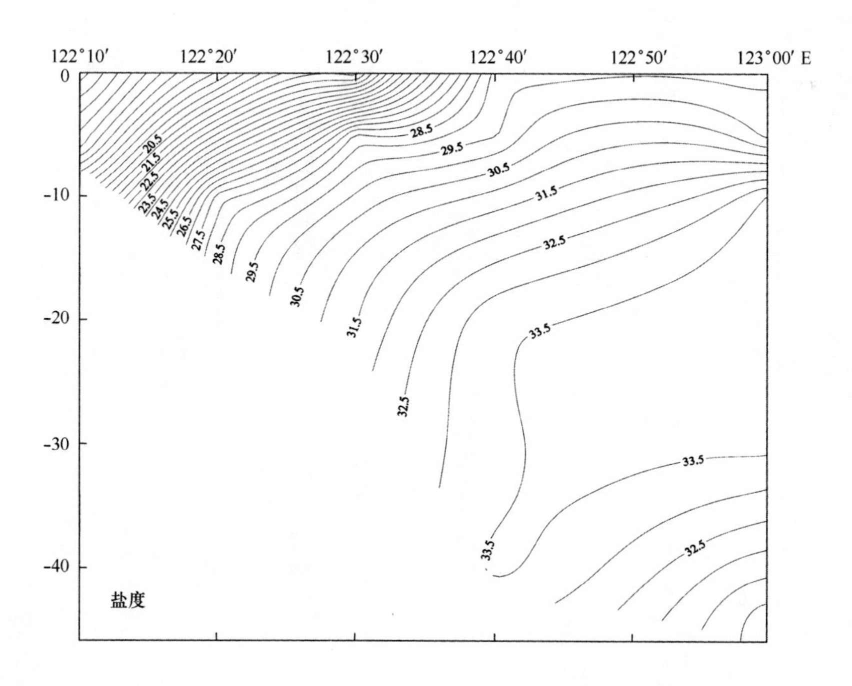

图 1.13　2001 年 15 ~ 19 站断面温度（上图）、盐度（下图）等值线图

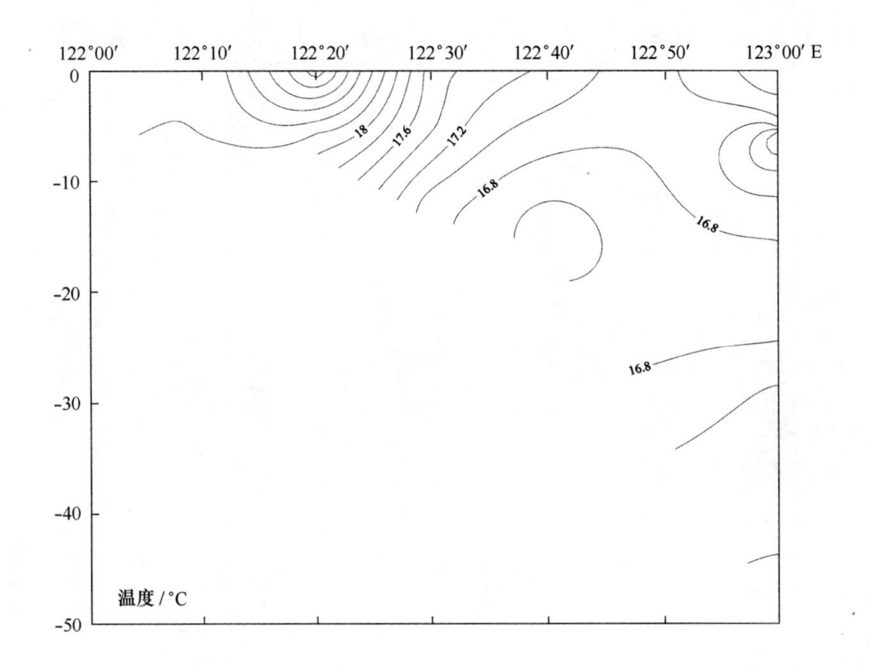

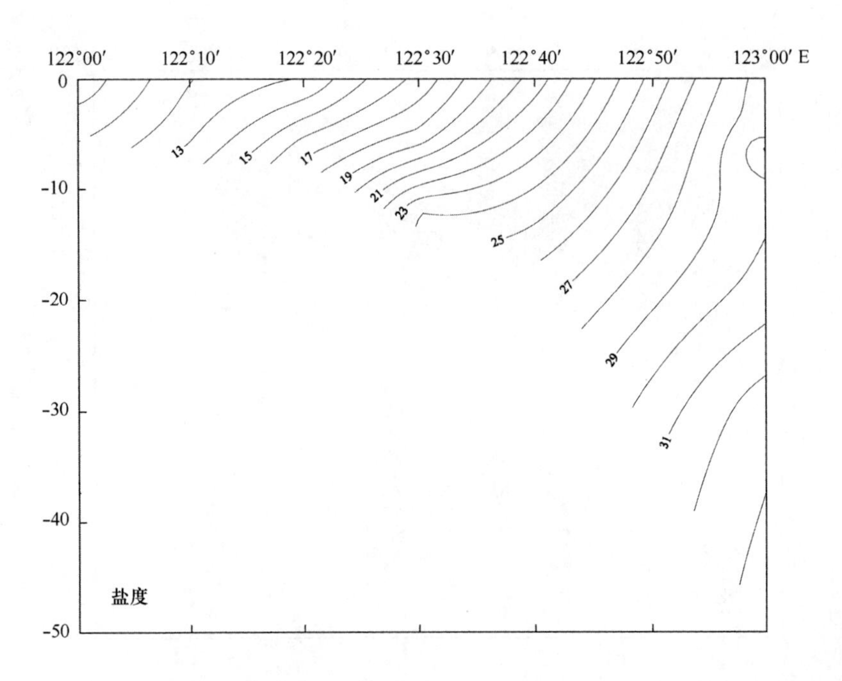

图 1.14　2001 年 21 ~ 26 站断面温度（上图）、盐度（下图）等值线图

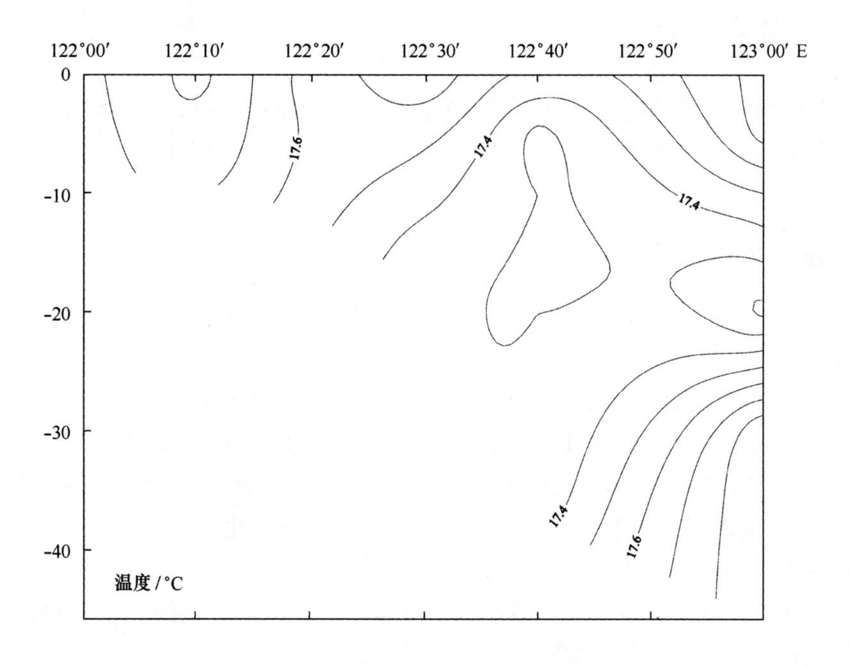

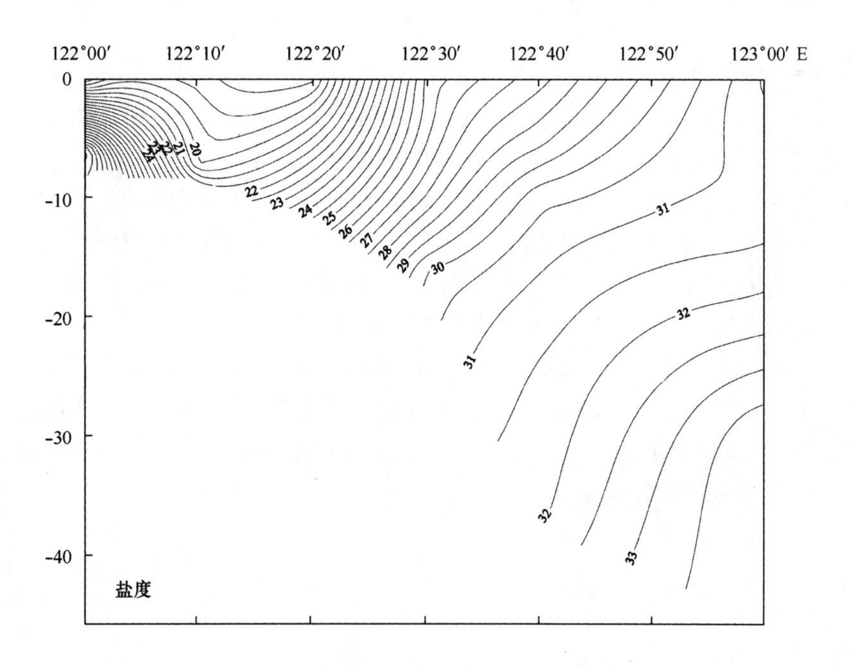

图 1.15　2001 年 28～33 站断面温度（上图）、盐度（下图）等值线图

1.2　秋季温盐度分布

1998 年、2000 年和 2002 年在河口区各进行了一次秋季现场调查，时间均为 11 月。秋季是长江径流从洪水季到枯水季的过渡季节。这一过渡特征从大面分布和断面分布图上都可以清晰地发现。

1.2.1　盐度平面分布

图 1.16 和图 1.17 分别为 1998 年 11 月表层和底层的盐度平面分布图。这两幅图可以反映出秋季长江冲淡水的基本分布之特征。

1）表层盐度分布（图 1.16）显示，在长江口门外，冲淡水呈现显著的“双舌”分布（或称双波模特征）。这一双舌形的边界盐度小于 25，其口门处的盐度小于 10。图 1.16 中盐度舌状分布的形态，不仅表明 1998 年 11 月的长江径流量仍明显大于枯水季的平均流量，而且表明当时从北港入海的径流量大致与从南港入海的径流量相当，至少在上层是如此。

2）在底层盐度分布图（图 1.17）上，上述的双舌形态已变为仅存在于南槽口外的单舌形态。图 1.17 的盐舌形态不仅表明在下层从北港入海径流量已小于从南港入海的径流量，甚至表明从南槽口入海的径流量也可能已大于从北槽口入海的径流量。

3）图 1.17 还表明，南槽口外的冲淡水并非沿岸向南或向东南方向运移，由于受到台湾暖流的入侵，其主轴约在 122°15′E 处呈现转向东北之势。这一特征正体现了在洪水期与枯水期之间冲淡水运移方向的过渡特征。

图 1.18 和图 1.19 给出了 2000 年 11 月的盐度分布，其中图 1.18 为表层图，图 1.19 为底层图。图 1.18 的盐舌分布较为异常。这种异常形态与 17、18 两个测点的异常低盐度值（ <6）直接相关。因为历史资料表明，即使在长江的洪水季节，在 122°30′E 及其以东海域，均没有观测到过如此低的盐度。此外，23 ~ 25 各站的表层盐度值也都是同期最低的。因此可以认为，2000 年 11 月从南槽口入海的长江径流量的比例可能异常得高。这后一推测从图 1.19 中得到了佐证。在图 1.19 中，冲淡盐舌主要源自从南港入海的长江径流，而且小于 10 的等盐线形态表明，在 2000 年 11 月从南港出口的径流量甚至可与洪水时期从南港出口的径流量相当。

2002 年 11 月表、底层温、盐度分布由图 1.20 和图 1.21 给出。从这两幅图中可以看到，监测区的西部为低盐水（盐度小于 31）所控制，而东部则被外海水（台湾暖流水和黄海混合水）占据（因等值线间隔较大，故图中未绘出 33 等盐线）。这说明调查期间外海高盐水（台湾暖流水）的入侵现象较明显，特别在底层尤其如此。

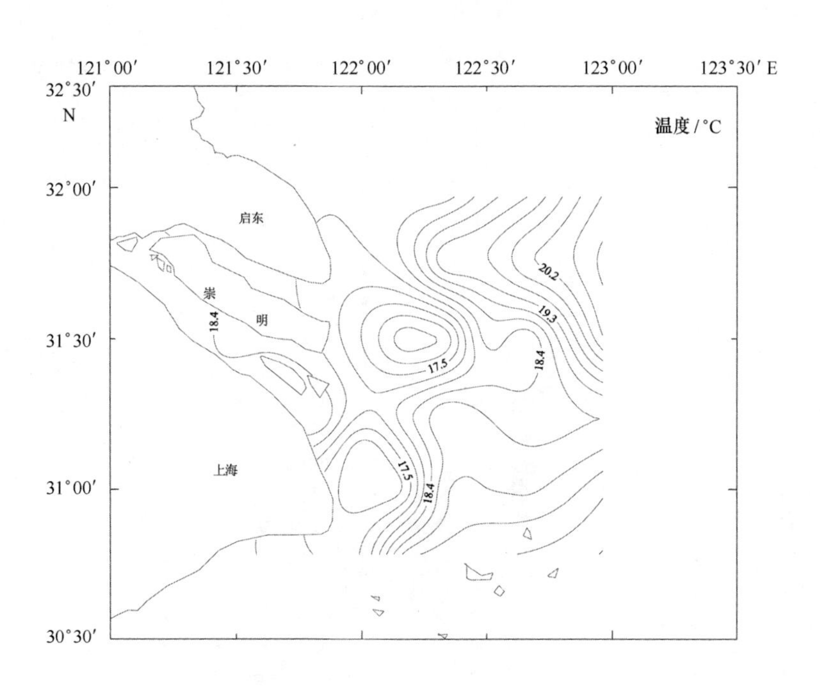

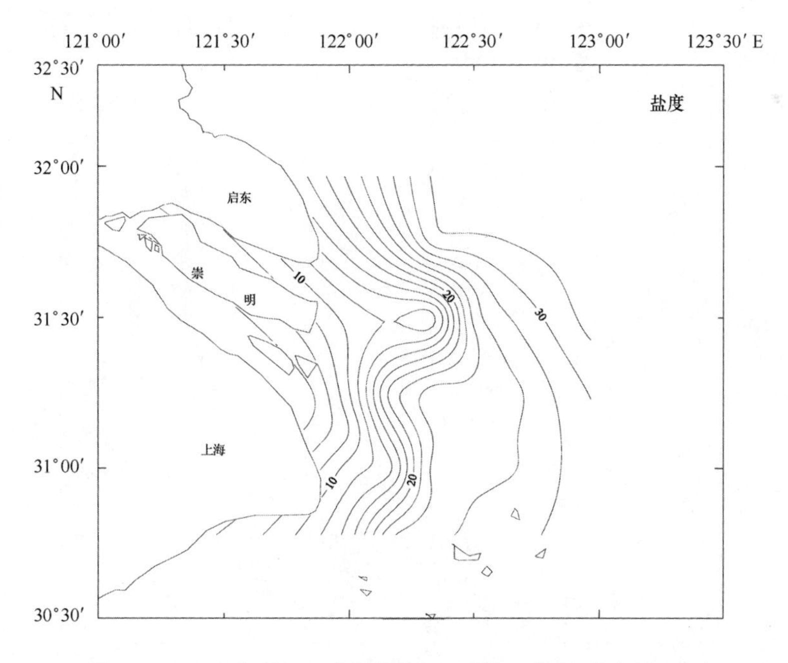

图 1.16 1998 年长江口表层温度（上图）、盐度（下图）分布

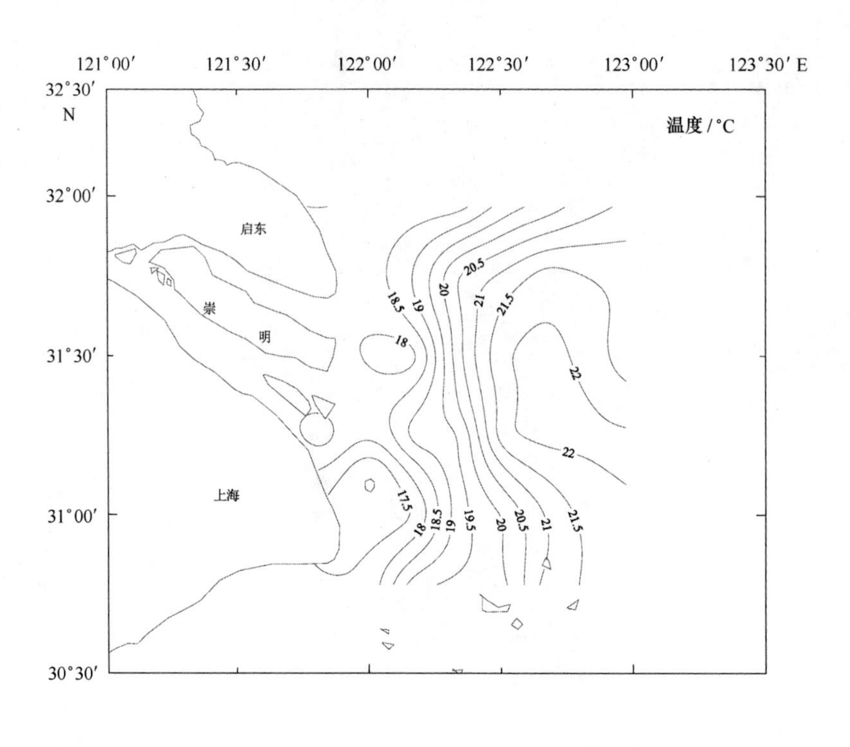

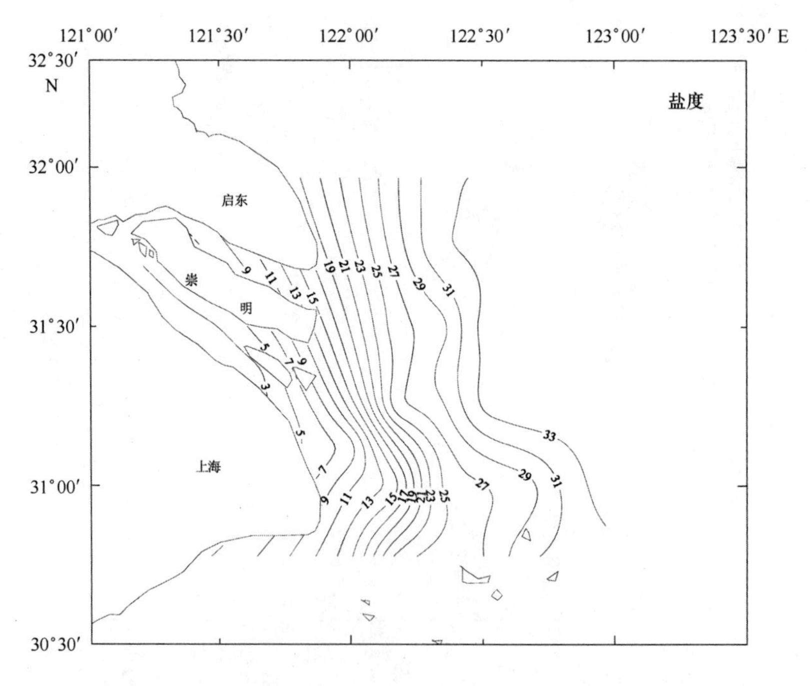

图 1.17　1998 年长江口底层温度（上图）、盐度（下图）分布

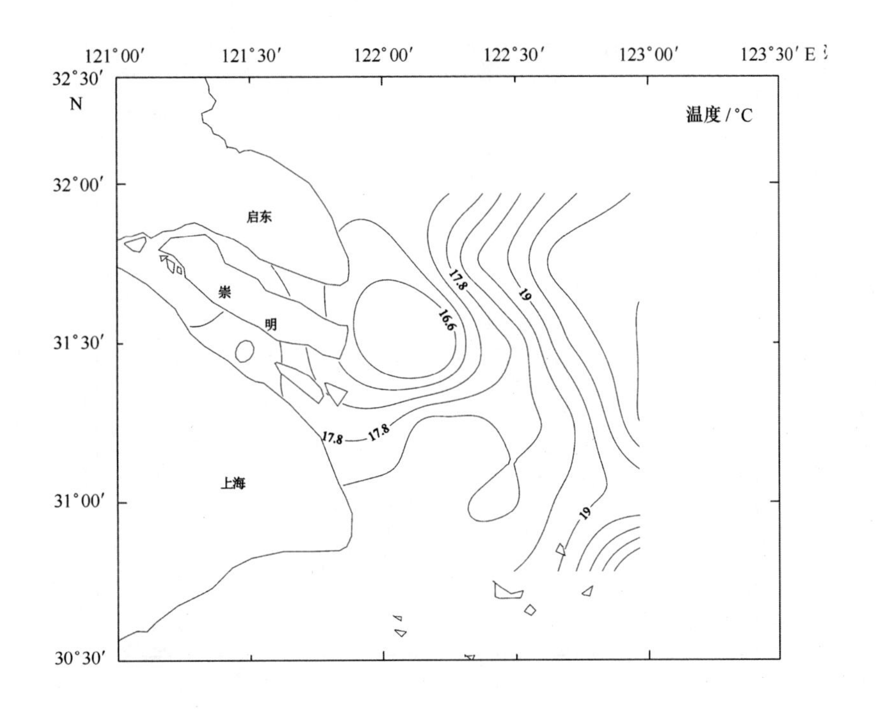

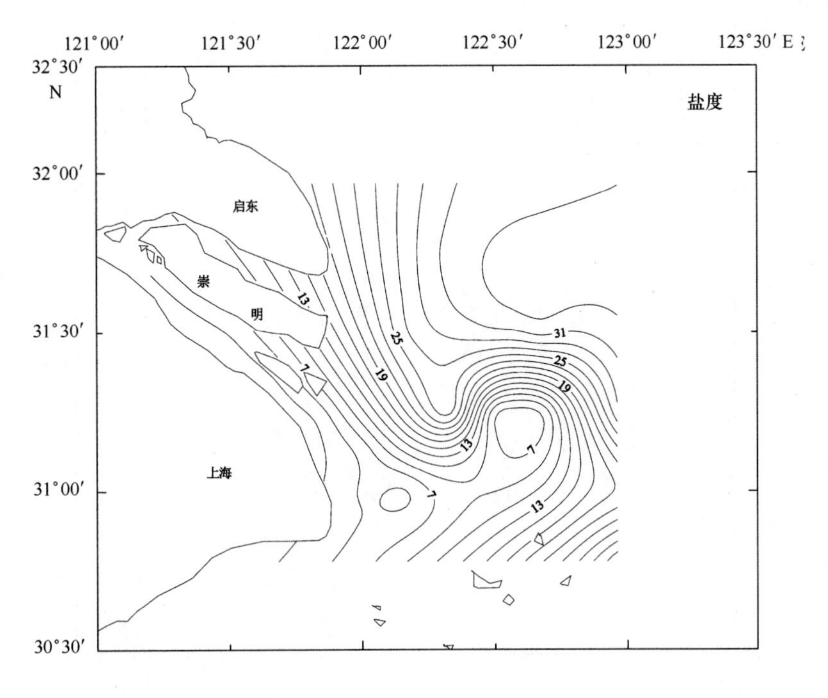

图 1.18 2000 年长江口表层温度（上图）、盐度（下图）分布

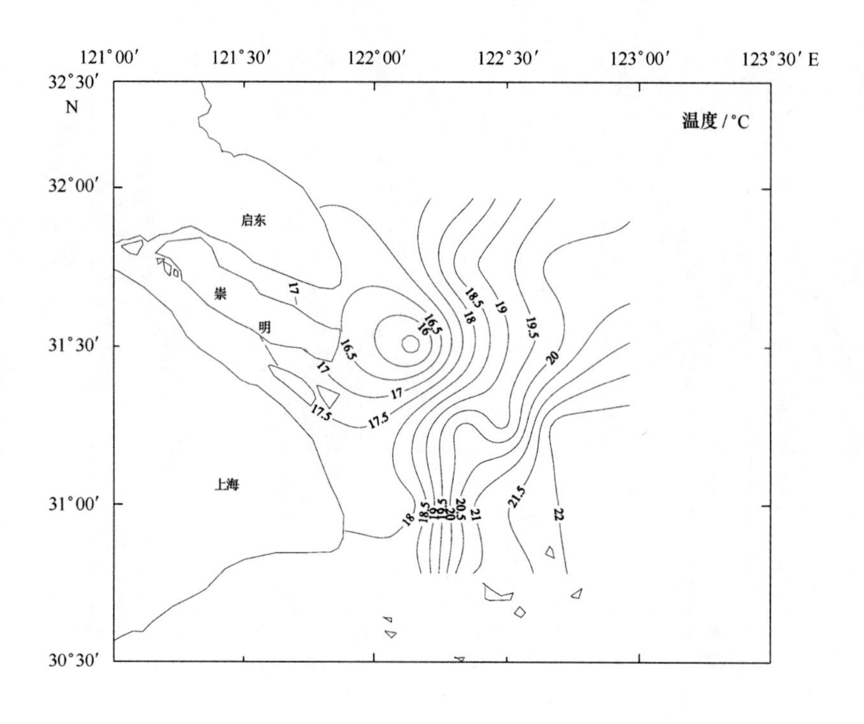

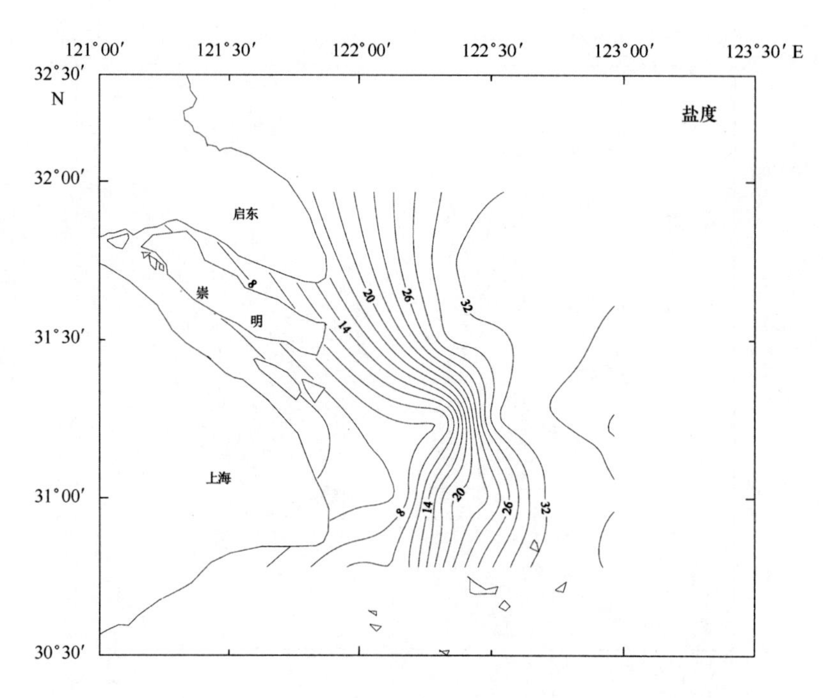

图 1.19　2000 年长江口底层温度（上图）、盐度（下图）分布

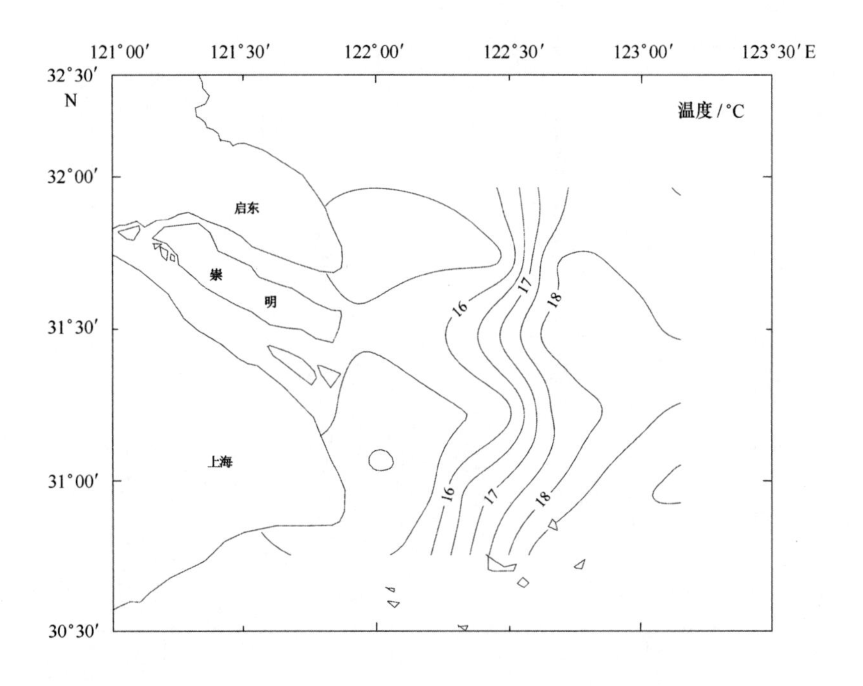

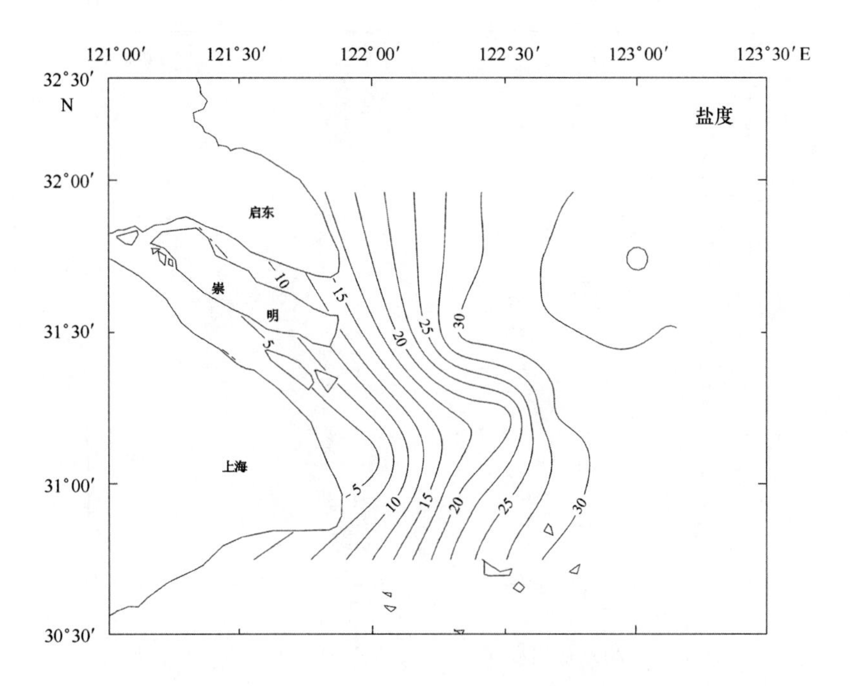

图 1.20　2002 表层温度（上图）和表层盐度（下图）分布

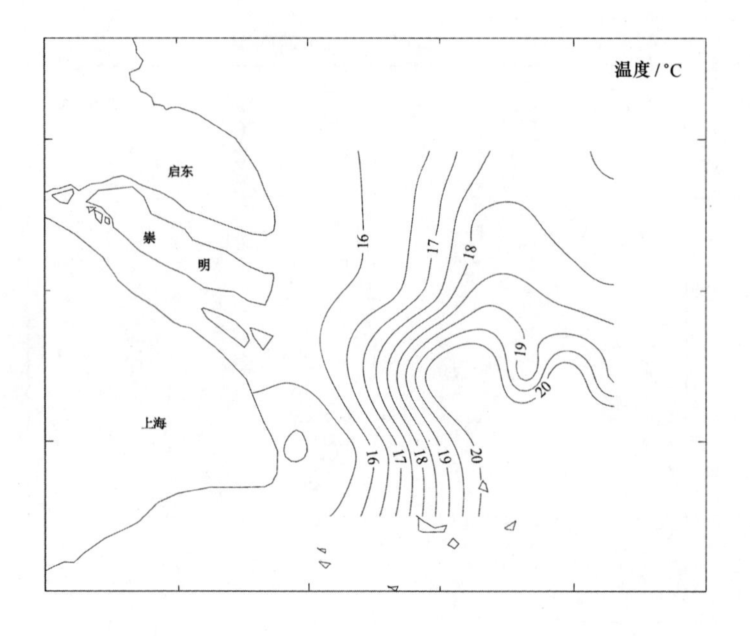

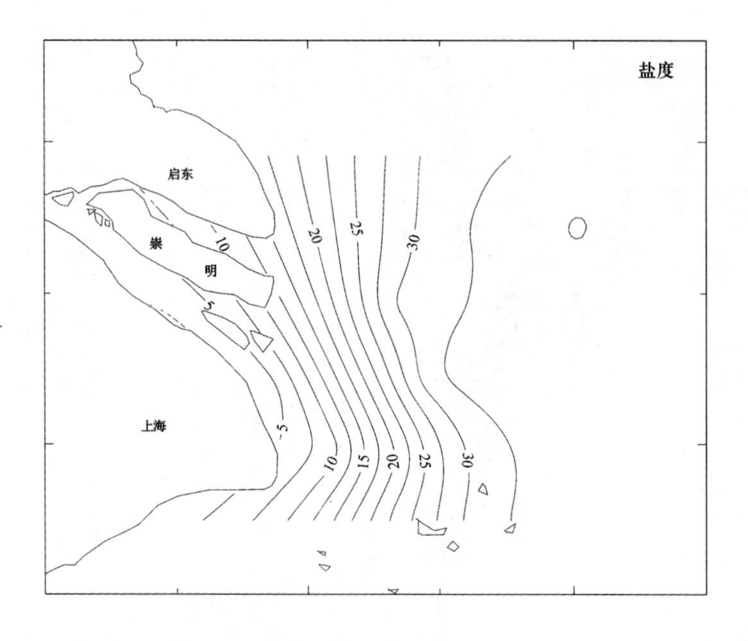

图 1.21　2002 底层温度（上图）底层和盐度（下图）分布

比较图 1.20 和图 1.21 还可看到，长江冲淡水在表、底层的扩展方向有所不同。在表层，长江冲淡水呈单舌状由南槽口外向东偏北方向扩展（图 1.20），而在底层则向东扩展（图 1.21）。长江冲淡水所呈现出的这种单舌形态很可能是由从南槽口的入海径流量大于北槽口的入海径流量造成的。进一步分析还发现，2002 年秋季长江冲淡水的分布形态与 1998 年秋季有很大不同（该年长江冲淡水呈双舌分布），而与 2000 年秋季较为相似，但其扩展范围远不如 2000 年。这说明，长江冲淡水的分布形态和扩展范围都存在着明显的年际变化。而这种变化与长江入海径流量的多寡和外海水（台湾暖流水和黄海混合水）的入侵强弱密切相关。

1.2.2 温度平面分布

多年平均的水温平面分布图显示，在秋季长江河口区口外的水温高于口内的水温，远岸段的水温则高于近岸段。口门处的正常水温约 17℃。1998 年 11 月的监测资料（图 1.16）显示，当年口内水温比常年水温高出近 2℃，（最高可达 18.4℃），使口门外长江冲淡水近岸段的水温反而低于口门处长江径流中的水温。这一异常情况可能是长江冲淡水近岸段中表层水温平面分布图上出现两个水温小于 17.5℃的低温的原因。底层水温平面分布图显示（图 1.17），上述低温区的范围已大大缩小，但其近岸段的等温线分布形态仍显示水温年际变化的差异。

图 1.18 和图 1.19 分别为 2000 年 11 月表、底层水温分布图。该图的一个显著特征是在崇明岛以东出现了一个水温小于 17℃的低温区。值得注意的是，这一低温区从表层至底层都存在。注意到 1998 年 11 月表层中该海域出现了低温区；看来近几年来在这一海域出现低温区并不是个别现象。至于这一异常低温区存在的原因，由于资料所限，目前尚无法解释。

2002 年 11 月表、底层水温分布由图 1.20 和图 1.21 给出。由图可见，2002 年秋季，监测区内的表、底层水温基本呈近岸低、远岸高的分布态势。其中最低温度约为 15℃，出现在长江南槽口外；而最高温度在 19℃以上（表层），甚至高达 20℃（底层），见于监测区的东南部。从等温线的走势可以得出，外海高温水（台湾暖流水）向长江口海域入侵的现象比较明显，特别在底层尤为突出。

1.2.3 断面分布

图1.22～图1.27是1998年11月温、盐断面分布图。在图1.22上，水温和盐度在垂向均呈均匀分布，见不到长江冲淡水的踪迹。图1.23显示了在5号站周围表层的黄东海混合水受到了另一个水团的入侵。但入侵水的最低盐度值（31.8）表明，这一入侵水团不是长江冲淡水，而是黄海沿岸水。在图1.24中，可以清晰地看到表层的长江冲淡水已扩展到122°45′E附近。在122°25′E处，长江冲淡水直达海底，其最大厚度可达约15 m。考虑到9～13号站均位于北港口以北的31°30′N处，由此表明，在11月份，长江径流从北港出口后，所形成的冲淡水仍有可能向东北方向略外扩展。15～19号站的断面位于北槽口外（31°15′N）。如前已指出的，由于17、18号站的表层盐度异常低，而16号站表层盐度相对较高，使该断面图上的等盐线在122°26′～122°40′E之间出现畸形。图1.25和图1.26反映了南槽之外长江冲淡水的垂向结构。这两个图显示，由于1998年11月长江径流从南槽出口的流量所占的比例最大，故冲淡水向东和向南扩展范围已达最大，水平方向已达123°E以远，最大厚度可达到约35 m。

2000年11月航次的温、盐断面分布图在图1.28～图1.33给出。在1～3号站的盐度断面分布图上，可以发现在122°20′～25′E的区间内，存在着盐度小于31的水层，该水层的水温小于18℃，因此可以初步断定为苏北沿岸水，因为该水层可以直达海底。在9～13号站的断面（图1.30）上，可以清楚地看出长江冲淡水自河口区向东向下扩展，其外缘已接近122°30′E，其深度则可达到20米。在15～19号站的温盐断面图上（图1.31），可以发现长江冲淡水可以远至123°00′E（注意，该处在122°20′～122°30′E之间在5米层次上，有的数据可能有误）。上述现象在21～26号断面（图1.32）和28～33号断面（图1.33）上也可清楚看到。这些图展示了2000年11月长江冲淡水从南槽口入海后先向东南然后又转向东北扩展的立体画面。

图1.34～图1.39是2002年11月温、盐断面分布。从1～4号站断面图（图1.34）上可以看出，水温和盐度基本呈均匀分布，这表明该处的整个水层基本为黄海混合水所占据。而在5－8号站断面上，温、盐度分布则有所不同（图1.35）。其中在断面的中部（122°38′～122°55′E）出现一相对高温、高盐区（$T>18$℃，$S>32.6$）。这很可能是由台湾暖流水的前缘部分与黄海混合水交汇引起的。通常，台湾暖流水沿123°E线由南向北运移。从图1.36～图1.39中基本能看出台湾暖流水的运移路径及其变化。台湾暖流水（$T>21$℃，$S>33$）自监测区东南部的深底层向北向上扩展，并与位于其西侧的长江冲淡水交汇形成一锋面（图1.38和图1.39）。在长江口外的16～20号站断面上，台湾暖流水西扩明显，并在122°30′～122°40′E区域向上爬升，与其上的长江冲淡水（在10 m以浅水层）叠置，形成一较强的盐跃层（图1.37）。但随着台湾暖流水的北伸，其空间范围明显变小，且强度也减弱（图1.36）。

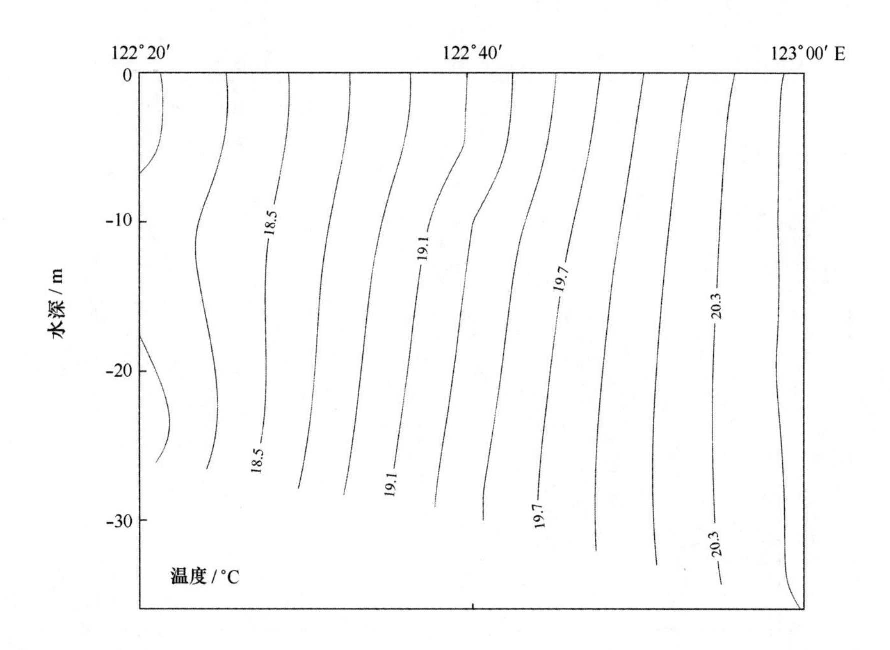

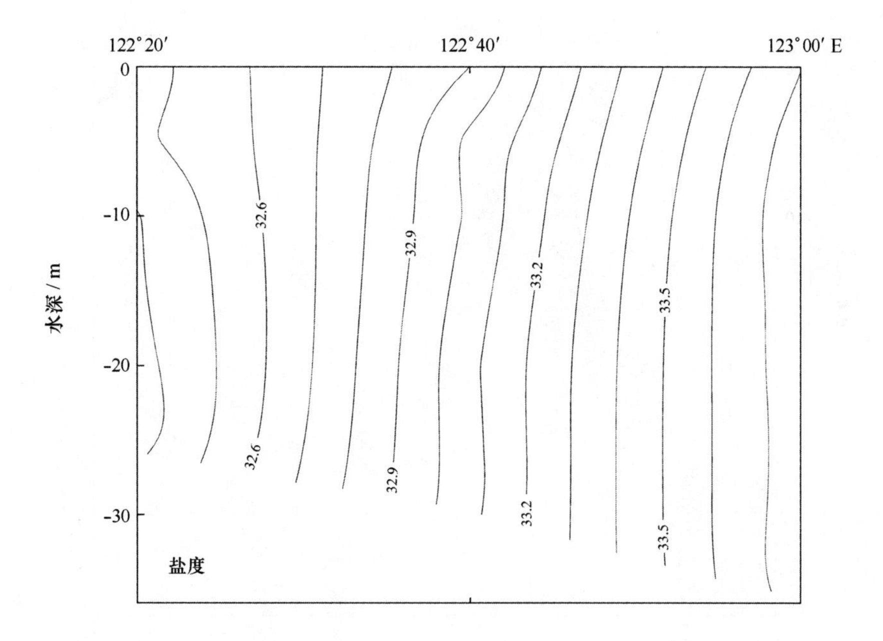

图 1.22 1998 年 1～3 站断面温度（上图）、盐度（下图）等值线图

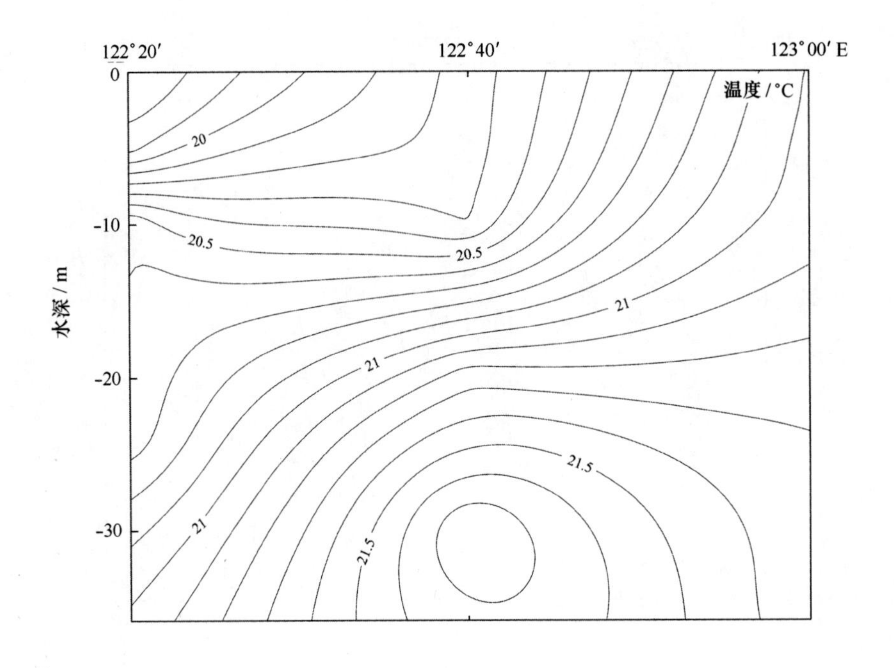

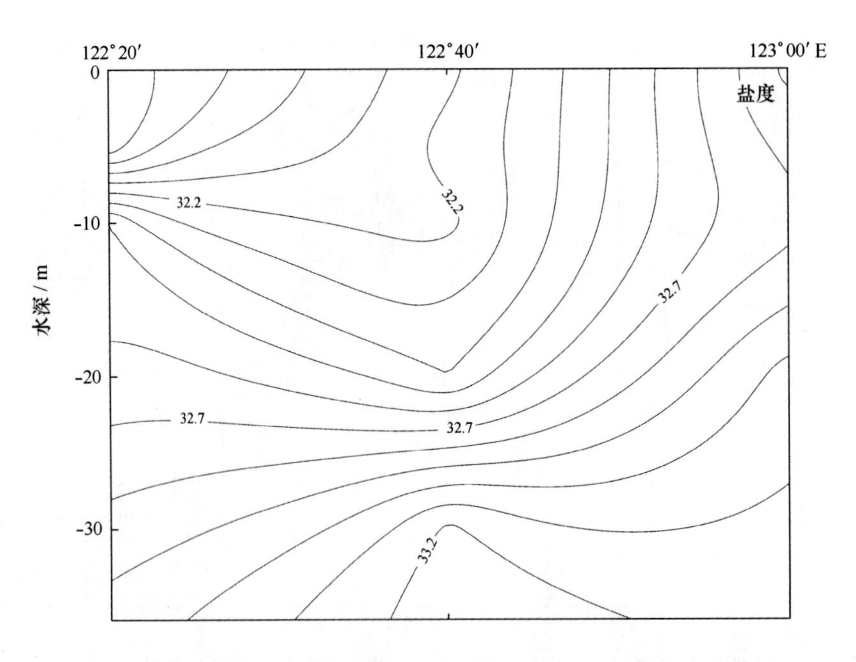

图 1.23　1998 年 5 ~ 7 站断面温度（上图）、盐度（下图）等值线图

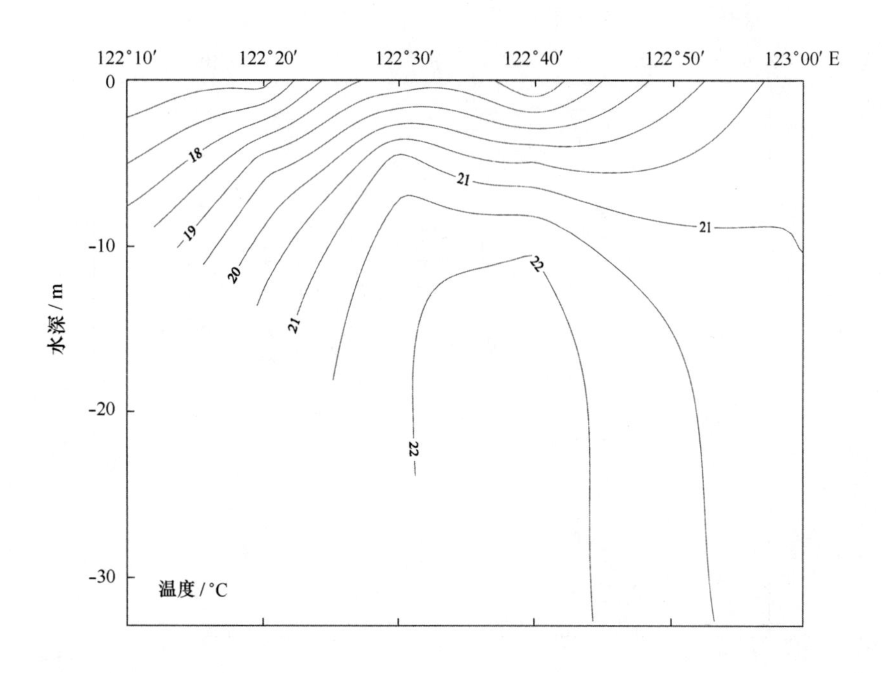

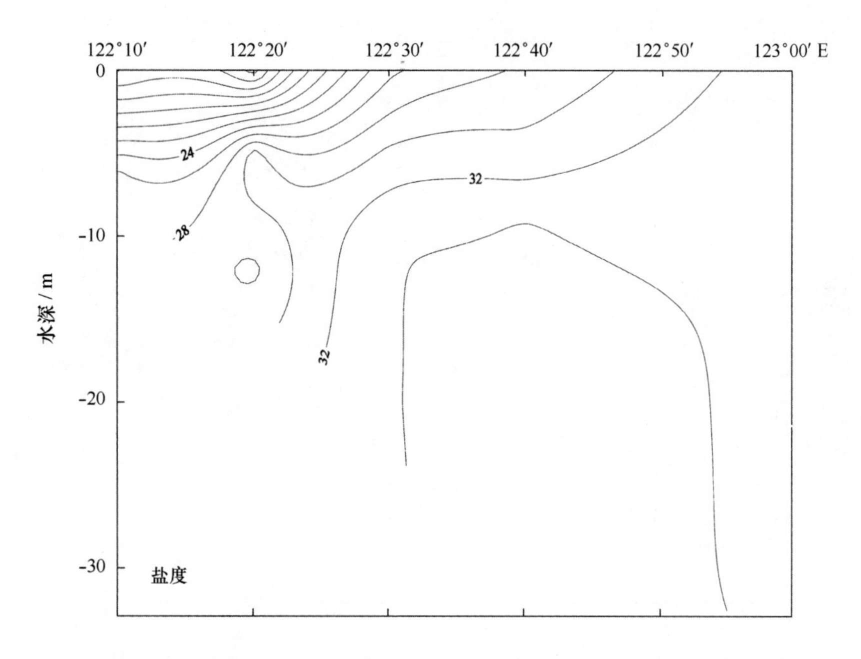

图 1.24　1998 年 9 ~ 13 站断面温度（上图）、盐度（下图）等值线图

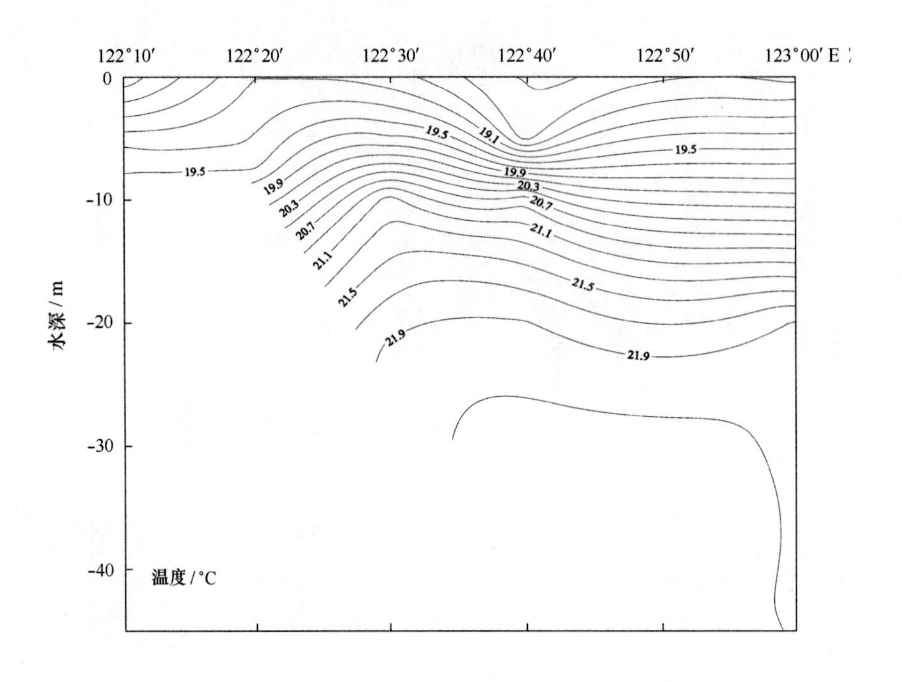

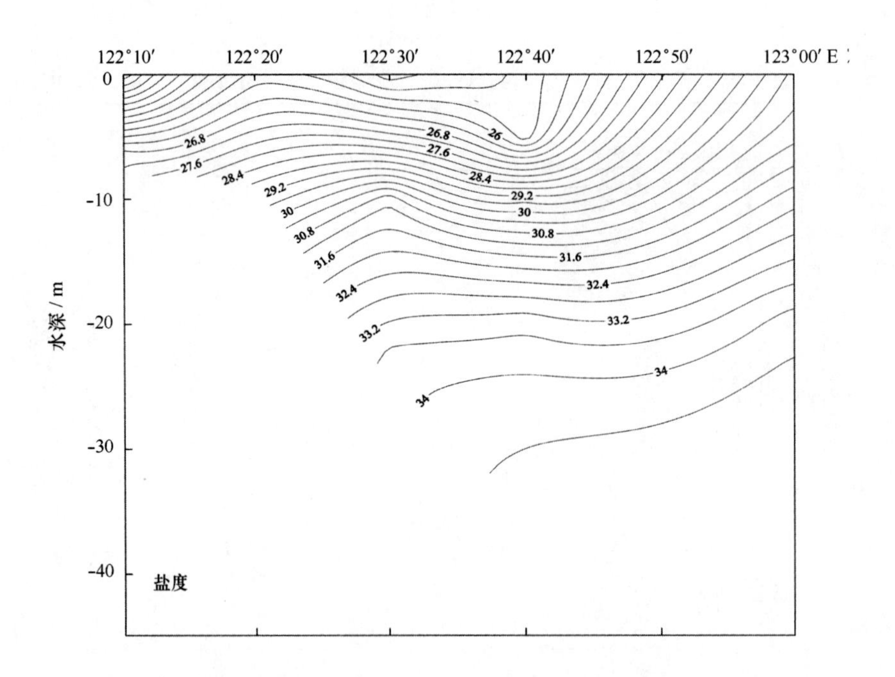

图 1.25　1998 年 15 ~ 19 站断面温度（上图）、盐度（下图）等值线图

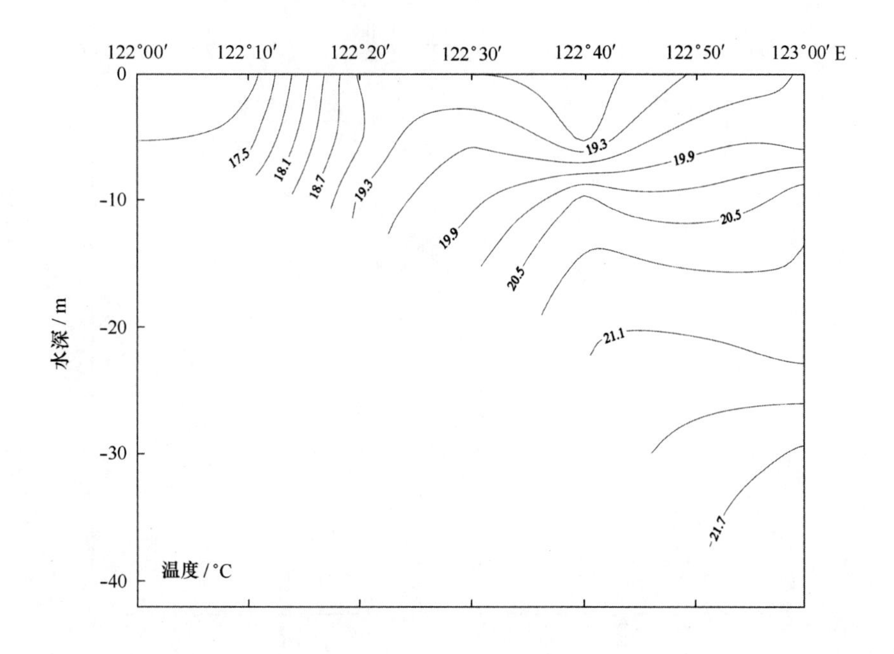

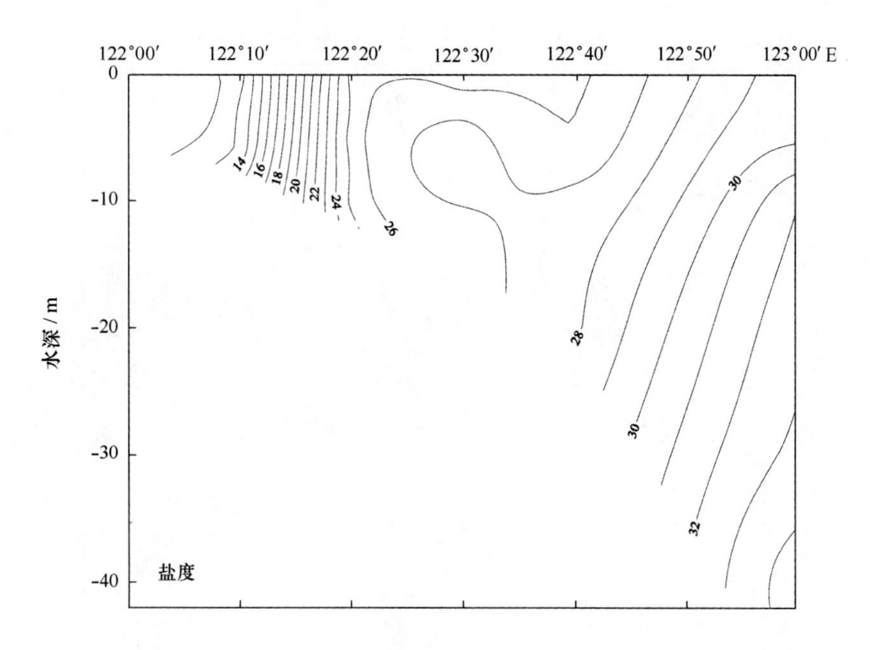

图 1.26　1998 年 21 ~ 26 站断面温度（上图）、盐度（下图）等值线图

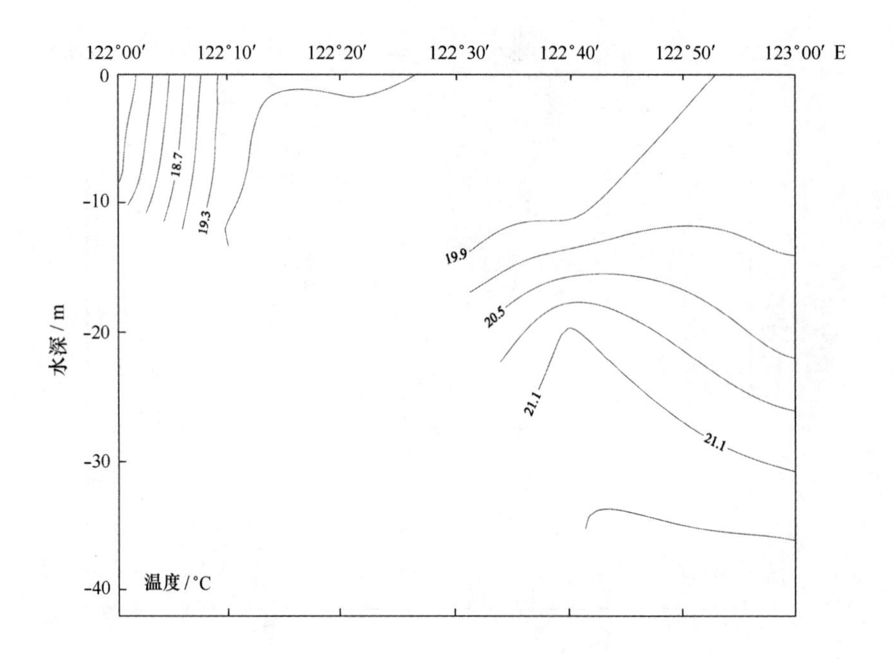

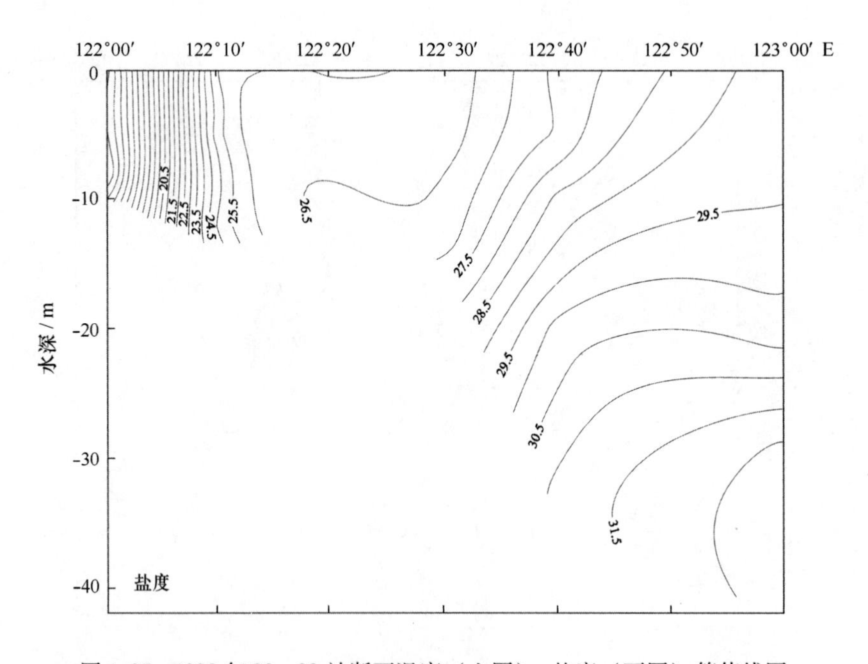

图 1.27　1998 年 28 ~ 33 站断面温度（上图）、盐度（下图）等值线图

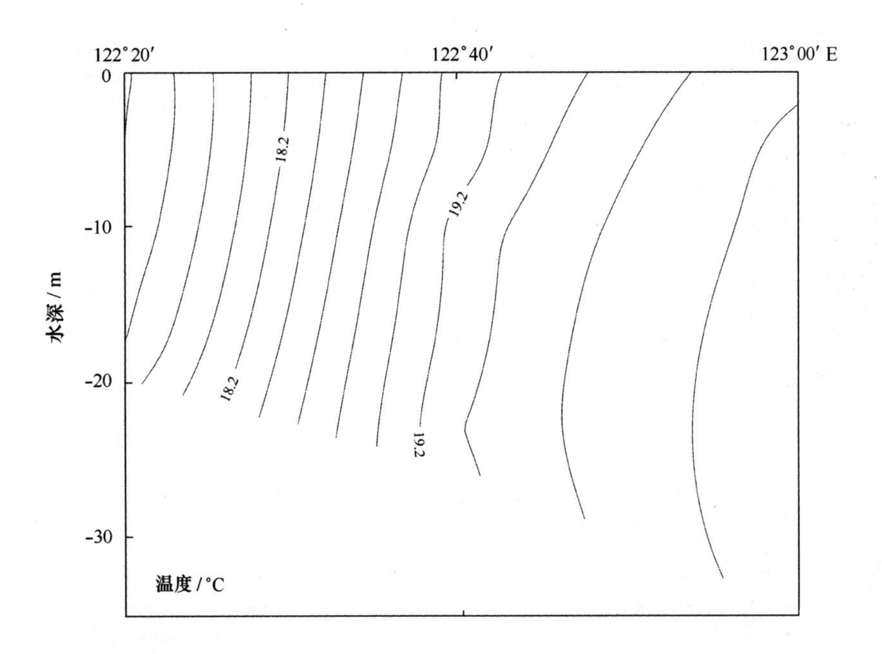

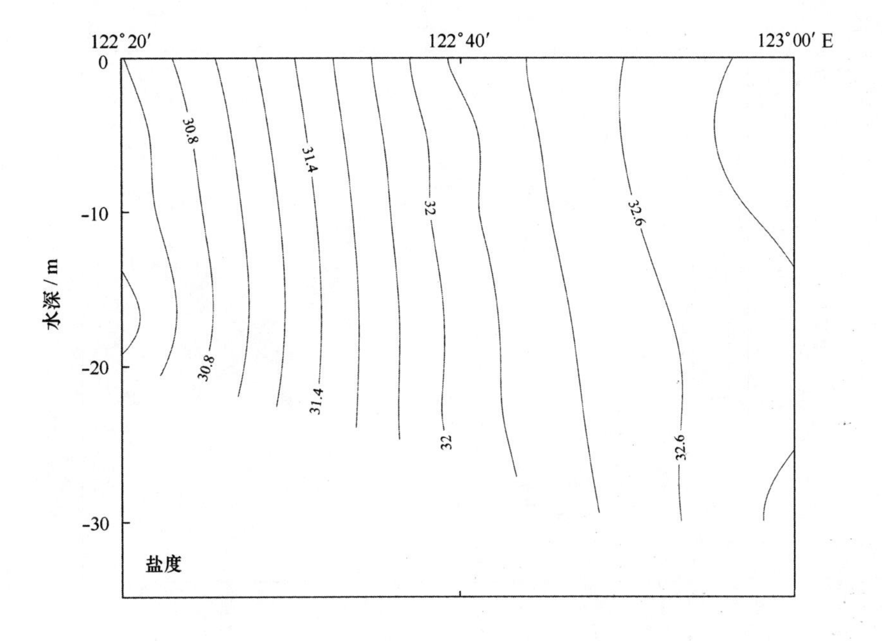

图 1.28　2000 年 1 ~ 3 站断面温度（上图）、盐度（下图）等值线图

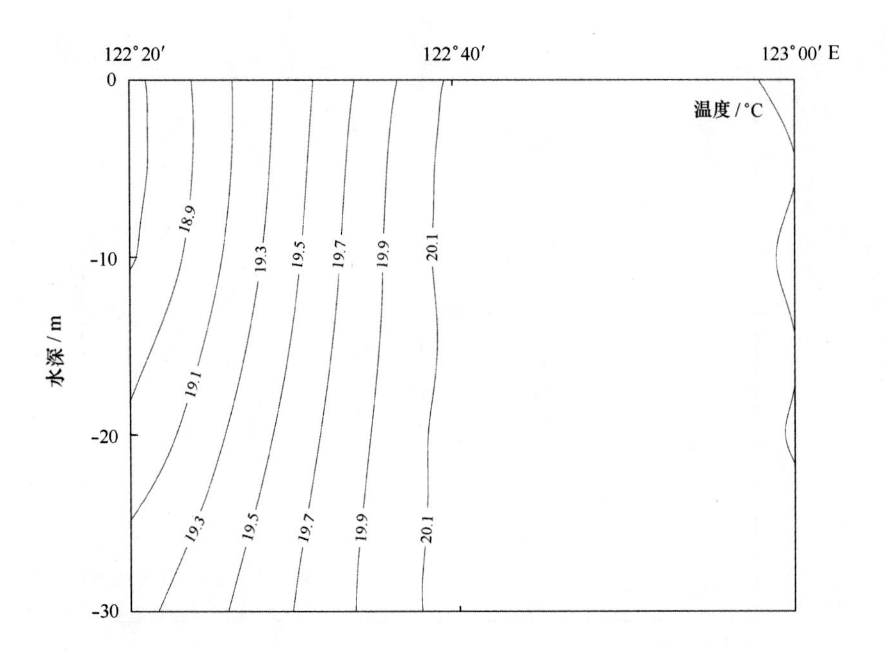

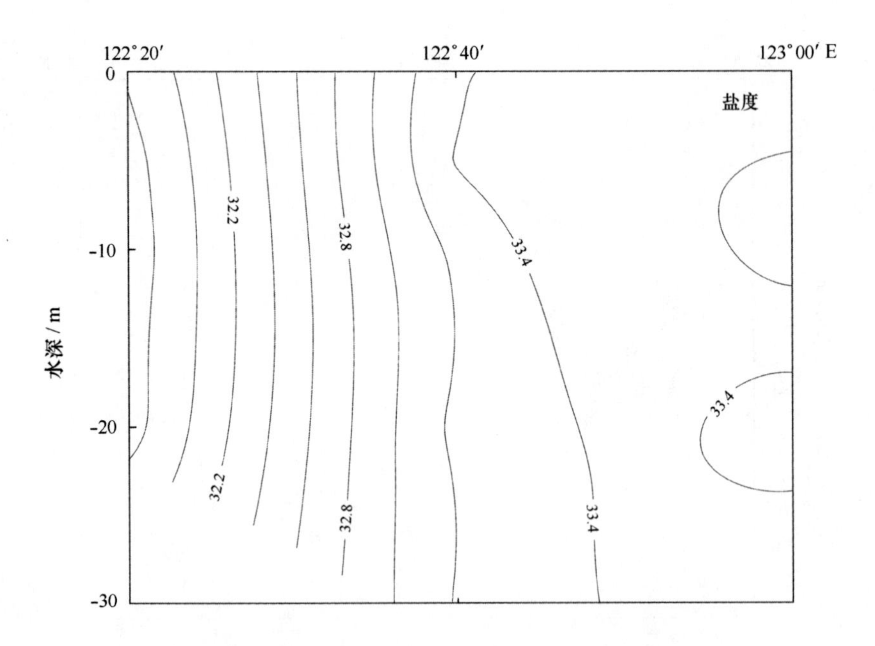

图 1.29　2000 年 5 ~7 站断面温度（上图）、盐度（下图）等值线图

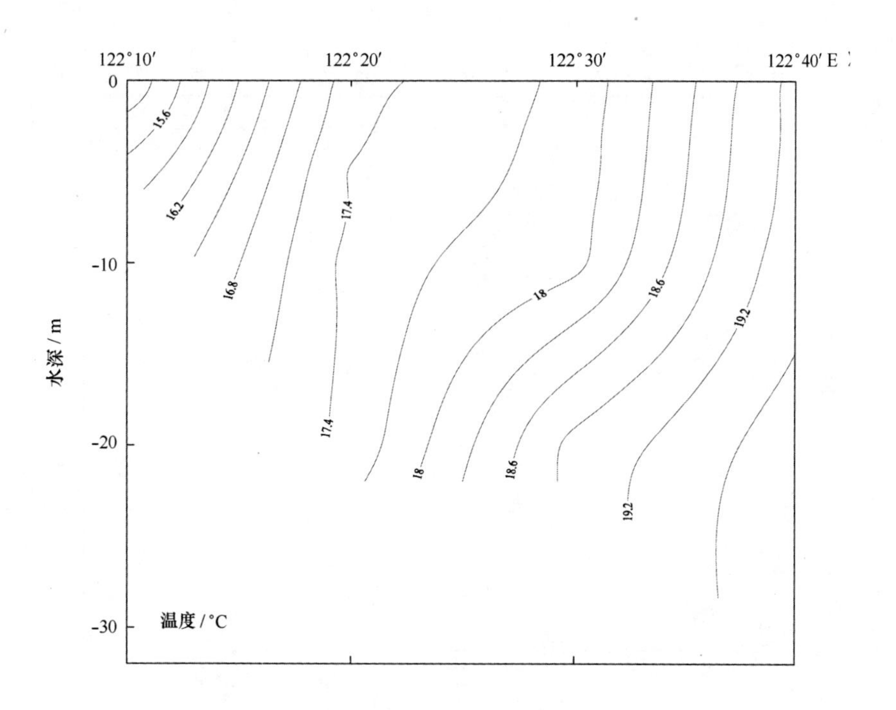

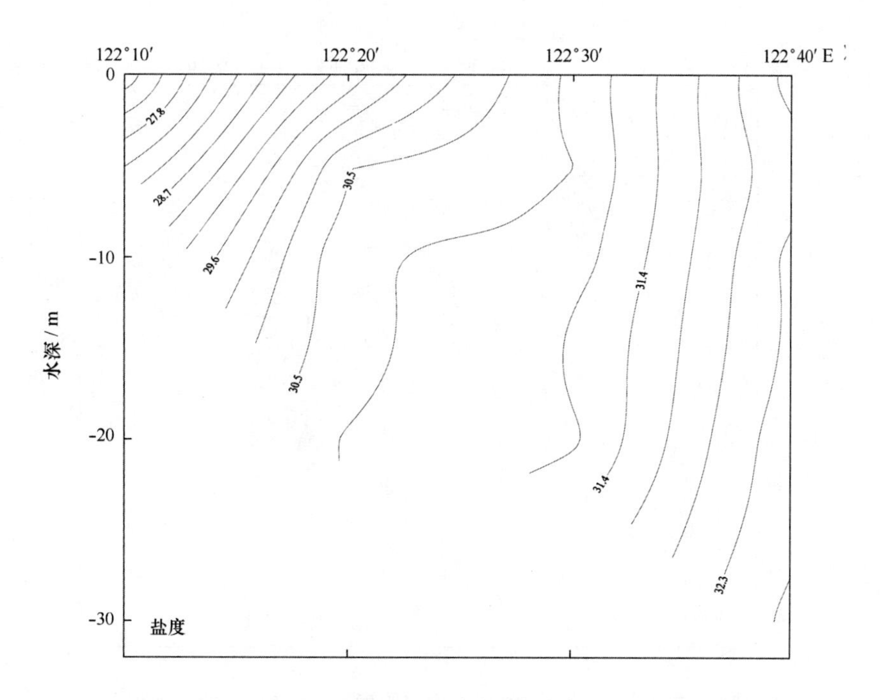

图 1.30 2000 年 9～13 站断面温度（上图）、盐度（下图）等值线图

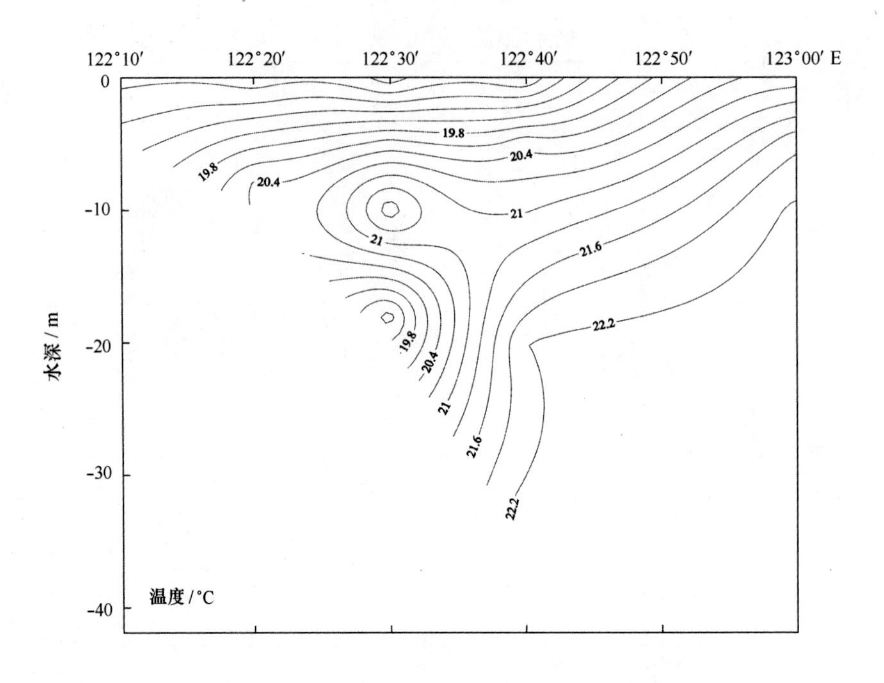

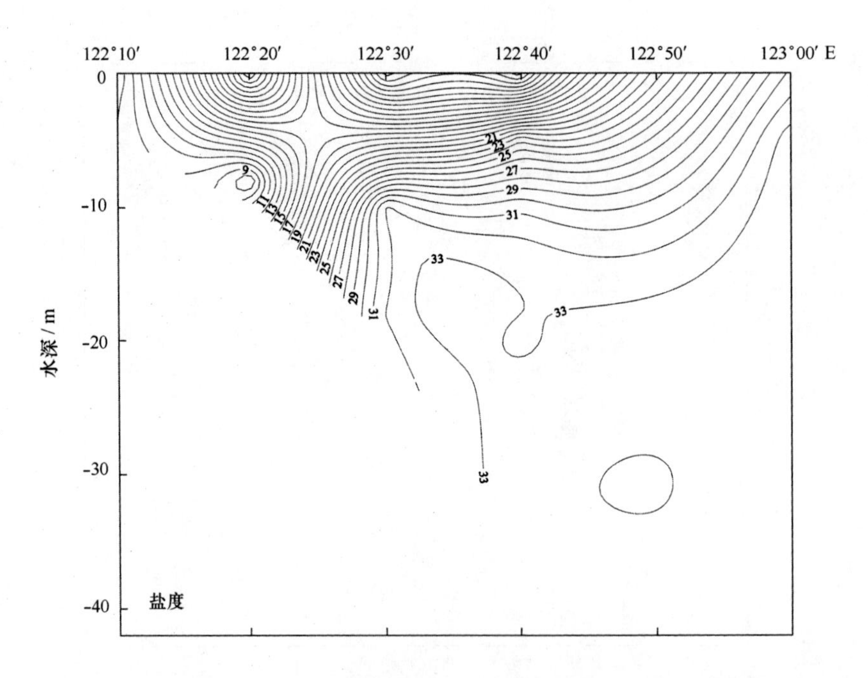

图 1.31　2000 年 15 ~ 19 站断面温度（上图）、盐度（下图）等值线图

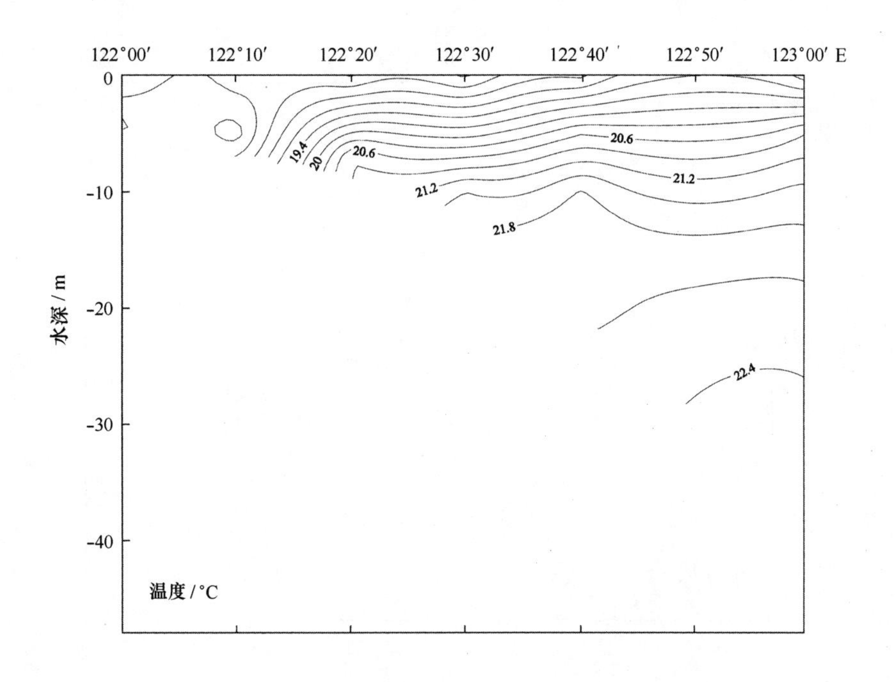

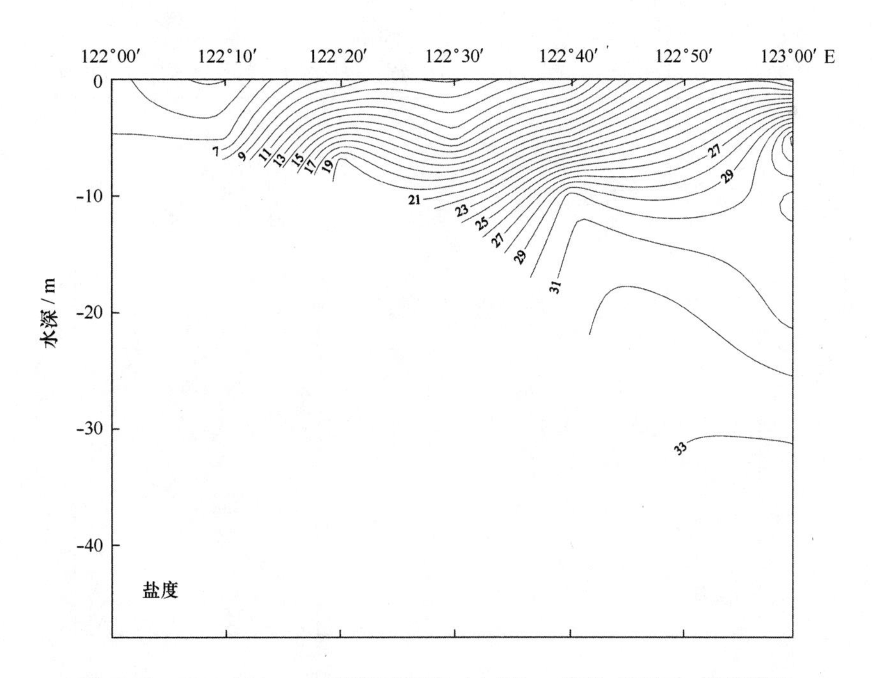

图 1.32　2000 年 21 ~ 26 站断面温度（上图）、盐度（下图）等值线图

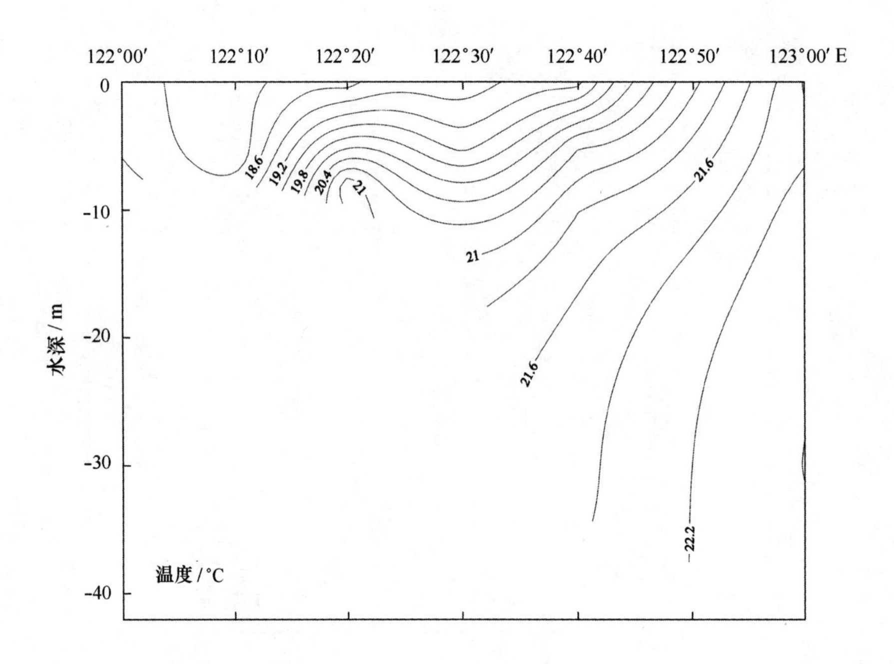

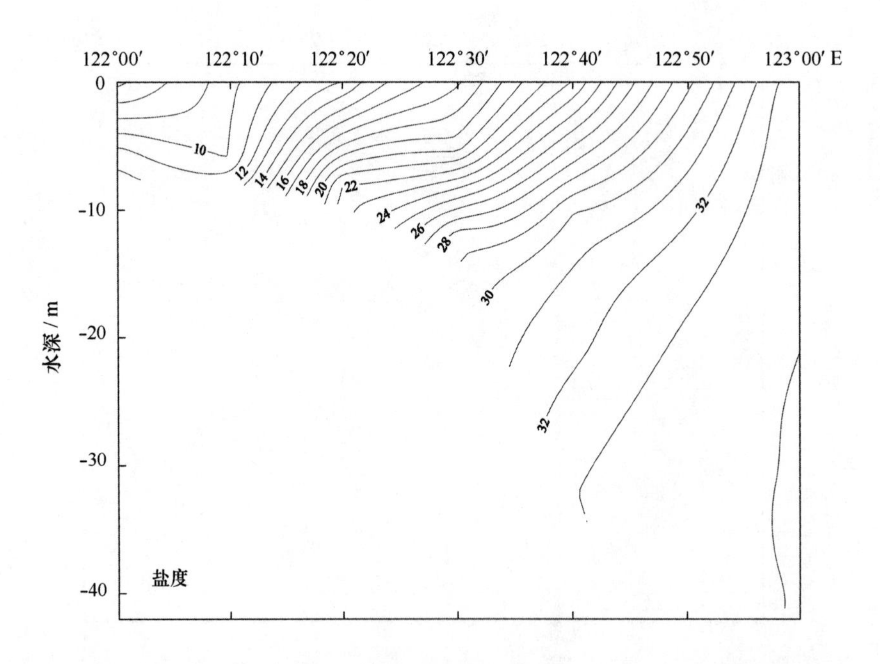

图 1.33　2000 年 28 ~ 33 站断面温度（上图）、盐度（下图）等值线图

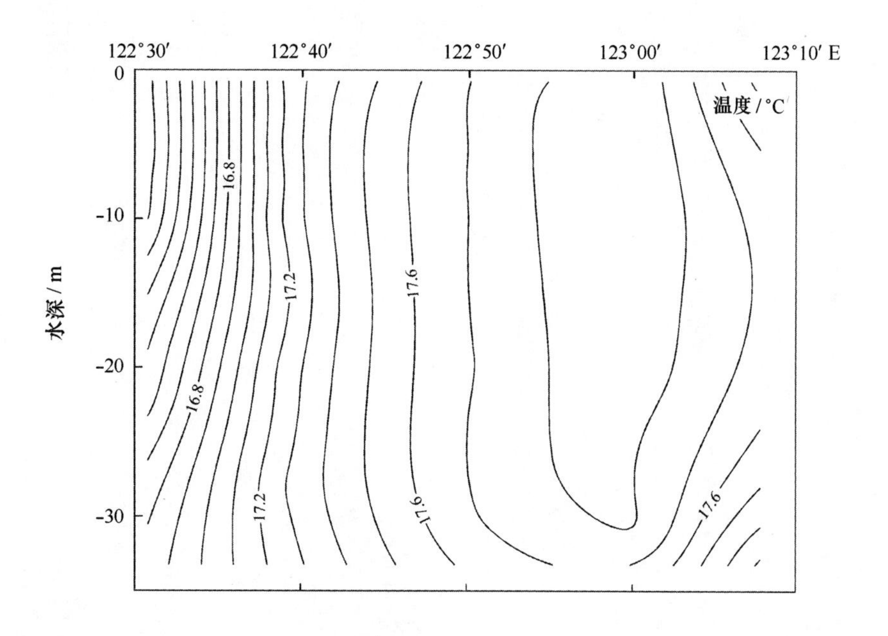

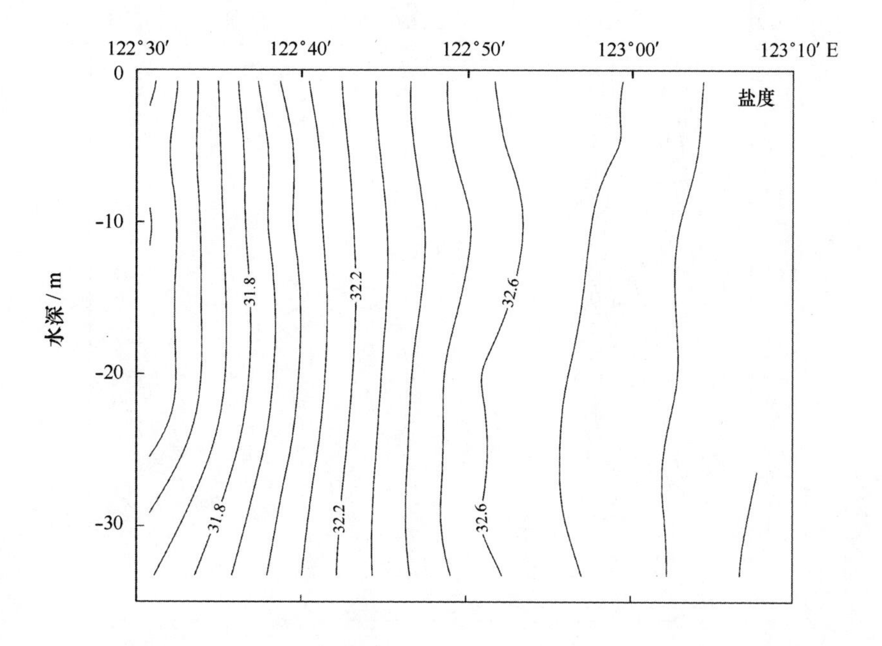

图 1.34 2002 年 1 ~4 号站断面温度（上图）、盐度（下图）等值线图

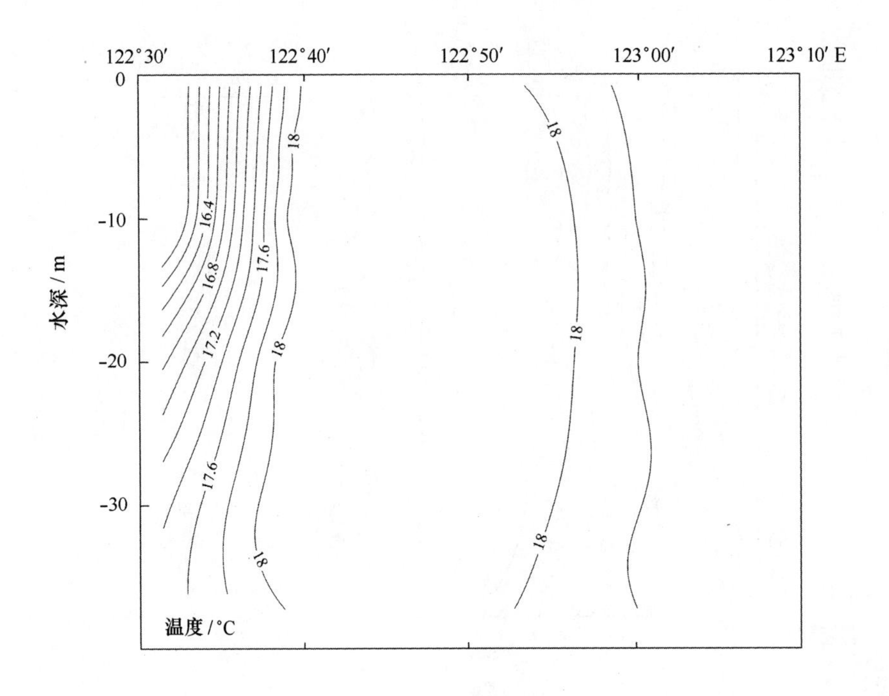

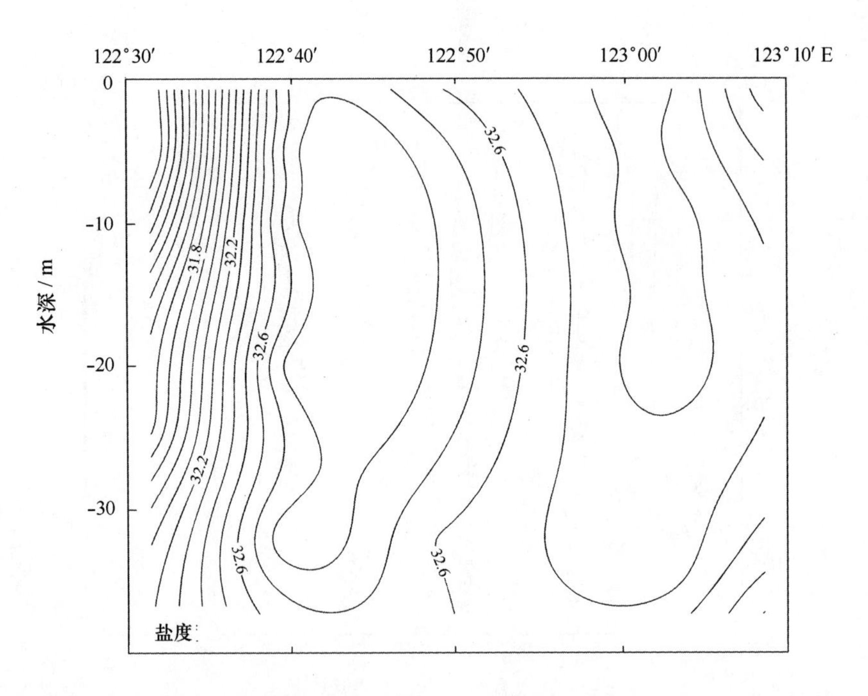

图 1.35　2002 年 5～8 号站断面温度（上图）、盐度（下图）等值线图

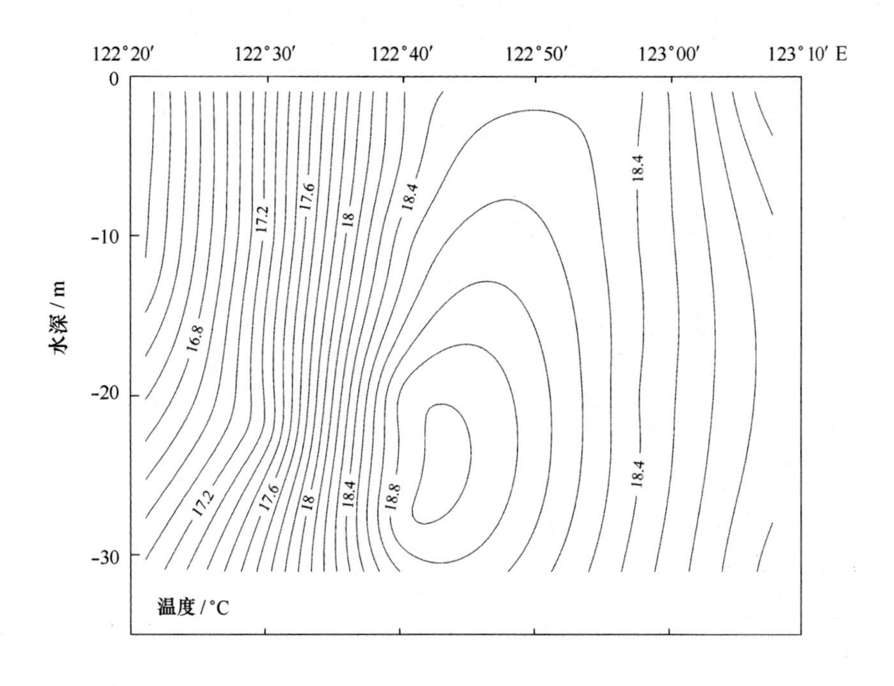

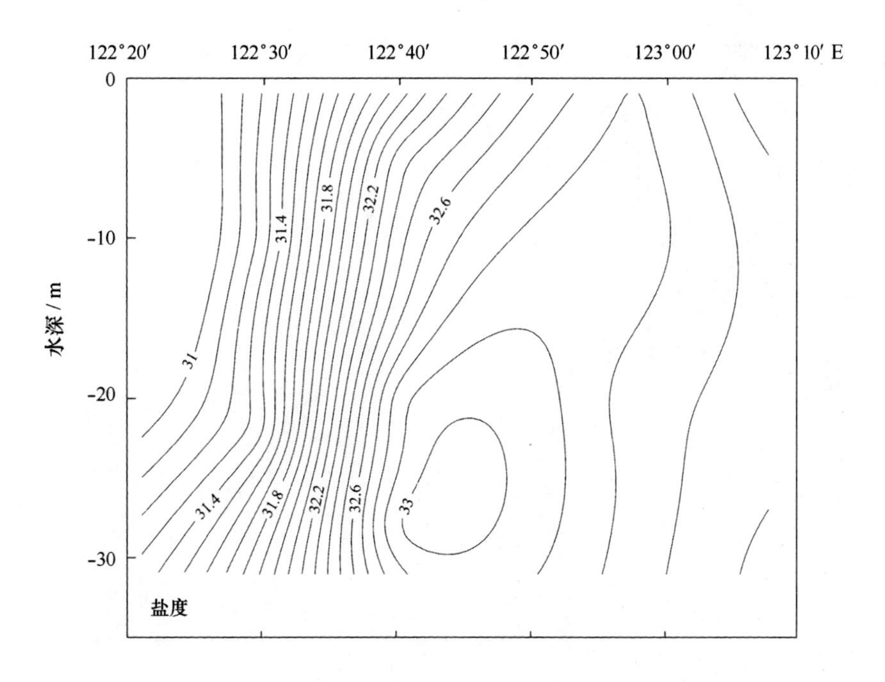

图 1.36　2002 年 10 ~ 14 号站断面温度（上图）、盐度（下图）等值线图

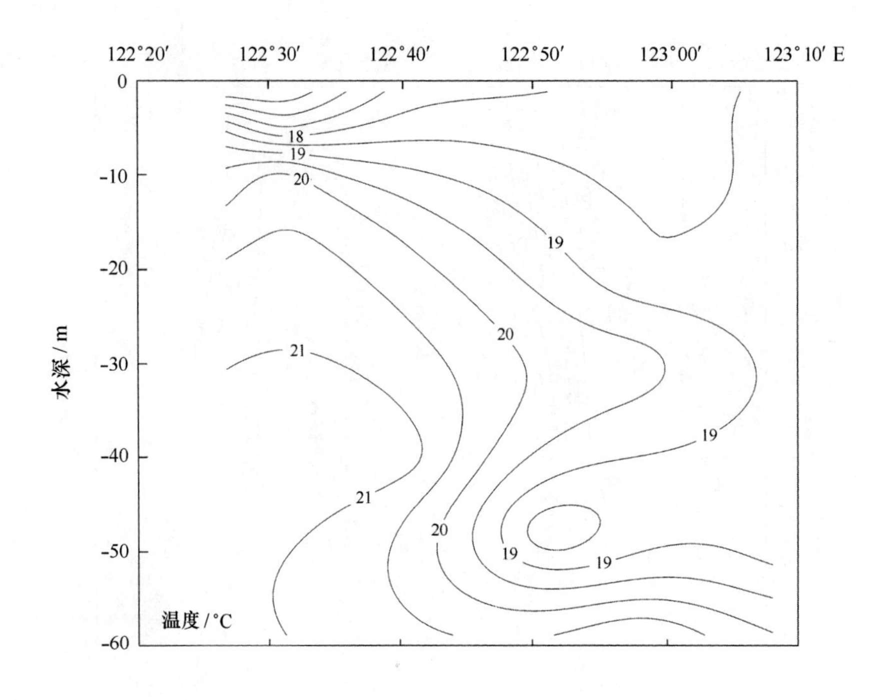

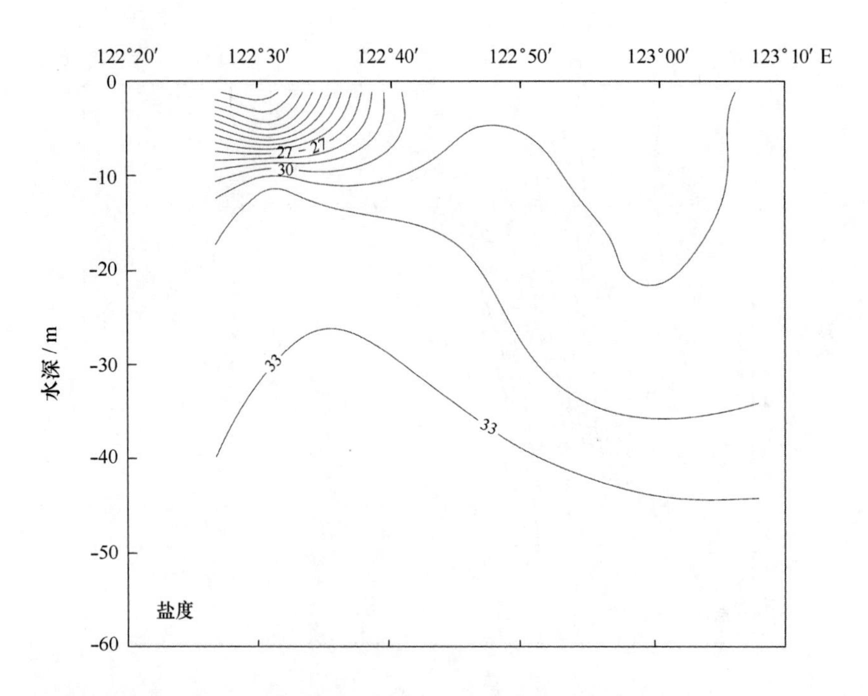

图 1.37　2002 年 16 ~ 20 号站断面温度（上图）、盐度（下图）等值线图

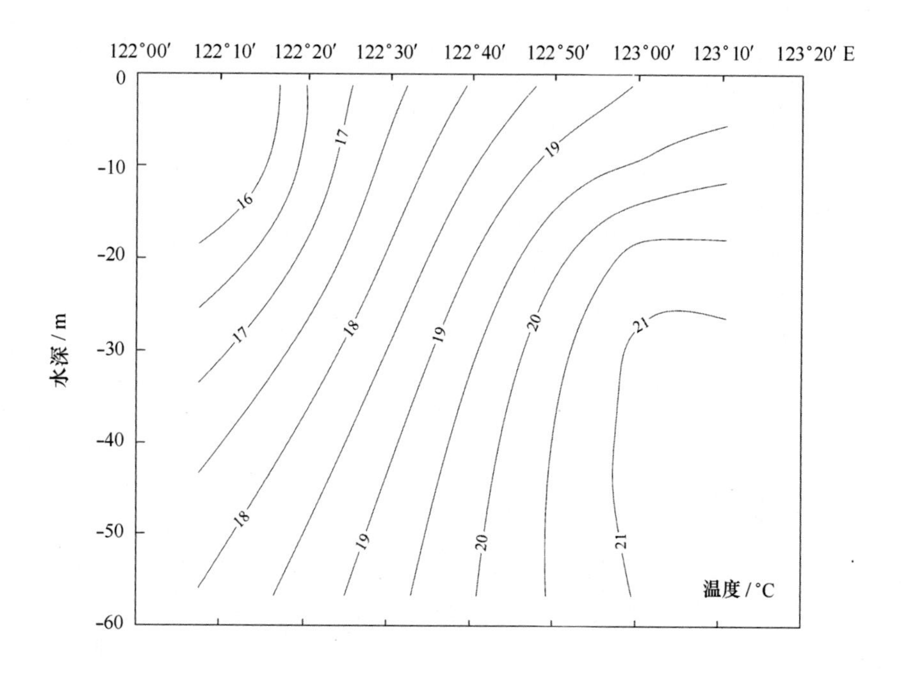

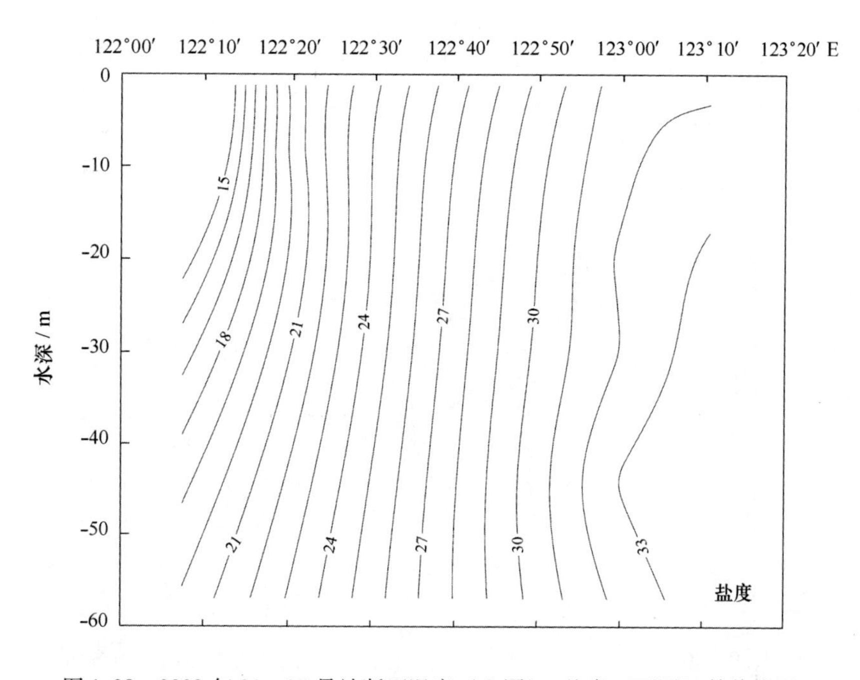

图 1.38　2002 年 21 ~ 27 号站断面温度（上图）、盐度（下图）等值线图

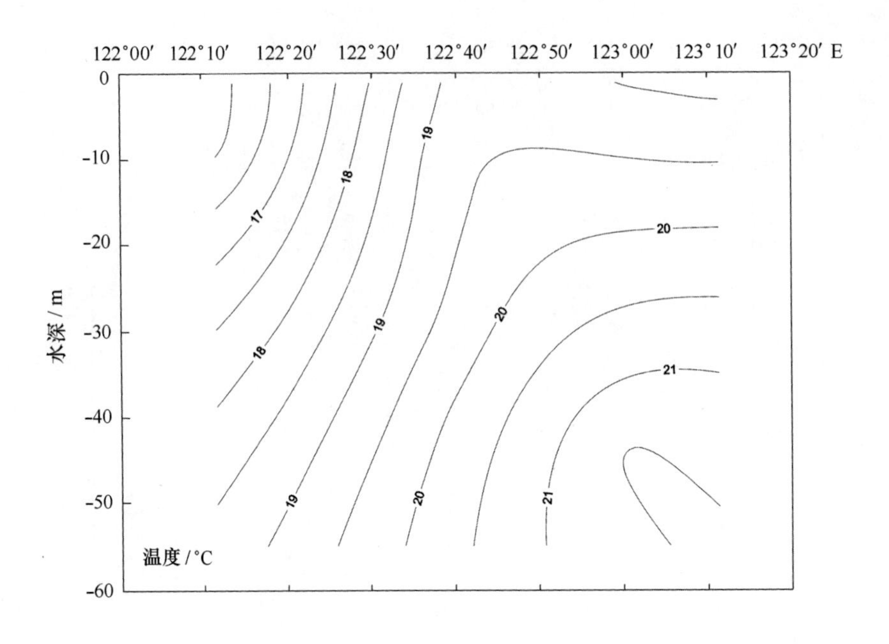

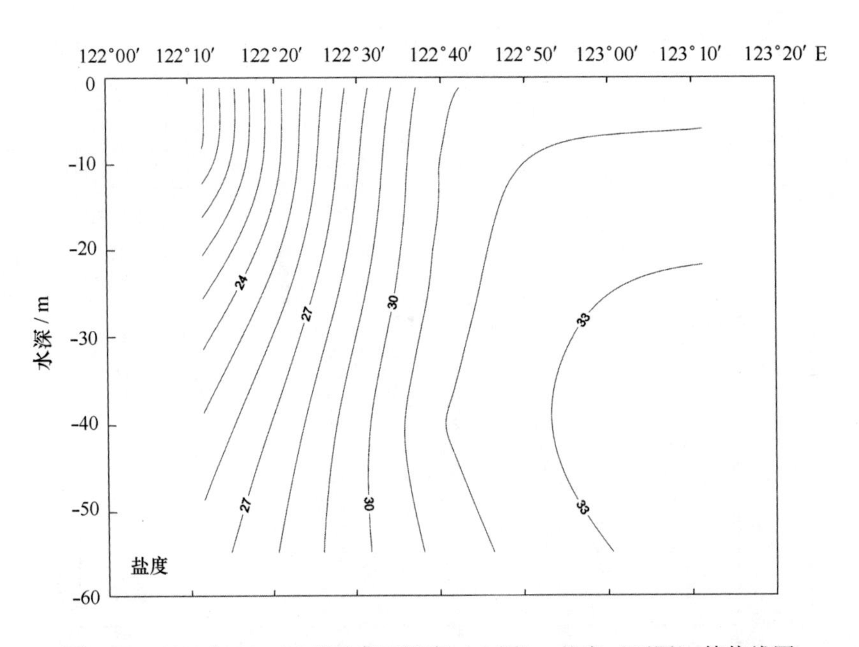

图 1.39　2002 年 29 ~ 34 号站断面温度（上图）、盐度（下图）等值线图

1.3　T－S 图解

在水团分析中，T－S 图解是最基本的分析工具。如按其基本定义来划分监测区的水团，那么，由于监测区范围过小，就很难确定一个完整的水团及其变化规律。以往对于长江口海区的水团变化分析，主要着眼于洪水季节，对于春、秋季的水团变化则鲜有涉及。由于对于水团分析而言监测区的范围过小，故本节中只能根据监测资料画出的 T－S 图解，对其进行初步分析。

1.3.1　春季

图 1.40 是 1999 年 5 月的 T－S 图。从图 1.40 可以看出，在监测区，存在着三种类型的水，即长江河口水（1＜S＜5，19℃＜T＜20℃），长江冲淡水（5≤S＜31，14℃＜T＜21℃）和外海水（31≤S＜33.5，14℃＜T＜19℃）。

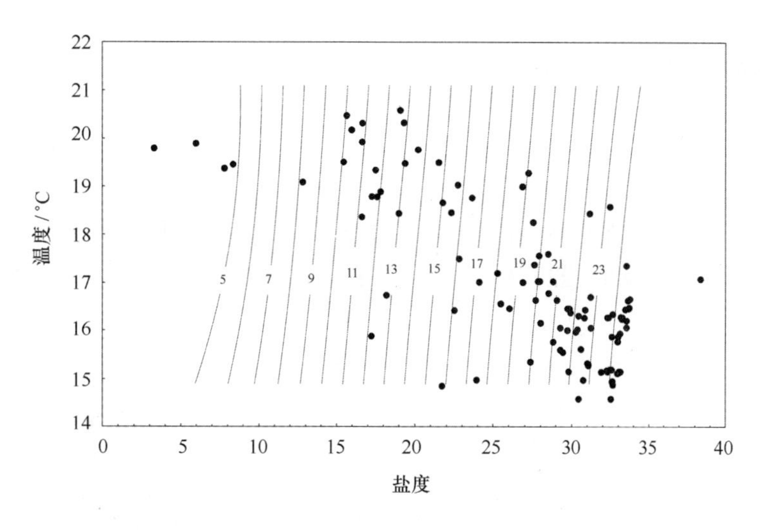

图 1.40　1999 年 T－S 图

图 1.41 是 2001 年 5 月的 T－S 图。图 1.41 显示，监测区的水团仍属于三种不同的类型，即长江河口水（1＜S＜5，19℃＜T＜20℃），长江冲淡水（5≤S＜31，15℃≤T＜23℃）和外海水（31≤S＜34，14℃＜T＜23℃）。

比较图 1.40 和图 1.41 可以发现，在长江河口区，春季（5 月）的水团分布有较显著的年际变化。首先，就长江河口水而言，1999 年 5 月与 2001 年 5 月在指标上并无差异，均为 1＜S＜5，19℃＜T＜20℃。这表明，1999 年 5 月与 2001 年 5 月长江径流在口门附近的温盐指标范围并无明显年际差异。当然这不能排除这两次监测期间长江入海径流量及其在各河道上的流量比例存在年际差异。其次，由于长江冲淡水本质上是长江入海径流与外海水之间的混合水，因此尽管其盐度变化幅度可达 26 之多，但目前，人们对这一数值已无大的疑义。然而其水温指标的取值区间却出现了 3℃的差异。这一差异可能是反映了该水团的年际差异。这里应当着重指出的是两次监测资料所反映出来的外海水指标数值的显著差异。从前述温盐平面分布和断面分布图可见，这一差异不仅反映了年际变化，而更多的反映了两种不同的外海水的入侵。1999 年 5 月，T－S 图上的外海水主要是

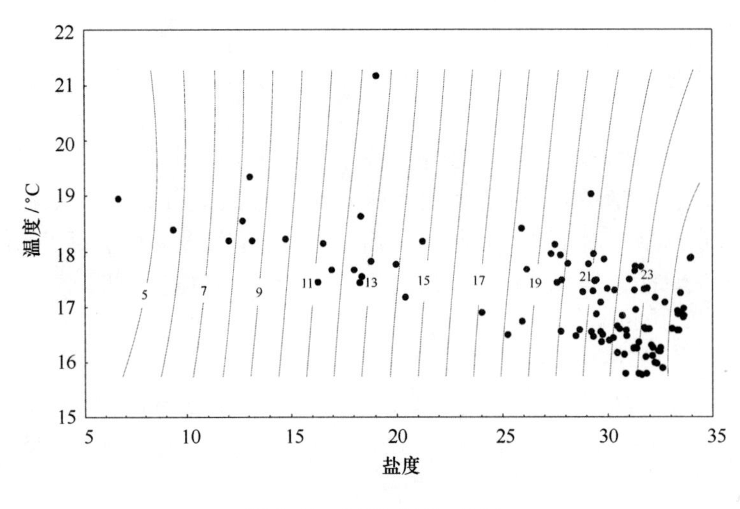

图 1.41　2001 年 T－S 图

反映了台湾暖流水的入侵。而在 2001 年 5 月的 T－S 图上，外海水则主要反映了黄海混合水的入侵。

1.3.2　秋季

图 1.42 是 1998 年 11 月的 T－S 图。从该图可以看出，在监测区内主要存在两种水团：① 长江冲淡水（8 < S < 31，16℃ < T < 22℃）；② 外海水（31 ≤ S ≤ 34，17℃ < T < 23℃）。

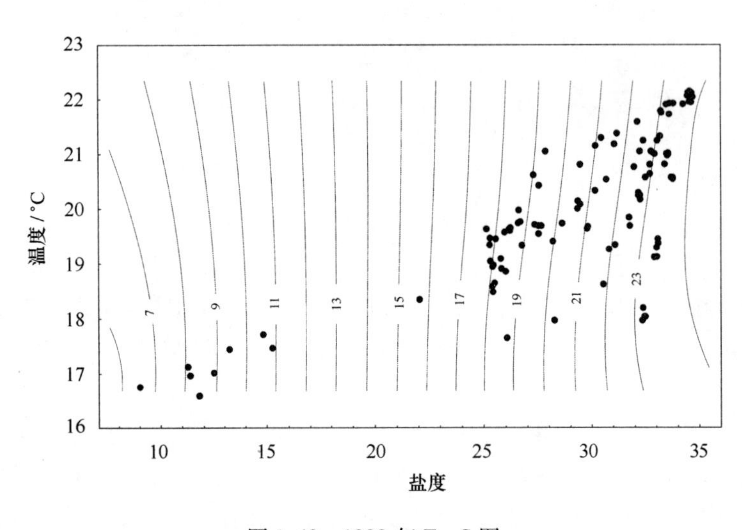

图 1.42　1998 年 T－S 图

图 1.43 为 2000 年 11 月的 T－S 图。该图显示，在 2000 年 11 月，监测区内存在着三种水团，即：① 长江河口水（1 < S < 5，18℃ < T < 19℃）；② 长江冲淡水（5 ≤ S < 31，14℃ < T < 23℃）；③ 外海水（31 ≤ S ≤ 34，17℃ < T < 23℃）。

通过比较图 1.42 和图 1.43 可以看出，在监测区内，秋季的水团分布及其变化具有较明显的年

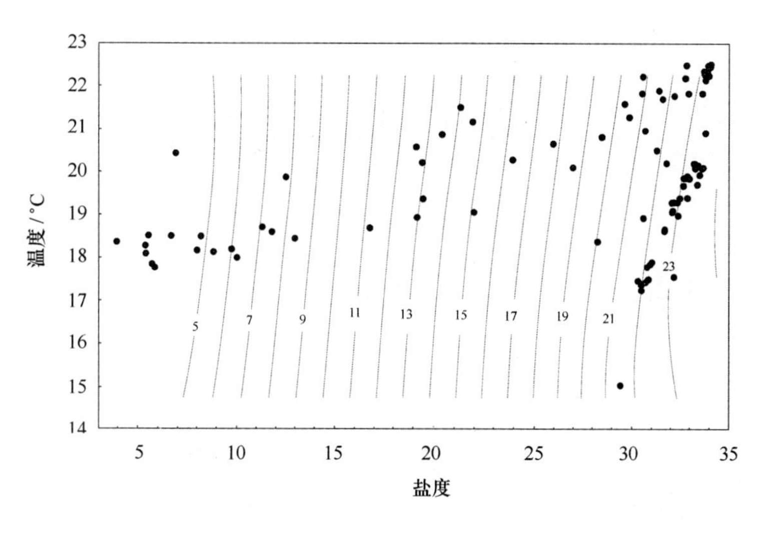

图 1.43　2000 年 T－S 图

际变化特征。同春季情况相似，这种年际变化特征不仅反映了长江冲淡水本身在过渡季节中的分布变化，而且也反映了外海水入侵的季节特征。

2002 年 11 月的 T－S 图由图 1.44 给出。由该图可以看出，2002 年 11 月，在监测区内共存在三种不同类型的水团，即长江河口水（1＜S＜5，14℃＜T＜16℃）、长江冲淡水（5＜S＜31，14℃＜T＜20℃）和外海水（31≤S＜34，15℃＜T＜22℃）。

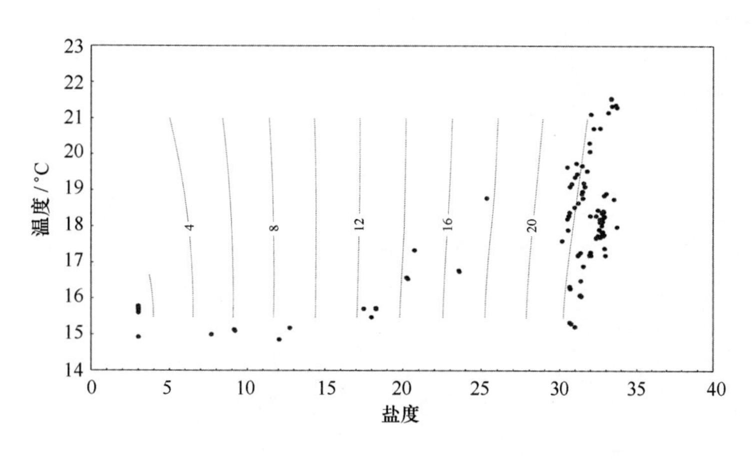

图 1.44　2002 年 11 月 T－S 图

对比分析 1998 年、2000 年和 2002 年 11 月各水团的温、盐指标不难得出，2002 年 11 月各水团的温度都比 1998 年和 2000 年同期偏低（约偏低 1～3℃），而盐度则相差不大，仅外海水的最高盐度略低。由此可见，监测区内的水团强度和温盐特性都存在着明显的年际变化。

2 长江口沉积环境

2.1 悬浮体含量及烧失量平面分布

2.1.1 春季悬浮体含量平面分布

1999 年春季长江口表层（图 2.1）和底层（图 2.2）的悬浮体含量普遍较低，表、底层悬浮体含量的分布趋势是由河口向外海逐渐降低的。表层在近河口 122°E 附近悬浮体含量相对较高，最高含量为 95.2 mg/L（28 号站），其次为 88.6 mg/L（36 号站）。50 mg/L 等值线位于河口附近，到 122°30′E 悬浮体含量降至 5 ~ 10 mg/L，122°30′E 以东悬浮体含量小于 5 mg/L。底层悬浮体含量一般高于表层。河口内 35 ~ 39 号站悬浮体含量较高，最高为长江口东南部海域，在那里形成悬浮体高含量区，最高为 370 mg/L（29 号站）。50 mg/L 等值线延伸到 122°30′E 附近，5 ~ 10 mg/L 等值线达到 122°45′E。123°E 以东海域悬浮体含量仅 1 ~ 2 mg/L。

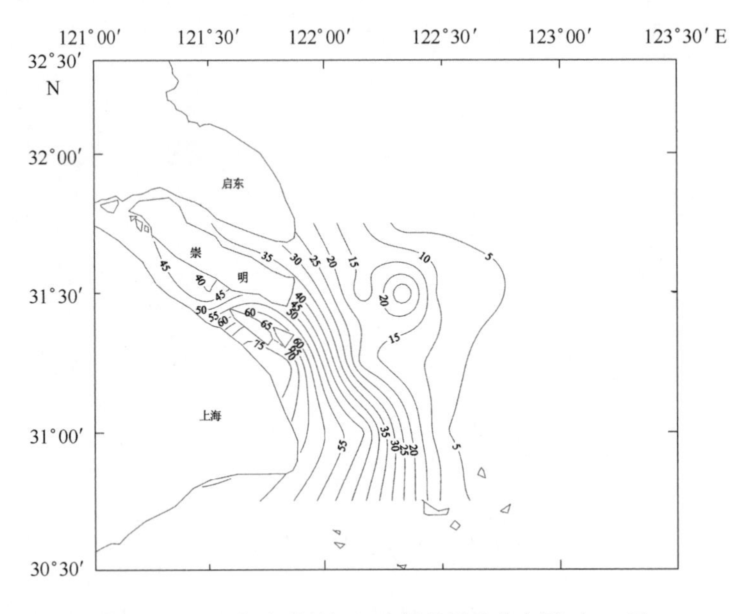

图 2.1　1999 年春季长江口表层悬浮体分布图（mg/L）

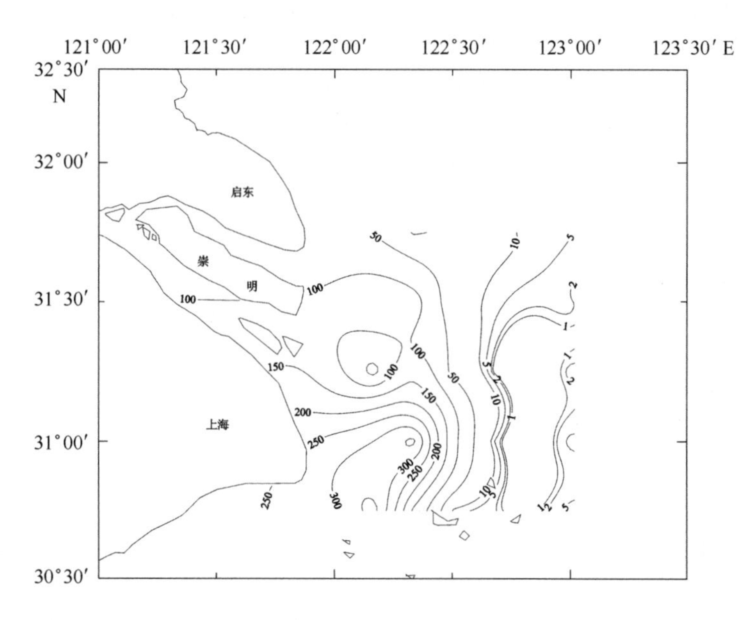

图 2.2　1999 年春季长江口底层悬浮体分布图（mg/L）

长江口 2001 年春季表层（图 2.3）和底层（图 2.4）悬浮体含量明显高于 1999 年。表层由河口内 35 号到 40 号站，悬浮体含量由 116.6 mg/L 增加到 1 685.0 mg/L。在长江口东南部海域形成悬浮体高含量区，最高为 836 mg/L（29 号站）。长江口北部海域形成悬浮体低含量区，122°E 以东悬浮体含量低于 5 mg/L。底层悬浮体含量明显高于表层，其中长江口内的 39 号站底层含量高达 2 016.5 mg/L，长江口东南部海域形成悬浮体高含量区，最高为 2 056.0 mg/L（29 号站）。长江口北部海域悬浮体含量相对较低。50 mg/L 等值线延伸至 122°30′E 附近，122°30′E 以东海域悬浮体含量小于 5 mg/L。

根据 1999 年和 2001 年长江口春季表、底层悬浮体含量分布状况，反映出以下特征：

（1）2001 年长江口海域表、底层悬浮体含量明显高于 1999 年，这是由于 2001 年 5 月当时大风浪和潮流作用所致，大风浪的天气使海底中的泥沙掀起，产生泥沙再悬浮，从而使海水中的悬浮体含量明显增高。

（2）底层悬浮体含量明显高于表层，这在近河口 25 m 水深范围（122°30′E 以西）内表现尤为明显。1999 年春季表层悬浮体含量为 50 mg/L 等值线分布于 122°E 附近，而底层则延伸至 122°30′E。总的分布趋势是底层悬浮体含量等值线较表层向东延伸，反映出底层悬浮体含量高于表层。

（3）根据长江口春季悬浮体含量平面分布状况，大致可分为以下几个区域：

① 长江内河口区，为 35 ~ 40 号站位，该区位于长江口内，悬浮体含量较高，表、层底含量一般大于 50 mg/L，最高为 2001 年春季，含量为 2 016.5 mg/L（39 号站），该区悬浮体含量直接受到长江口的流量及含沙量的影响。

② 长江口东南部、舟山群岛以北海域，为本区悬浮体高含量区，表层一般在 50 mg/L 以上，最高达 800 mg/L，底层一般在 250 mg/L 以上，最高可达 2 000 mg/L。这里是咸淡水交界的地方，长江入海泥沙发生凝聚作用，使海水悬浮体量增高。

③ 长江口以北，江苏东南海域为悬浮体低含量区，这里受长江带来泥沙的影响相对较小，故

悬浮体含量相对较低。长江口外122°30′E以东海域悬浮体含量最低，一般小于5 mg/L，而且变化不明显，说明这里受长江泥沙的影响已经很小。

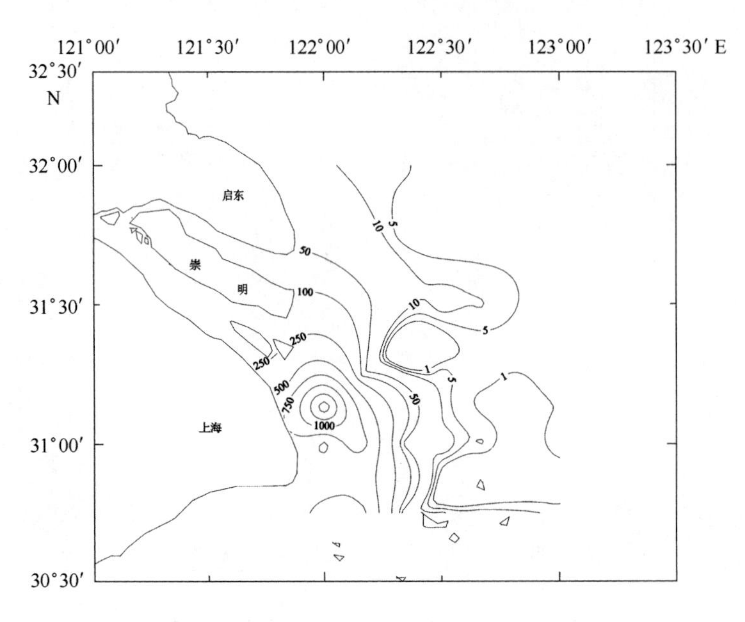

图2.3　2001年春季长江口表层悬浮体分布图（mg/L）

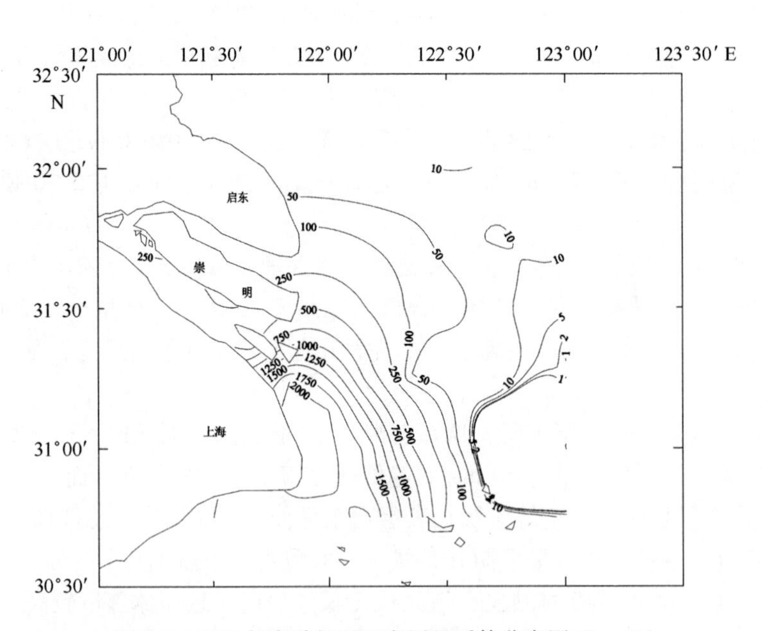

图2.4　2001年春季长江口底层悬浮体分布图（mg/L）

2.1.2 秋季悬浮体含量平面分布

长江口秋季悬浮体含量总的分布趋势，是由河口向东悬浮体含量逐渐降低。

1998 年秋季长江口表层（图 2.5）和底层（图 2.6）悬浮体含量较高，表层最高含量为 711 mg/L（21 号站），在长江口东南部海域形成悬浮体高含量区，50 mg/L 等值线大致位于 122°15′E，122°30′E 以东海域悬浮体含量降至 5 mg/L 以下。底层悬浮体含量明显高于表层，在长江口东南部海域，形成悬浮体高含量区，底层最高含量达 3 774.0 mg/L（28 号站）。另外，在长江口东部河口附近，形成一个悬浮体高含量区，最高含量为 1 816.0 mg/L（9 号站）。50 mg/L 等值线东移至 122°30′E，10 mg/L 等值线东移至 123°E 附近。

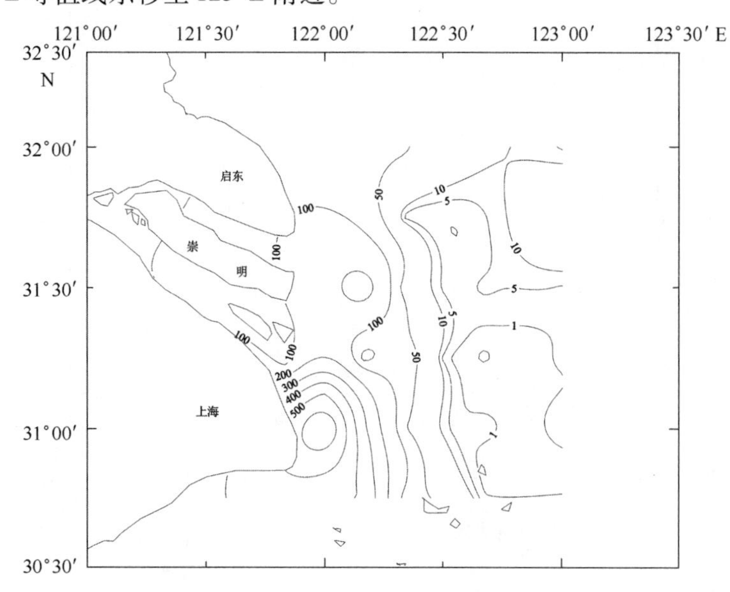

图 2.5　1998 年秋季长江口表层悬浮体分布图（mg/L）

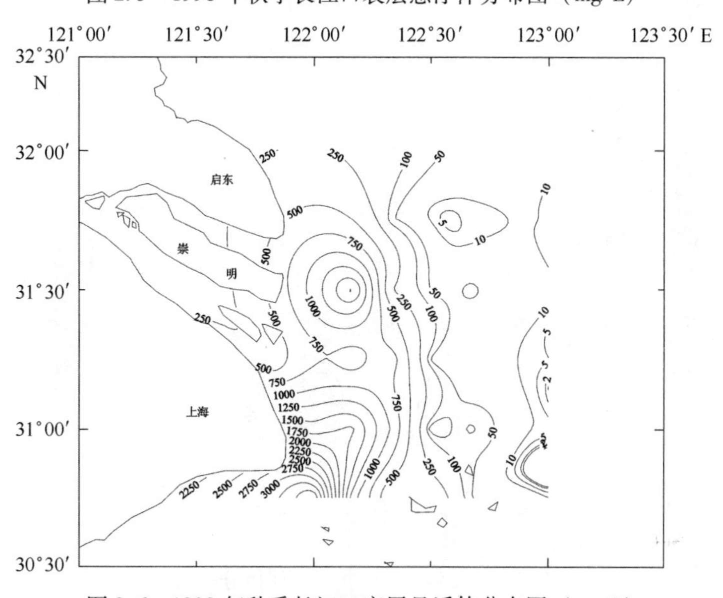

图 2.6　1998 年秋季长江口底层悬浮体分布图（mg/L）

2000年秋季长江口表层（图2.7）和底层（图2.8）悬浮体含量较1998年低。表层悬浮体含量在长江口和东部河口附近形成悬浮体高含量区，最高为850 mg/L（9号站），而长江口东南部海域悬浮体含量较低（<10 mg/L）。50 mg/L等值线大致分布于122°30′E附近，5～10 mg/L等值线分布于122°45′E附近。底层悬浮体含量高于表层，分别在长江口东部和东南部海域形成悬浮体高含量区，东部悬浮体高含量区最高为461.5 mg/L（10号站），东南部悬浮体高含量最高为307.4 mg/L（28号站）。50mg/L等值线向东延伸至122°40′E，5～10 mg/L等值线向东延伸至123°E。

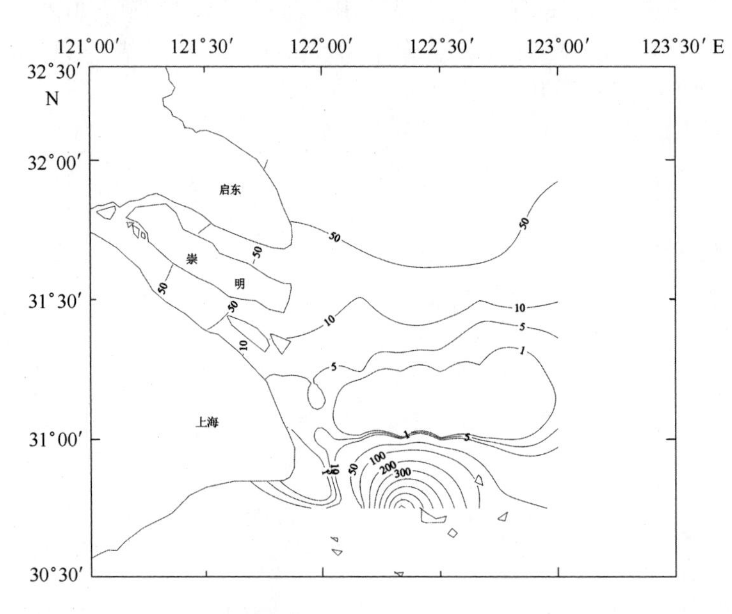

图2.7　2000年秋季长江口表层悬浮体分布图（mg/L）

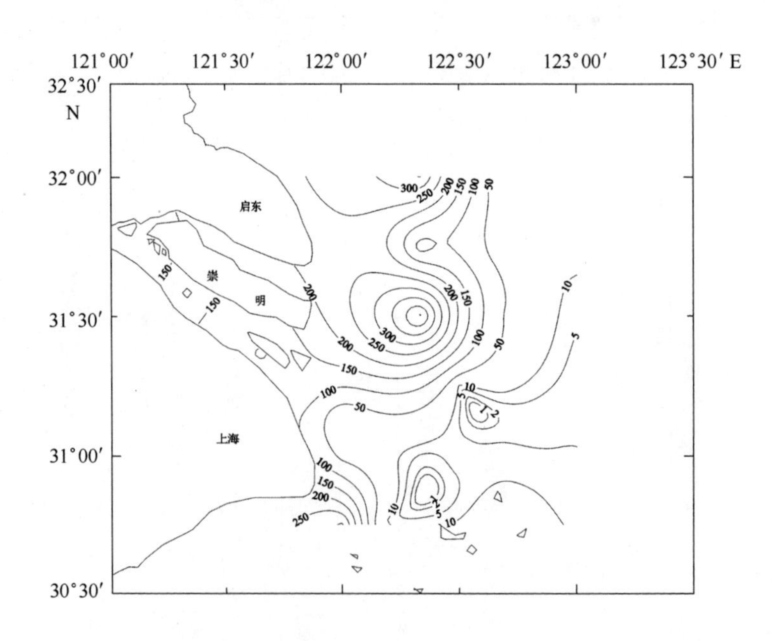

图2.8　2000年秋季长江口底层悬浮体分布图（mg/L）

2002年秋季长江口海域表层（图2.9）和底层（2.10）悬浮体含量总体上看明显高于2000年秋季，比较接近于1998年秋季长江口海域表、底层悬浮体含量，总的分布趋势是由长江口向东部海域悬浮体含量逐渐降低，至123°E以东，悬浮体含量小于5～10 mg/L。底层悬浮体含量一般大于表层含量。

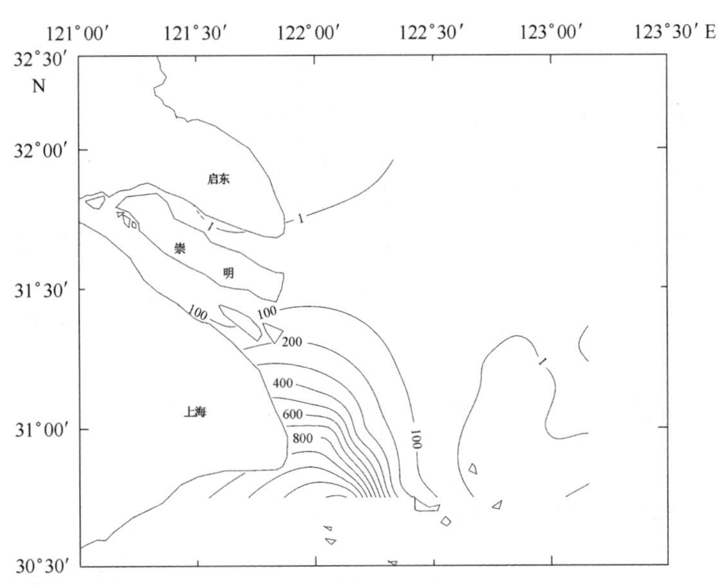

图2.9 2002年秋季长江口表层悬浮体分布图（mg/L）

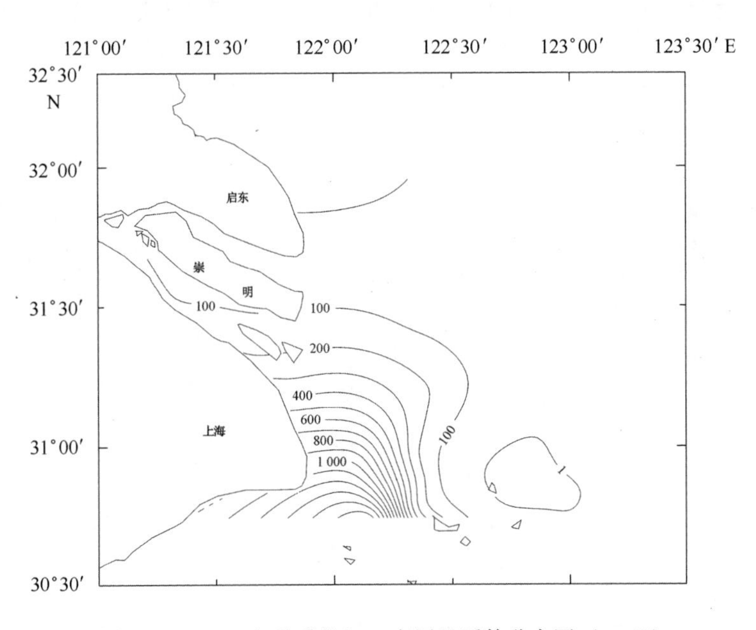

图2.10 2002年秋季长江口底层悬浮体分布图（mg/L）

2002年秋季长江口海域21～23站和28～30站表、底层悬浮体含量较高，在长江口东南部海域形成悬浮体高含量区，其中以29号站悬浮体含量最高（表层为1 306 mg/L底层为1 682 mg/L）。9～11号站和15～18号站表、底层悬浮体含量相对较高，并在长江口东部海域（122°

~122°30′E）形成悬浮体高含量区，其中以16号站悬浮体含量最高（表层为67.4 mg/L，底层为197 mg/L）。1~8号站位于长江口以北海域，悬浮体含量相对较低（<20 mg/L），形成悬浮体低含量分布区。

根据长江口1998年、2000年和2002年秋季悬浮体含量平面分布状况，反映出以下特征：

（1）1998年和2002年秋季表、底层悬浮体含量高于2000年秋季。

（2）底层悬浮体含量高于表层，表层为50 mg/L等值线分布于122°30′E以西，5~10 mg/L等值线位于122°40′E，底层为50 mg/L等值线达到122°30′E，5~10 mg/L等值线延伸至123°E。

（3）根据长江口秋季悬浮体含量的平面分布状况，大致可分为以下几个区域。

① 长江口东南部和东部海域分别形成两个悬浮体高含量区，东南部海域悬浮体含量最高，1998年表层最高为711.0 mg/L（21号站），底层最高为3 774.0 mg/L（128号站），其次为长江口东部海域。

② 2000年秋季长江口东南部海域为一悬浮体低含量区，表层一般小于10 mg/L，底层一般小于20 mg/L。

③ 长江口123°E以东海域悬浮体含量小于5 mg/L，为悬浮体低含量区，这里悬浮体含量变化不太，受长江口泥沙的影响较小。

2.1.3 春季悬浮体烧失量平面分布

根据分析结果，反映出悬浮体含量烧失量的大小基本与悬浮体含量的多少成正比，因此烧失量的平面分布与悬浮体含量的平面分布基本相一致。长江口1999年春季表层（图2.11）和底层（图2.12）烧失量明显低于2001年春季（图2.13和图2.14）。底层烧失量一般大于表层。

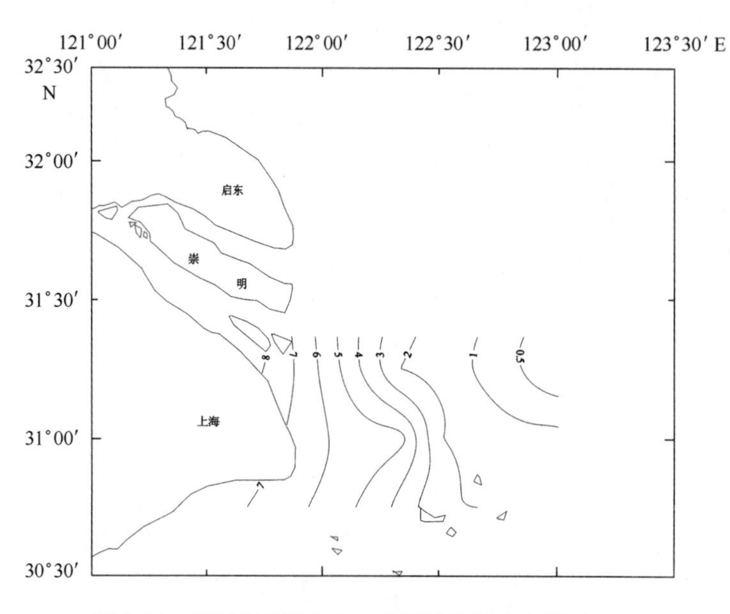

图2.11　1999年春季长江口表层烧失量分布图（mg/L）

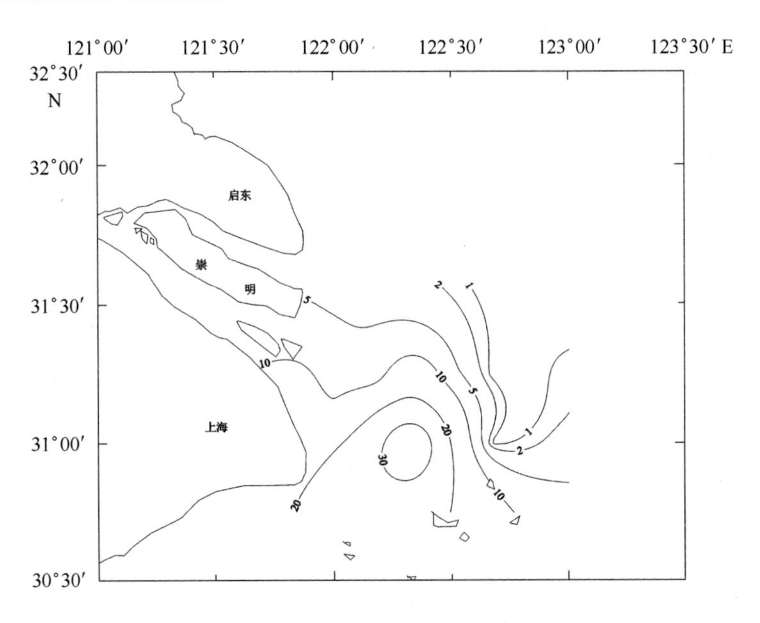

图 2.12 1999 年春季长江口底层烧失量分布图（mg/L）

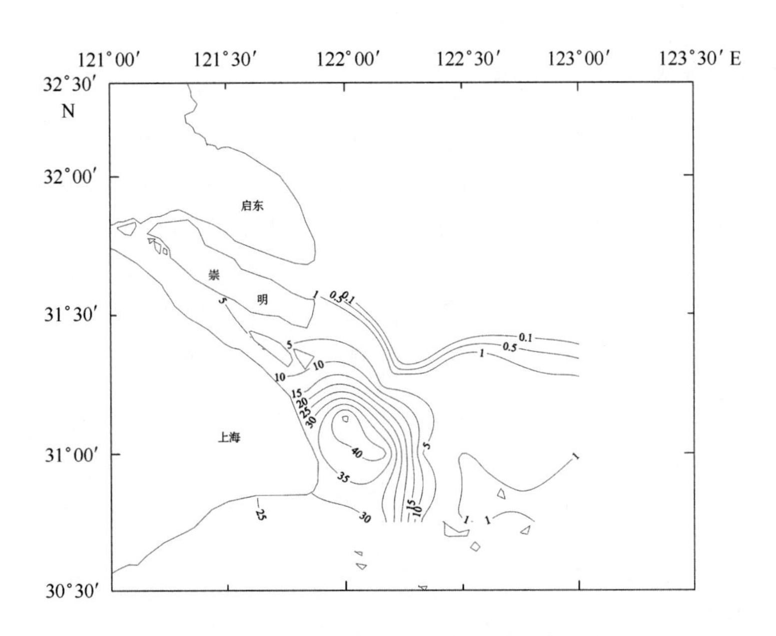

图 2.13 2001 年春季长江口表层烧失量分布图（mg/L）

1999 年春季表层烧失量较低（＜10 mg/L），最高为 8.8 mg/L（28、38 号站）2001 年春季表层烧失量相对较高，并在长江口东南海域形成高值区，最高为 46.5 mg/L（40 号站），122°30′E 以东海域，烧失量小于 20 mg/L。

长江口春季底层烧失量明显高于表层，2001 年春季底层烧失量高于 1999 年春季。2001 年春季在长江口东南部海域表层和底层形成烧失量高值区，表层最高为 46.5 mg/L（40 号站），底层最高为 89.0 mg/L（28 号站），底层 5～10 mg/L 等值线延伸至 122°30′E 附近。

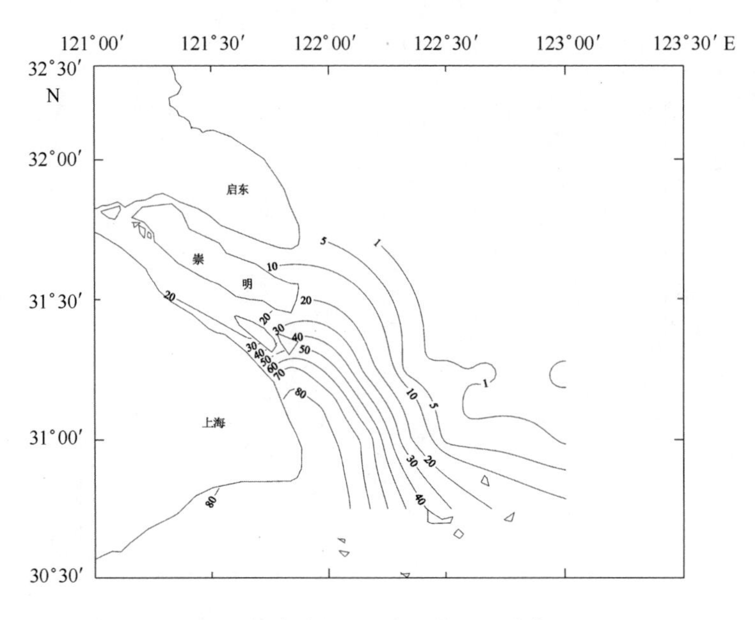

图 2.14　2001 年春季长江口底层烧失量分布图（mg/L）

2.1.4　秋季悬浮体烧失量平面分布

长江口 1998 年、2000 年和 2002 年秋季悬浮体烧失量平面分布见图 2.15 ~ 图 2.20。

长江口 1998 年秋季表层（图 2.15），底层（图 2.16）和 2002 年秋季表层（图 2.19）底层（图 5.20）的烧失量高于 2000 年秋季（表层图 2.17）（底层图 2.18）。1998 年和 2002 年秋季表、底层烧失量在长江口东南方向海域形成高值分布区，表层最高值为 41.5 mg/L（2002 年，29 号站），底层最高值为 90.5 mg/L（1998 年，22 号站），10 mg/L 等值线接近 122°30′E。

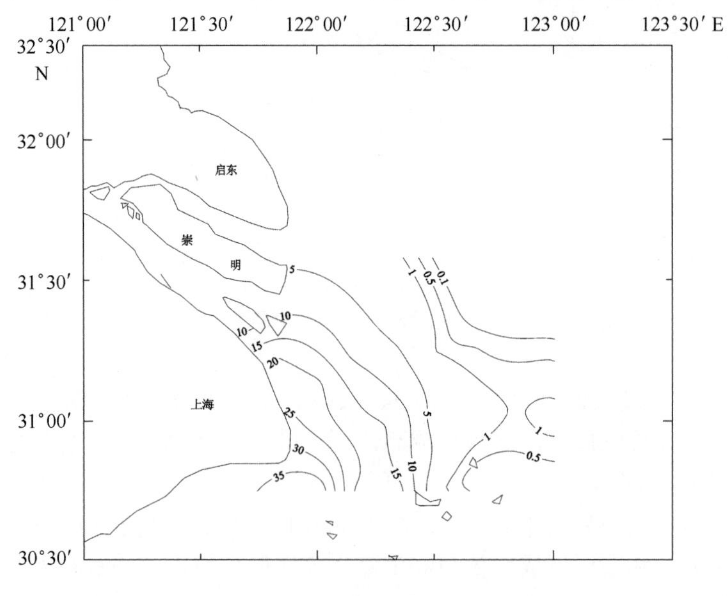

图 2.15　1998 年秋季长江口表层烧失量分布图（mg/L）

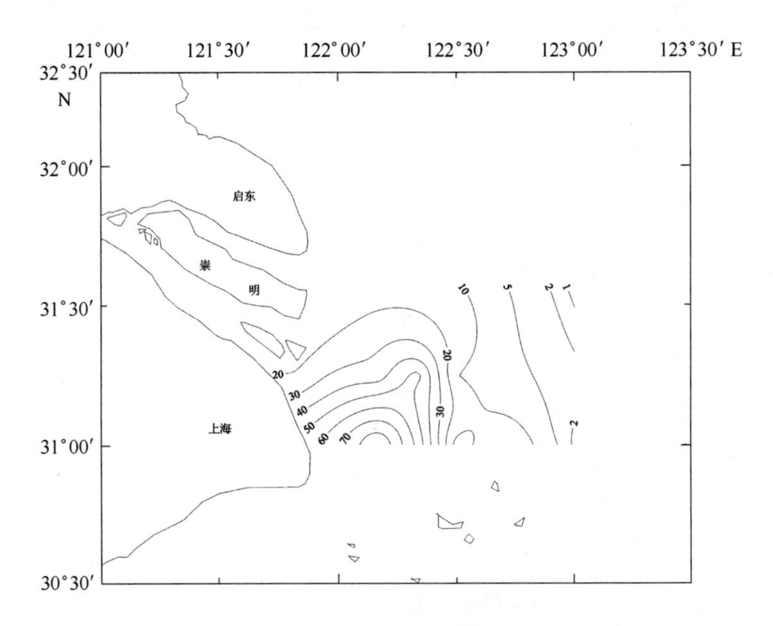

图 2.16　1998 年秋季长江口底层烧失量分布图（mg/L）

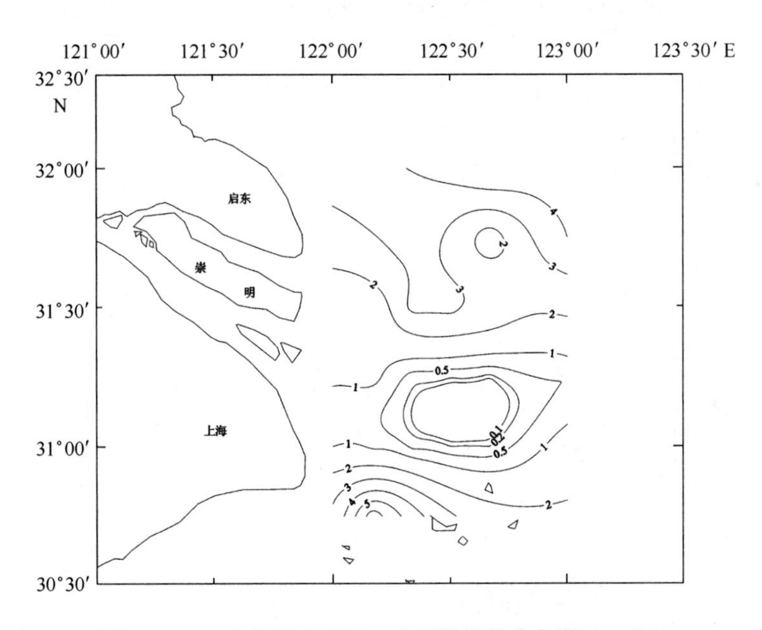

图 2.17　2000 年秋季长江口表层烧失量分布图（mg/L）

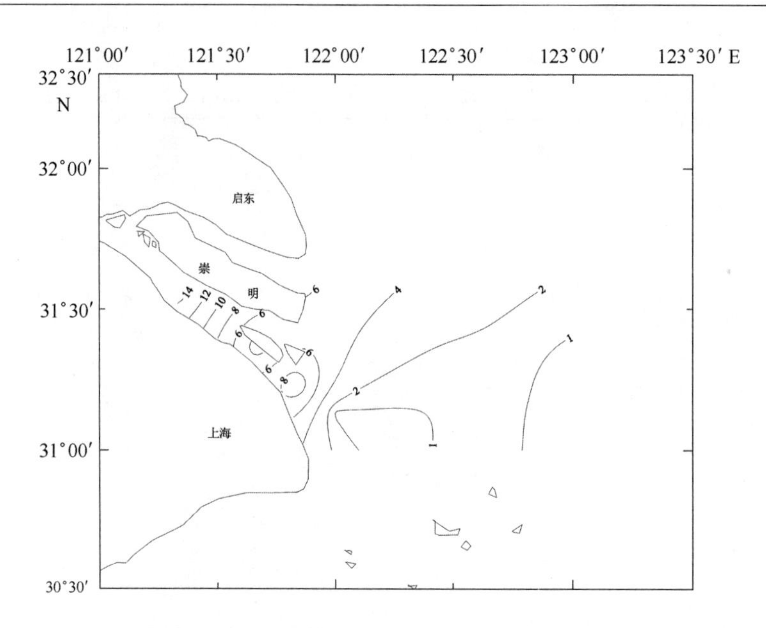

图 2.18　2000 年秋季长江口底层烧失量分布图（mg/L）

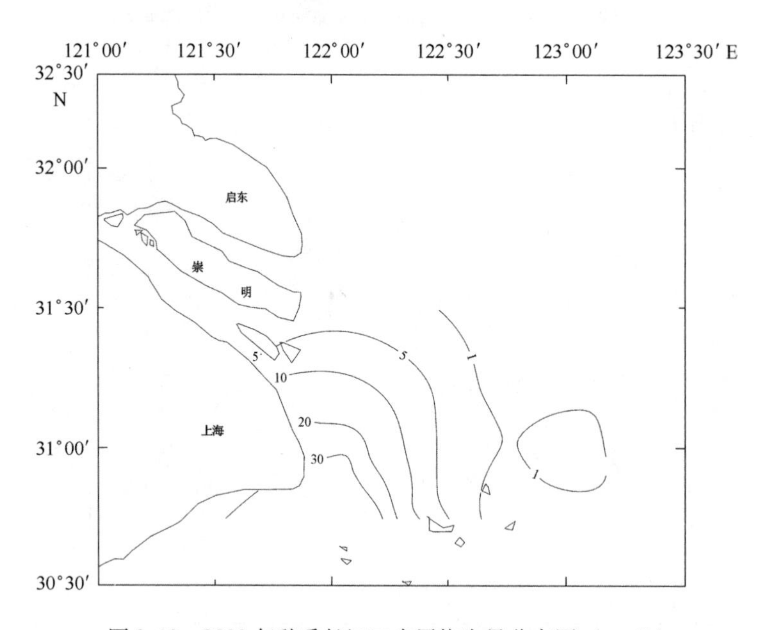

图 2.19　2002 年秋季长江口表层烧失量分布图（mg/L）

2000 年秋季表、底层烧失量相对较低，长江口外海域一般小于 5 mg/L，长江口内最高为 15.6 mg/L（36 号站）。

根据长江口春季和秋季烧失量的平面分布状况，反映出以下分布特征：

1）长江口烧失量的平面分布基本与悬浮体含量的平面分布相一致，长江口近河口海域烧失量相对较高，但所占悬浮体含量的百分比仍较低，表明长江口附近的悬浮物质仍以长江输出的泥沙为主，而 122°30′E 东的海域烧失量尽管较低，但所占悬浮体含量的百分比较高，表明这些地方受长江口带来泥沙的影响较小，而有机质和浮游生物所占的比例较大。

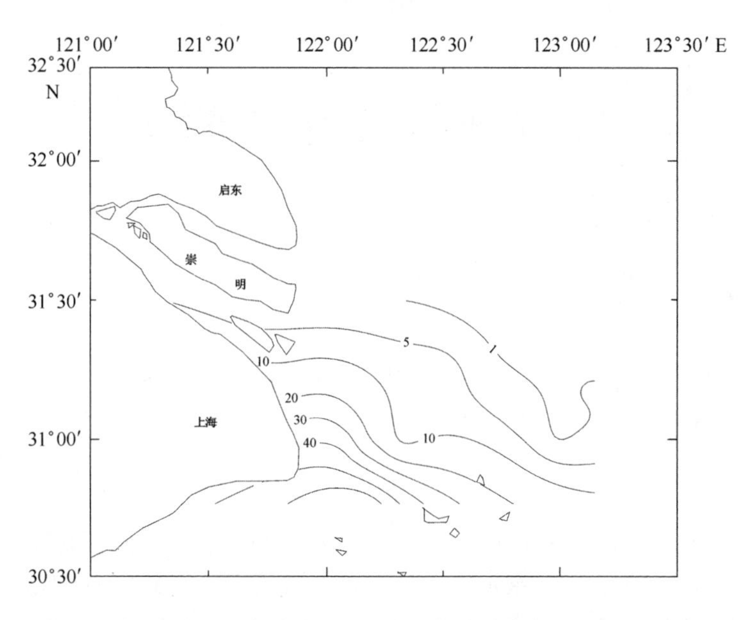

图 2.20 2002 年秋季长江口底层烧失量分布图（mg/L）

2）长江口烧失量底层高于表层，2001 年春季表、底层的烧失量高于 1999 年春季，而 1998 年和 2002 年秋季表、底层的烧失量高于 2000 年秋季。

3）1998 年、2002 年秋季和 2001 年春季的表层和底层长江口东南部海域分别形成烧失量的高值分布区。

2.2 悬浮体含量的季节变化

根据长江口春季（5 月）和秋季（11 月）悬浮体含量的平面和垂直分布特征，反映出春季和秋季悬浮体含量变化不明显，长江口 2001 年春季悬浮体含量高于 1999 年春季，而 1998 年秋季悬浮体含量高于 2000 年秋季，说明了即使在同一季节不同年份变化也较大，说明了悬浮体含量变化主要受到海洋因素的影响。根据以往对长江口悬浮体含量的调查结果表明，长江口悬浮体含量的季节变化主要表现在冬季悬浮体含量高于夏季，而春季和秋季变化不明显。长江口外海区海洋因素中影响悬浮体含量变化的主要是潮流和风浪，潮流具有明显的周期性，风浪作用季节变化明显，它们对冬、夏季长江口悬浮体含量分布起重要作用。长江口冬季以北向风浪为主，西北至东北风浪的频率超过 60%，夏季东南及偏南风浪占优势，东南至南向风浪频率为 40% ~50%。春季浪向分散，秋季以东北风浪为主。冬季平均波高较夏季高为 10 cm 左右，大于 5 级的风浪为夏季的 4 倍，因而冬季风浪对海底的作用概率和强度均大于夏季，海底泥沙被掀起产生再悬浮，海水悬浮体含量增高，尽管夏季长江洪水入海泥沙较多，但冬季风浪作用强烈，从而出现了悬浮体含量冬季大于夏季的趋势，而春季和秋季介于两者之间，变化不明显。

3 长江口水化学

3.1 平面分布

1998 年 11 月、2000 年 11 月、2000 年 11 月、1999 年 5 月和 2001 年 5 月长江口门内、外表、底层水中水化学要素含量的变化范围和平均值列于表 3.1 和 3.2。

3.1.1 溶解氧

DO 的平面分布见图 3.1 ~ 图 3.5 。5 次调查 DO 的分布均有所不同，其表层分布，1998 年 11 月 DO 高值区分布在调查区的中部偏东水域，最大值在 12 号站为 12.30 mg/L，从该水域向东北和西南方向递减，口门内 DO 含量也较高，介于 8.11 ~ 9.43 mg/L 之间；1998 年 11 月 DO 底层分布，口门内和口门附近含量高，从河口向外海方向逐渐下降。2000 年 11 月表层 DO 最高含量分布在调查区的北部，最大值为 13.24 mg/L，从北向南和东南方向递减；底层分布类似于表层，口门内表、底层 DO 含量平均值均小于口门外。2002 年 11 月长江口门外表、底层 DO 浓度变化比 1998 年和 2000 年小得多，分别介于 4.38 ~ 6.55 mg/L 和 2.89 ~ 6.37 mg/L 之间，其平均值也小得多（表 3.1），但是水温并不高，其原因还有待于进一步研究；DO 较高含量区，表层分布在调查区中部和西北部，底层则在北部和口门外附近水域，最低值出现在调查区底层东南角，仅为 2.89 mg/L（19 号站），这也是所有 11 月调查以来的最低值。1999 年 5 月长江口口门和近岸表层水中 DO 含量低，自西向东和东北方向递增，最大值出现在调查区的东北角，为 13.95 mg/L；DO 底层分布与表层有很大的不同，最高含量在口门内和口门附近，其基本趋势是从河口向外海方向递减，与 1998 年 11 月 DO 底层分布类似。2001 年 5 月 DO 低含量区分布在口门附近，口门内含量也较低，从河口向外海方向逐渐升高，最高含量在调查区的东中部 12 号站为 8.73 mg/L；底层大部分含量高的站分布在口门内和口门附近，从河口向东和东南方向递减，1999 年和 2001 年 5 月份表、底层 DO 含量具有基本类似的分布趋势。DO 的平面分布除了与水温有关外，还受生物活动控制，在某些浮游植物大量繁殖的水域，DO 含量也很高。如 1998 年 11 月 DO 高含量区正是叶绿素 a（Chla）的两个高含量区之一（图 4.1），DO 含量最高的 12 号站，叶绿素 a 含量为 3.654 mg/m^3，浮游植物细胞数量高达 3.6×10^8 个/m^3，初级生产力为 496.21 mgC/m^2. d；1999 年 5 月和 2001 年 5 月 DO 高含量区分布也与 Chla 分布相吻合（图 4.2 和 4.4）。

表 3.1 长江口内水化学要素的数值统计表

要素	层次	1999 年 5 月		2001 年 5 月		1998 年 11 月		2000 年 11 月		2002 年 11 月	
		变化范围	平均值	变化范围	平均值	变化范围	平均值	变化范围	平均值	变化范围	平均值
DO/(mg/L)	表层	7.34 ~ 8.38	7.90 ± 0.45	5.24 ~ 5.84	5.46 ± 0.25	8.11 ~ 9.43	8.99 ± 0.54	5.82 ~ 6.08	5.95 ± 0.10	5.97 ~ 6.57	6.37 ± 0.23
	底层	7.56 ~ 8.22	7.92 ± 0.29	5.08 ~ 6.10	5.44 ± 0.39	8.24 ~ 8.91	8.54 ± 0.29	5.86 ~ 6.13	6.01 ± 0.11	6.46 ~ 6.62	6.55 ± 0.08
pH 值	表层	7.90 ~ 8.33	8.16 ± 0.16	7.95 ~ 8.36	8.21 ± 0.17	7.89 ~ 8.07	7.96 ± 0.07	8.07 ~ 8.13	8.11 ± 0.02	7.42 ~ 7.75	7.64 ± 0.13
	底层	7.85 ~ 8.18	8.04 ± 0.12	8.16 ~ 8.33	8.24 ± 0.08	7.94 ~ 7.98	7.96 ± 0.02	8.09 ~ 8.25	8.15 ± 0.06	7.43 ~ 7.78	7.60 ± 0.16
COD/(mg/L)	表层	2.97 ~ 3.47	3.22 ± 0.19	2.20 ~ 3.40	2.78 ± 0.48	1.79 ~ 2.23	2.00 ± 0.18	2.29 ~ 2.50	2.40 ± 0.09	2.08 ~ 3.80	2.63 ± 0.68
	底层	2.91 ~ 3.81	3.32 ± 0.37	2.60 ~ 3.40	2.91 ± 0.36	1.79 ~ 13.77	4.92 ± 5.91	2.32 ~ 2.66	2.48 ± 0.14	2.28 ~ 2.88	2.53 ± 0.30
PO_4-P/(μmol/L)	表层	0.38 ~ 0.76	0.55 ± 0.15	0.67 ~ 1.20	0.87 ± 0.22	0.14 ~ 0.46	0.31 ± 0.12	0.40 ~ 0.92	0.75 ± 0.21	0.73 ~ 1.20	0.94 ± 0.20
	底层	0.42 ~ 0.85	0.58 ± 0.16	0.64 ~ 1.20	0.81 ± 0.22	0.21 ~ 0.32	0.27 ± 0.06	0.70 ~ 1.12	0.91 ± 0.16	0.73 ~ 0.96	0.84 ± 0.10
SiO_3-Si/(μmol/L)	表层	82.8 ~ 120.0	105.4 ± 14.7	106.3 ~ 121.1	112.6 ± 5.9	105.2 ~ 112.8	110.2 ± 3.1	111.6 ~ 149.2	131.4 ± 16.9	150.4 ~ 163.4	156.9 ± 3
	底层	77.2 ~ 114.8	95.4 ± 13.5	107.6 ~ 133.9	125.8 ± 10.6	102.4 ~ 113.2	107.0 ± 5.0	140.0 ~ 163.6	149.0 ± 9.7	143.8 ~ 152.1	149.4 ± 3.9
NO_3-N/(μmol/L)	表层	68.5 ~ 83.4	74.3 ± 6.3	61.9 ~ 94.5	71.3 ± 13.3	52.0 ~ 67.0	58.2 ± 6.2	71.5 ~ 81.9	77.4 ± 4.1	51.4 ~ 69.9	63.4 ± 7.1
	底层	69.4 ~ 80.9	75.0 ± 5.3	63.0 ~ 97.6	72.5 ± 14.2	46.8 ~ 67.9	56.6 ± 8.9	72.7 ~ 81.4	77.2 ± 3.3	60.2 ~ 67.3	63.5 ± 3.2
NO_2-N/(μmol/L)	表层	0.06 ~ 1.98	0.51 ± 0.82	0.17 ~ 2.20	0.60 ± 0.89	0.15 ~ 0.78	0.33 ± 0.26	0.15 ~ 1.55	0.47 ± 0.61	0.17 ~ 1.1	0.45 ± 0.38
	底层	0.07 ~ 1.93	0.49 ± 0.81	0.12 ~ 2.40	0.62 ± 1.00	0.15 ~ 0.57	0.31 ± 0.19	0.16 ~ 2.02	0.60 ± 0.80	0.17 ~ 0.37	0.27 ± 0.09
NH_4-N/(μmol/L)	表层	0.14 ~ 20.0	5.0 ± 8.5	2.9 ~ 14.1	5.8 ± 4.7	1.5 ~ 20.6	6.4 ± 8.1	2.9 ~ 7.8	4.2 ± 2.1	0.94 ~ 19.6	3 ± 7.9
	底层	0.08 ~ 20.8	4.9 ± 9.0	2.8 ~ 10.9	5.3 ± 3.2	1.7 ~ 7.2	3.5 ± 2.5	2.4 ~ 7.0	5.3 ± 1.8	0.77 ~ 3.3	1.7 ± 1.1
TN/(μmol/L)	表层	125.9 ~ 151.3	132.8 ± 10.4	88.6 ~ 107.0	96.2 ± 7.6	83.4 ~ 97.0	90.7 ± 5.0	87.7 ~ 93.9	90.0 ± 2.6	82.2 ~ 119.0	100.3 ± 14.4
	底层	122.4 ~ 154.0	131.0 ± 13.1	89.6 ~ 133.3	107.8 ± 16.6	87.8 ~ 159.4	108.5 ± 34.3	90.0 ~ 99.0	94.5 ± 4.2	6.5 ~ 108.9	77.8 ± 48.4
TP/(μmol/L)	表层	2.0 ~ 3.2	2.4 ± 0.5	1.9 ~ 6.0	3.5 ± 1.6	1.9 ~ 3.4	2.4 ± 0.6	1.3 ~ 1.9	1.6 ± 0.3	2.2 ~ 6.8	4.1 ± 2.3
	底层	1.9 ~ 4.0	2.6 ± 0.9	2.2 ~ 5.9	4.1 ± 1.7	1.9 ~ 16.1	6.0 ± 6.8	1.6 ~ 2.9	2.1 ± 0.5	2.3 ~ 7.1	4.2 ± 2.3

表 3.2　长江口外水化学要素的数值统计表

要素	层次	1999 年 5 月		2001 年 5 月		1998 年 11 月		2000 年 11 月		2002 年 11 月	
		变化范围	平均值	变化范围	平均值	变化范围	平均值	变化范围	平均值	变化范围	平均值
DO/(mg/L)	表层	7.75~13.95	9.48±1.61	5.14~8.73	6.19±0.87	7.51~12.30	8.41±0.96	4.70~13.24	6.51±2.40	4.38~6.55	5.49±0.52
	底层	6.27~8.21	7.36±0.52	3.50~5.74	4.85±0.65	4.30~9.75	7.21±1.14	4.30~13.65	6.02±2.79	2.89~6.37	4.79±0.86
pH 值	表层	7.82~8.89	8.34±0.25	8.08~8.26	8.16±0.06	7.91~8.30	8.04±0.09	7.92~8.22	8.13±0.06	7.76~8.28	8.08±0.13
	底层	7.83~8.26	8.14±0.08	8.02~8.20	8.09±0.04	7.90~8.08	7.99±0.05	8.06~8.26	8.13±0.05	7.80~8.27	8.09±0.12
COD/(mg/L)	表层	0.73~4.54	1.90±0.97	0.64~4.32	1.85±1.06	0.57~20.53	2.43±3.80	0.59~2.26	1.53±0.58	0.02~4.0	1.24±1.08
	底层	0.23~5.27	1.69±1.42	0.52~4.40	1.40±1.15	0.46~13.47	3.54±4.27	0.48~2.87	1.28±0.62	0.02~4.04	1.17±1.05
PO_4-P/(μmol/L)	表层	0.04~0.76	0.32±0.23	0.20~1.30	0.63±0.37	0.01~0.90	0.38±0.24	0.49~1.25	0.72±0.22	0.54~1.30	0.93±0.22
	底层	0.12~0.74	0.44±0.16	0.32~1.10	0.72±0.26	0.08~0.83	0.41±0.19	0.43~1.04	0.62±0.14	0.30~2.0	0.99±0.30
SiO_3-Si/(μmol/L)	表层	10.4~95.2	49.5±22.7	12.3~89.7	41.0±23.5	3.16~82.4	33±24.7	12.0~144.0	71.6±43.8	10.7~100.2	34.1±25.6
	底层	7.6~110.0	27.0±28.2	10.5~99.8	29.6±21.5	2.4~82.0	26.6±20.8	11.2~139.6	41.7±40.8	5.3~96.3	28.0±23.2
NO_3-N/(μmol/L)	表层	5.4~69.4	34.2±17.9	3.4~96.4	30.4±23.9	1.7~57.8	23.0±17.0	2.1~69.6	31.2±21.1	2.1~38.7	10.5±9.6
	底层	2.9~41.0	14.8±12.6	6.0~95.2	22.6±19.4	2.9~54.5	17.5±14.5	1.7~66.3	17.1±17.1	1.2~39.8	8.5±10.1
NO_2-N/(μmol/L)	表层	0.13~0.82	0.50±0.22	0.16~2.40	0.54±0.51	0.17~0.65	0.35±0.12	0.13~0.67	0.39±0.15	0.12~0.99	0.48±0.19
	底层	0.10~0.74	0.38±0.17	0.18~2.40	0.53±0.46	0.17~0.66	0.33±0.11	0.14~1.28	0.50±0.22	0.19~0.87	0.46±0.20
NH_4-N/(μmol/L)	表层	0.21~16.6	2.3±4.0	2.9~17.3	5.7±3.2	1.2~7.0	2.3±1.5	0.9~8.0	2.7±1.7	0.84~6.2	2.4±1.2
	底层	0.45~9.5	1.6±1.8	3.0~10.2	5.3±2.1	1.1~7.7	2.1±1.4	1.3~4.7	2.6±1.0	1.1~8.3	2.9±1.7
TN/(μmol/L)	表层	27.1~138.5	67.5±23.5	12.0~130.6	50.8±29.3	11.4~128.9	43.2±28.7	13.2~77.1	46.1±22.0	4.0~111.0	30.4±27.3
	底层	12.1~126.0	40.6±32.8	14.8~134.1	46.2±28.4	11.6~140.5	45.6±36.8	7.5~79.6	32.6±22.0	3.7~103.5	30.5±28.8
TP/(μmol/L)	表层	0.29~6.5	1.4±1.2	0.3~7.0	1.5±1.5	0.2~14.5	3.0±3.8	0.53~4.2	1.0±0.8	0.17~5.6	1.5±1.1
	底层	0.34~5.0	1.7±1.3	0.49~5.4	1.3±1.1	0.61~14.6	3.9±3.7	0.59~6.2	1.5±1.3	0.4~5.7	1.7±1.3

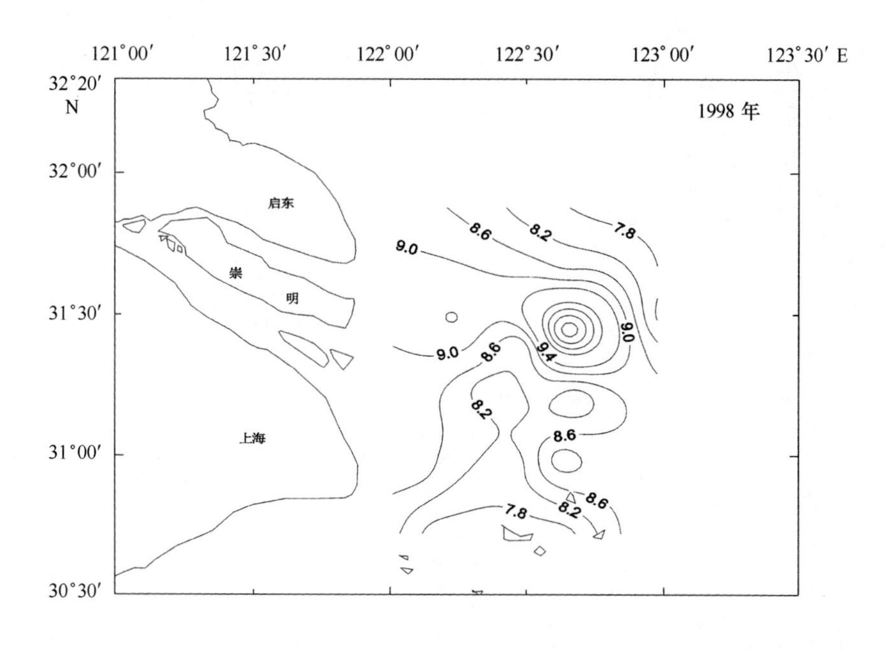

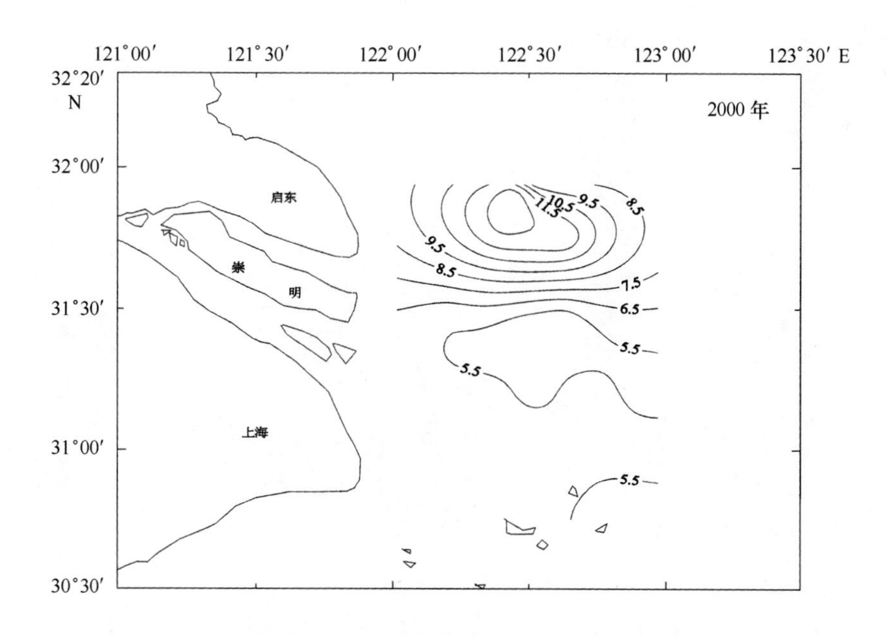

图 3.1 1998 年和 2000 年 11 月长江口表层 DO（mg/L）分布

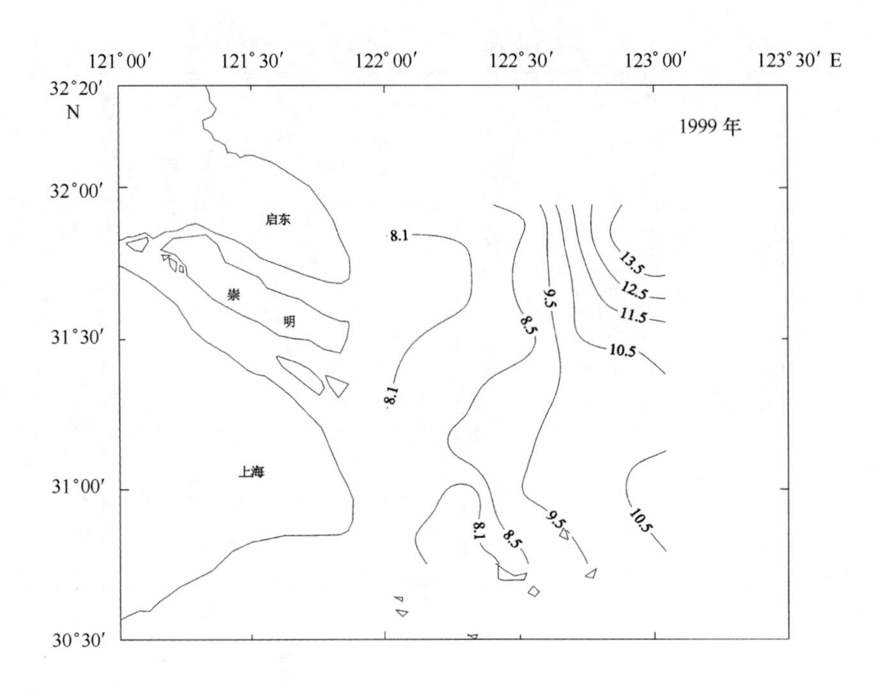

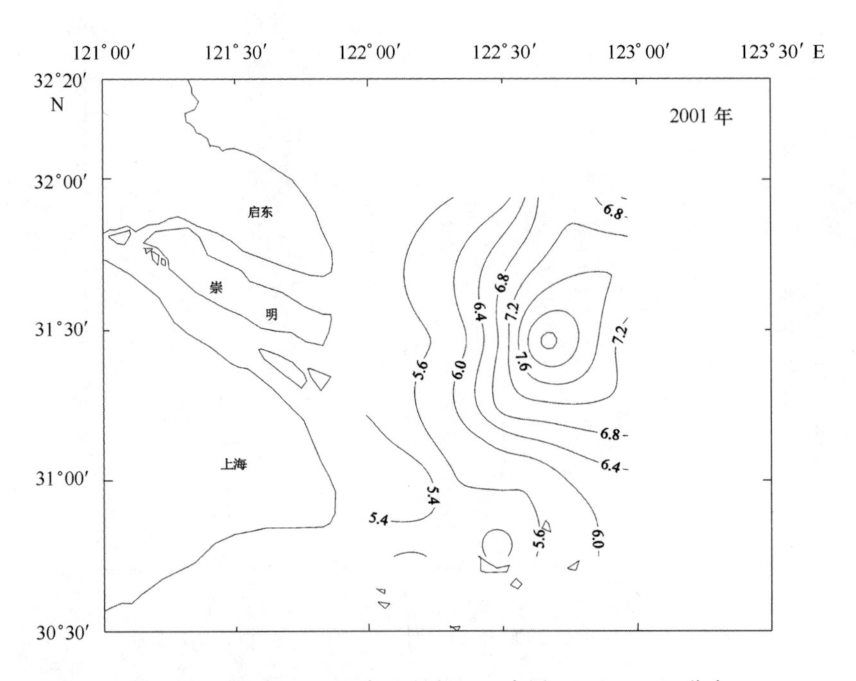

图 3.2　1999 年和 2001 年 5 月长江口表层 DO（mg/L）分布

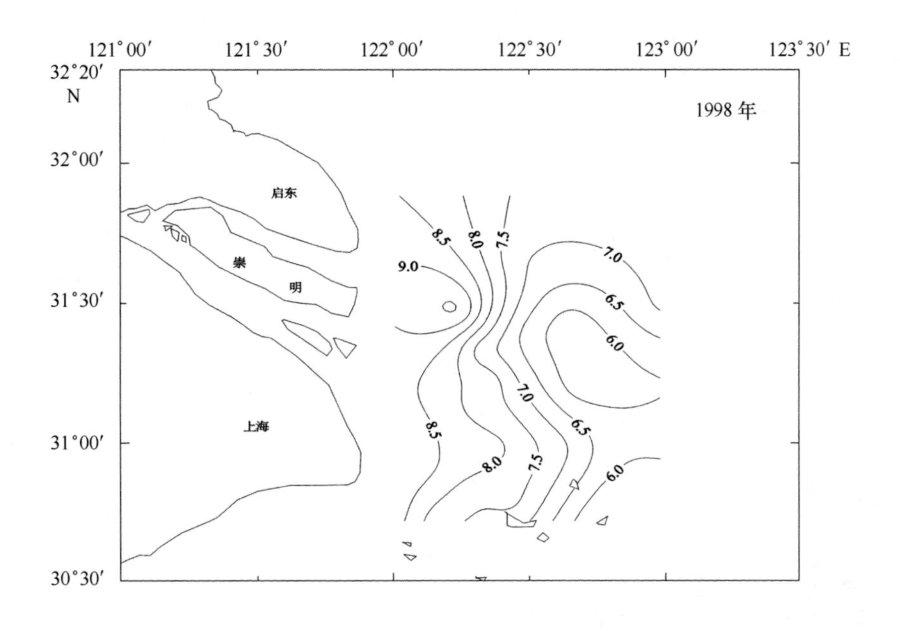

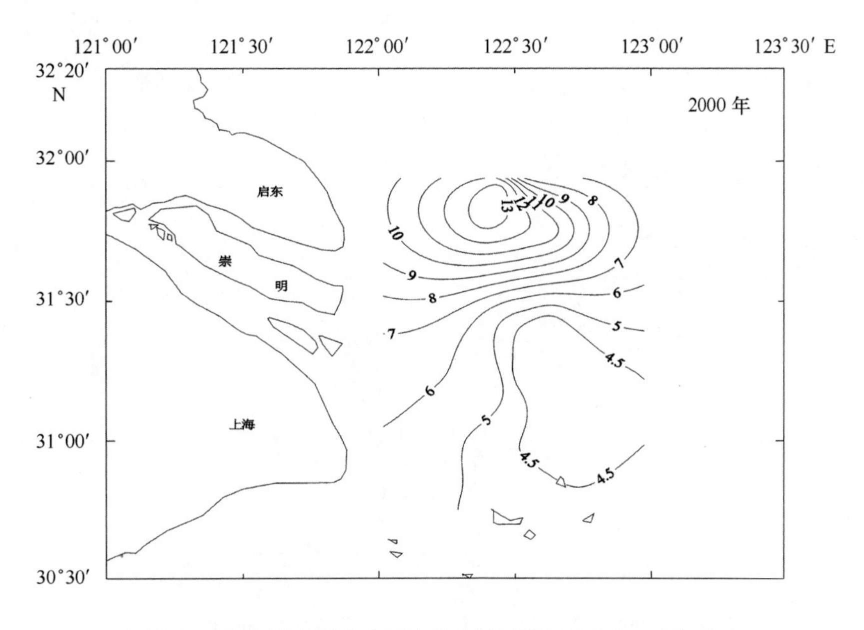

图 3.3　1998 年和 2000 年 11 月长江口底层 DO（mg/L）分布

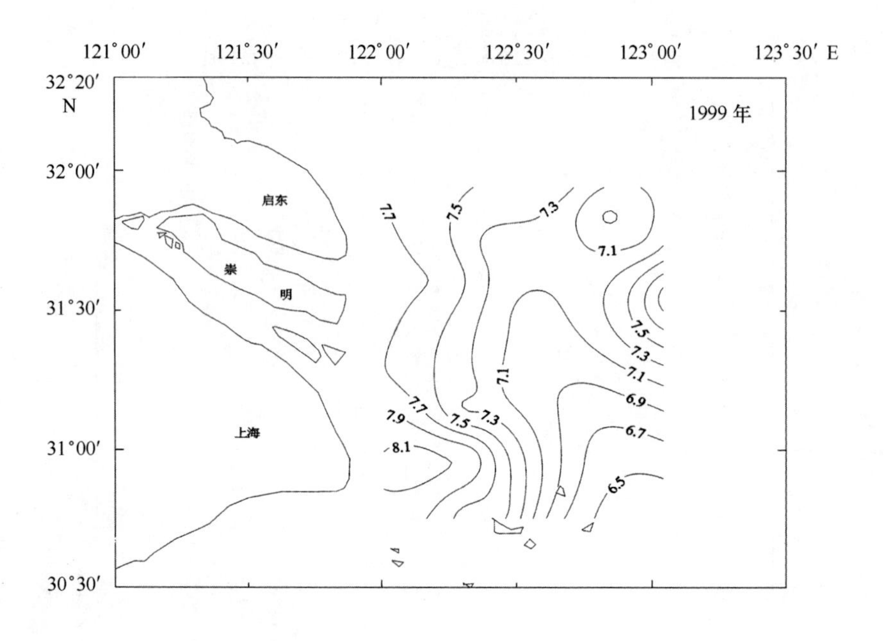

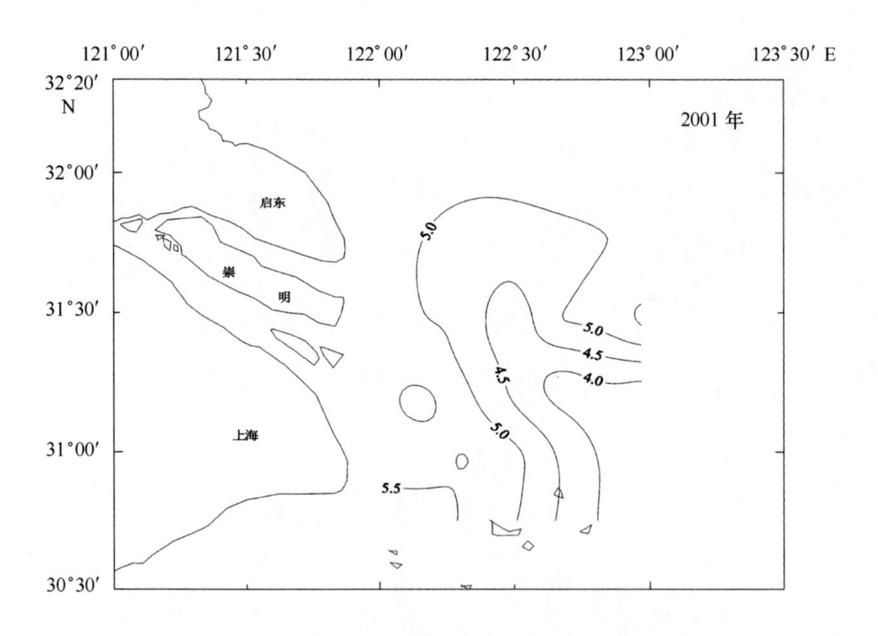

图 3.4 1999 年和 2001 年 5 月长江口底层 DO（mg/L）分布

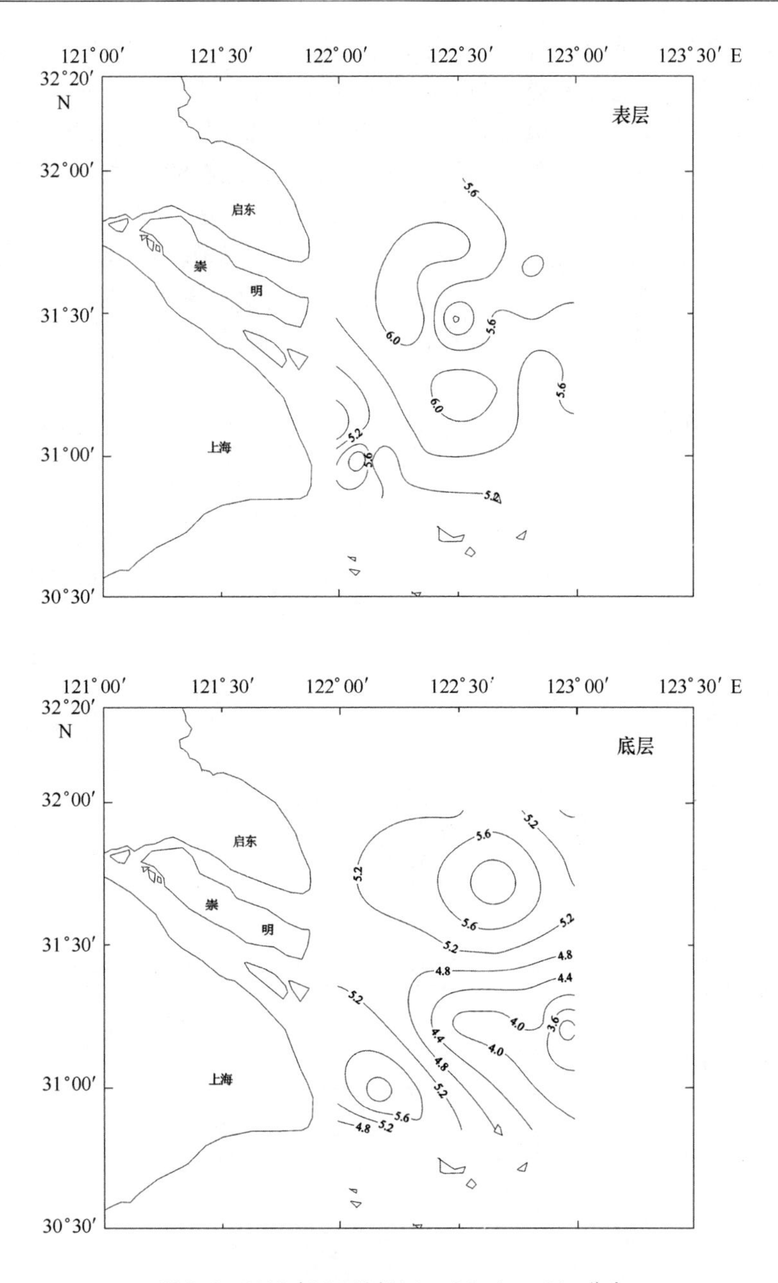

图 3.5　2002 年 11 月长江口 DO（mg/L）分布

3.1.2　pH 值

pH 值的平面分布见图 3.6～图 3.10 。1998 年 11 月 pH 值表层分布的基本趋势是河口和近岸低，远岸高，与 DO 相似，高值区也分布在调查区的中部偏东水域，最大值在 12 号站位为 8.36。pH 值最大值与 DO 分布一致主要是受生物地球化学过程的影响，浮游植物繁殖吸收水中的 CO_2 释放 O_2，使得海水中的 DO 和 pH 值升高，那里，叶绿素 a 含量（图 4.1）和浮游植物细胞密度均很高（图 5.1）。1998 年 11 月 pH 值底层分布也是河口和近岸低，远岸高，但底层 pH 值低于表层，这与底层有机物分解放出 CO_2，使海水中的 pH 值下降有关。2000 年 11 月表、底层分布不同于

1998年，表层分布调查区中部pH值高，向南、向北降低，底层分布类似于表层。2002年11月表、底层pH值比较接近，其分布趋势也相似，均是口门外高于口门内，调查区中部水域高，向四周降低。春季二次调查pH值分布有很大的差异，1999年5月pH值最小值分布在口门外，从河口向东和东北方向递增，与DO分布类似，其最大值在东北角，为8.89，这也与DO一样是四次调查的最大值（DO为13.95 mg/L），pH值高值区恰好与叶绿素a含量（图4.2）和浮游植物细胞数量高值区相吻合（图5.2）；pH值的底层分布类似于表层，但等值线不如表层密集且梯度小、数值低。2001年5月表层pH值最大值在口门内，其分布是口门附近高，向四周和外海方向递减；pH值的底层分布基本上类似于表层，河口、近岸高，远岸、外海低。

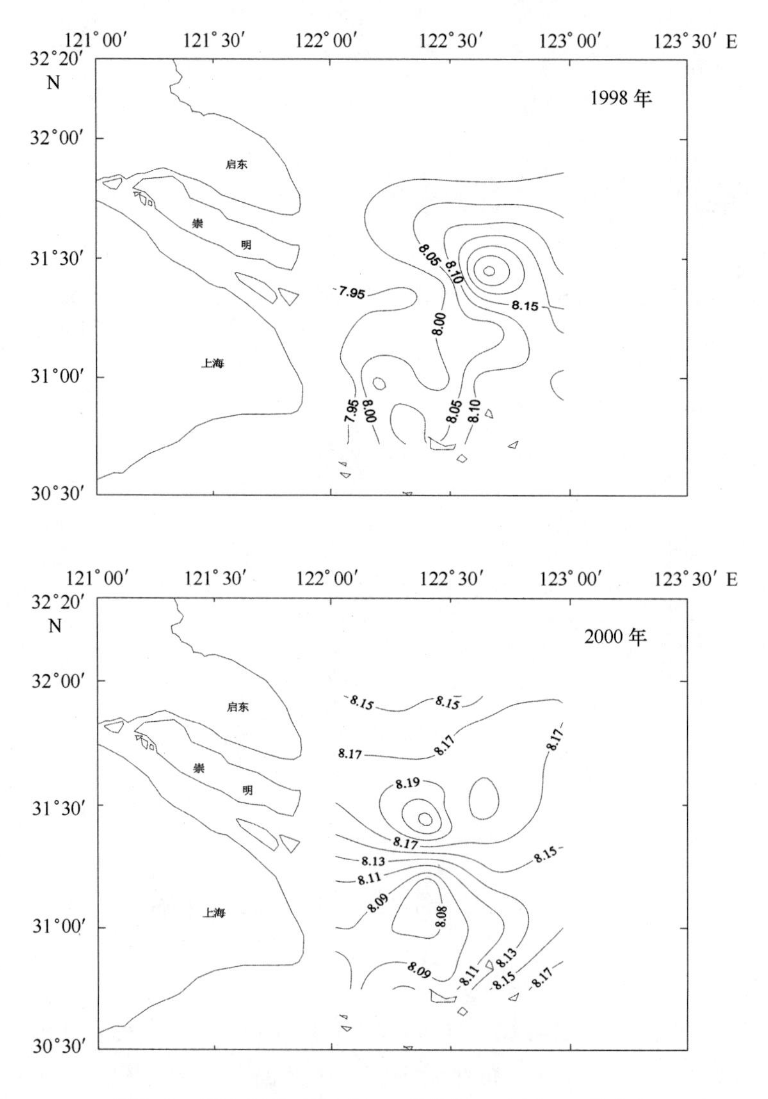

图3.6　1998年和2000年11月长江口表层pH值分布

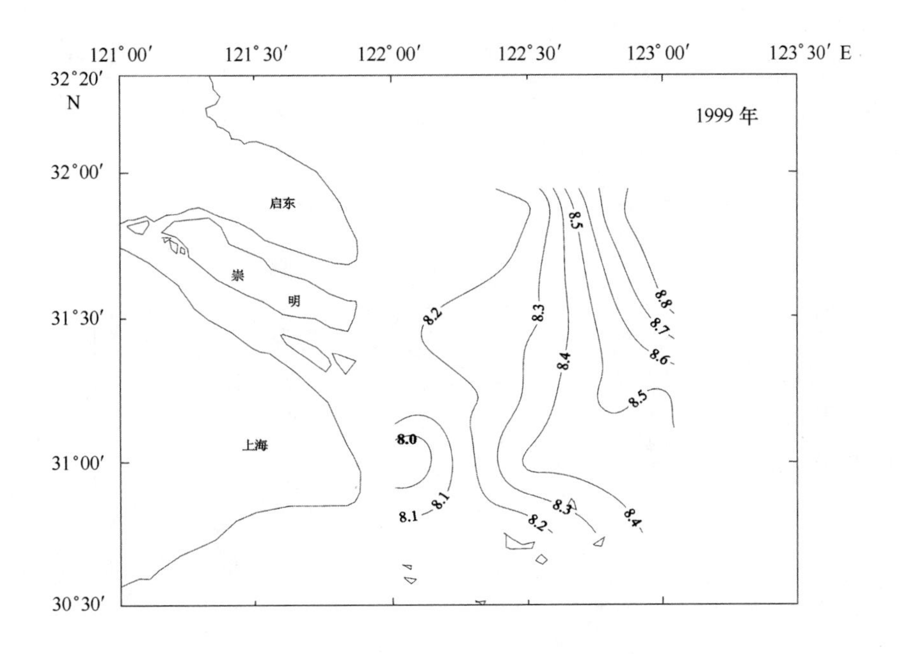

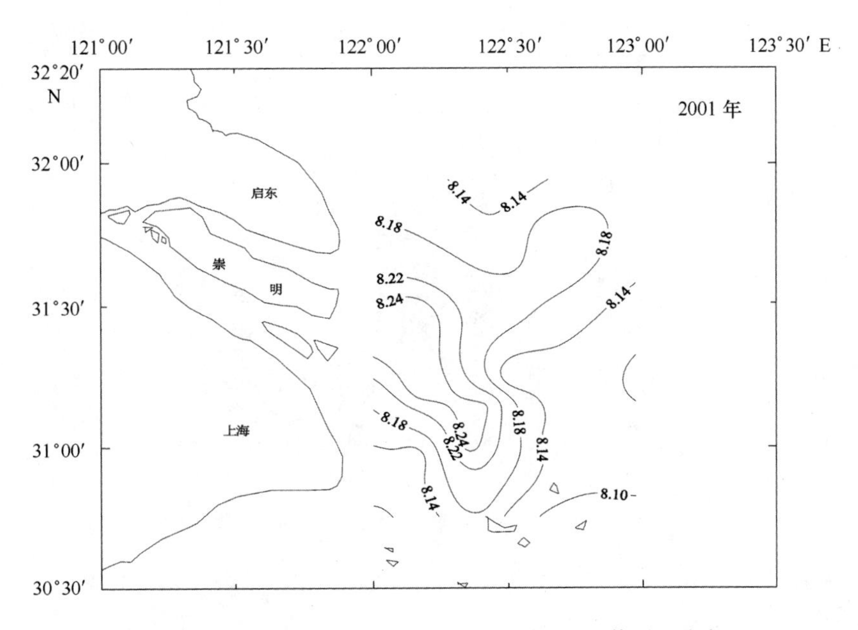

图 3.7　1999 年和 2001 年 5 月长江口表层 pH 值平面分布

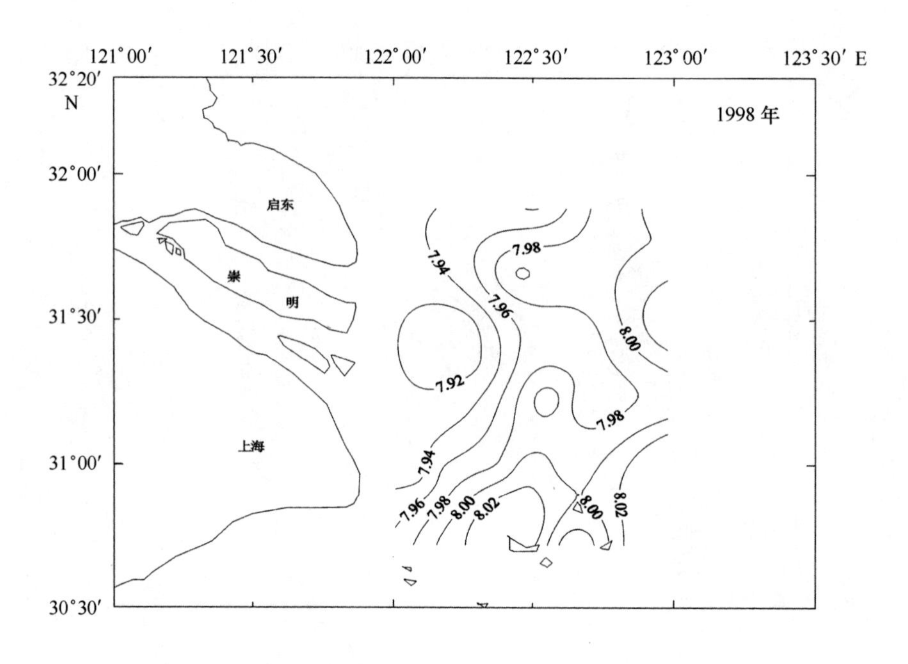

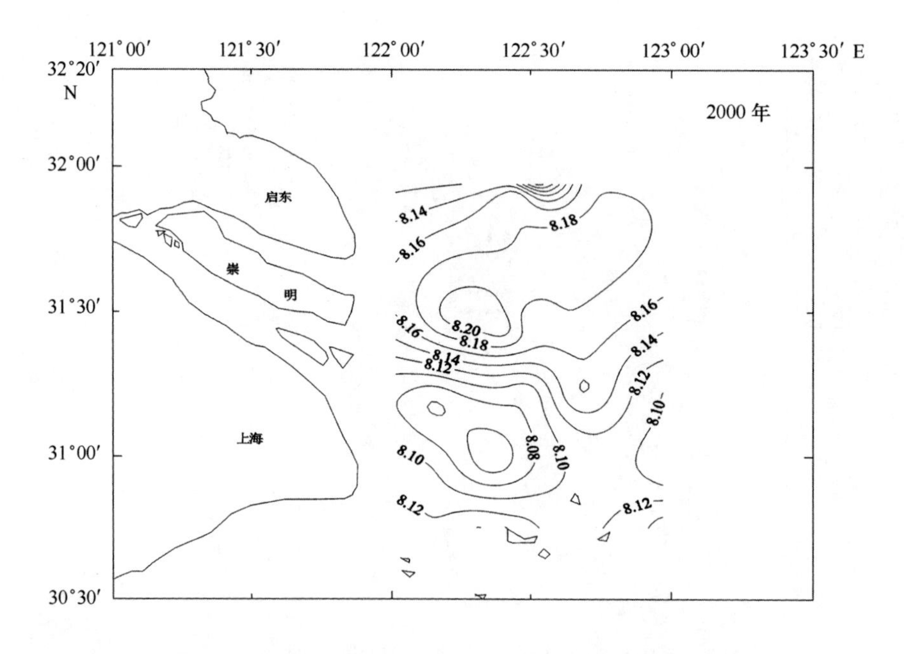

图 3.8　1998 年和 2000 年 11 月长江口底层 pH 值分布

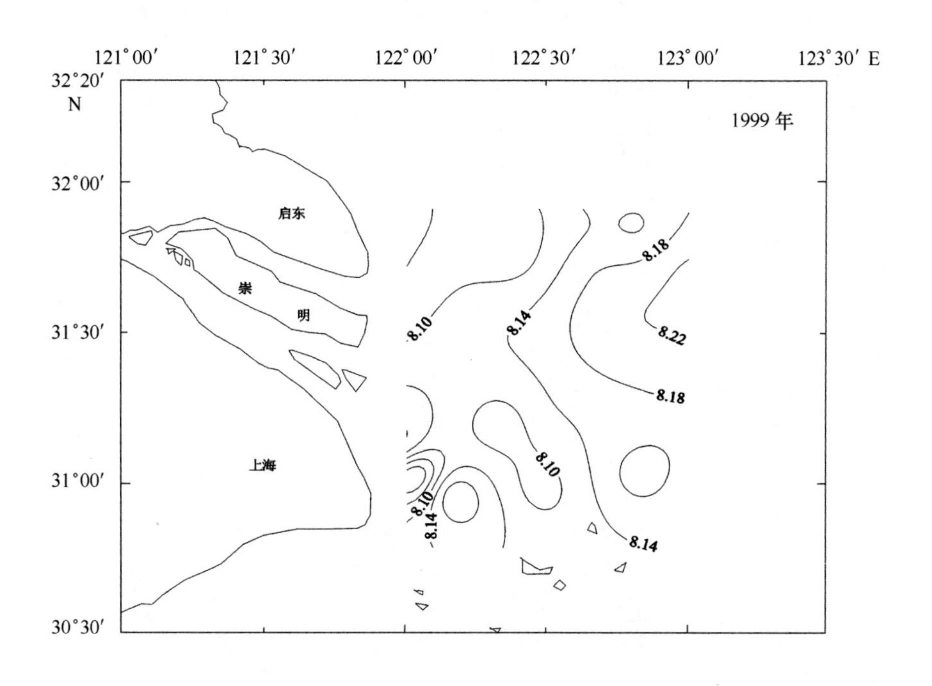

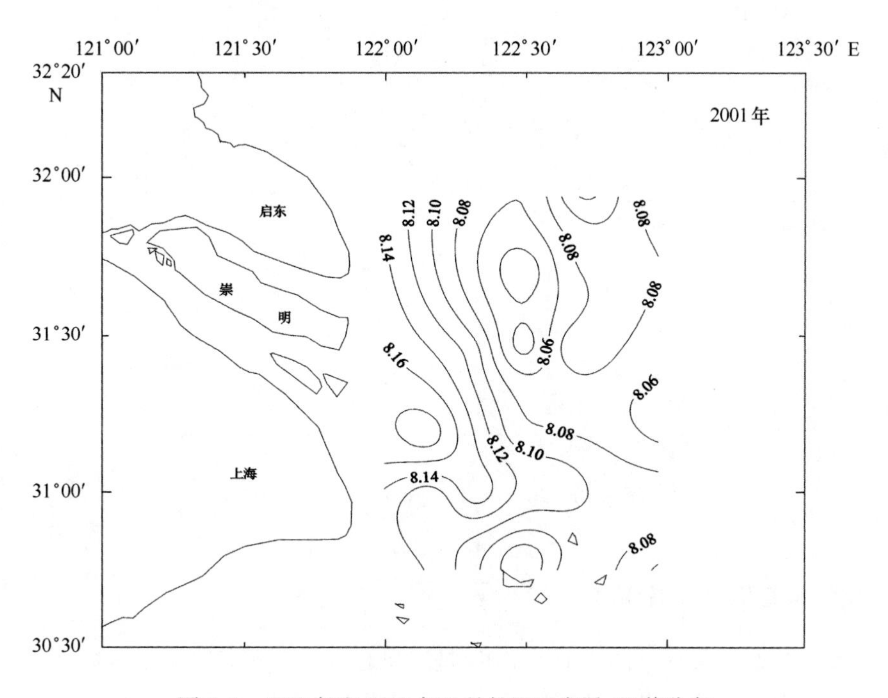

图 3.9　1999 年和 2001 年 5 月长江口底层 pH 值分布

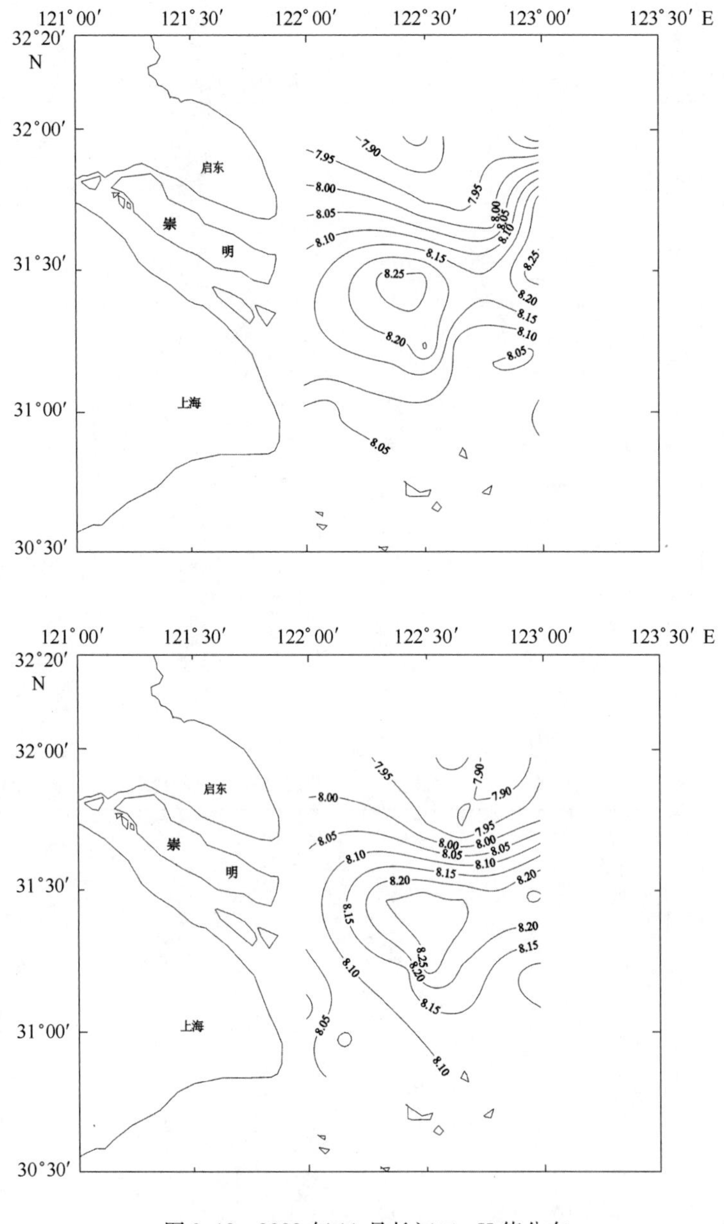

图 3.10　2002 年 11 月长江口 pH 值分布

3.1.3　化学耗氧量（COD）

COD 的平面分布见图 3.11 ~ 图 3.15。COD 是反映有机污染程度的主要指标之一，因此 5 个航次调查表、底层 COD 分布有个共同特征，口门内和口门附近含量高，从河口向外海方向逐渐下降。1998 年 11 月表、底层 COD 含量等值线基本上由西向东递减，其最大值分别高达 20.53 mg/L（口门外 40 号站）和 13.77 mg/L（口门处 39 号站）。2000 年 11 月表、底层 COD 等值线更多地向东北方向递减，其最大值仅大于 2 mg/L。2002 年 11 月表、底层 COD 最大值都在口门外（分别为 21 号站和 40 号站），表层东部水域也有一个高值区，最高为 3.00 mg/L（19 号站），底层 COD 含量比较有规则地由西向东和东北递减。5 月份 COD 分布除了上面的特征外，在调查区内和还存在一些高含量区，如 1999 年 5 月表层 COD 在调查区的东北部形成仅次于河口的高含量区，最高值为 3.22 mg/L；底层高含量区分布在 31°30′N，122°30′E 附近水域，最高值达 5.27 mg/L；2001 年 5 月表层 COD 高含量区分布在 31°30′N，122°30′E 以东水域，最高值达 4.32 mg/L，比河口含量还高；表层水中 COD 的这些高含量区都与叶绿素 a 的高含量分布相吻合（图 4.2 和 4.4）。根据中华人民共和国国家标准海水水质 COD 标准，除了少数站位以外，调查区大部分水域都属于第一、二类海水，1998 年 11 月口门外 40 号站表层 COD 含量高达 20.53 mg/L，口门处和口门外几个站底层 COD 含量介于 9.65～13.77 mg/L，如此高的 COD 含量是否与口门处 39 号站上游上海市的两个排污口—竹园和白龙港（设计日排放量 310 万吨）有关，这有待于进一步研究。

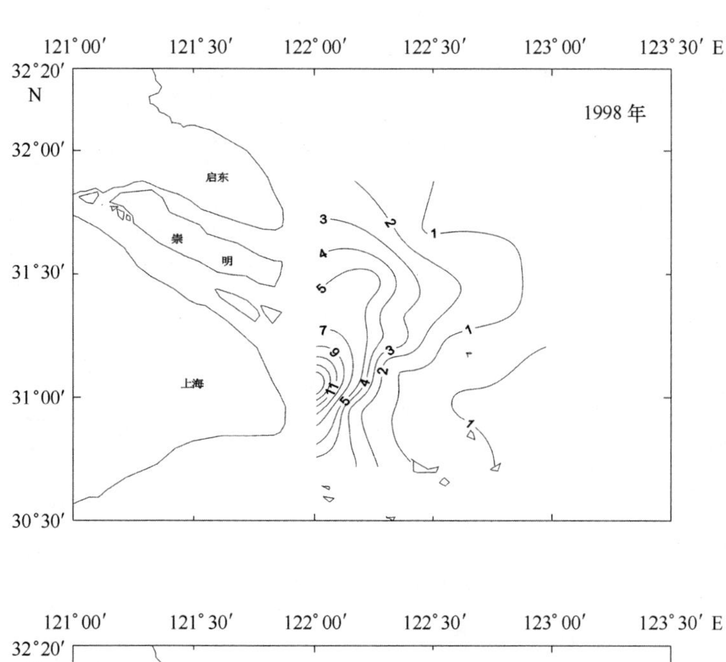

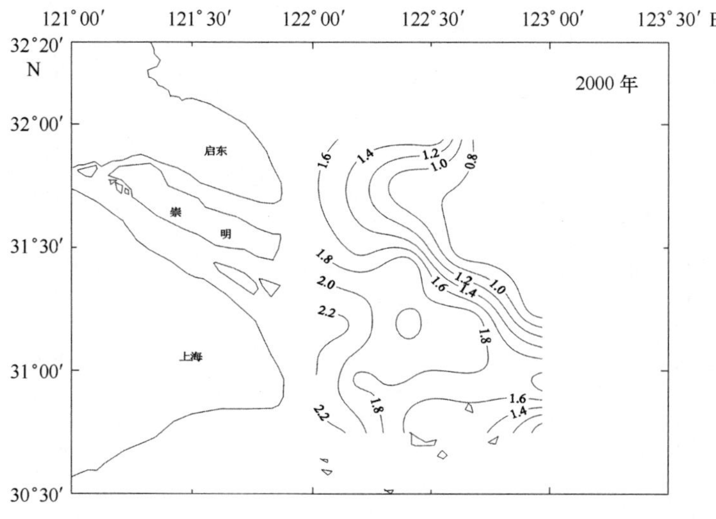

图 3.11　1998 年和 2000 年 11 月长江口表层 COD（mg/L）分布

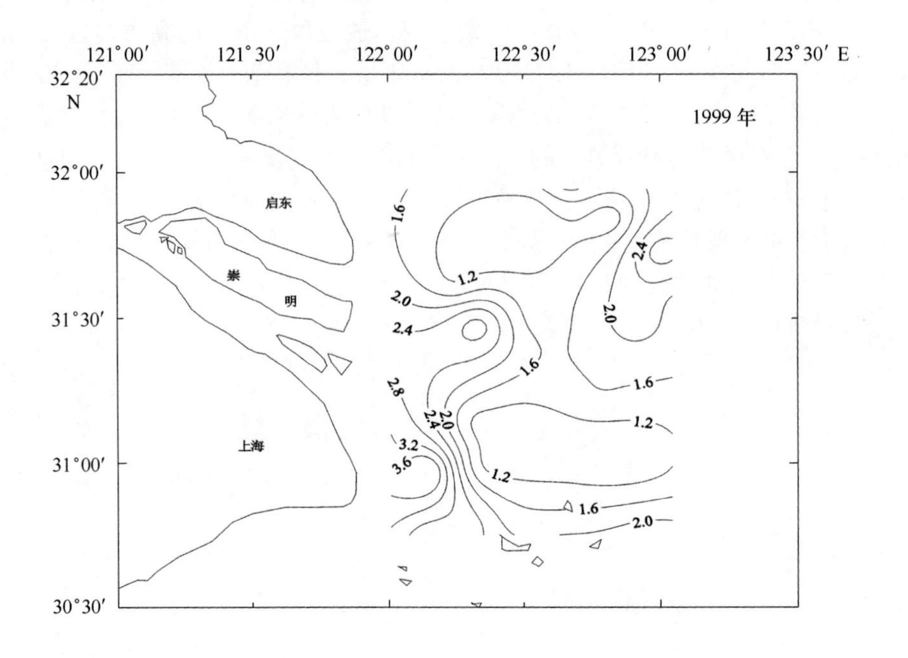

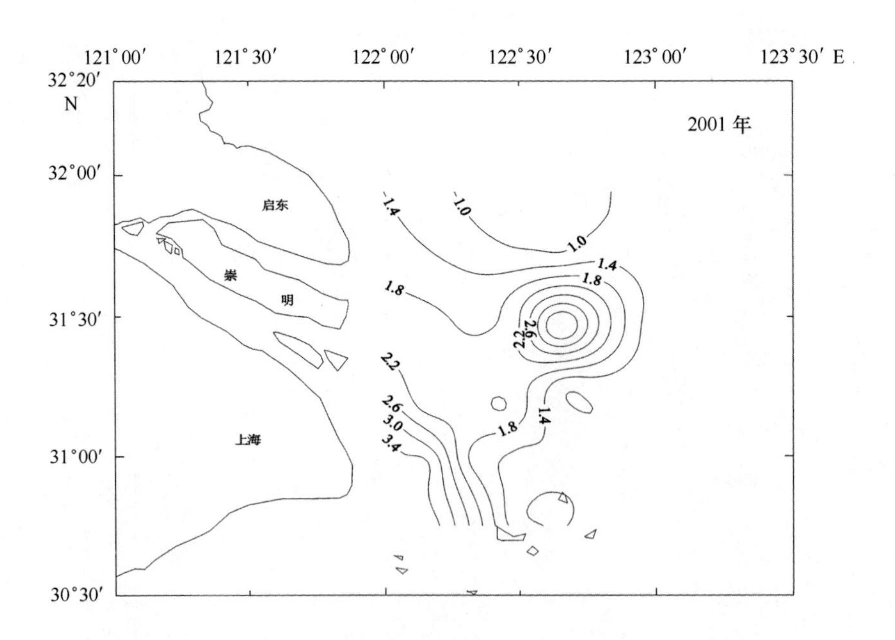

图 3.12　1999 年和 2001 年 5 月长江口表层 COD（mg/L）分布

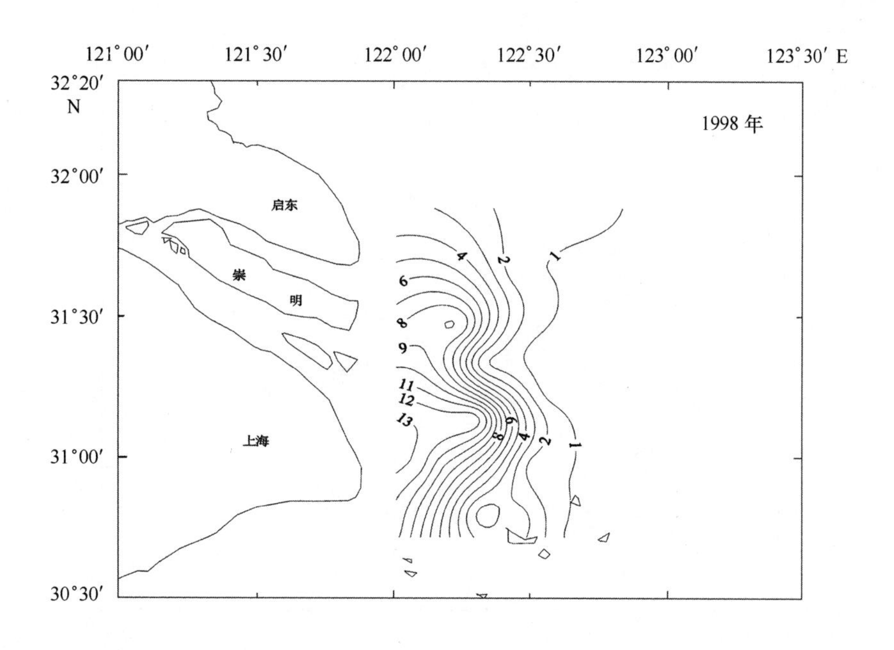

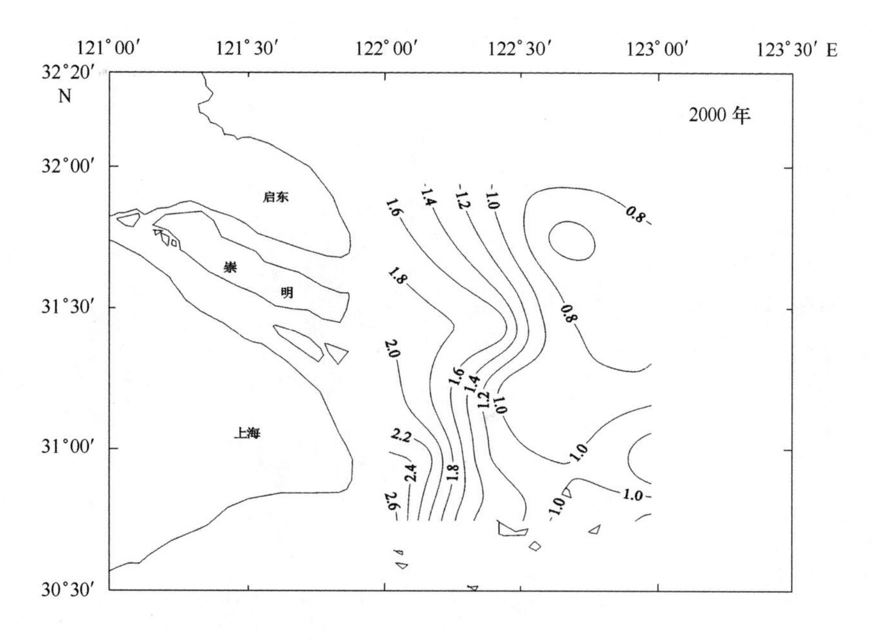

图 3.13　1998 年和 2000 年 11 月长江口底层 COD（mg/L）分布

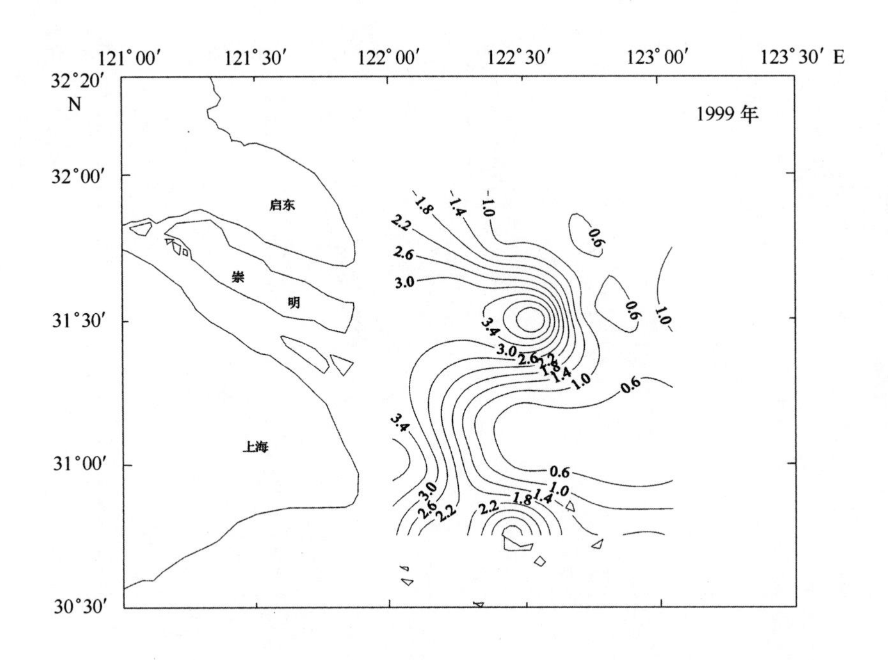

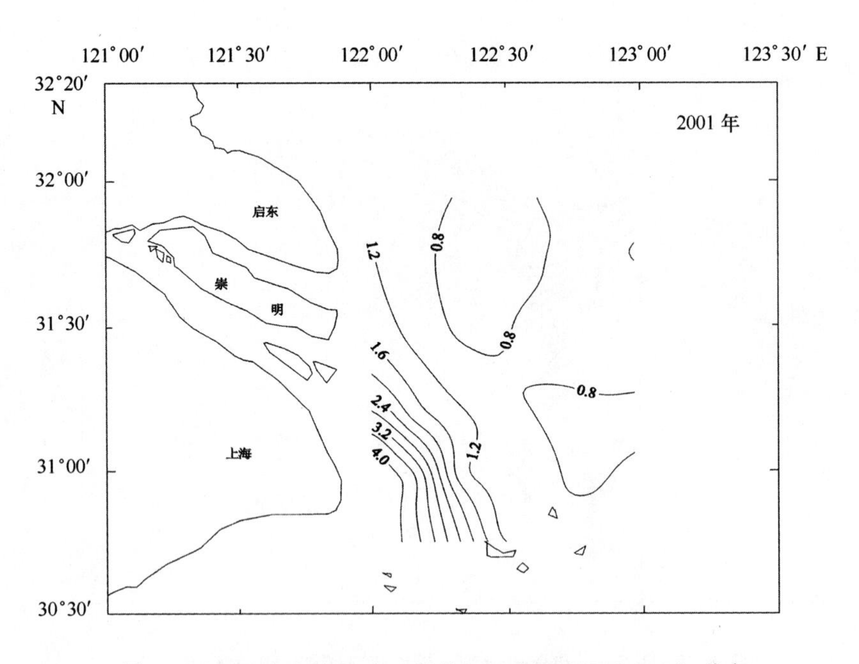

图 3.14　1999 年和 2001 年 5 月长江口底层 COD（mg/L）分布

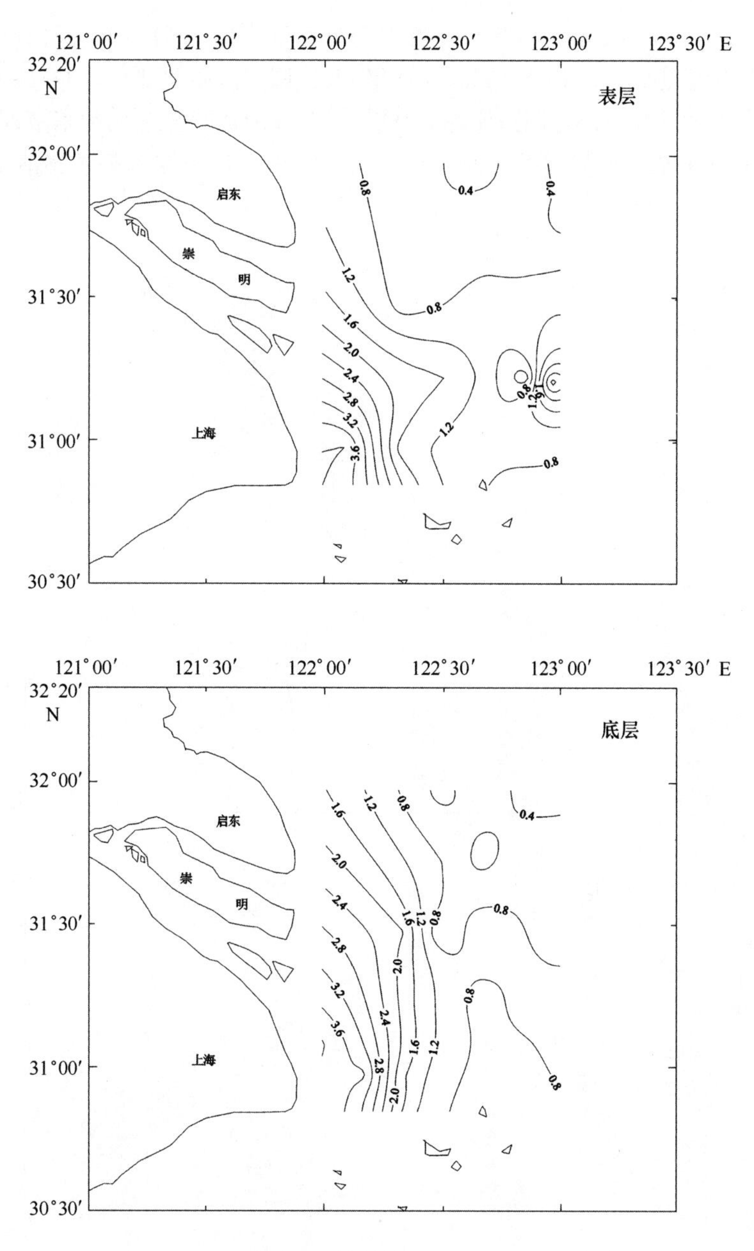

图 3.15　2002 年 11 月长江口 COD（mg/L）分布

3.1.4　磷酸盐（PO_4-P）

5 个航次的调查表明，表层 PO_4-P 浓度分布的基本趋势是河口、近岸低，远岸高（图 3.16～图 3.20），这是由于长江淡水输入的影响，这种分布趋势以 2001 年 5 月最为明显。另外一个特点是几乎所有的调查表层 PO_4-P 浓度的最大值均不在口门内（表 3.1～表 3.2），如 1998 年 11 月 PO_4-P 浓度的最大值在调查区的西南角，由西南向东和东北递减；2000 年 11 月有两个 PO_4-P 高浓度区，一个在近河口 31°30′N，122°00′E 附近水域，另一个在调查区的南部，最高浓度都超过 1

μmol/L；2002 年 11 月 PO_4-P 高浓度区分布在口门外东部水域。PO_4-P 底层分布趋势与表层基本类似，有时比表层更为复杂，如 1998 年和 2000 年 11 月调查区西北部出现 PO_4-P 浓度高值；2002 年 11 月 PO_4-P 高浓度区在口门外附近水域。1999 年 5 月调查区的东北和东南部各有一个 PO_4-P 较高的浓度区。PO_4-P 表、底层这种平面分布模式，除了与陆源输入和生物活动有关外，还受缓冲机制所控制。

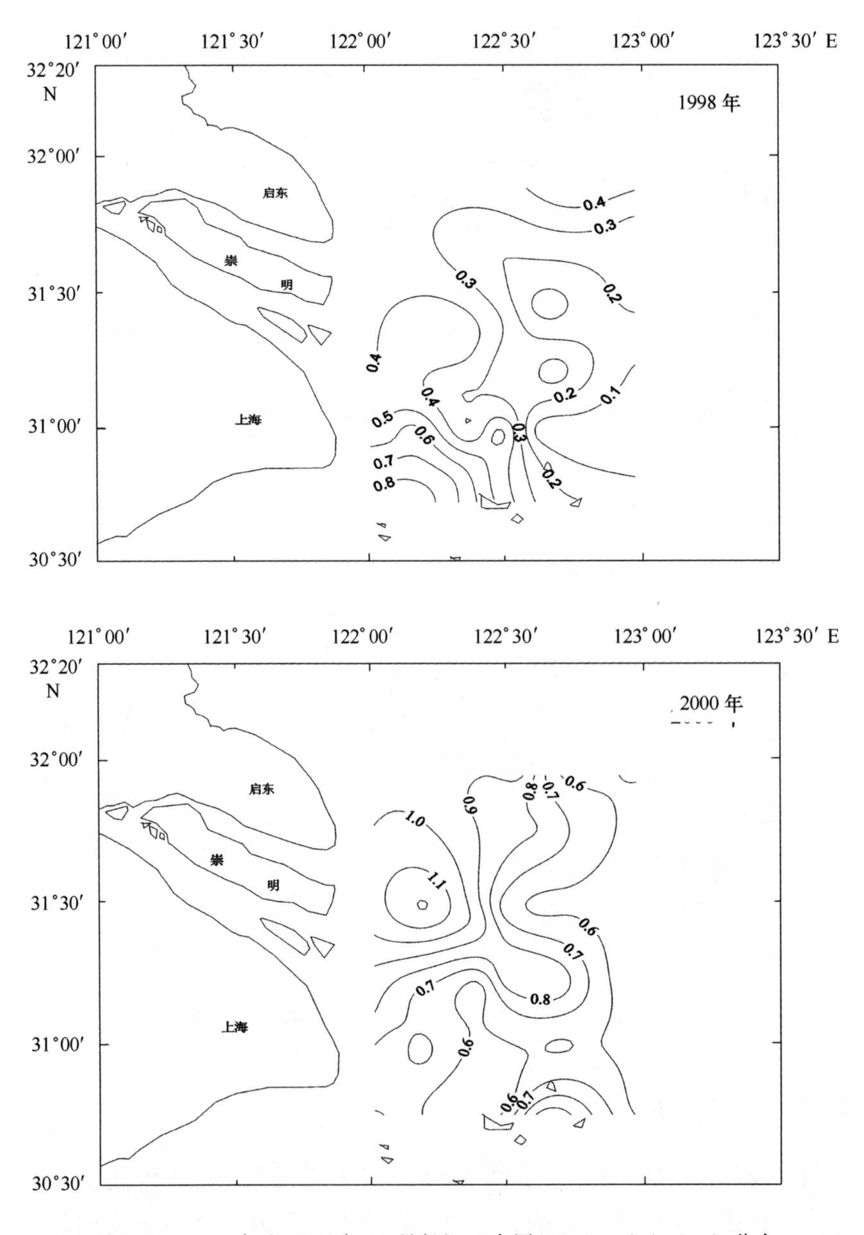

图 3.16　1998 年和 2000 年 11 月长江口表层 PO_4-P（μmol/L）分布

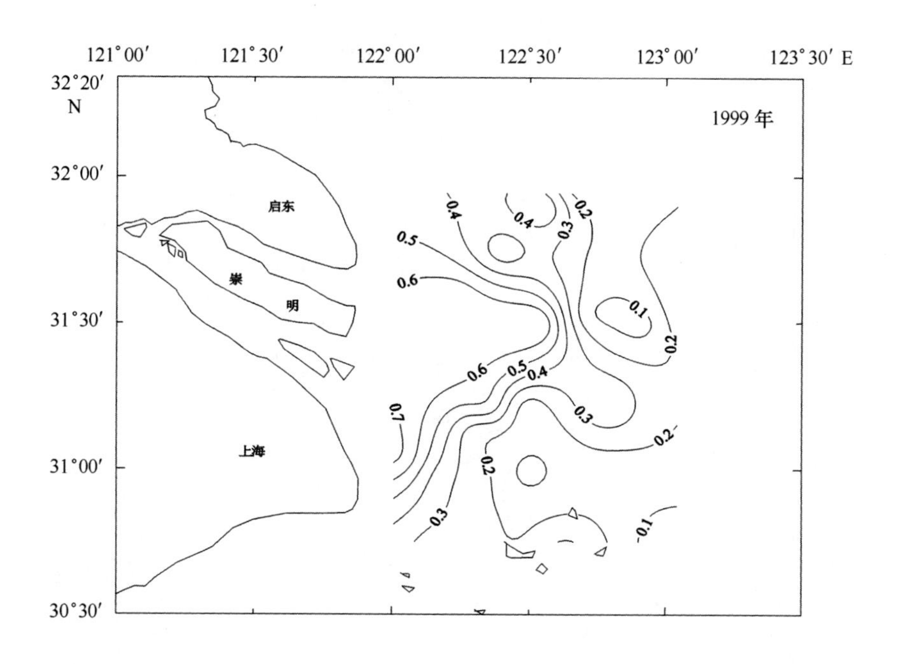

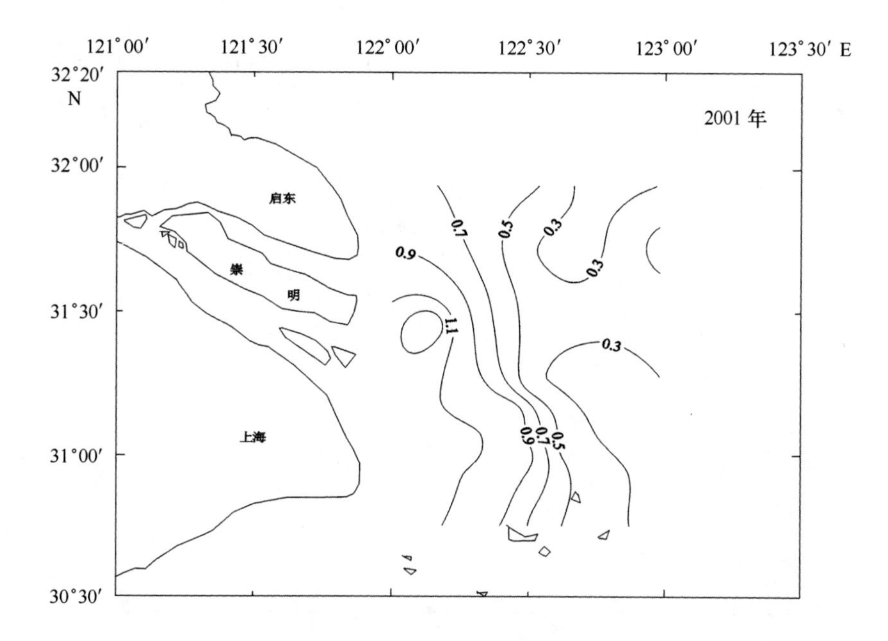

图 3.17　1999 年和 2001 年 5 月长江口表层 PO_4-P（μmol/L）分布

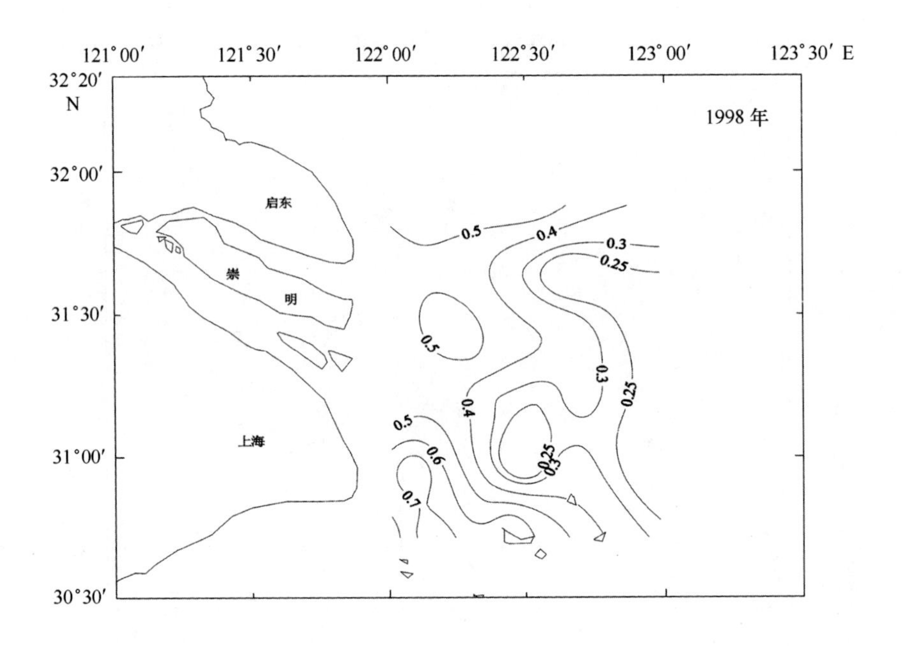

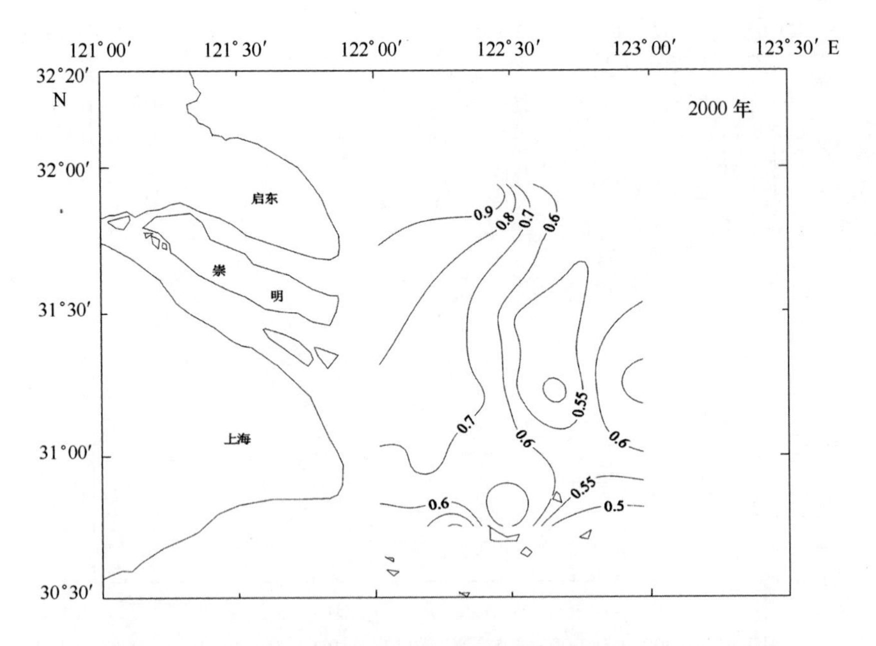

图 3.18　1998 年和 2000 年 11 月长江口底层 PO_4 – P（μmol/L）分布

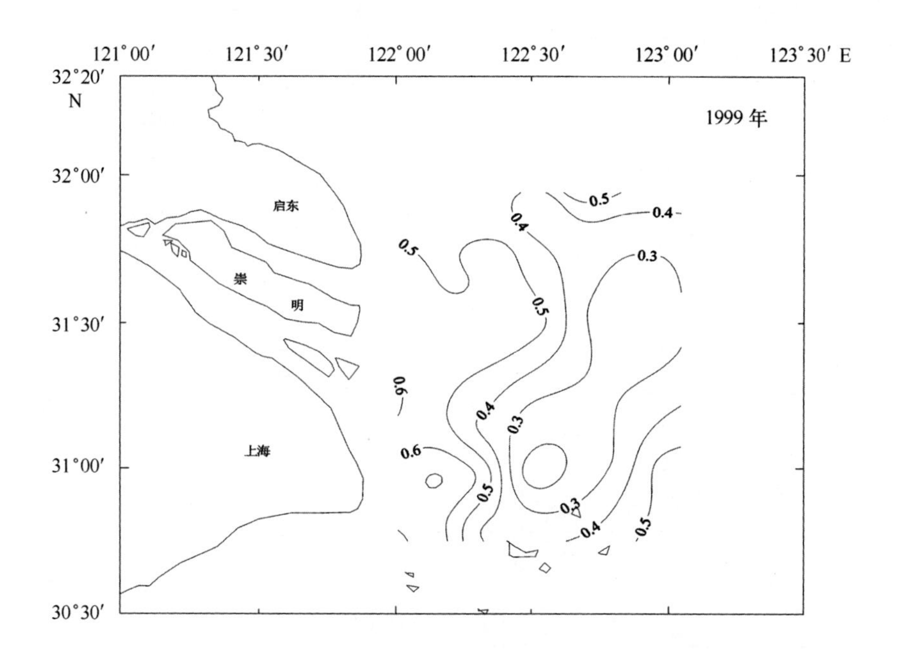

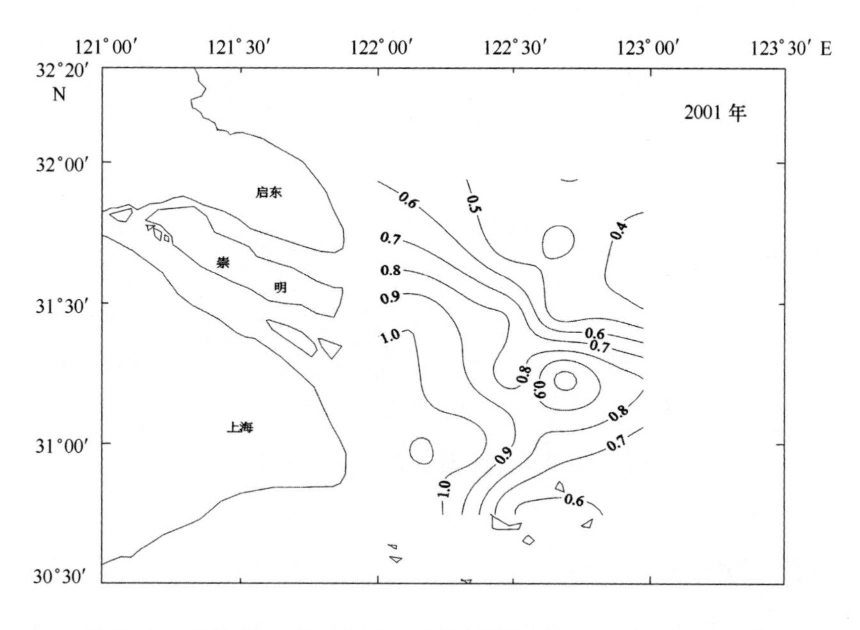

图 3.19　1999 年和 2001 年 5 月长江口底层 PO_4-P（μmol/L）分布

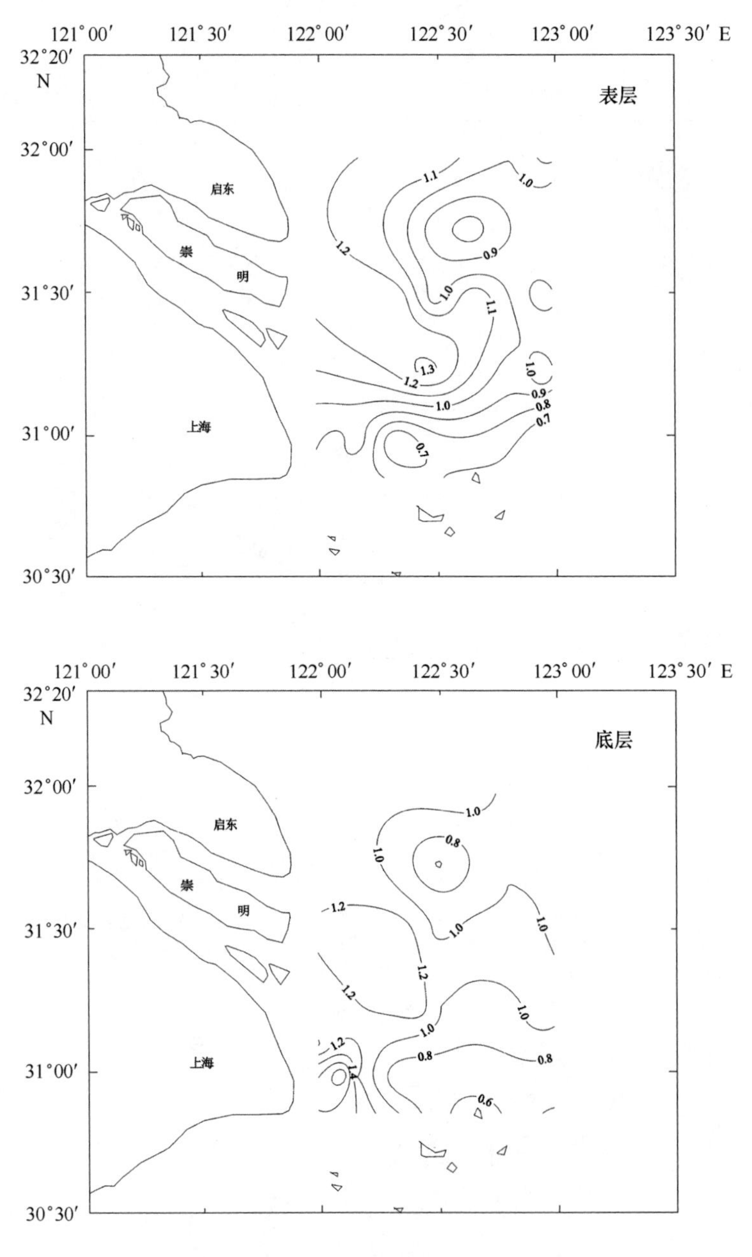

图 3.20　2002 年 11 月长江口 PO_4-P（μmol/L）分布

3.1.5　硅酸盐（SiO_3-Si）

SiO_3-Si 浓度表、底层分布比 PO_4-P 规律得多，河口高，从河口至外海逐渐降低（图 3.21 ~ 图 3.25），正好与盐度分布趋势相反（图 1.1 ~ 1.8），最高浓度在口门内（表 3.1），反映了长江淡水输入的影响。SiO_3-Si 分布的等值线与等盐线非常相似，如 1998 年 11 月 122°30′E 以西水域 SiO_3-Si 等值线与等盐线均为双锋型，122°30′E 以东水域为单锋型；2000 年 11 月等值线与等盐线在河口均向东北方向转向，只是等盐线转向更明显罢了；2001 年 5 月也都是双锋型结构。双锋型结构的形成主要是由于长江入海口南港和北港把长江水分成二股水入海的缘故。SiO_3-Si 浓度底层分布比表层更有规律，等值线基本与海岸线平行，由于底层受长江淡水影响小，高浓度范围也小，双锋型变成单锋型。2002 年 11 月口门内 SiO_3-Si 浓度达到调查以来的最高值，表、底层平均值分别为 156.9 ± 3 μmol/L 和 149.4 ± 3.9 μmol/L，但是口门外 SiO_3-Si 浓度并不比常年高，其分布类似于其他年份。

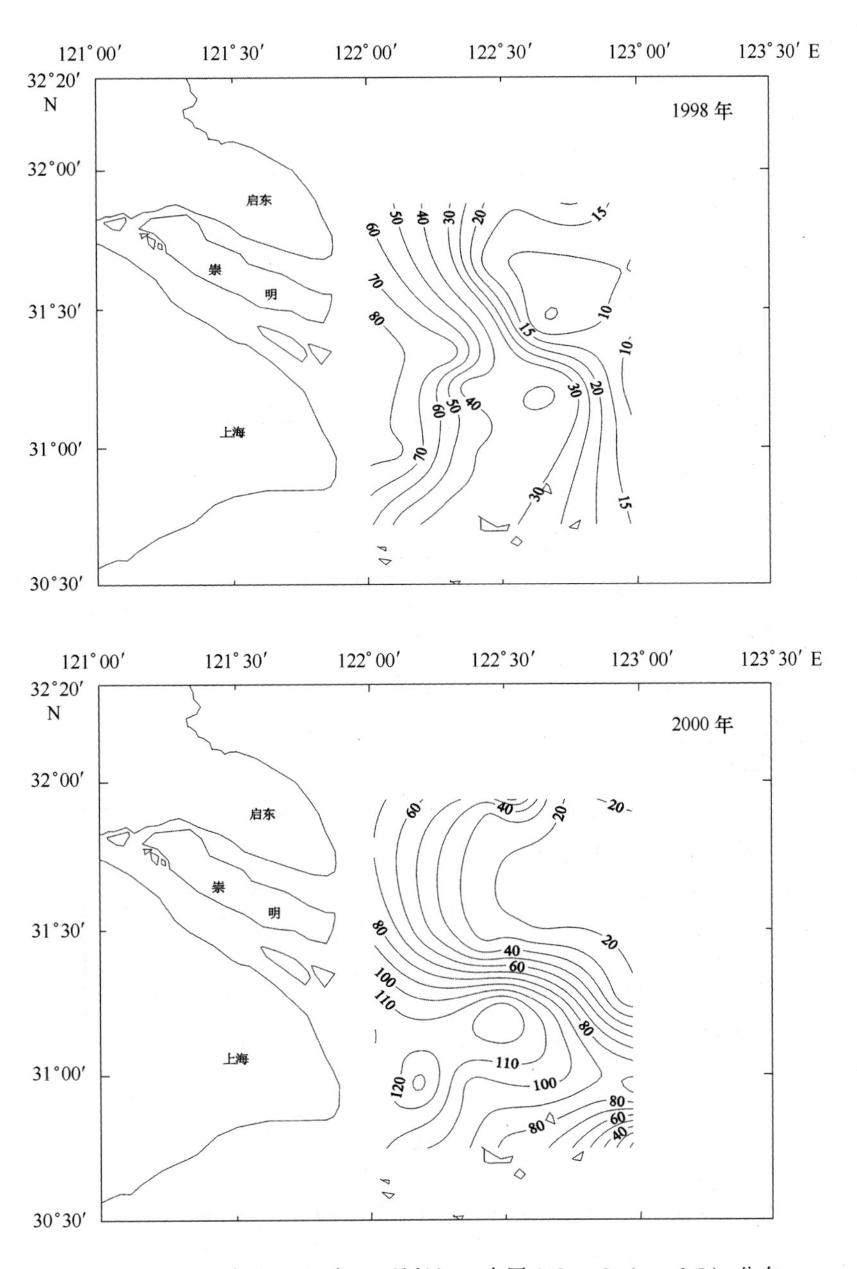

图 3.21　1998 年和 2000 年 11 月长江口表层 SiO_3-Si（μmol/L）分布

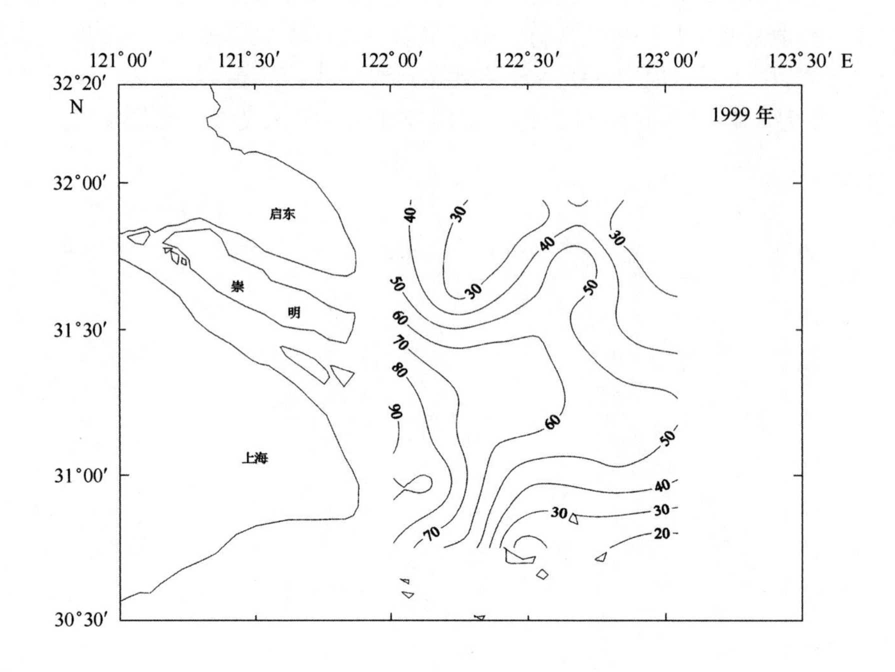

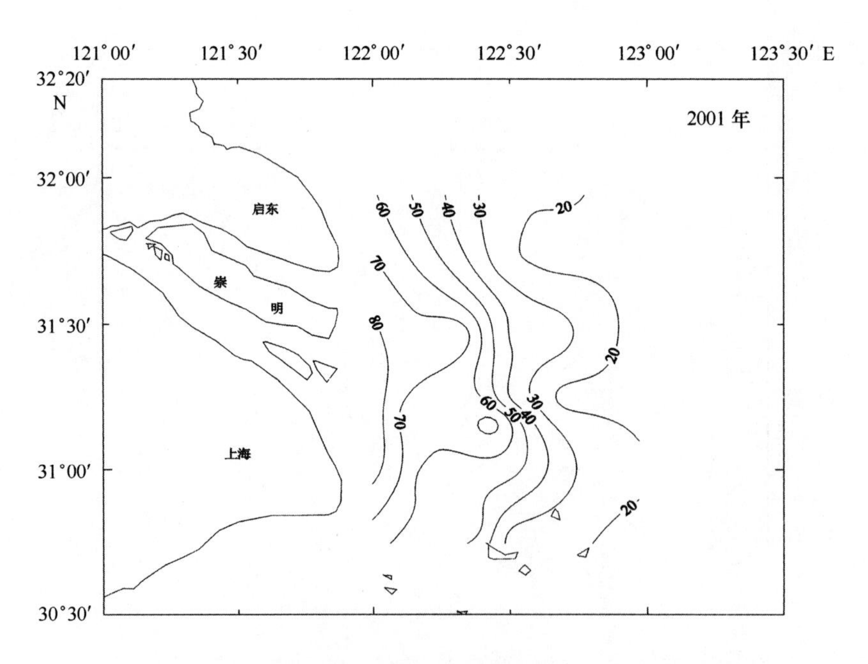

图 3.22　1999 年和 2001 年 5 月长江口表层 SiO_3 - Si（μmol/L）分布

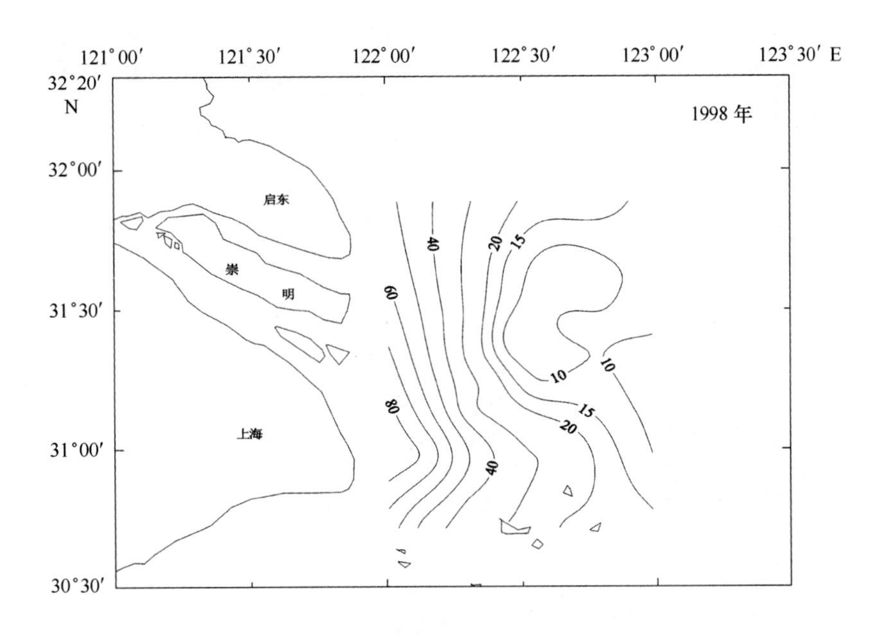

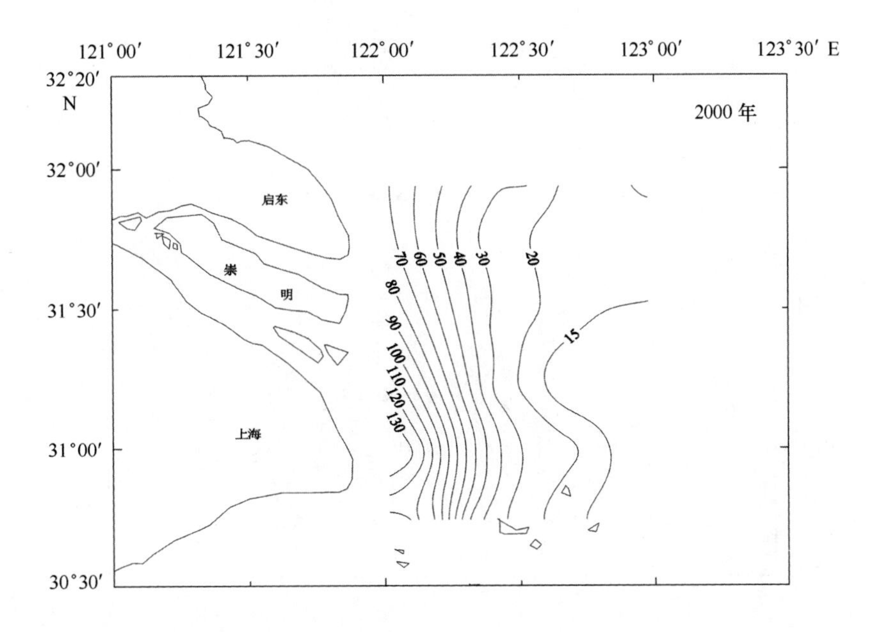

图 3.23 1998 年和 2000 年 11 月长江口底层 SiO_3-Si（μmol/L）分布

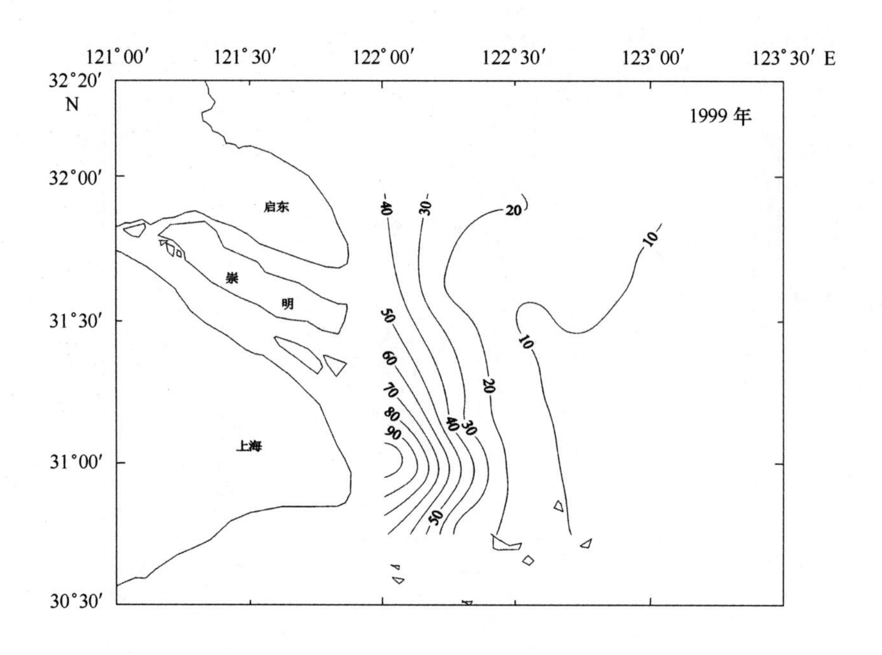

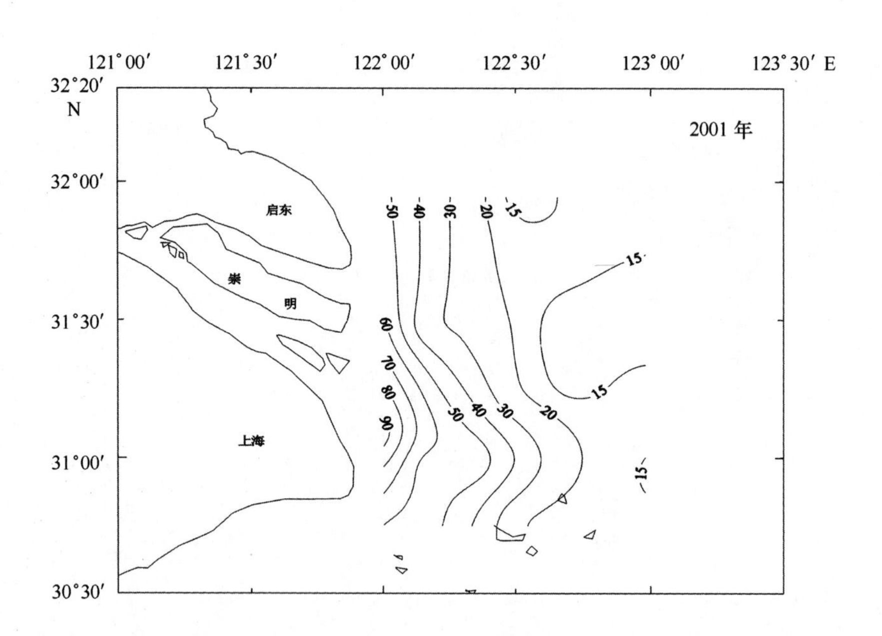

图 3.24　1999 年和 2001 年 5 月长江口底层 SiO_3-Si（μmol/L）分布

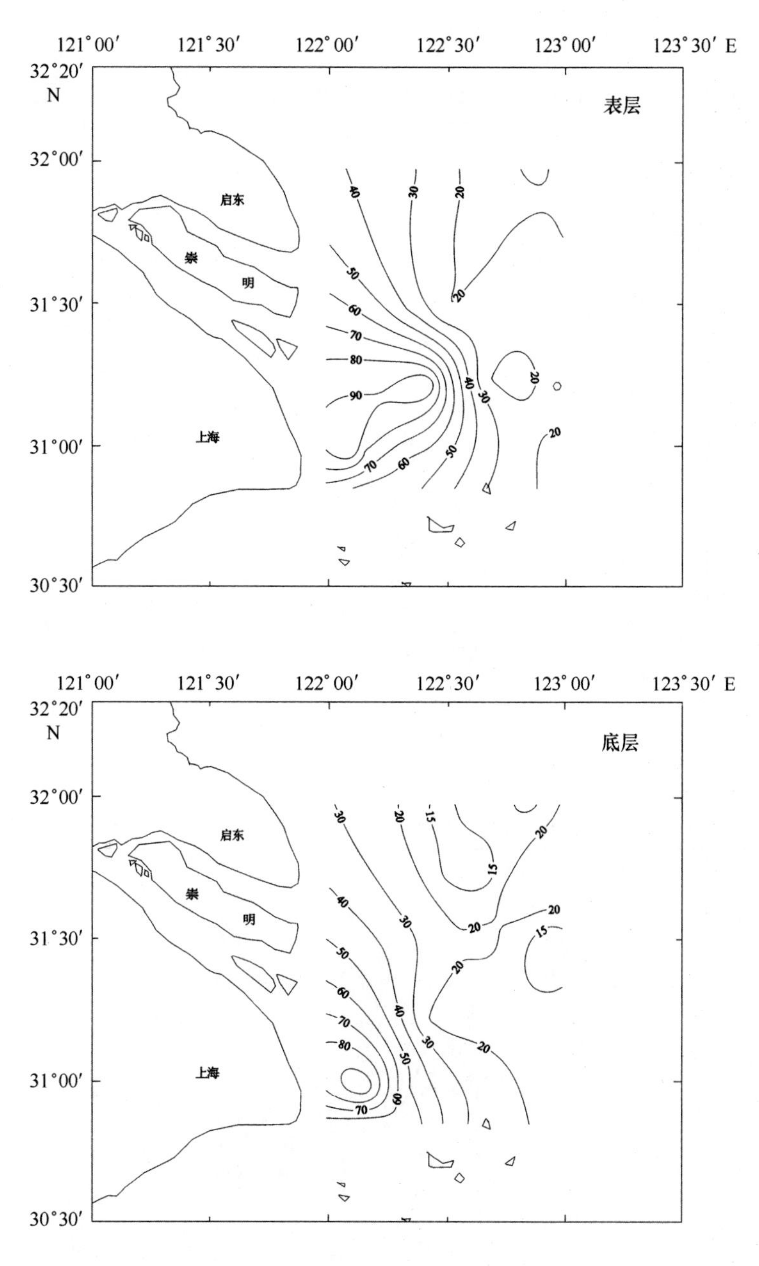

图 3.25 2002 年 11 月长江口 SiO_3-Si（μmol/L）分布

3.1.6 硝酸盐（NO_3-N）

NO_3-N 浓度表、底层分布与 SiO_3-Si 非常相似，河口高，从河口至外海逐渐降低（图 3.26 ~ 图 3.30），最高浓度也在口门内（表 3.1）。表、底层 NO_3-N 浓度等值线，无论是形状还是走向也均与 SiO_3-Si 十分相似，因为它们在河口的行为受同样的机制——物理混合所控制，它们的浓度与盐度之间具有显著的负线性相关关系。

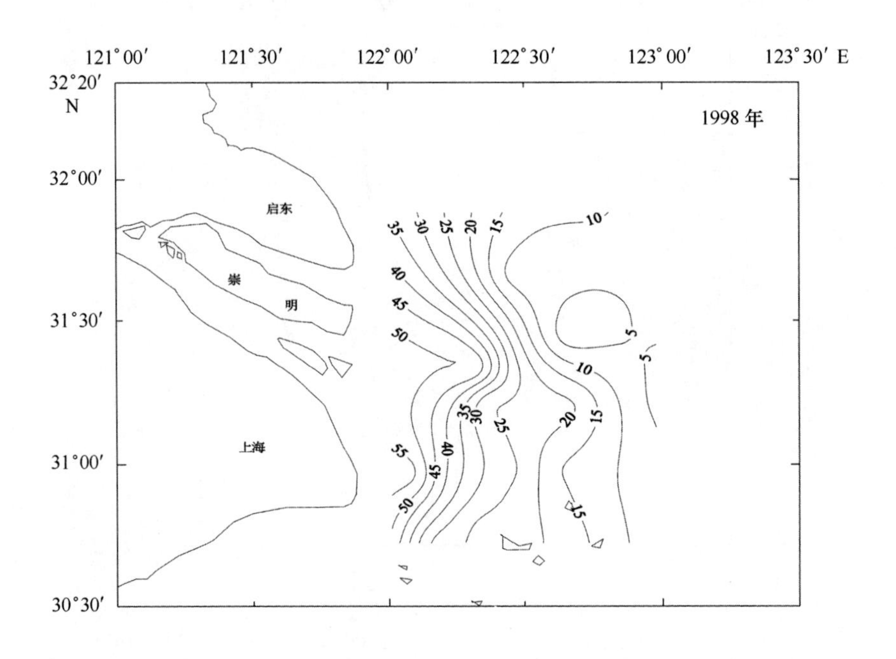

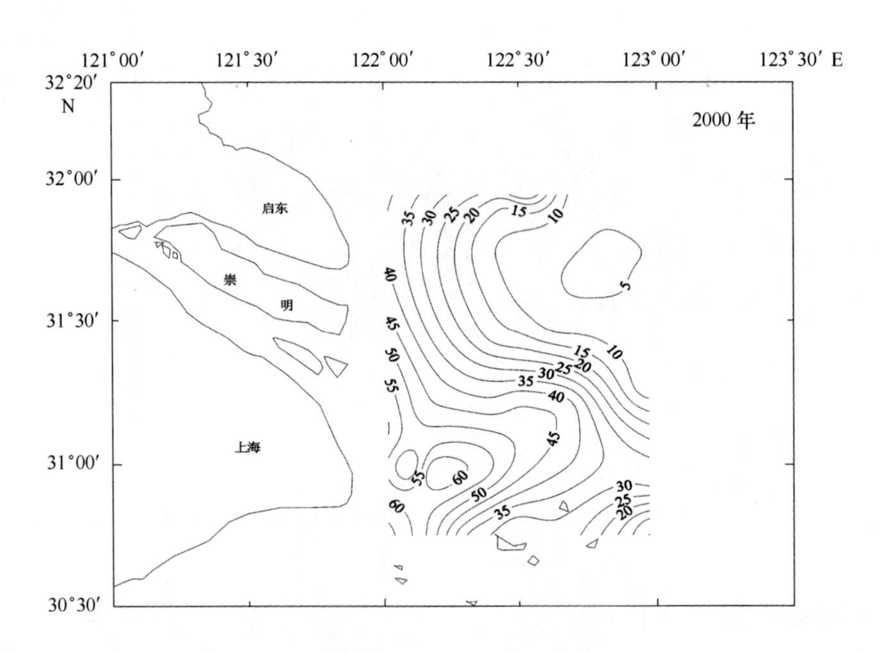

图 3.26　1998 年和 2000 年 11 月长江口表层 NO_3 - N（μmol/L）分布

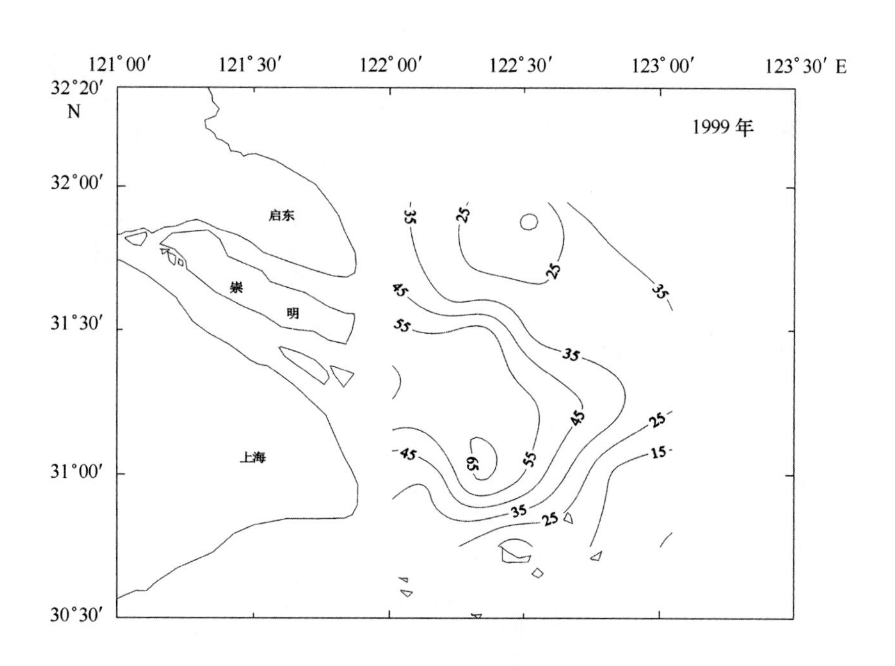

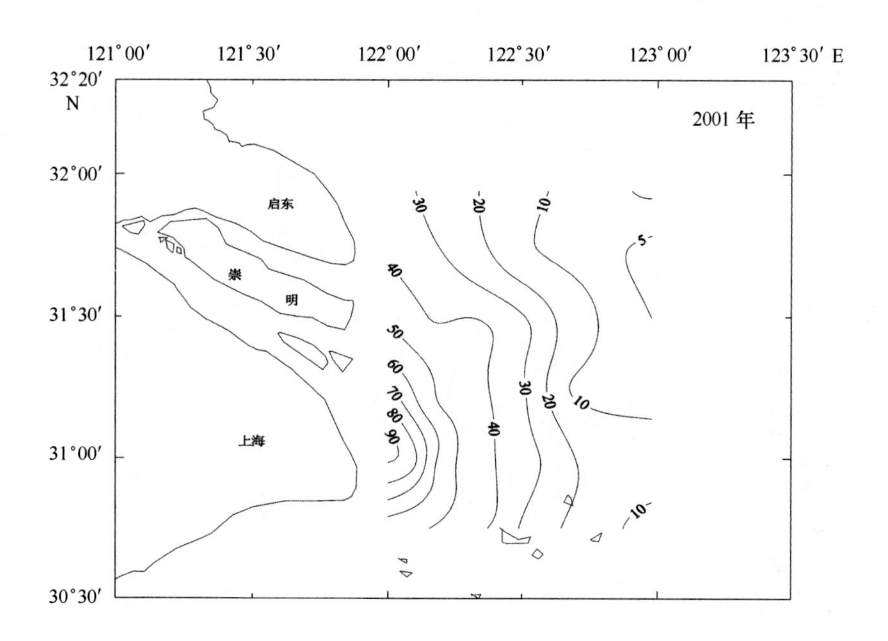

图 3.27 1999 年和 2001 年 5 月长江口表层 NO_3-N（μmol/L）分布

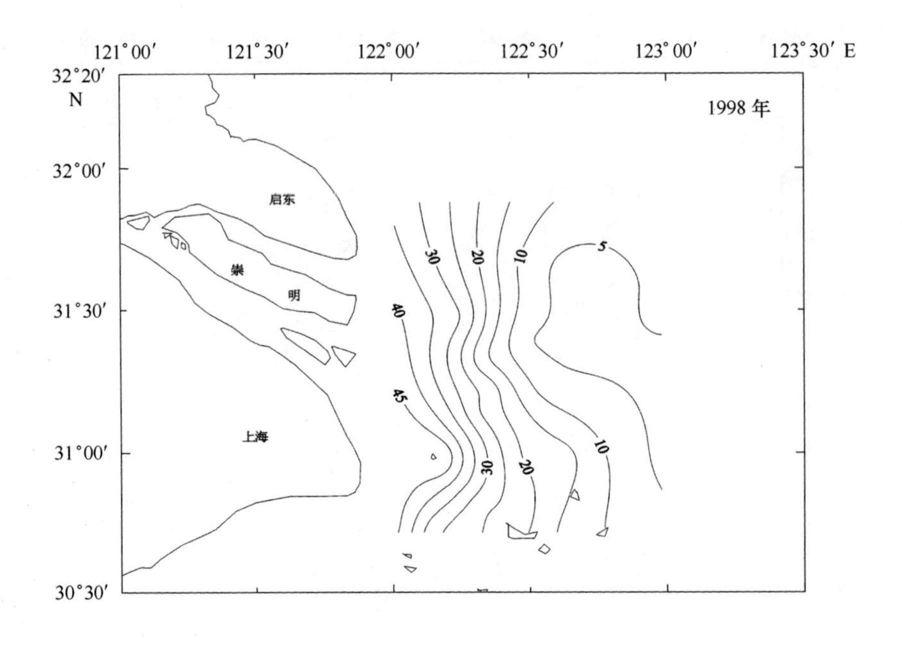

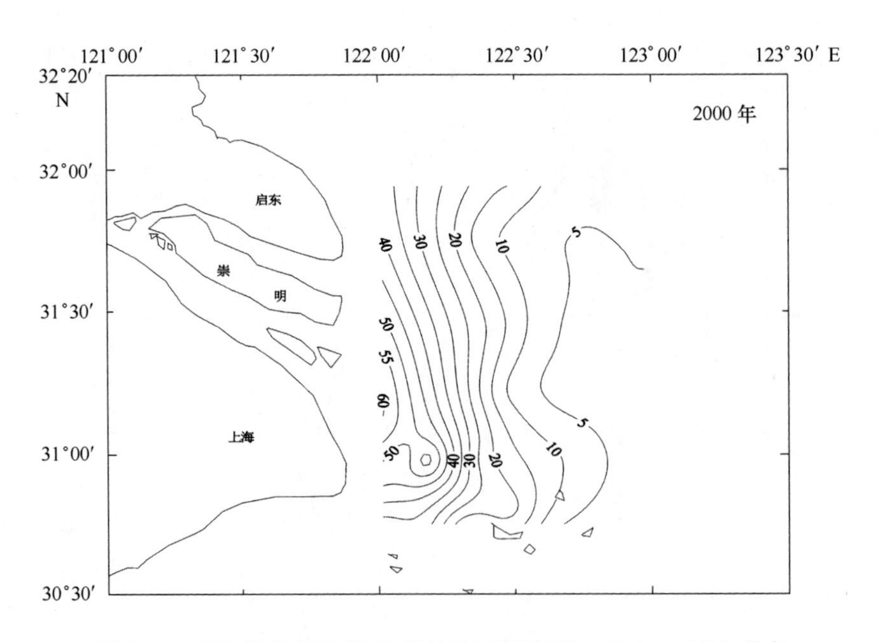

图 3.28　1998 年和 2000 年 11 月长江口底层 NO_3-N（μmol/L）分布

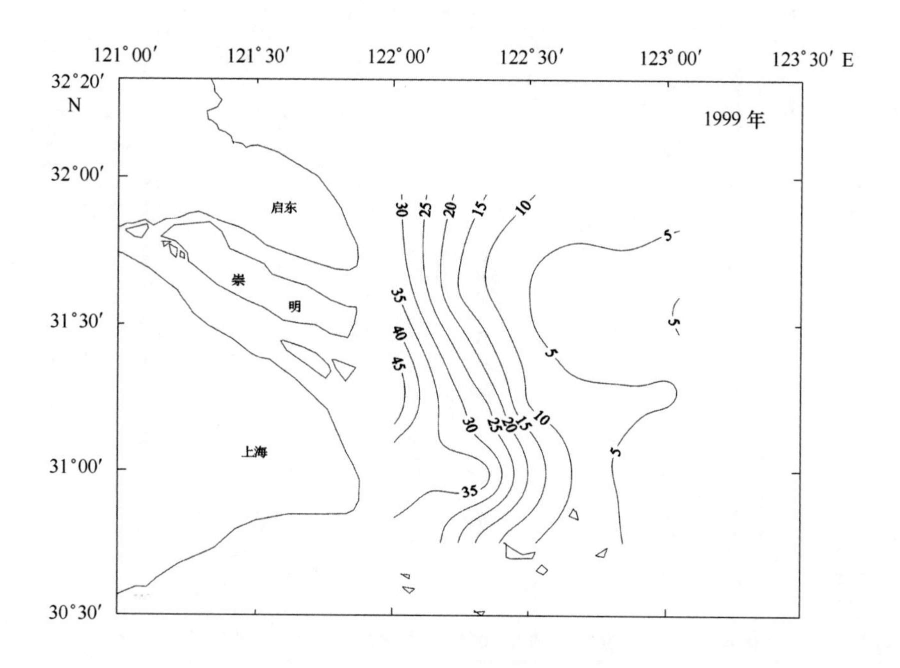

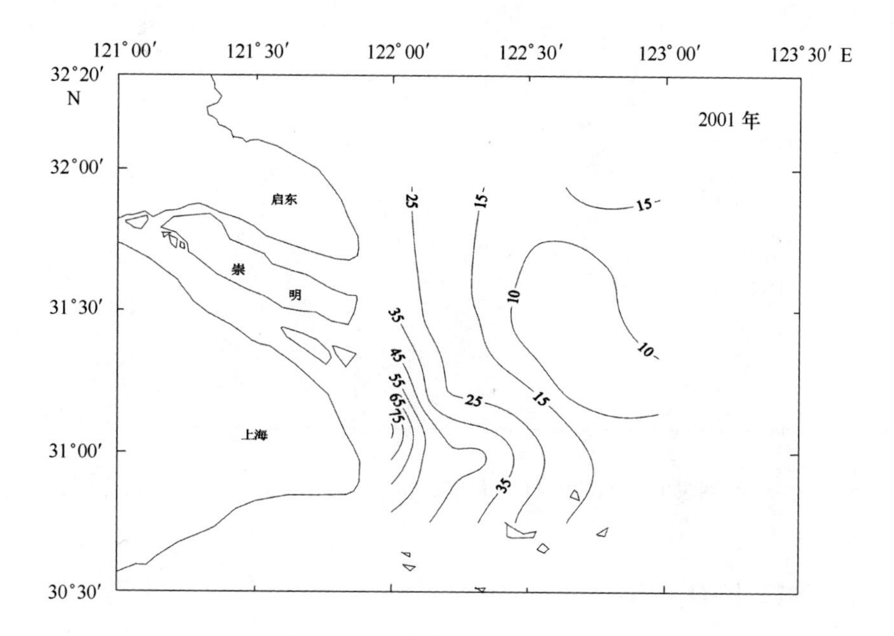

图 3.29　1999 年和 2001 年 5 月长江口底层 NO_3-N（μmol/L）分布

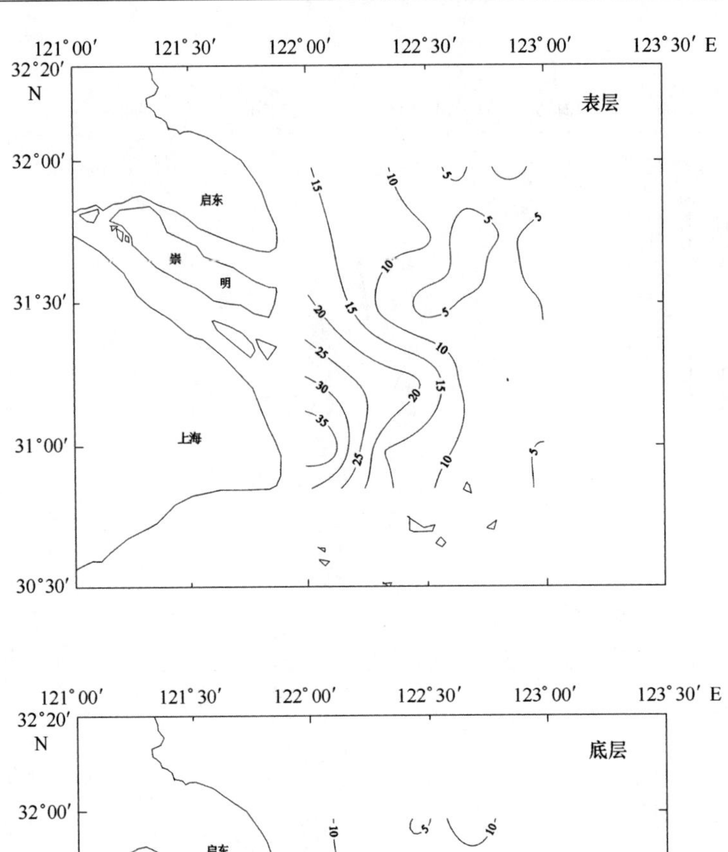

图 3.30　2002 年 11 月长江口 NO_3-N（μmol/L）分布

3.1.7　亚硝酸盐（NO_2-N）

NO_2-N 是三态无机氮的中间产物，在热力学上不稳定，可以由 NO_3-N 的还原或 NH_4-N 的氧化产生，也能直接为浮游植物所同化，其浓度比 NO_3-N 低得多，分布也比较复杂（图 3.31 ~ 图 3.35）。调查表明，1998 年 11 月表层 NO_2-N 高浓度区分布在河口附近和调查区的东南角并分别向东和西北方向递减，底层类似于表层。2000 年 11 月调查区的中部表层 NO_2-N 浓度低，向四周递增，底层与表层略有不同。2002 年 11 月表层口门外附近有一个低值区，向外海方向浓度增加；

底层低值区在调查区的南半部中间水域，向北方向浓度增加。1999 年 5 月表、底层 NO_2-N 分布更为复杂，口门外和调查区东北部浓度较高，调查区东南部浓度较低。2001 年 5 月表层 NO_2-N 分布规律性较好，从河口向外海方向浓度递减，底层在调查区的东北部出现一个高浓度区，最高浓度超过 1 μmol/L。从调查数据还可以看出所有的调查最高浓度几乎均在口门处 39 号站，比口门内其他站要高得多（表 3.1），2001 年 5 月表、底层 NO_2-N 浓度分别高达 2.2 μmol/L 和 2.4 μmol/L，这可能主要是由于 39 号站上游竹园和白龙港排污口排污影响的结果。

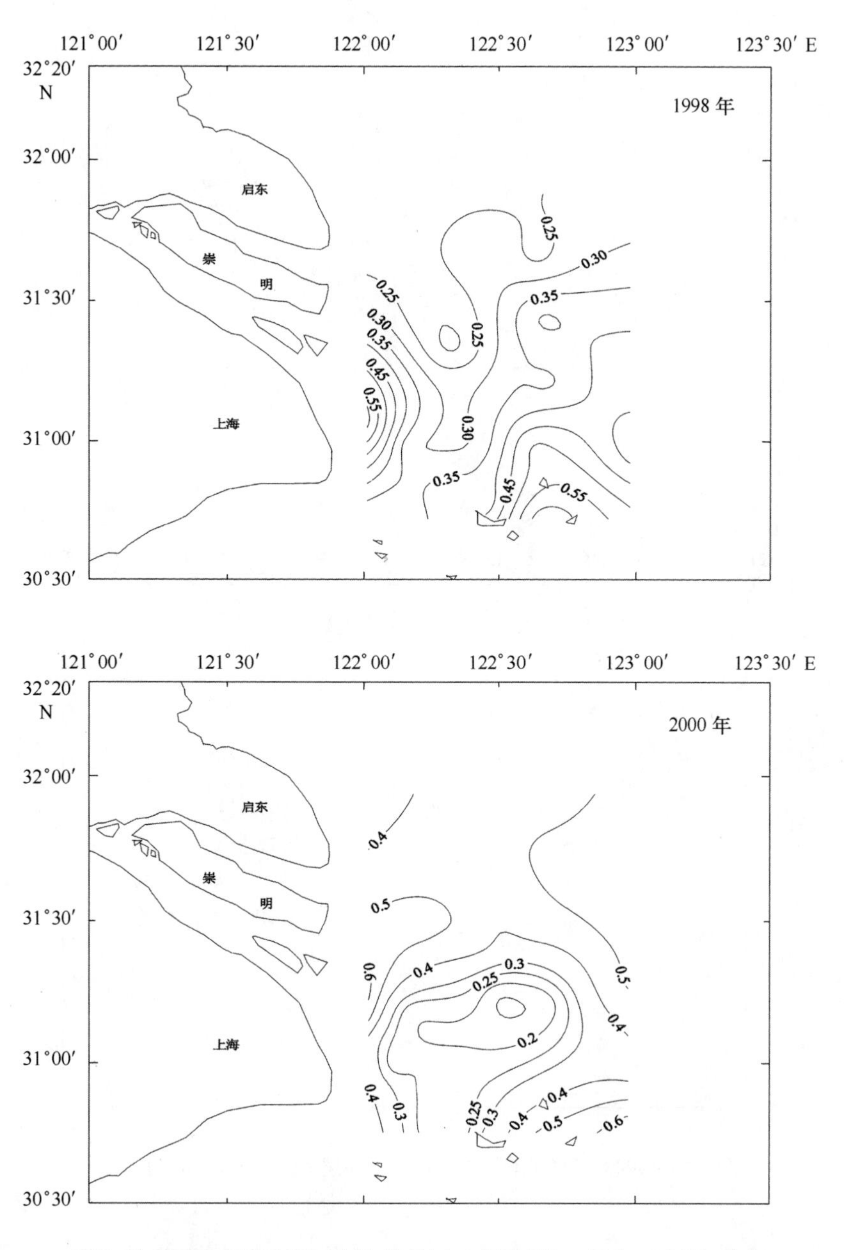

图 3.31 1998 年和 2000 年 11 月长江口表层 NO_2-N（μmol/L）分布

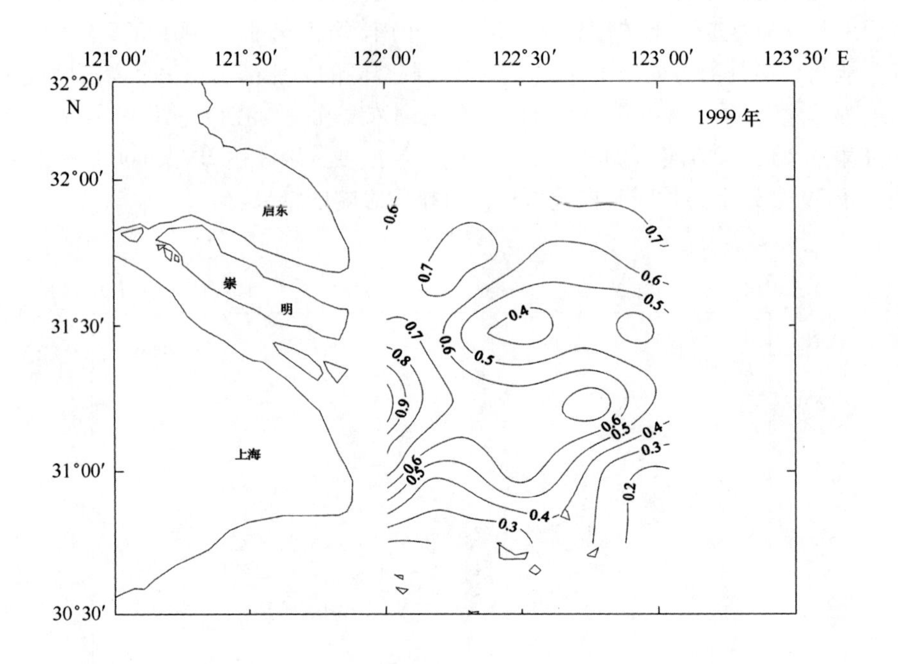

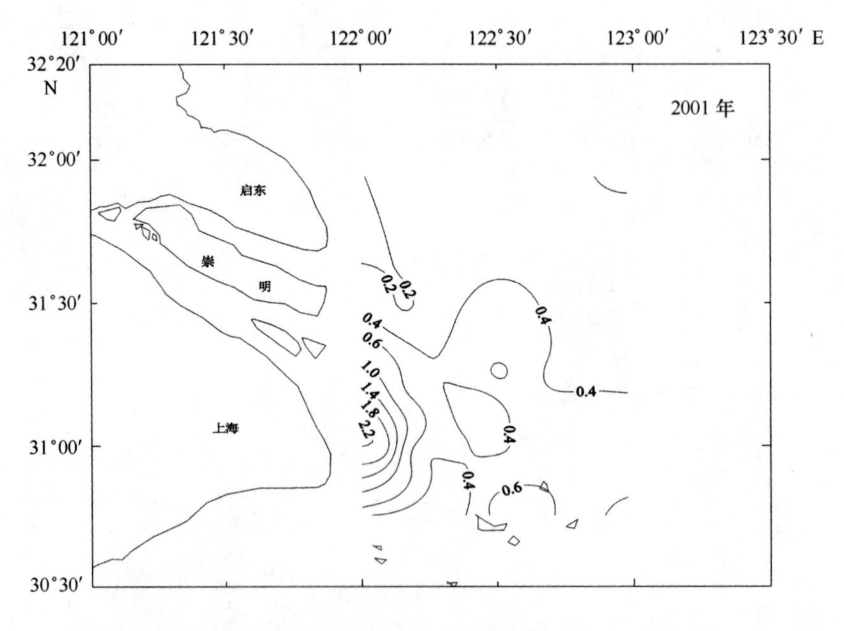

图 3. 32　1999 年和 2001 年 5 月长江口表层 NO_2-N（μmol/L）分布

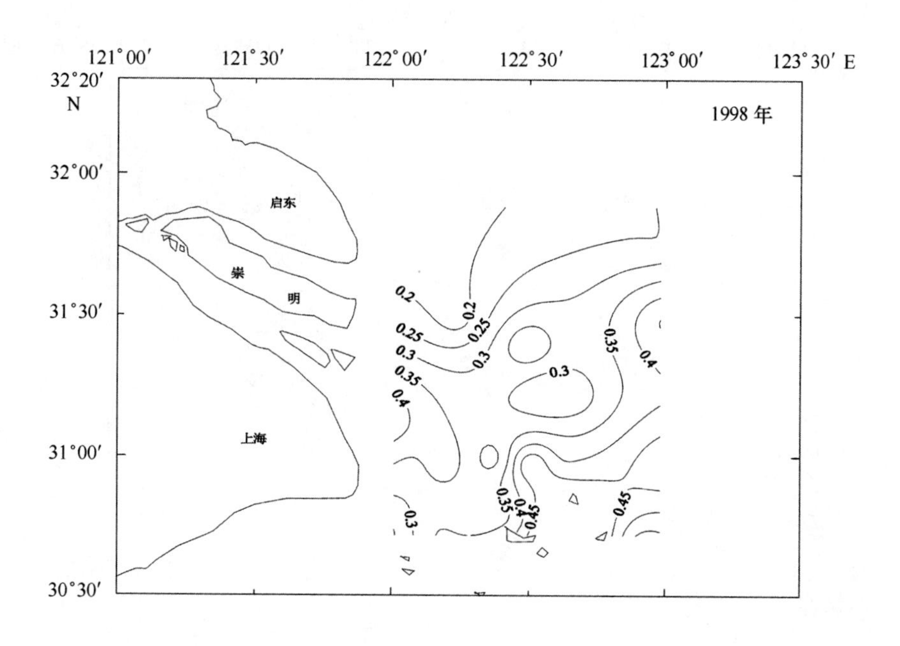

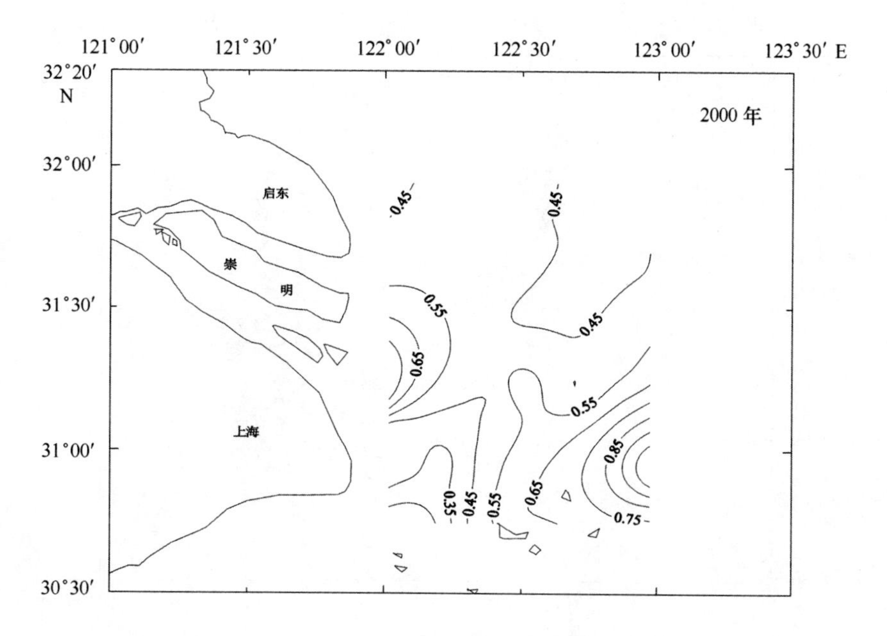

图 3.33　1998 年和 2000 年 11 月长江口底层 NO_2-N（μmol/L）分布

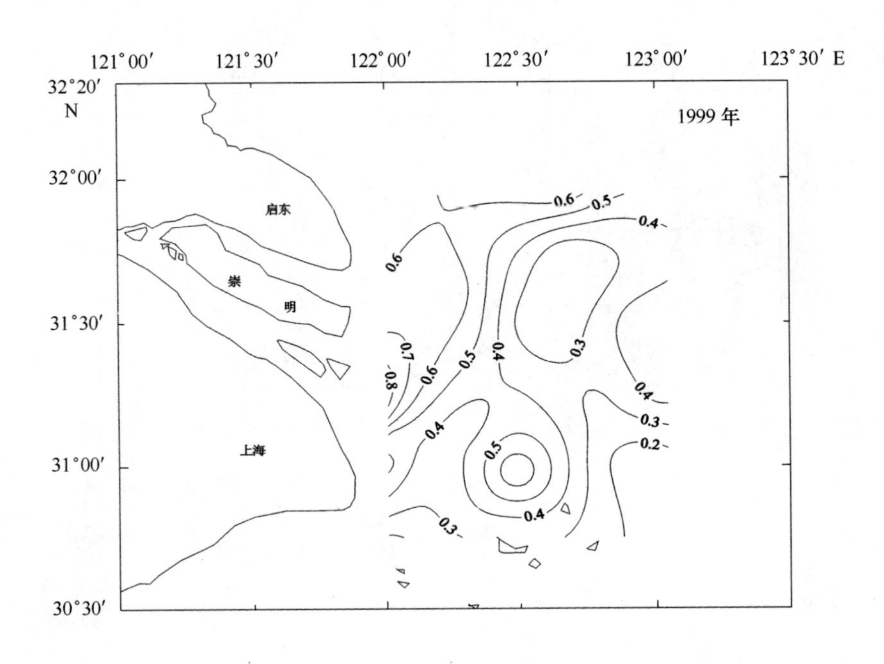

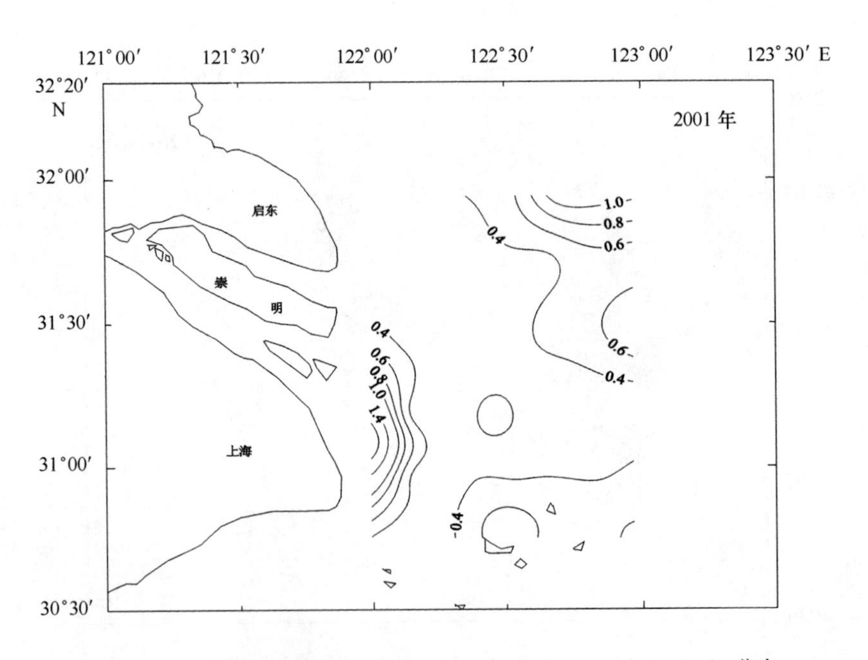

图 3.34　1999 年和 2001 年 5 月长江口底层 NO_2 - N（μmol/L）分布

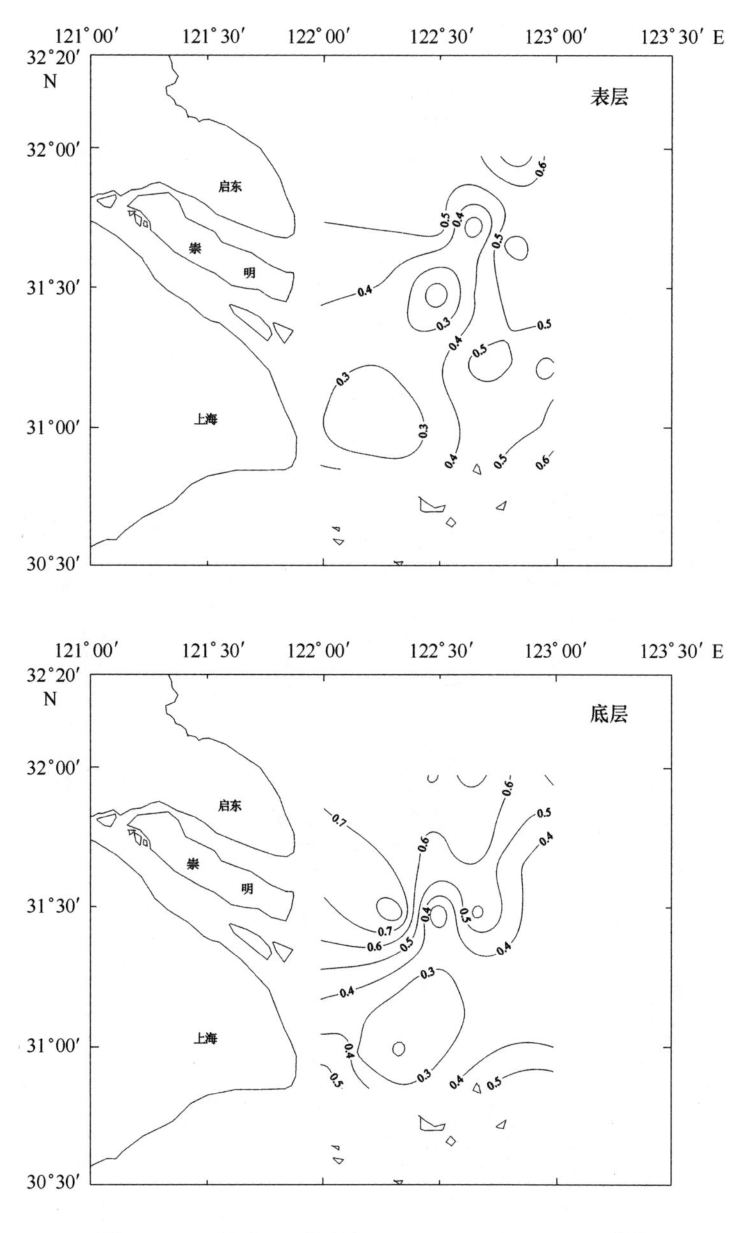

图 3.35　2002 年 11 月长江口 NO_2-N（μmol/L）分布

3.1.8　铵氮（NH_4-N）

NH_4-N 在长江口的分布主要受陆源输入的影响，它的表、底层基本分布趋势也是河口、近岸高，远岸低（图 3.36 ~ 图 3.40）。由于 NH_4-N 是有机物氧化分解的第一产物，也常常为浮游植物所优先吸收，浮游动物和其他水生动物能直接排泄 NH_4-N，雨水中还含有大量的 NH_4-N，因此 NH_4-N 的分布不如 NO_3-N 和 SiO_3-Si 那样规律，在调查区的某些水域存在着一些小范围的较高浓度区和其他块状分布，表、底层都如此。与 NO_2-N 一样在口门处 39 号站，NH_4-N 浓度特别高，1998 年 11 月表层和 1999 年 5 月表、底层都超过 20 μmol/L，2002 年 11 月表层达到19.6 μmol/L。

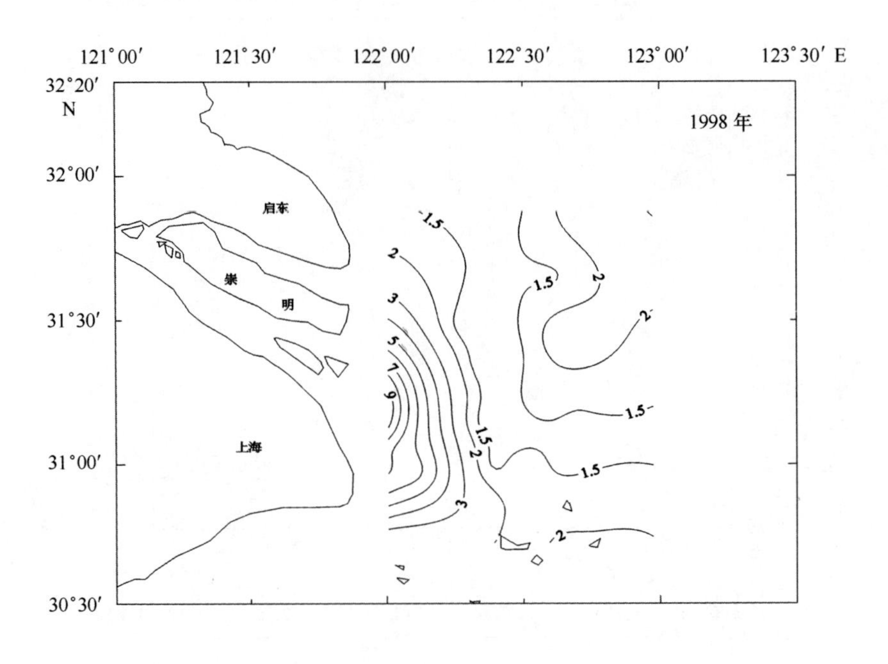

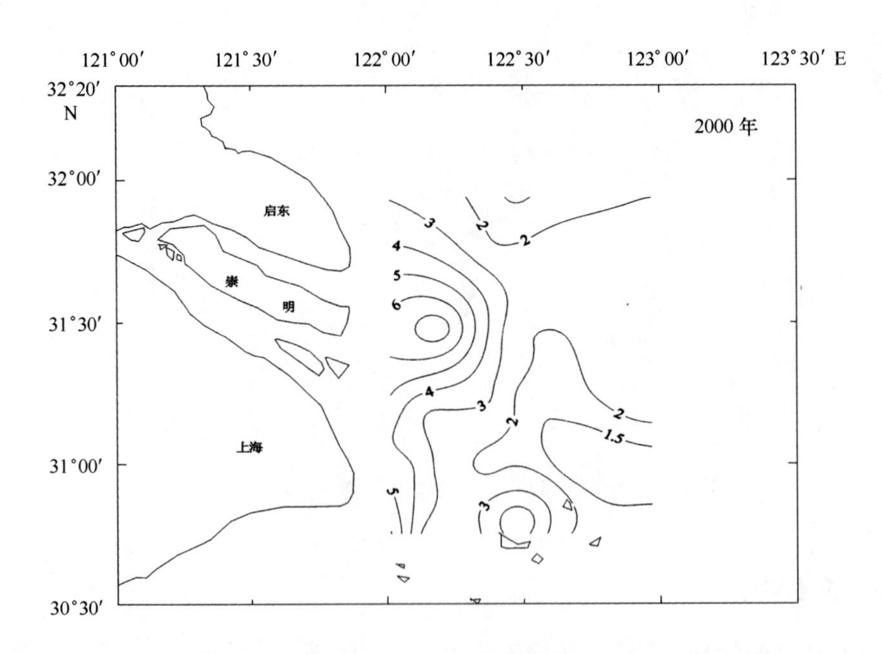

图 3.36　1998 年和 2000 年 11 月长江口表层 NH_4-N（μmol/L）分布

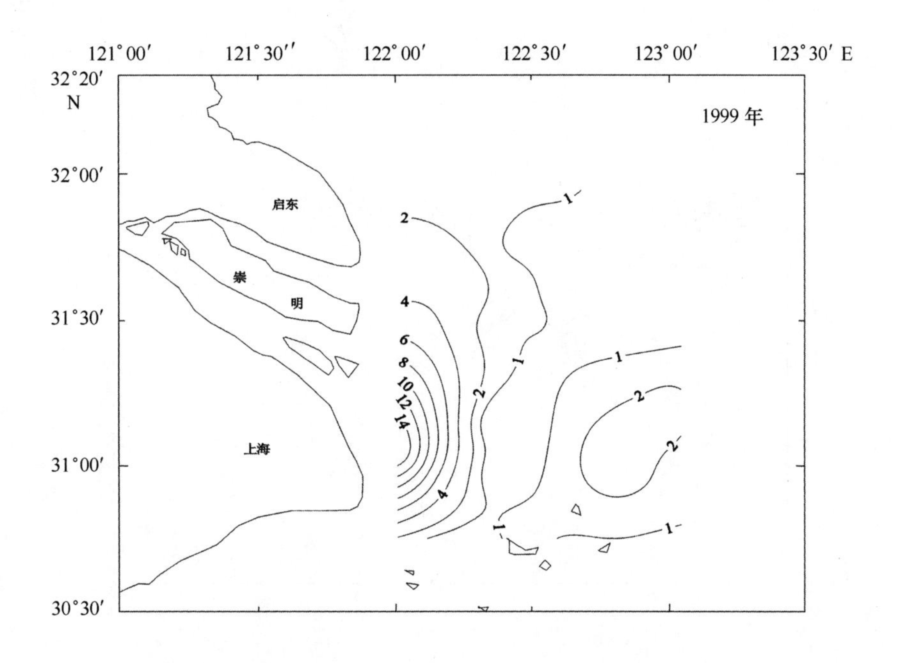

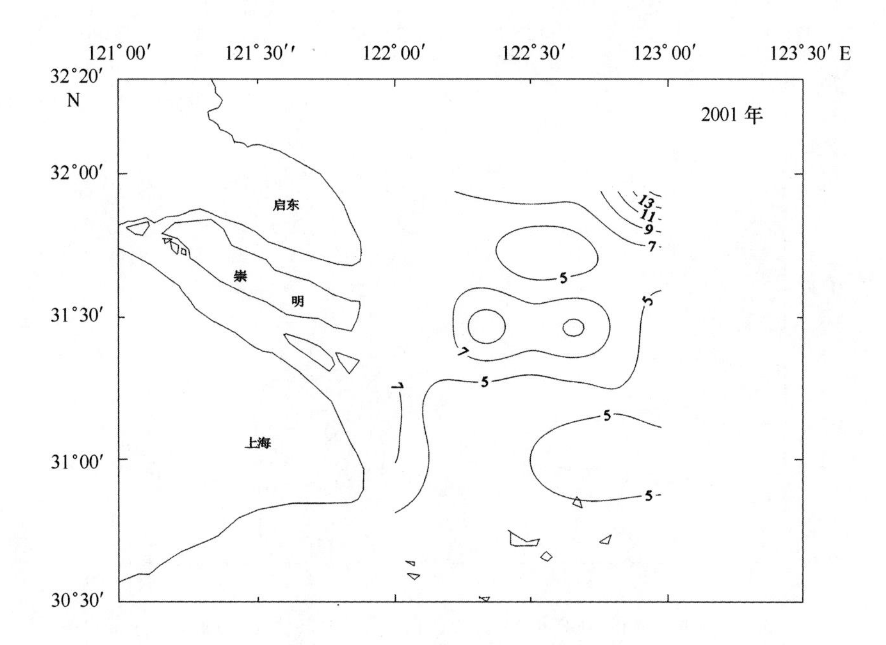

图 3.37 1999 年和 2001 年 5 月长江口表层 NH_4-N（μmol/L）分布

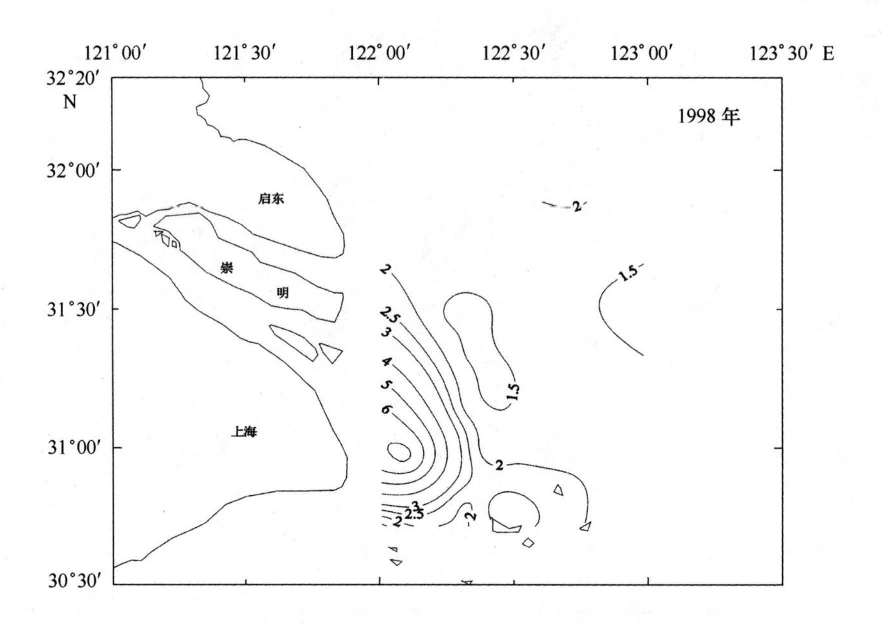

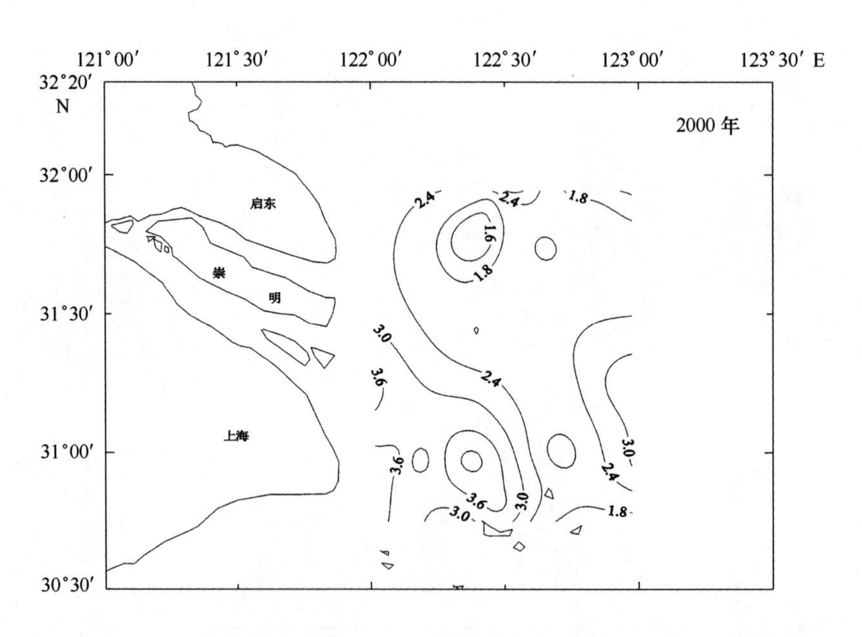

图 3.38 1998 年和 2000 年 11 月长江口底层 NH_4-N（μmol/L）分布

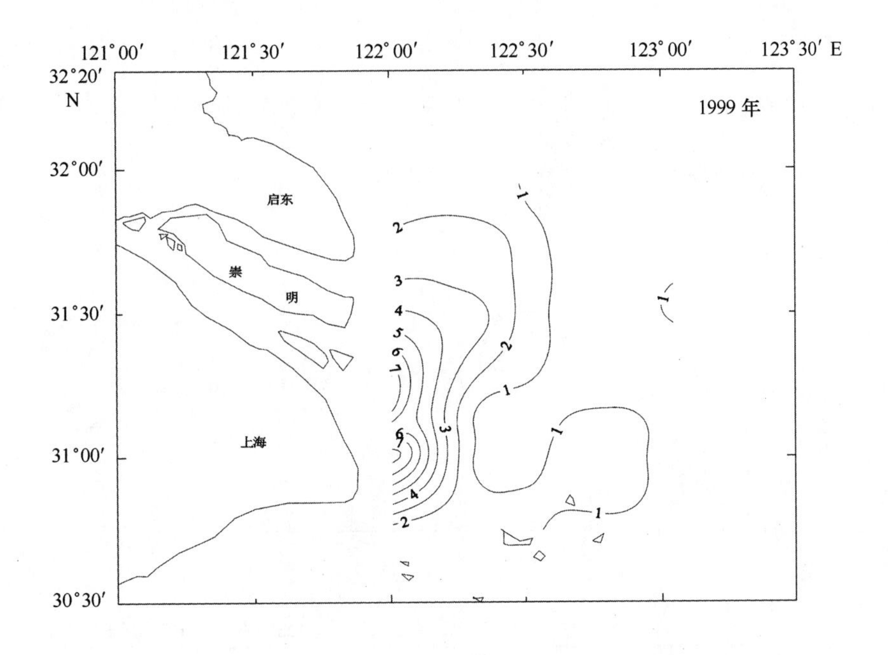

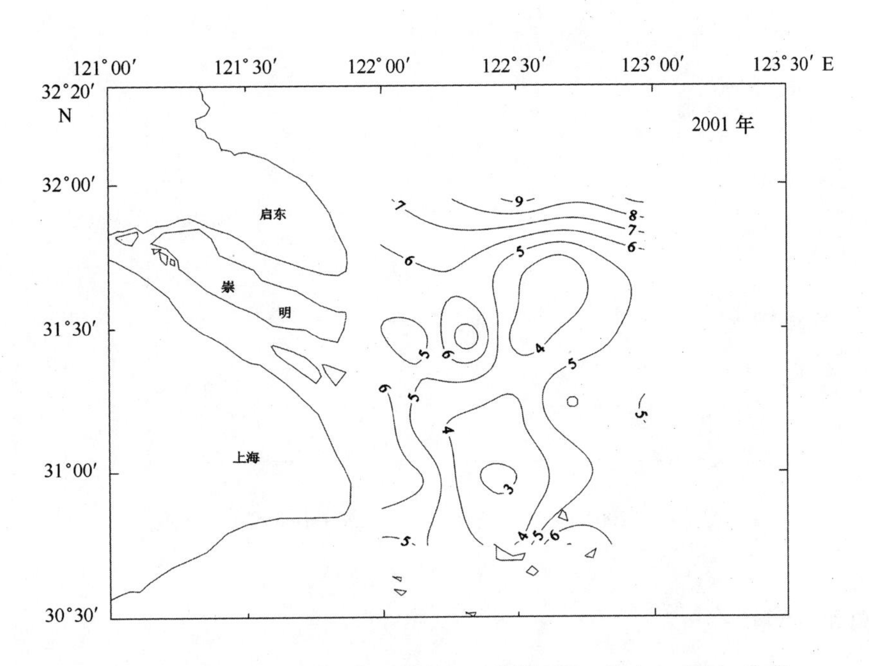

图 3.39　1999 年和 2001 年 5 月长江口底层 NH_4-N（μmol/L）分布

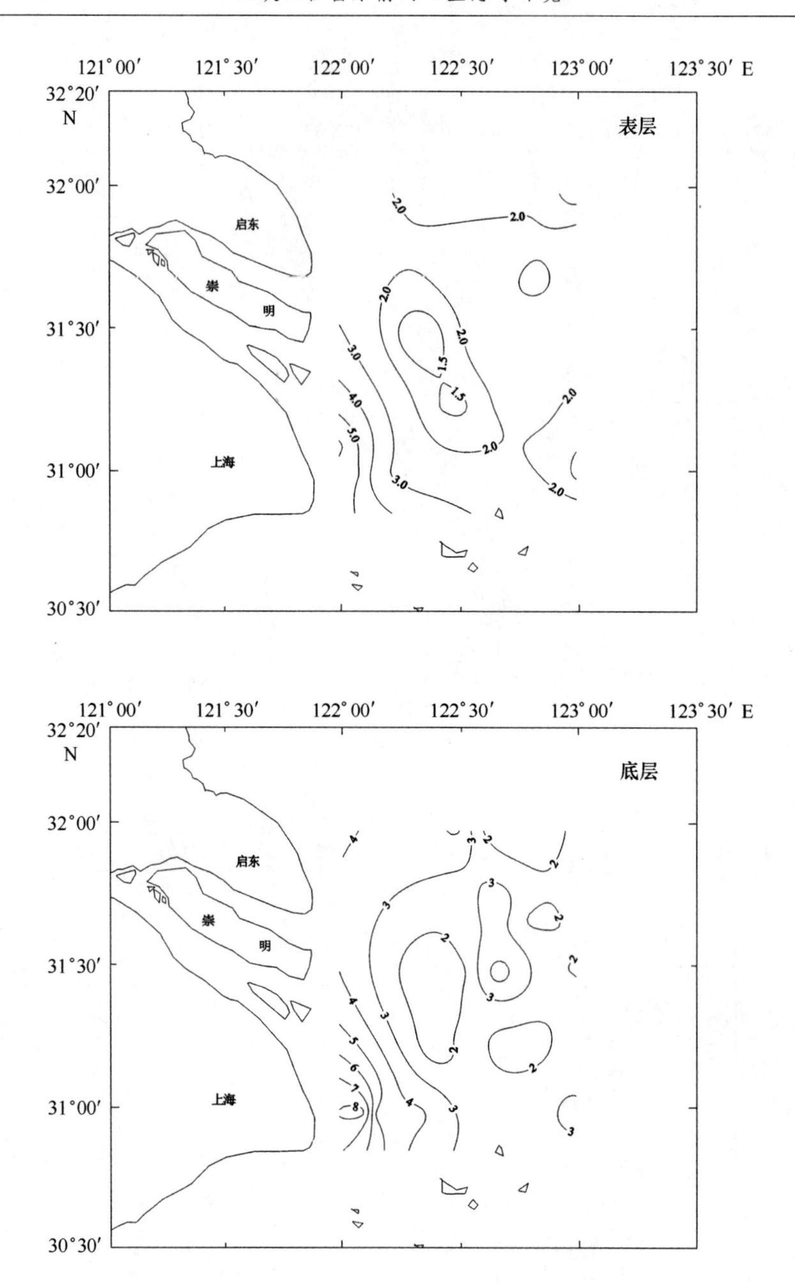

图 3.40 2002 年 11 月长江口 NH_4-N（μmol/L）分布

3.1.9 总氮（TN）

TN 包括所有形式的 N——无机的和有机的或溶解的和颗粒的。由于 NO_3-N 占 TN 较大的份额，TN 浓度的表、底层分布与 NO_3-N 比较相似，也是口门内和河口高，从河口至外海逐渐降低（图 3.41～图 3.45），这种分布模式表明 TN 浓度主要受稀释扩散所控制，它与盐度呈负线性相关关系。

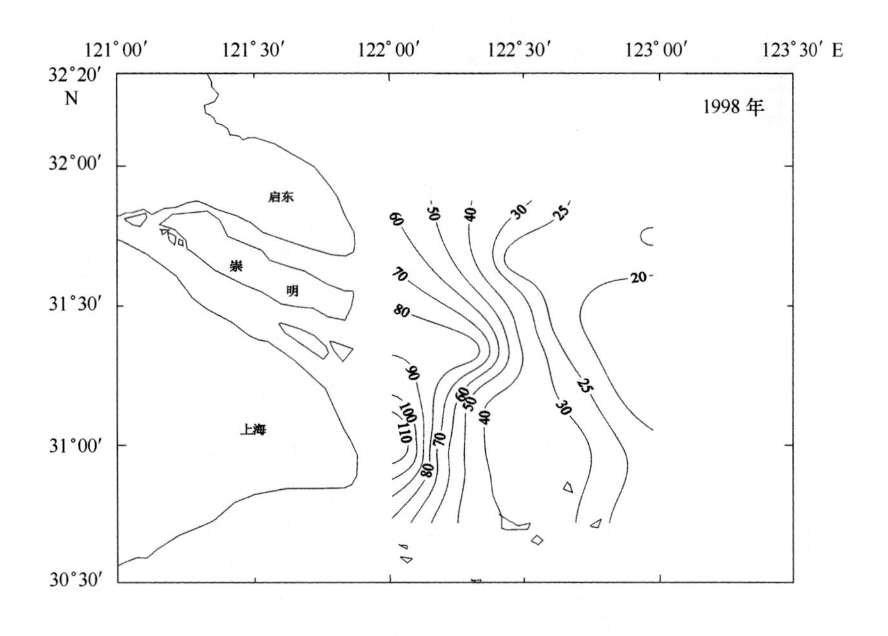

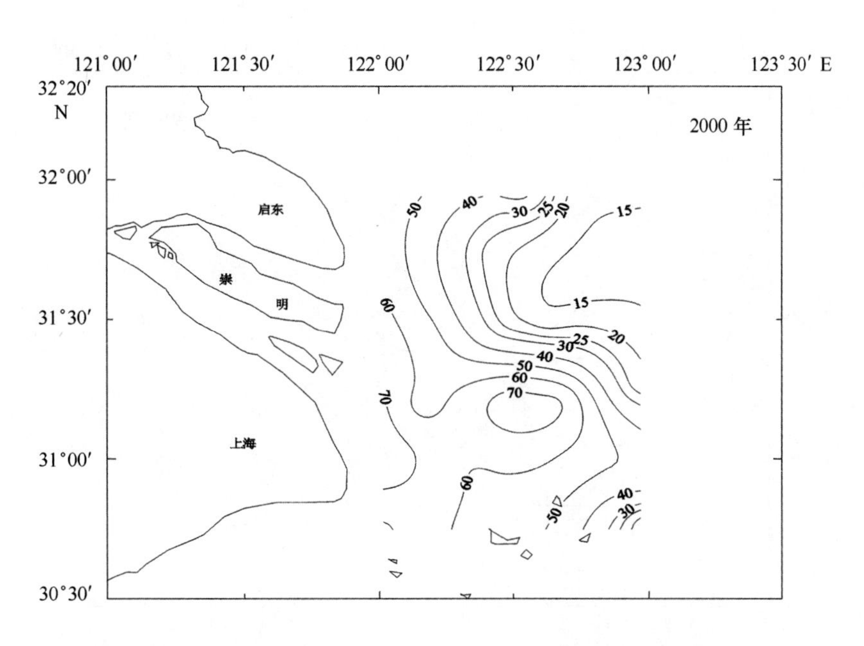

图 3.41　1998 年和 2000 年 11 月长江口表层 TN（μmol/L）分布

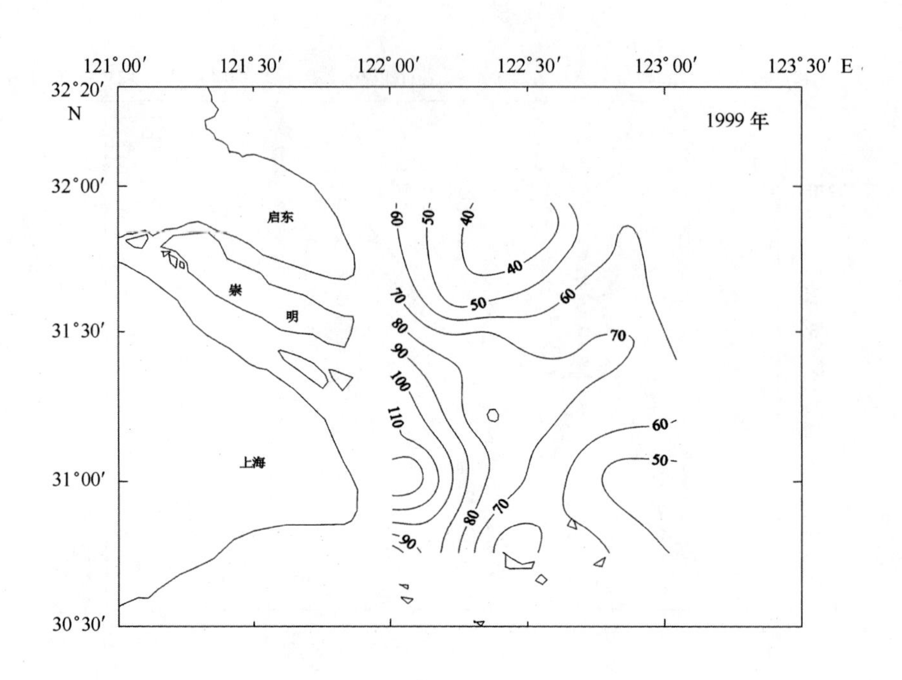

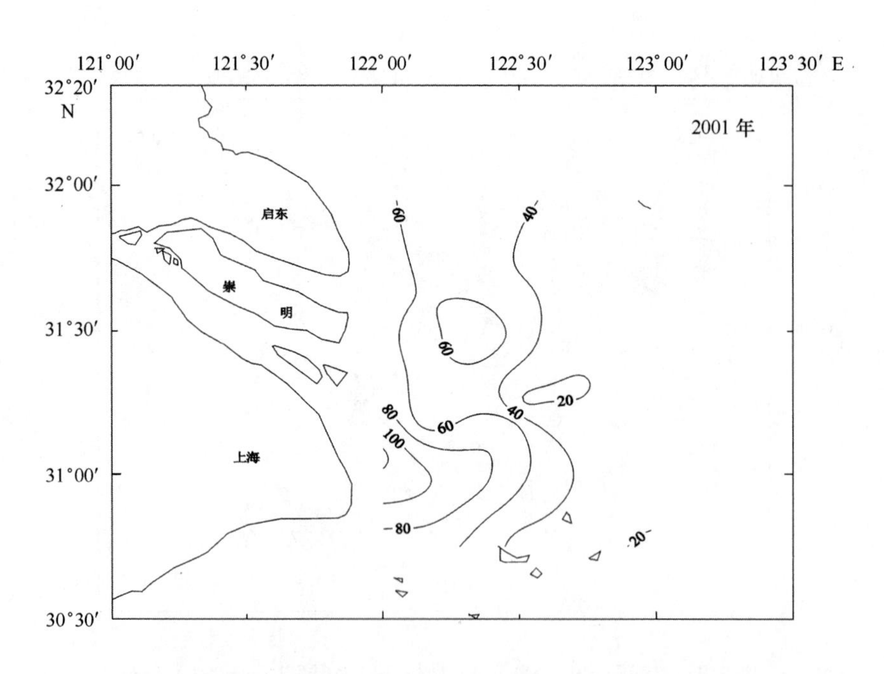

图 3.42　1999 年和 2001 年 5 月长江口表层 TN（μmol/L）分布

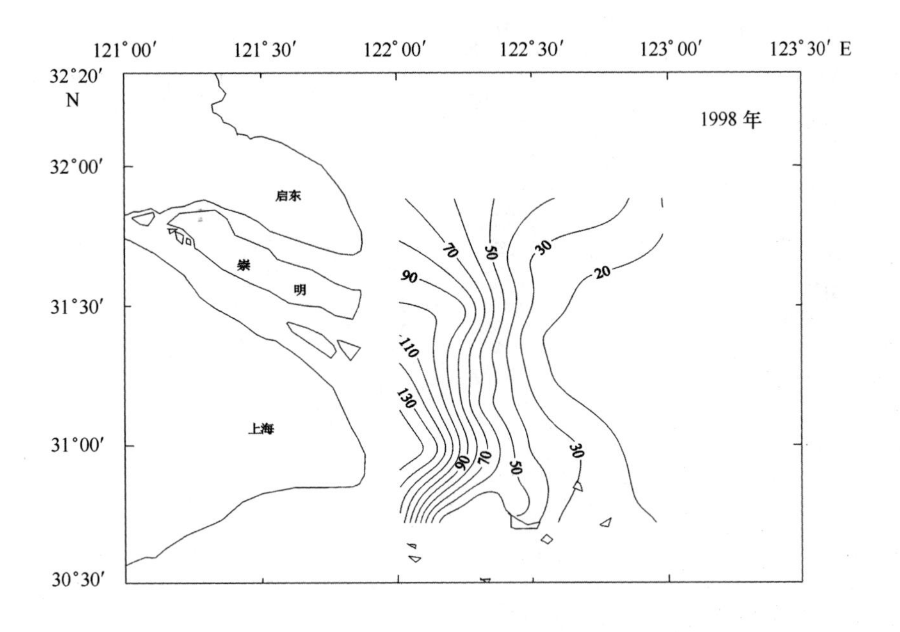

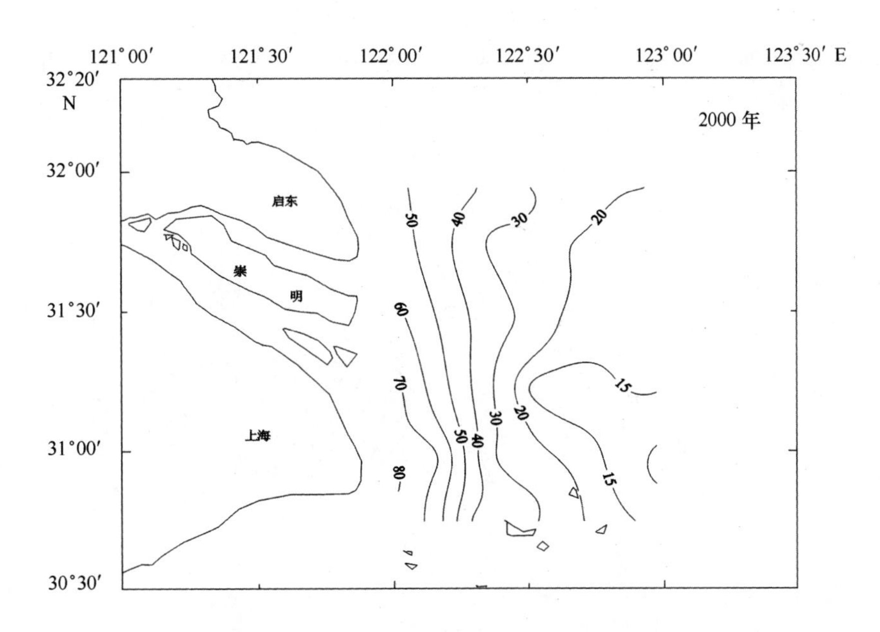

图 3.43 1998 年和 2000 年 11 月长江口底层 TN (μmol/L) 分布

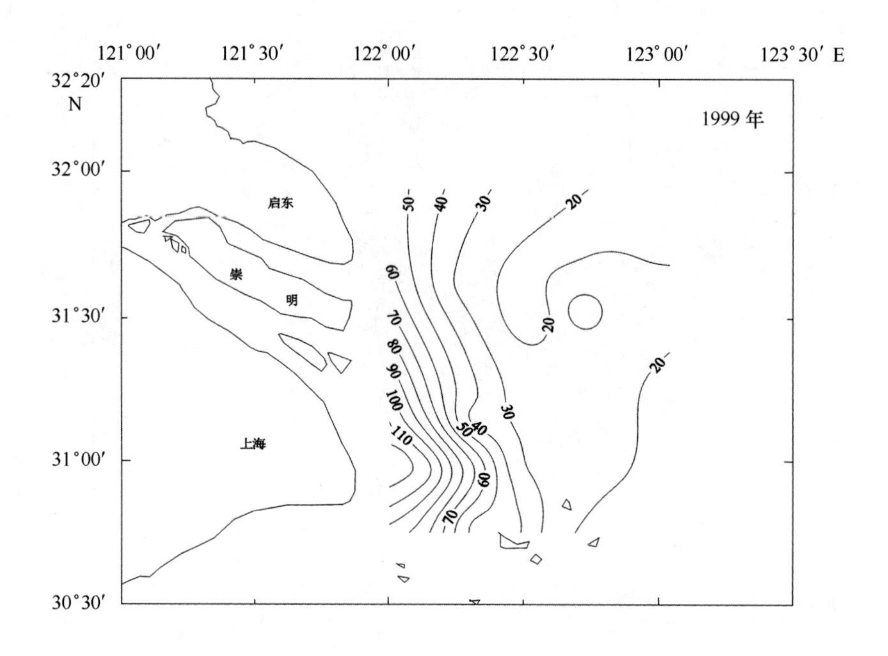

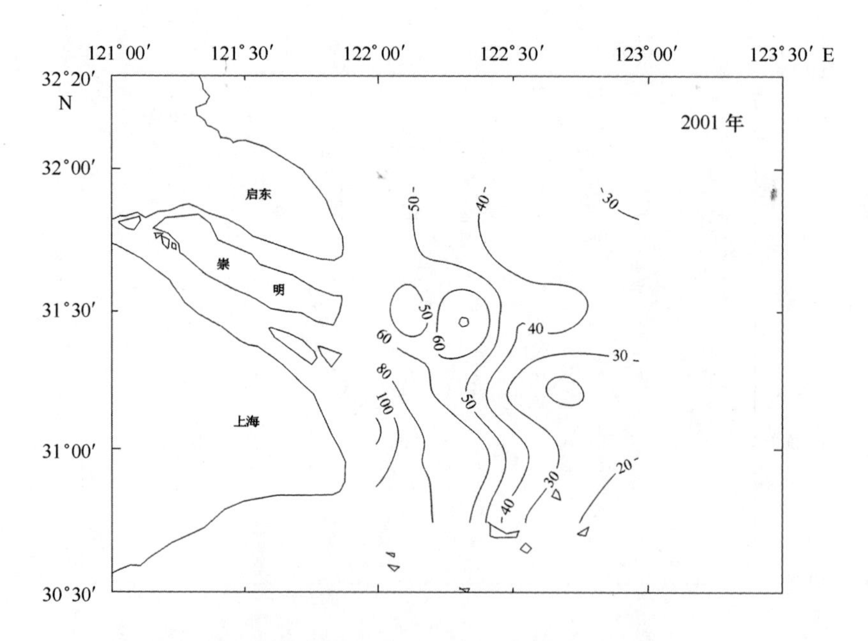

图 3.44　1999 年和 2001 年 5 月长江口底层 TN（μmol/L）分布

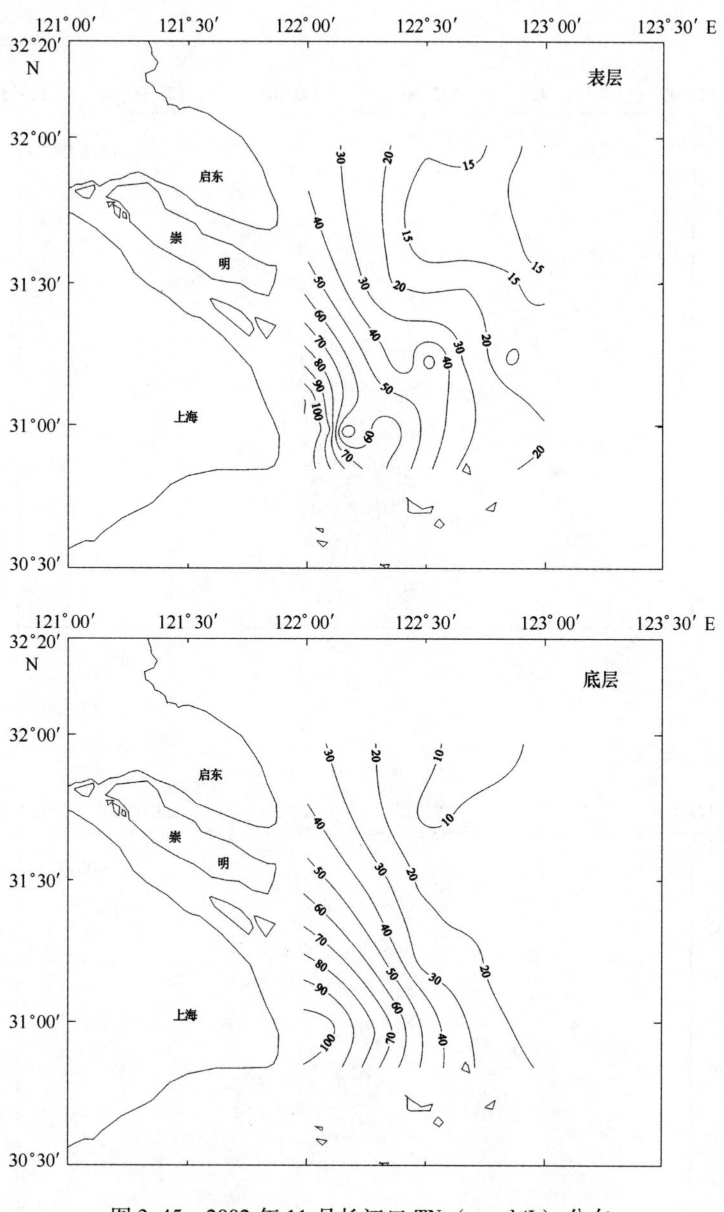

图 3.45 2002 年 11 月长江口 TN（μmol/L）分布

3.1.10 总磷（TP）

与 PO_4-P 相比，TP 浓度高得多。TP 浓度主要受长江淡水输入的影响，它的分布趋势基本上也是河口及其附近高，远岸低（图 3.46 ~ 图 3.50）。由于 P 具有较强的电子亲和性，易于吸附在颗粒物上，因此 TP 分布与悬浮体分布密切相关，其高浓度区并不在口门内，而是在悬浮体含量最高的河口附近水域。如 1998 年 11 月和 2001 年 5 月表、底层 TP 和悬浮体高含量区都在口门外东南水域（图 2.5 和 2.3），2000 年 11 月表、底层二者的高含量区之一都在崇明岛以东水域（图 2.7）；1999 年 5 月表、底层 TP 和悬浮体高含量区也都在口门外东南水域（图 2.1），口门内表层水中 TP 和悬浮体含量也很高。

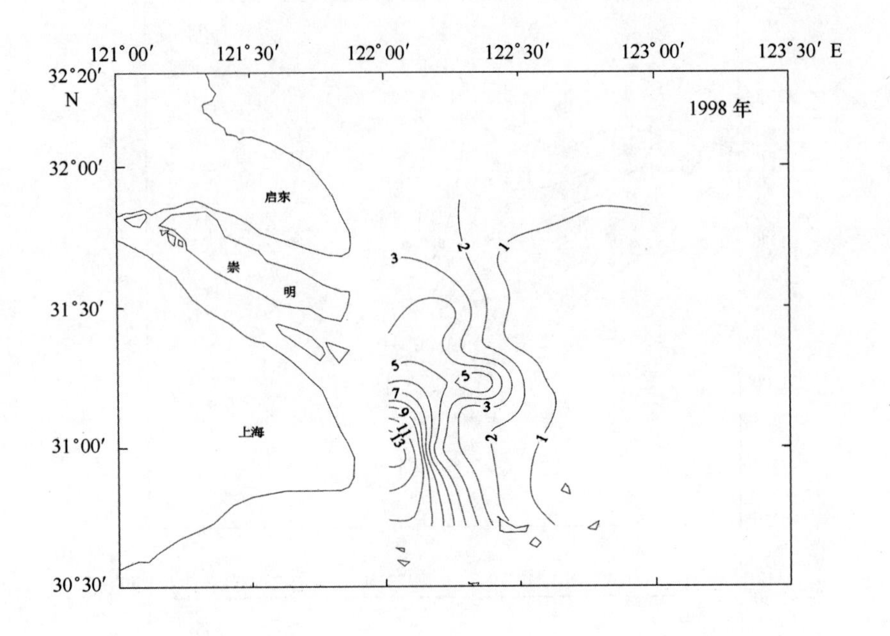

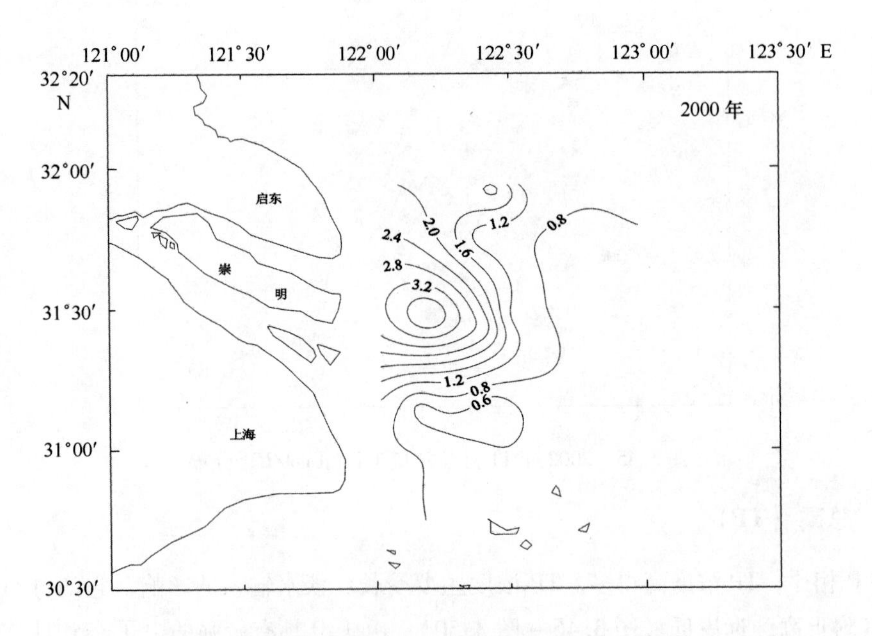

图 3.46 1998 年和 2000 年 11 月长江口表层 TP（μmol/L）分布

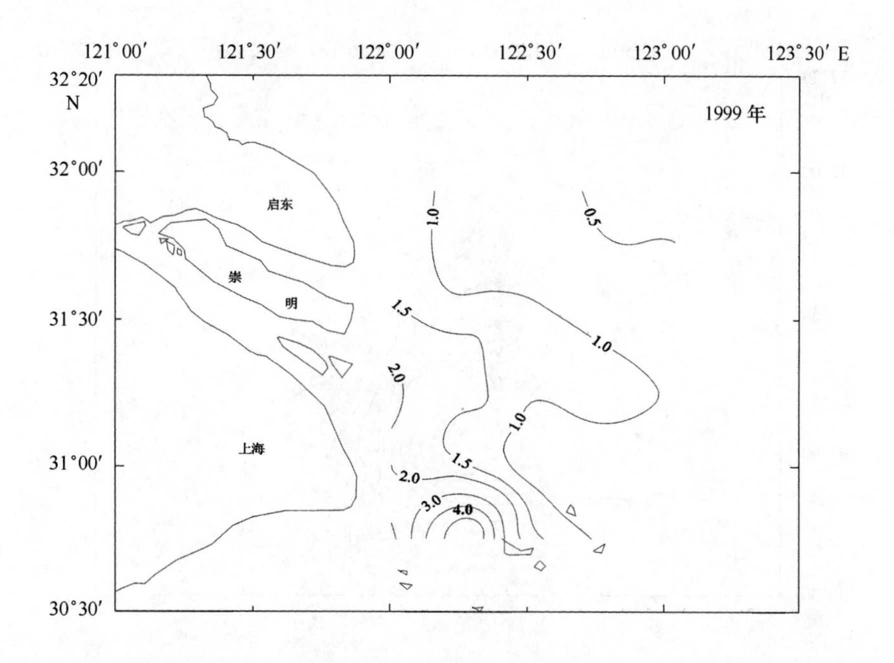

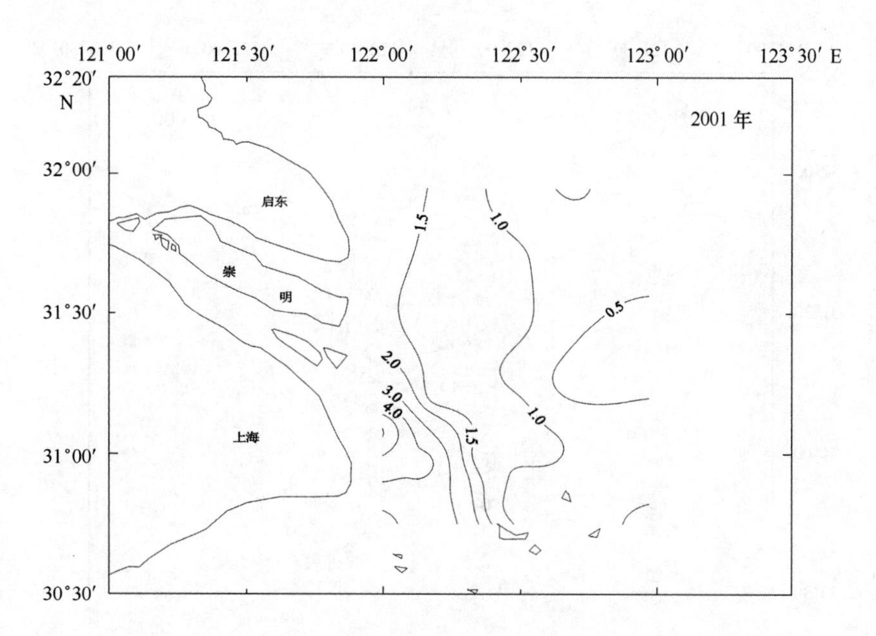

图 3.47 1999 年和 2001 年 5 月长江口表层 TP（μmol/L）分布

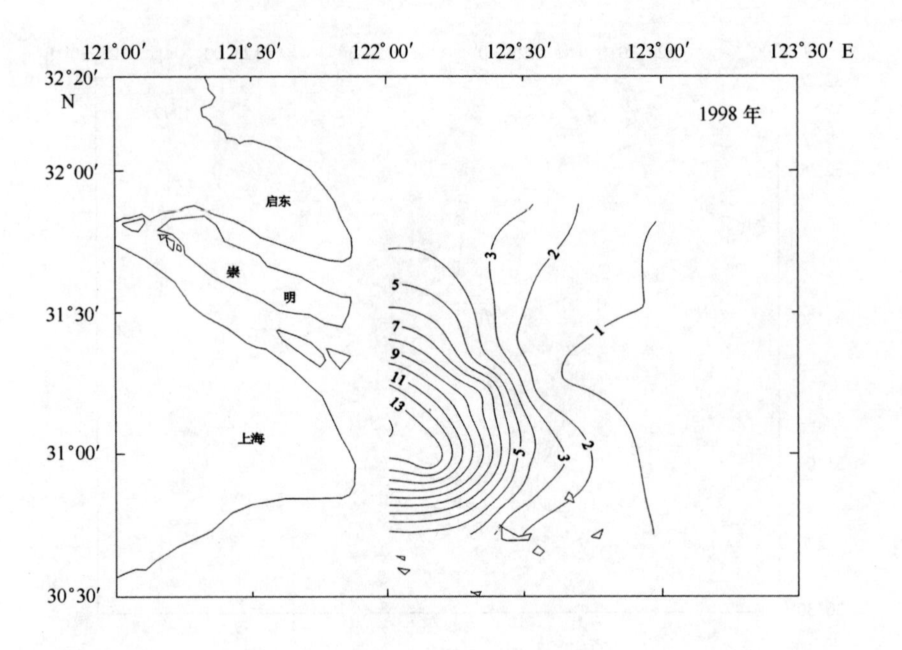

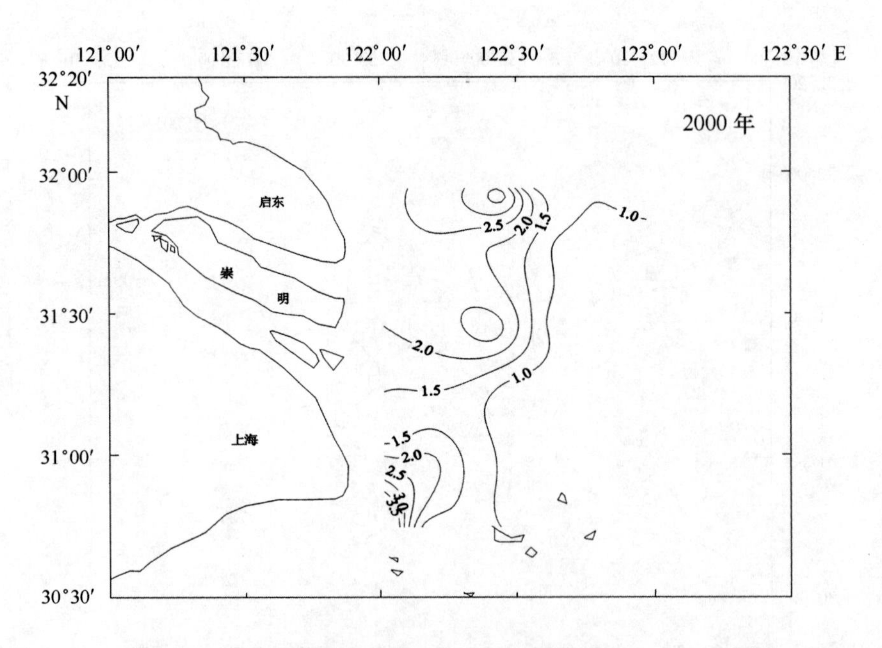

图 3.48 1998 年和 2000 年 11 月长江口底层 TP（μmol/L）分布

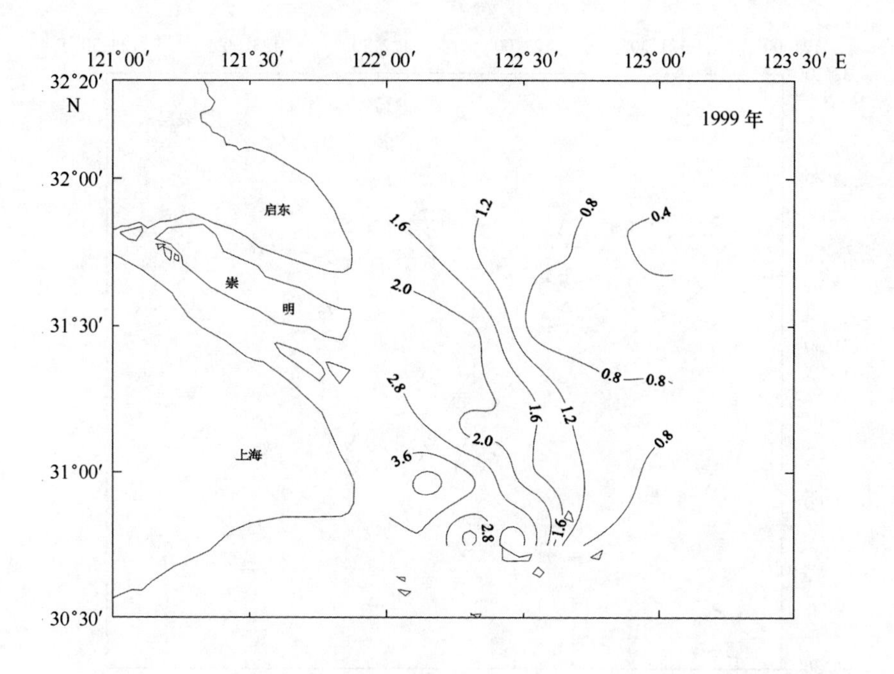

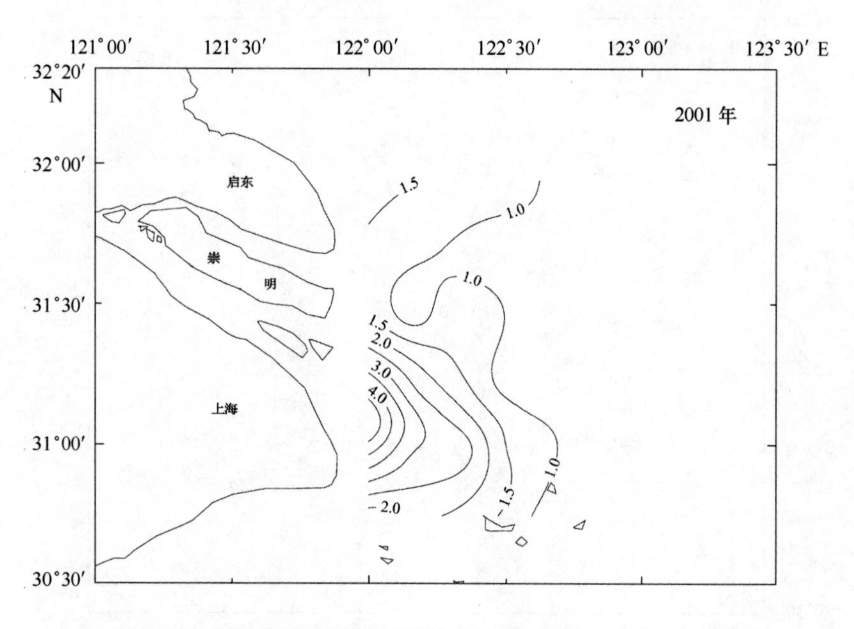

图 3.49　1999 年和 2001 年 5 月长江口底层 TP（μmol/L）分布

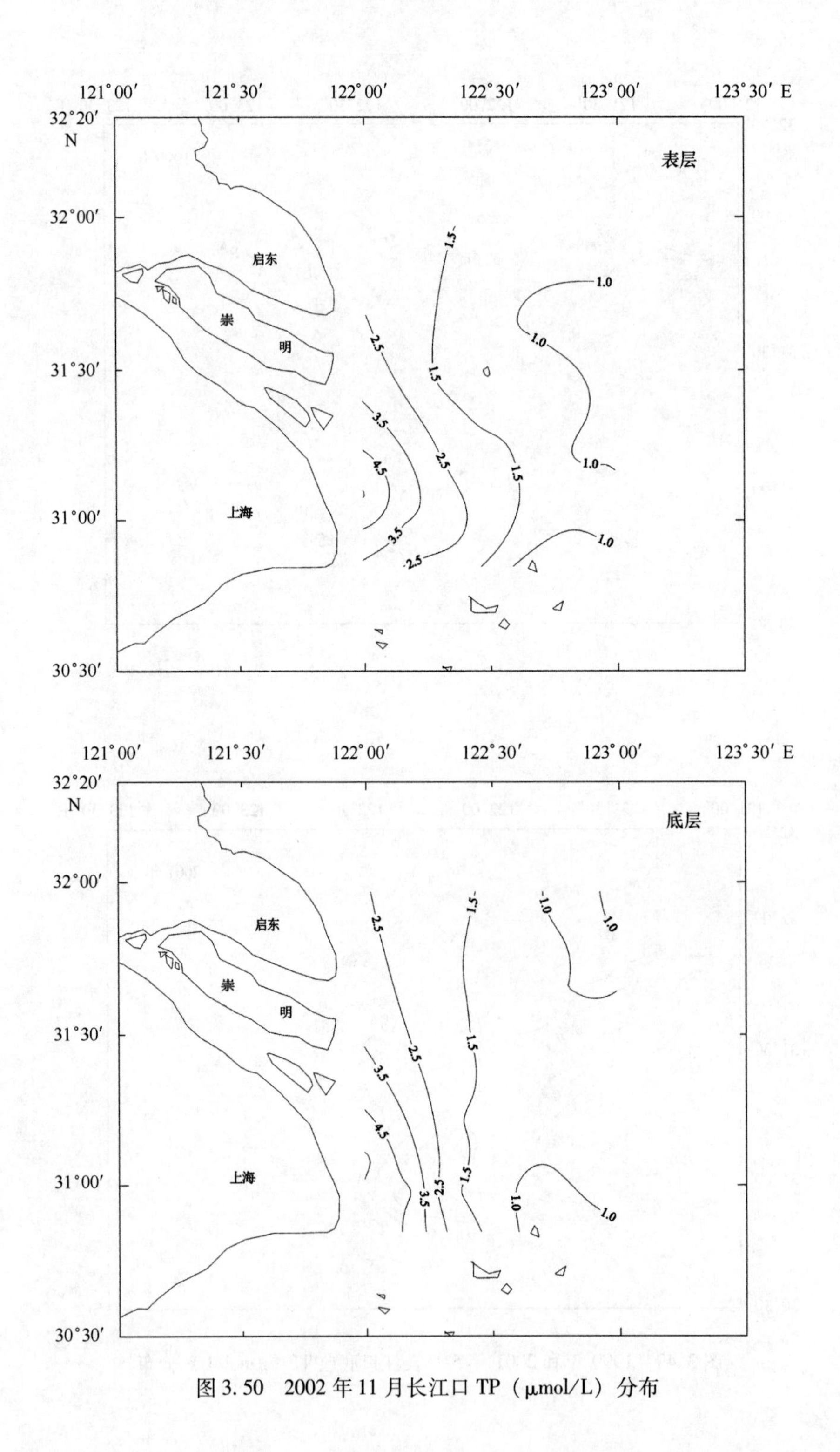

图 3.50 2002 年 11 月长江口 TP（μmol/L）分布

3.2　断面分布

3.2.1　DO

DO的断面分布表示在图3.51～图3.53。基本分布特征是DO含量自上而下降低，主要取决于水温和生物活动。秋季11月，DO分布恰好与水温自上而下增加相反（图1.24和1.30）。此外，上层浮游植物光合作用释放DO，下层有机物分解消耗DO，也与DO垂直分布相吻合；DO自西向东含量有下降趋势主要与水温有关，1998年11月东部DO含量升高是由于那里存在一个叶绿素含量高区（图4.1）；1998年11月与2000年11月相比，前者DO含量明显高于后者，这可能与后者水温高于前者有关，也可能与后者叶绿素a显著低于前者有关（图4.1和图4.3）；2002年11月DO含量与2000年11月比较接近，但等值线不如2000年密集。春季5月与11月的区别在于自西向东DO含量逐渐增加，恰好与水温下降趋势相反（图1.12和图1.18），而垂直分布与水温之间则没有那么好的规律性，可能是与上层水中浮游植物繁殖的影响有关。DO断面分布的另一个特征是层化现象，一般都出现在122°30′E以东水域，其中以2000年11月最为显著，主要是由于咸、淡水混合造成的，与水温、盐度断面分布一致。

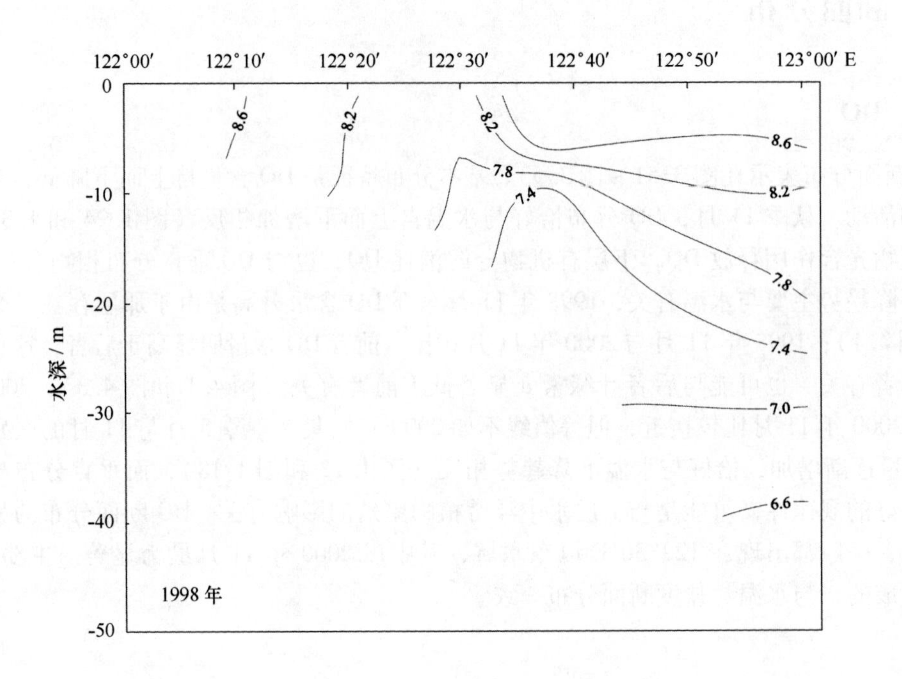

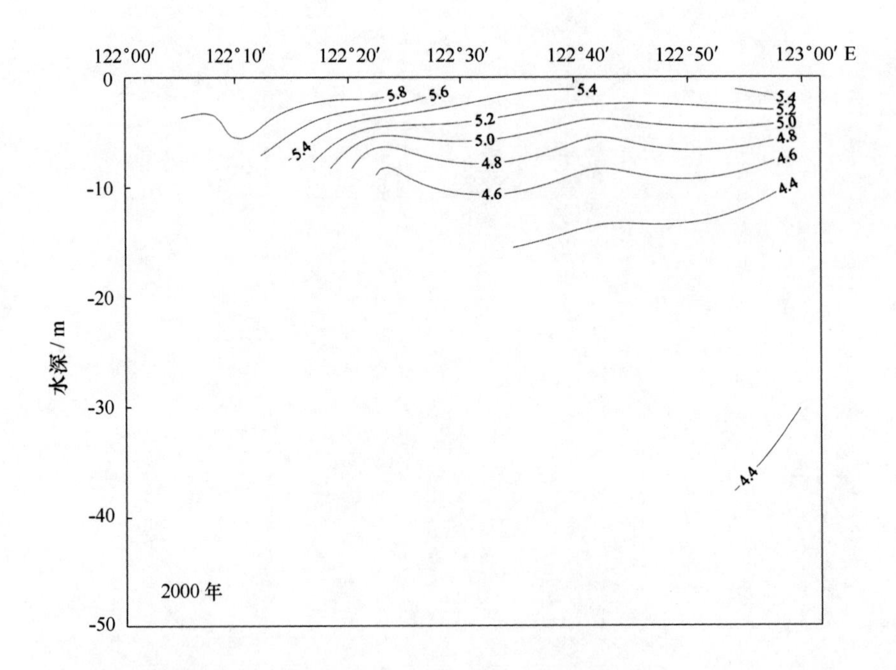

图 3.51　1998 年和 2000 年 11 月长江口 21 ~ 26 站 DO（mg/L）断面分布图

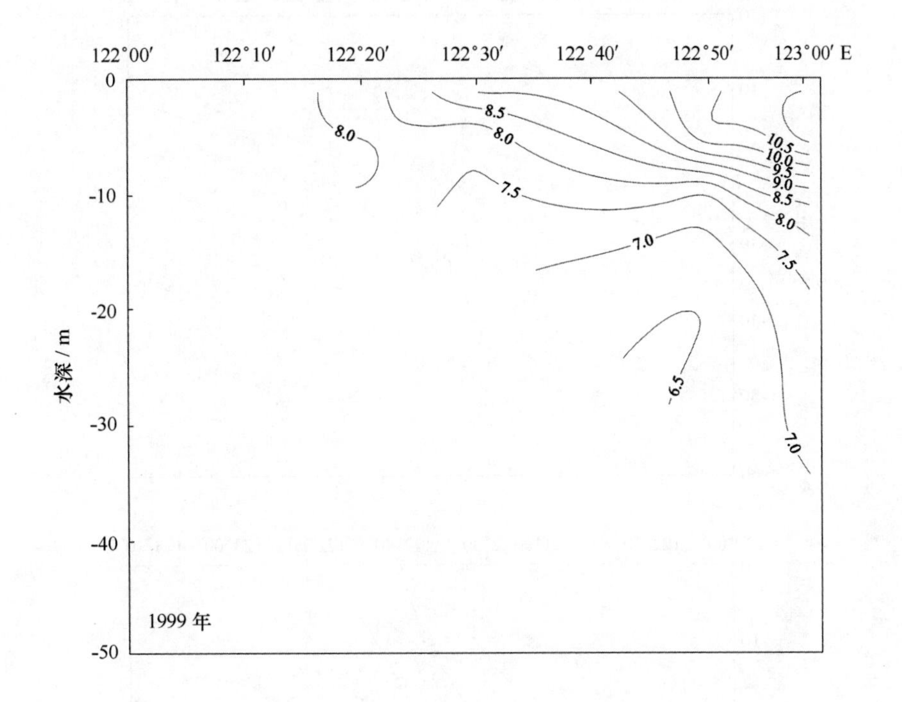

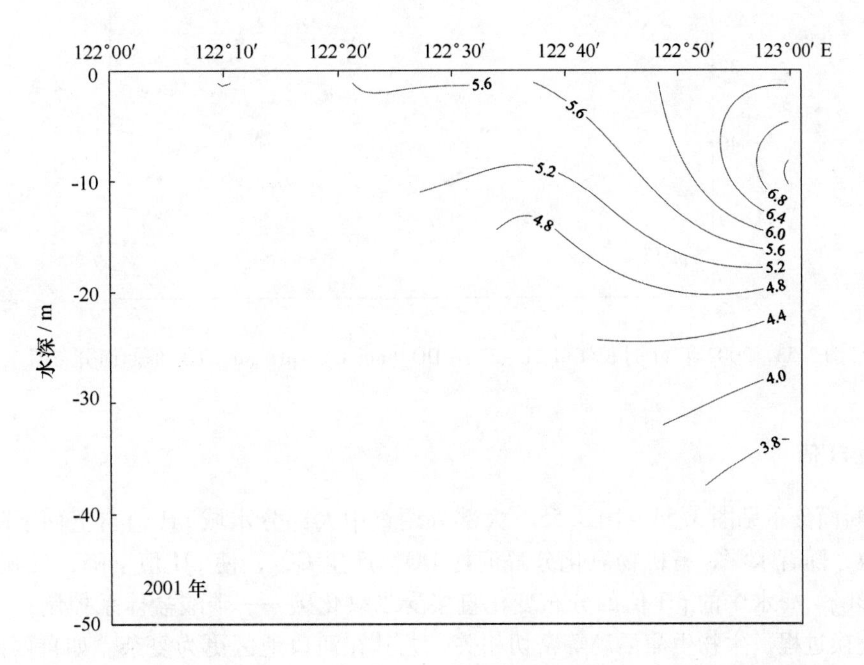

图 3.52 1999 年和 2001 年 5 月长江口 21 ~ 26 站 DO（mg/L）断面分布图

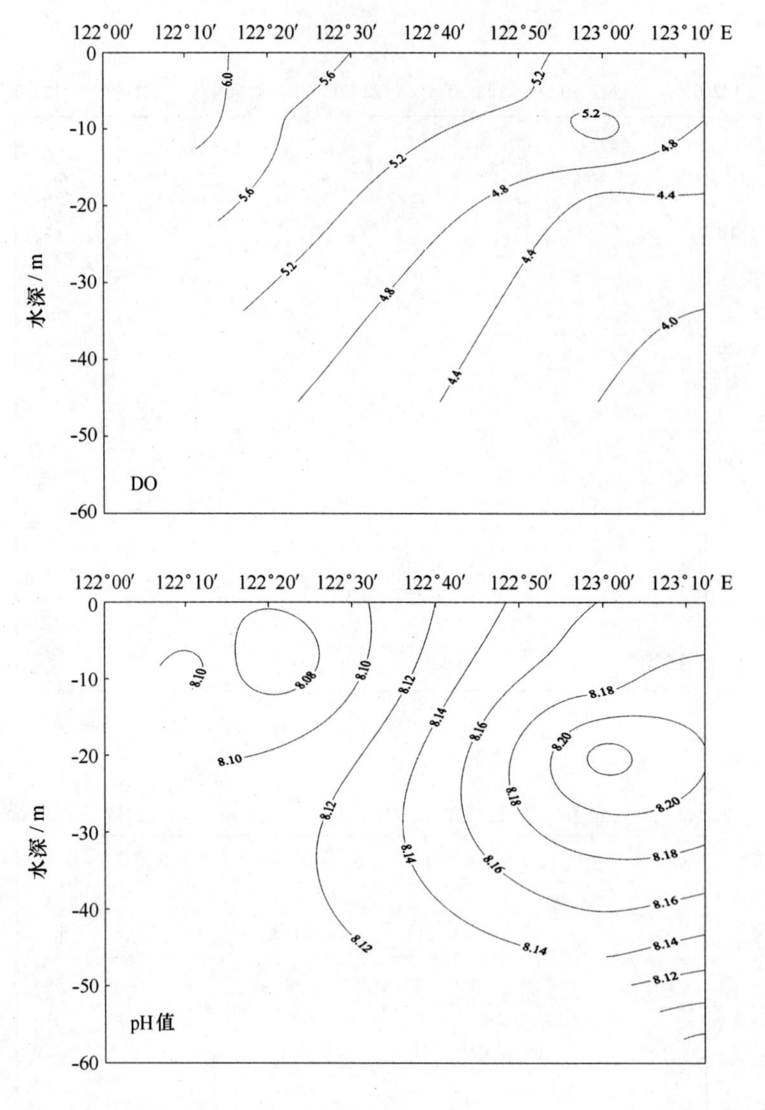

图 3.53　2002 年 11 月长江口 21 ~ 27 站 DO（mg/L）、pH（mg/L）值断面分布图

3.2.2　pH 值

pH 值的断面分布见图 3.54 ~ 图 3.55。大部分调查中大部分水域 pH 值自上而下降低，与 DO 含量分布一致，随着水深，有机物氧化分解消耗 DO，产生 CO_2，使 pH 值下降，反映了生物地球化学过程的影响。海水中的 pH 值的分布变化直接受二氧化碳——碳酸盐体系控制，与海水运动、海－气界面交换过程、生物生命活动等密切相关，尤其在河口地区更为复杂。如自西向东，pH 值表现出不同的分布趋势，1998 年 11 月、2002 年 11 月和 1999 年 5 月主要是增加趋势，以 2002 年 11 月最为明显；2000 年 11 月 122°20′E 以西水域呈减小趋势，以东则主要呈增加趋势；2001 年 5 月 122°20′E 以西水域 pH 值先减小后增加，以东则呈减小趋势。与 DO 一样，pH 值断面分布也有层化现象。

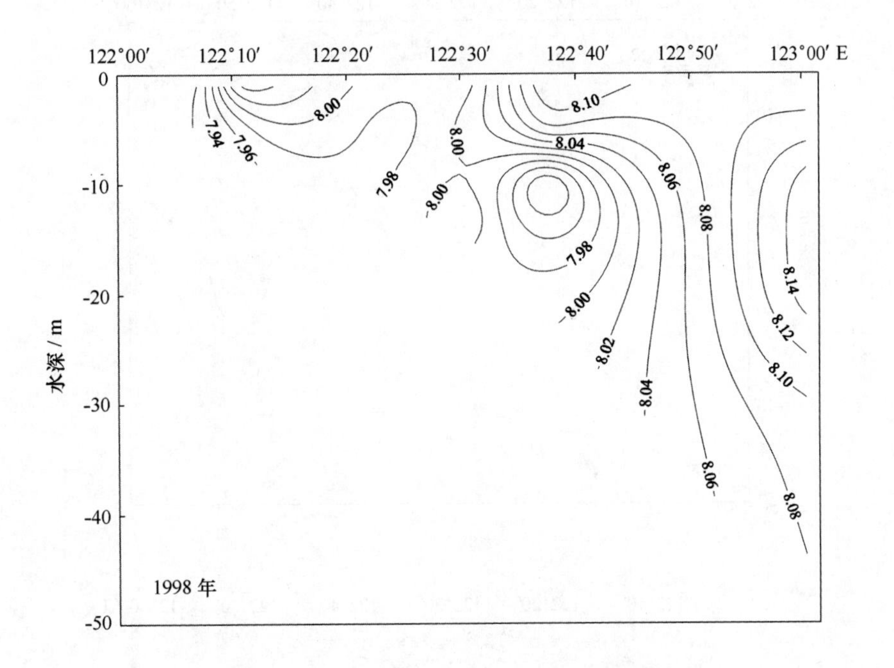

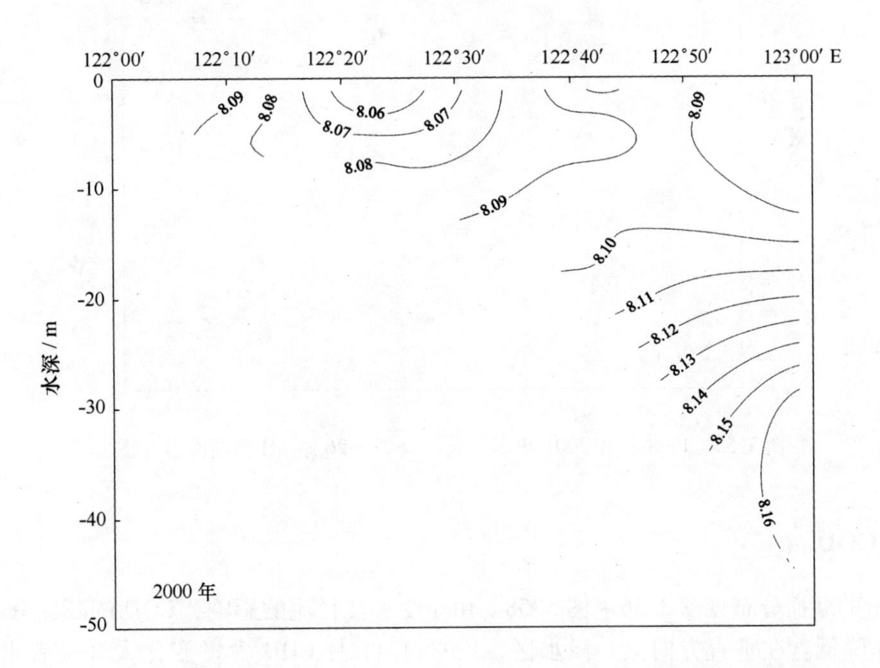

图 3.54　1998 年和 2000 年 11 月长江口 21 ~ 26 站 pH 值断面分布图

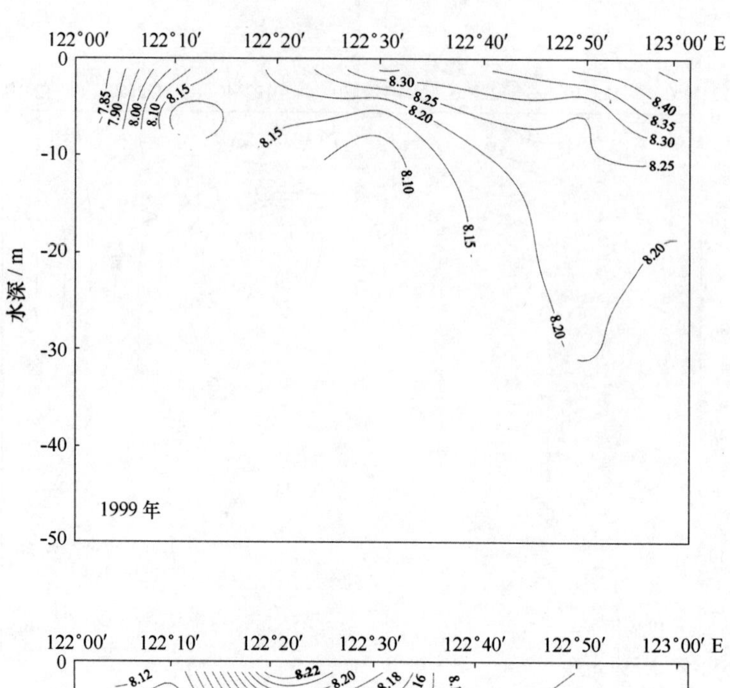

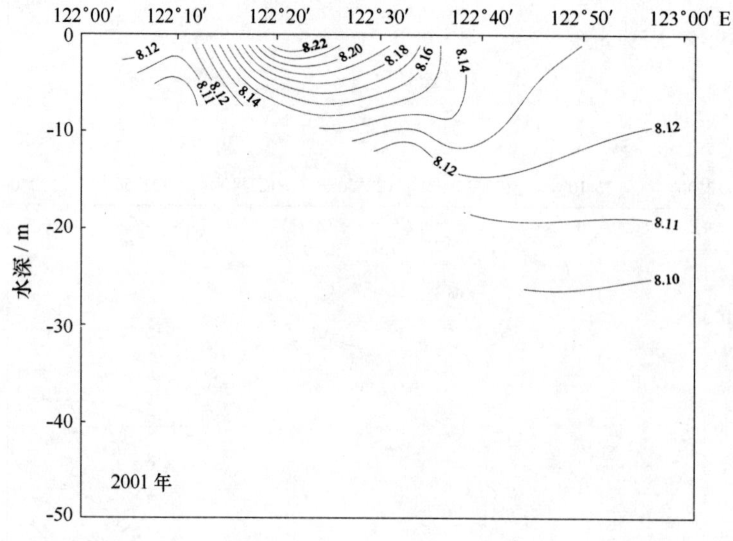

图 3.55　1998 年和 2001 年 5 月长江口 21 ~ 26 站 pH 值断面分布图

3.2.3　COD

COD 含量的断面分布见图 3.56 ~ 图 3.58。由于受长江径流的影响，COD 的断面分布表明，其含量自西向东降低。在垂直方向上，浅水区，1998 年 11 月 COD 含量变化大并随着水深而增加，其他月份变化较小，如 1999 年 5 月和 2001 年 5 月垂直分布很均匀；深水区，一般趋势是 COD 含量随着水深增加而减小，2000 年 11 月 30 m 水深以下有增加趋势，2001 年 5 月大约在 122°30′E 和 122°40′E 之间 10 m 水深处有一个 COD 高含量区，2002 年 11 月垂直分布都比较均匀。

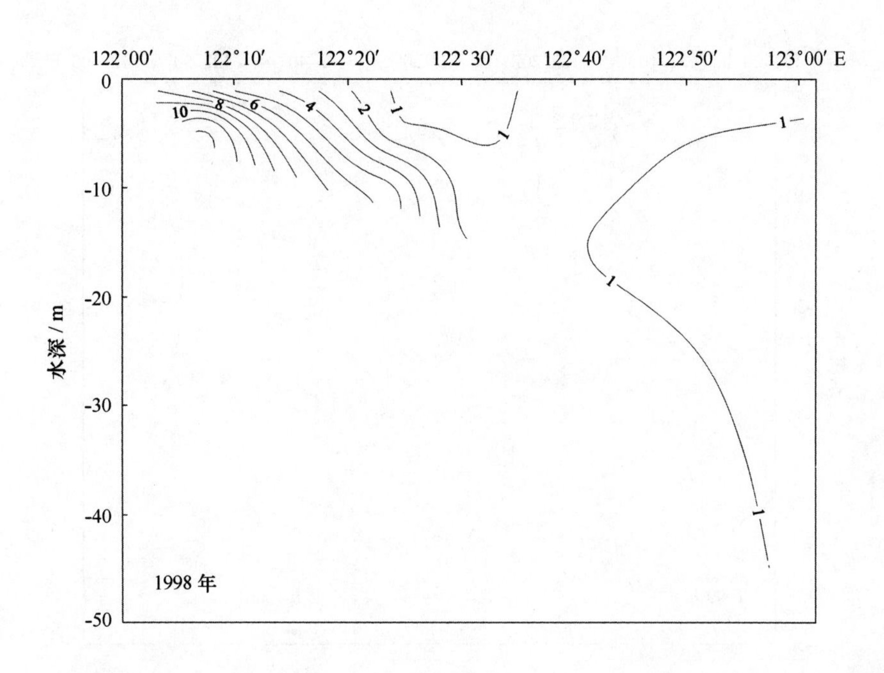

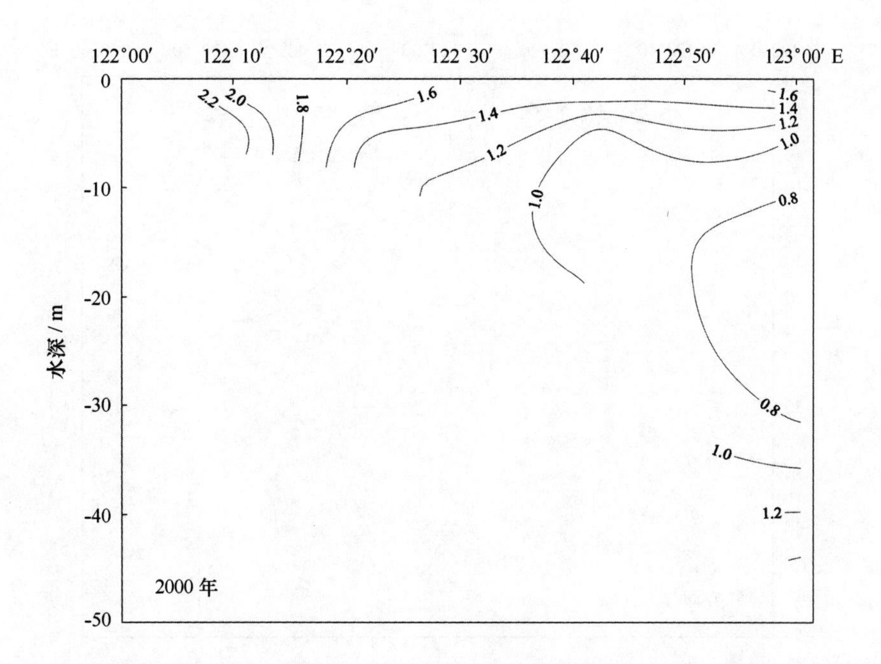

图 3.56　1998 年和 2000 年 11 月长江口 21 ~ 26 站 COD（mg/L）断面分布图

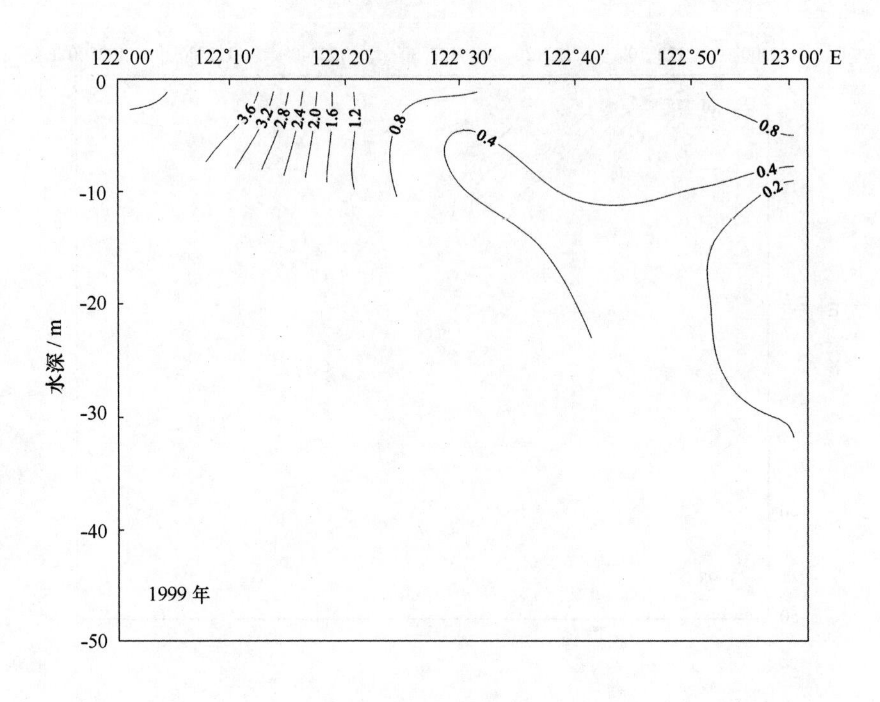

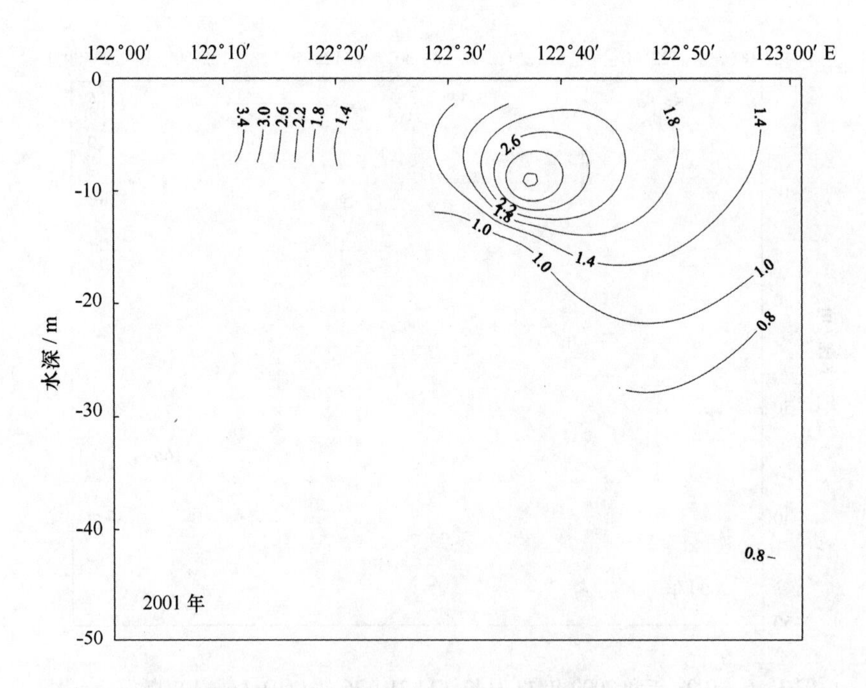

图 3.57　1999 年和 2001 年 5 月长江口 21 ~ 26 站 COD（mg/L）断面分布图

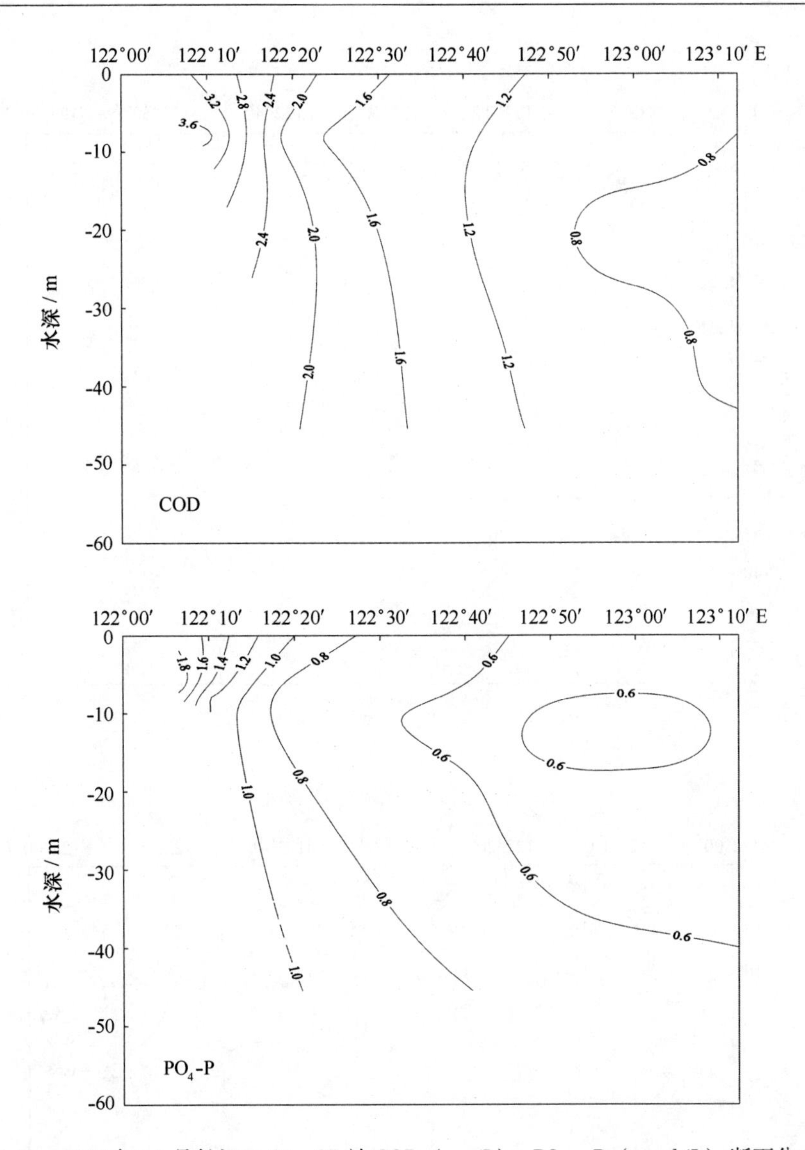

图 3.58 2002 年 11 月长江口 21 ~ 27 站 COD（mg/L）、PO_4-P（μmol/L）断面分布图

3.2.4 PO_4-P

PO_4-P 的断面分布见图 3.59 ~ 图 3.60。由于长江冲淡水的影响，PO_4-P 浓度的基本分布趋势是自西向东减少，但也有不规律的地方，如 1998 年 11 月在 122°30′E 上层存在一个 PO_4-P 高含量区。在垂直方向上，一般 PO_4-P 浓度随着水深而增加，以 1999 年 5 月和 2001 年 5 月深水区比较明显，主要是由于上层浮游植物繁殖消耗 PO_4-P，下层有机体氧化分解，PO_4-P 再生的缘故，这与 DO 含量和 pH 值随着水深而下降恰好相反；1998 年 11 月深水区 PO_4-P 浓度变化很小，2000 年 11 月在 123°00′E 10 m 水深处出现一个 PO_4-P 高浓度区（0.80 μmol/L）。在浅水区，PO_4-P 浓度变化均很小。2002 年 11 月，无论是深水区还是浅水区，PO_4-P 浓度垂直变化都很小。

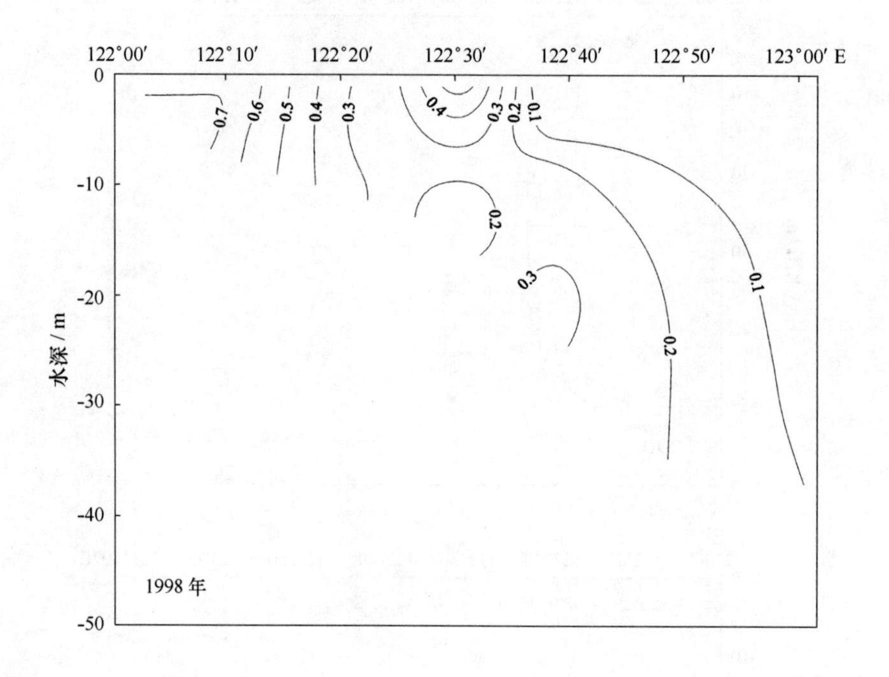

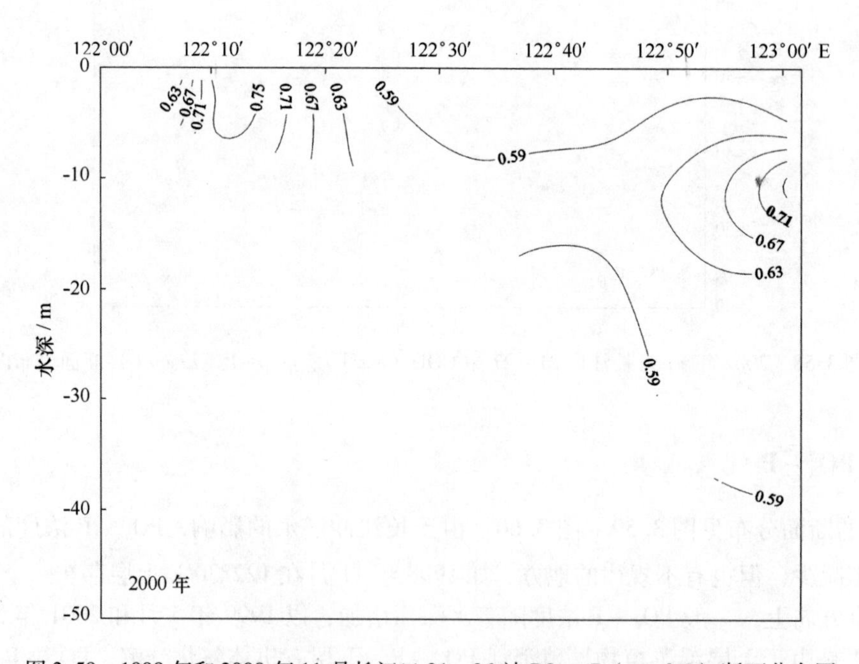

图 3.59 1998 年和 2000 年 11 月长江口 21 ~ 26 站 $PO_4 - P$ (μmol/L) 断面分布图

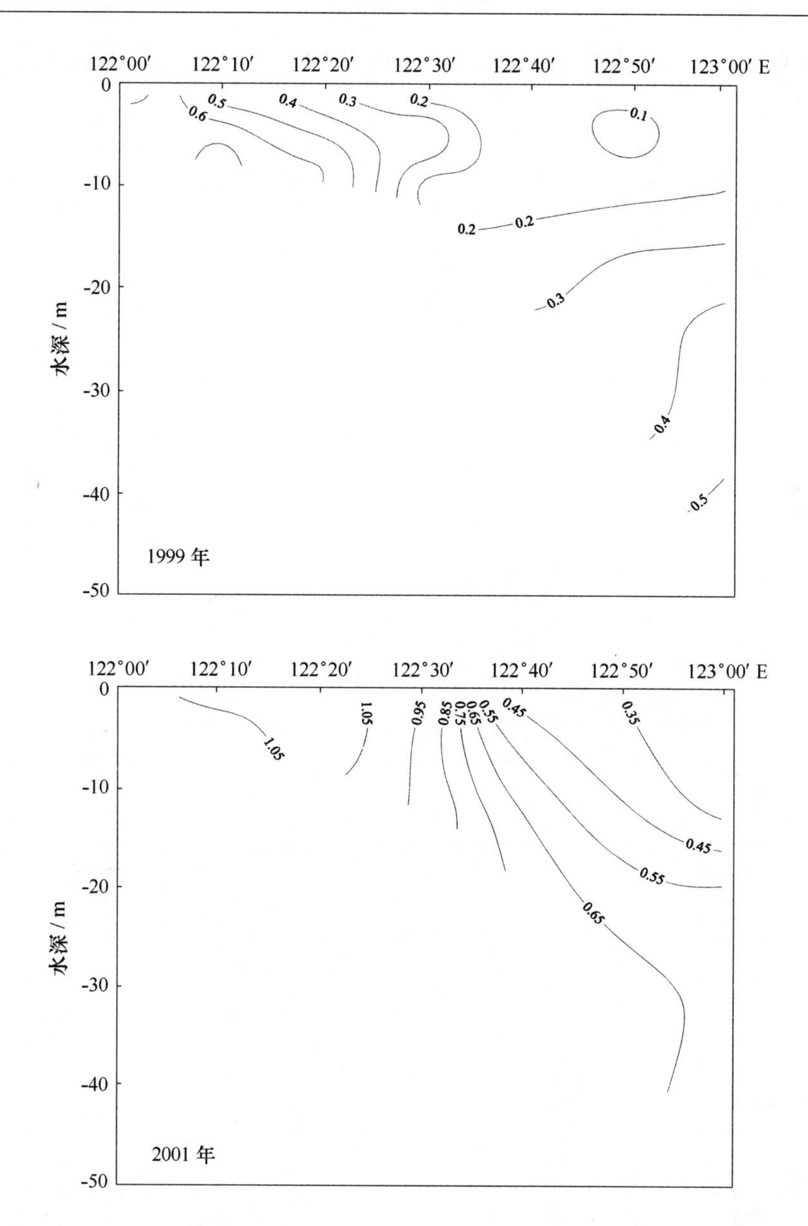

图 3.60 1999 年和 2001 年 5 月长江口 21 ~ 26 站 PO_4-P（μmol/L）断面分布图

3.2.5 SiO_3-Si

SiO_3-Si 的断面分布见图 3.61 ~ 图 3.63。SiO_3-Si 断面分布的规律性比 PO_4-P 更好，浓度梯度大得多。由于长江冲淡水的影响，自河口向东 SiO_3-Si 浓度迅速降低，以 1998 年 11 月、2002 年 11 月和 2001 年 5 月最为明显。高浓度的长江淡水与低浓度的外海水交汇使 SiO_3-Si 浓度自上而下变小，以 2000 年 11 月和 1999 年 5 月变幅最大，由于 SiO_3-Si 分解比 PO_4-P 慢得多，再加上水浅和季节的关系，下层水中 SiO_3-Si 补充并不明显。SiO_3-Si 浓度分层现象以 2000 年 11 月最为显著，几乎充斥整个断面，这与 DO 断面分布极为相似；而同为 11 月，1998 年和 2002 年 SiO_3-Si 分布与 2000 年极为不同，垂直分布非常均匀；1999 年 5 月分层主要出现在 122°30′E 以东水域；5 次

调查 SiO_3-Si 等值线分布与等盐线分布比较一致（图 1.12，1.18，1.24 和 1.30）。

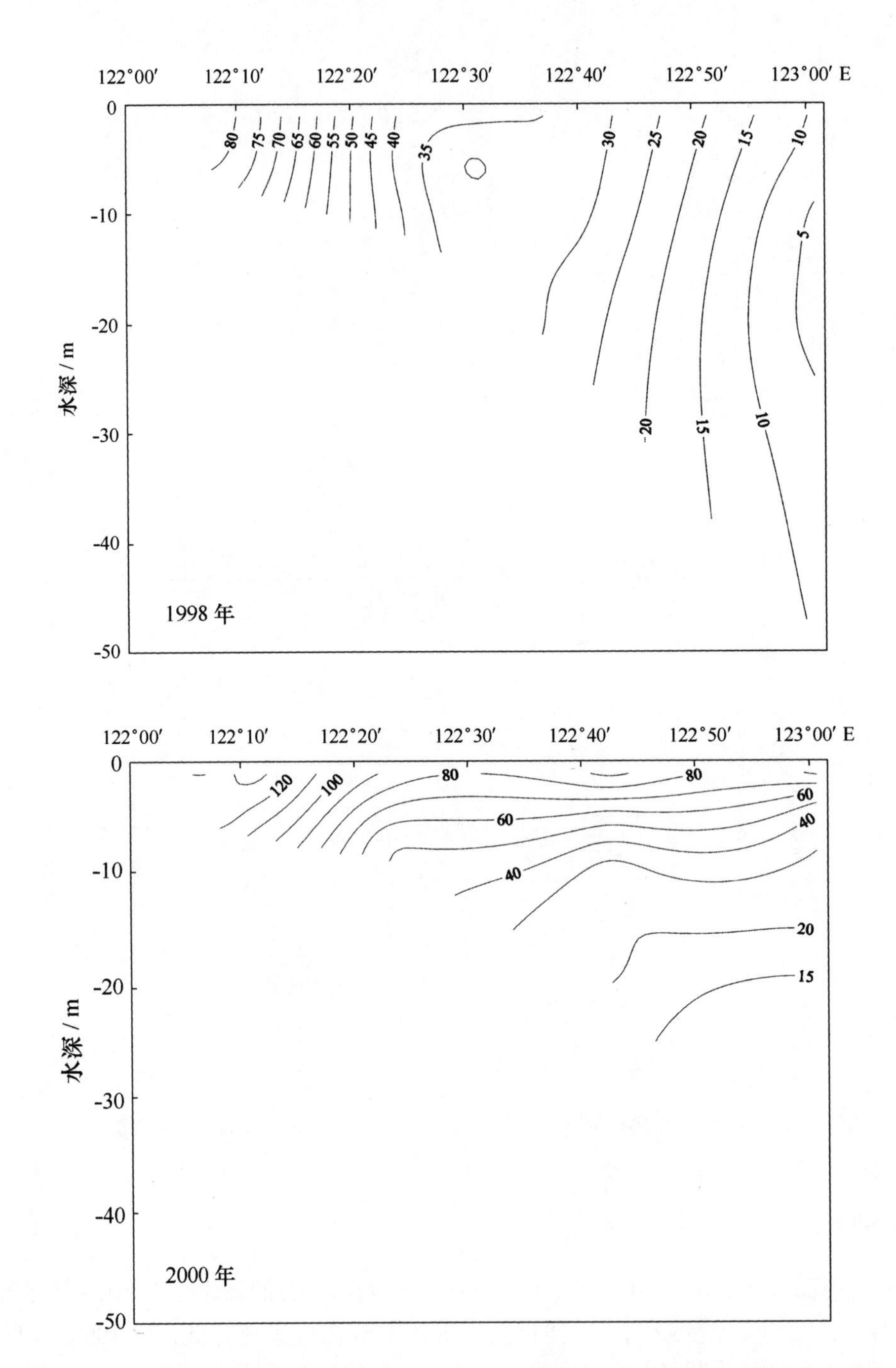

图 3.61　1998 年和 2000 年 11 月长江口 21 ~ 26 站 SiO_3-Si（μmol/L）断面分布图

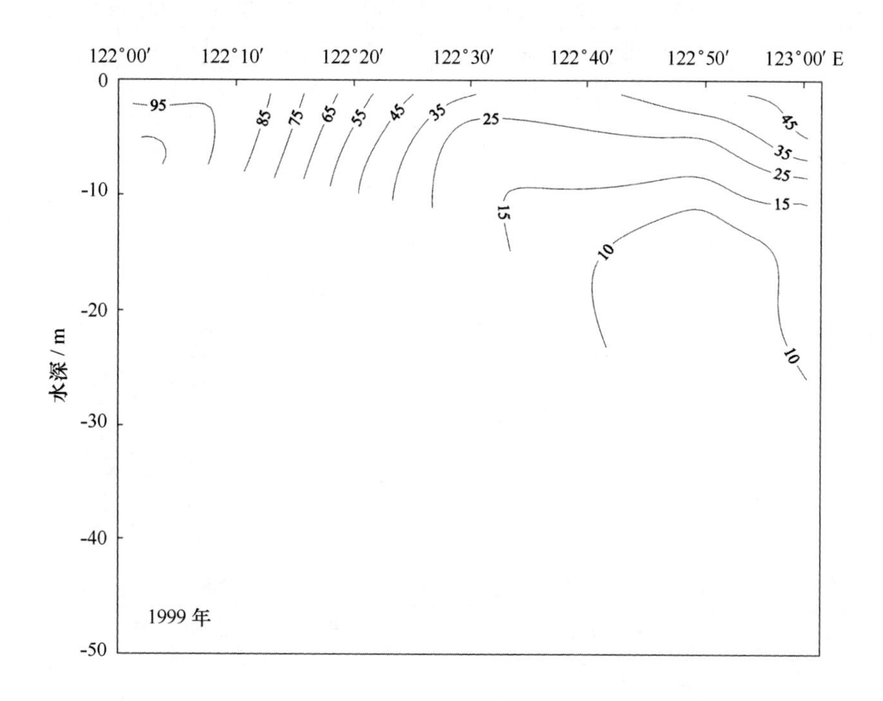

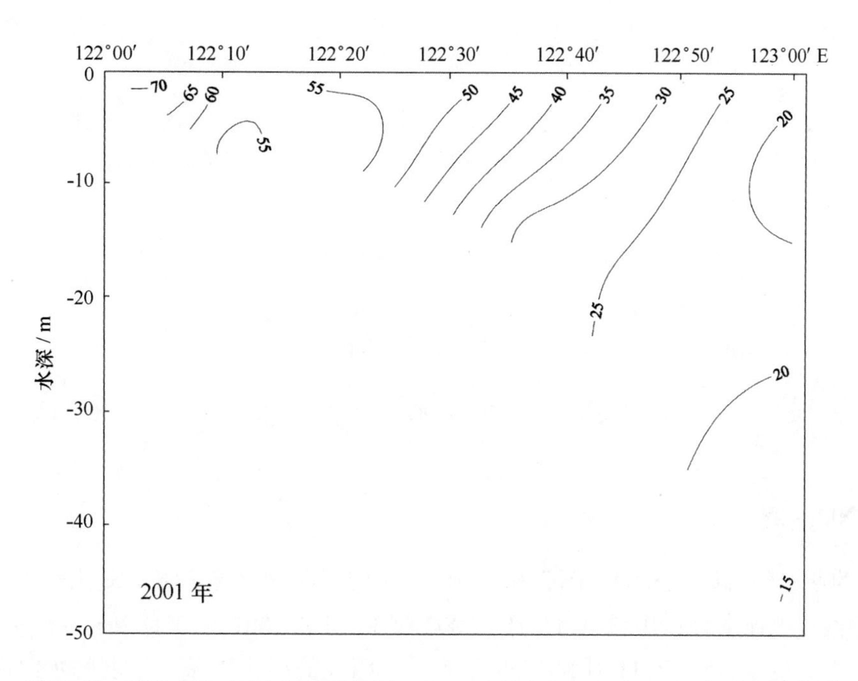

图 3.62　1999 年和 2001 年 5 月长江口 21 ~ 26 站 SiO_3-Si（μmol/L）断面分布图

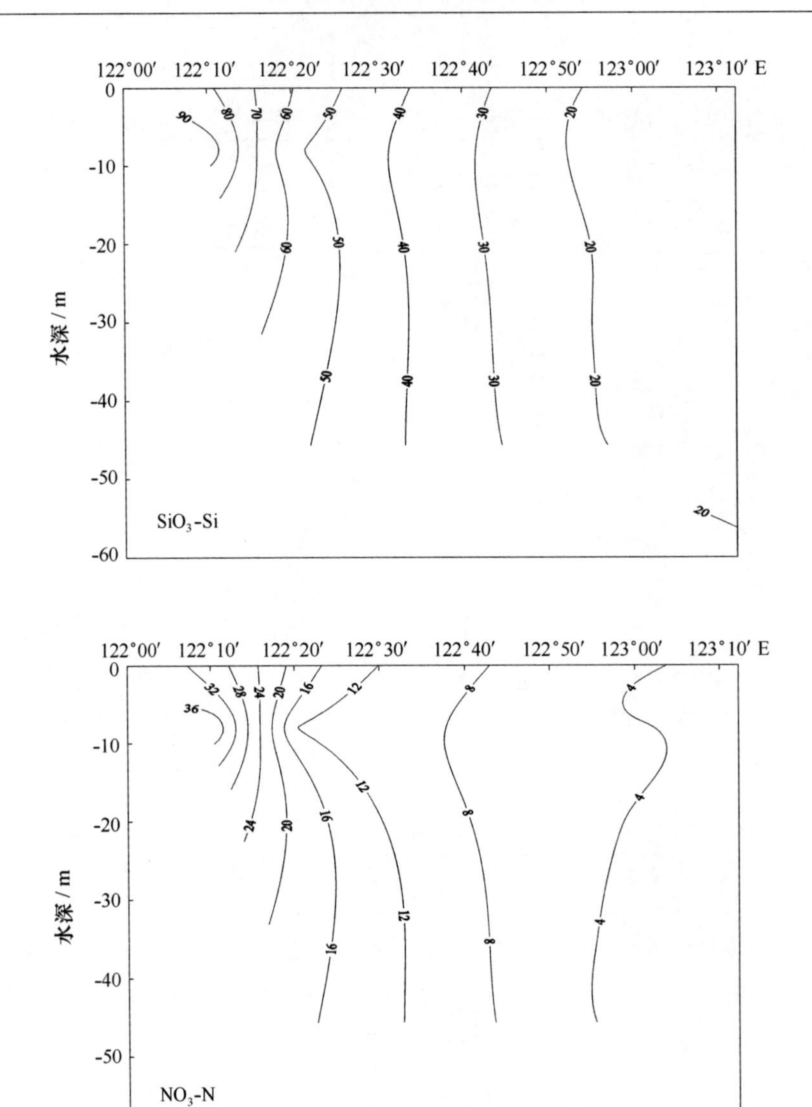

图 3.63 2002 年 11 月长江口 21 ~ 27 站 SiO_3-Si、NO_3-N（μmol/L）断面分布图

3.2.6 NO_3-N

NO_3-N 的断面分布见图 3.64 ~ 图 3.65。NO_3-N 的断面分布与 SiO_3-Si 比较相似，基本趋势也是自西向东浓度迅速下降；1998 年 11 月、2002 年 11 月和 2001 年 5 月 NO_3-N 垂直变化较小，尤以前二者为甚；也是 2000 年 11 月和 1999 年 5 月有明显的层化现象，浓度随水深而下降，特别是前者。从 NO_3-N 的垂直分布，看不出下层水中有机 N 分解的影响。

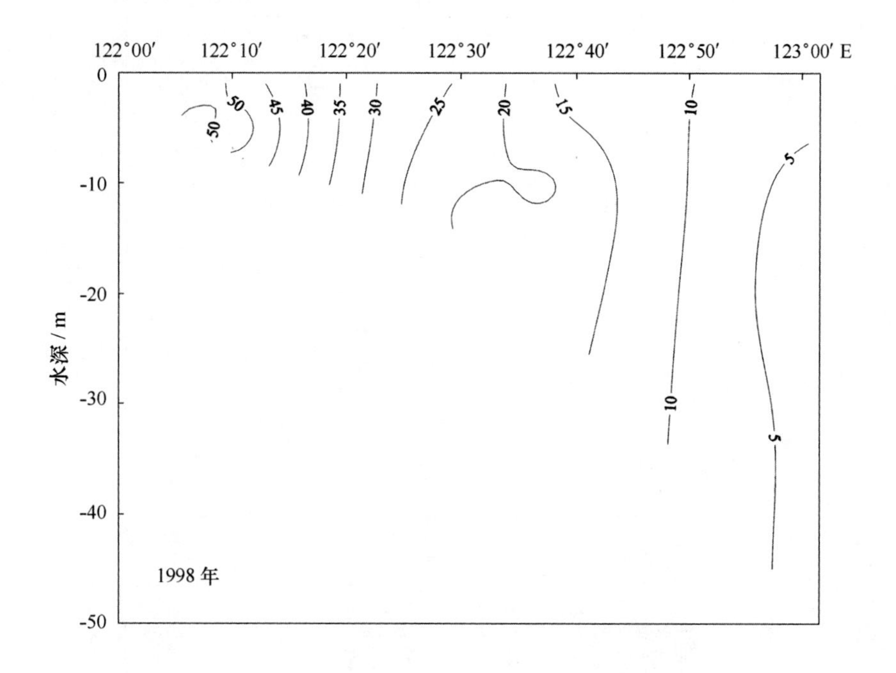

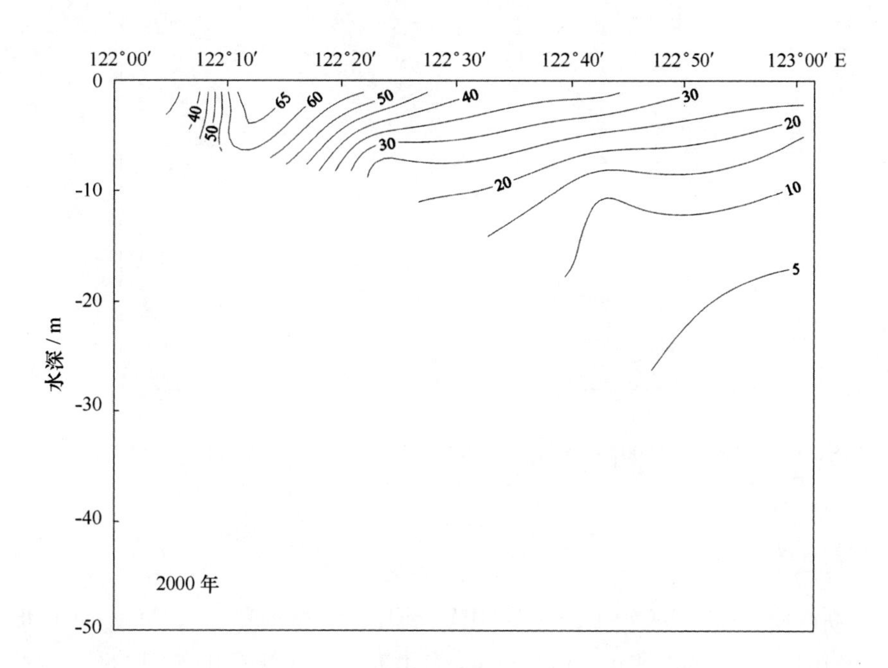

图 3.64　1998 年和 2000 年 11 月长江口 21 ~ 26 站 NO_3-N（μmol/L）断面分布图

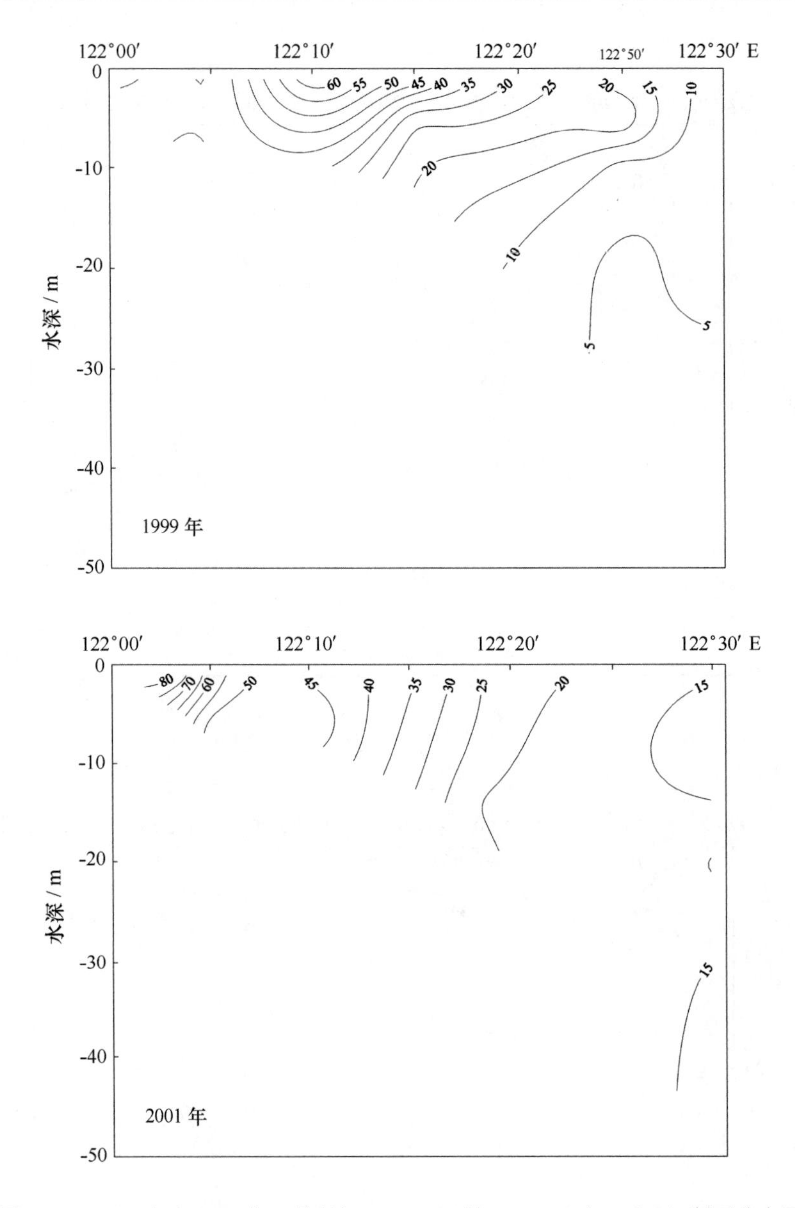

图 3.65　1999 年和 2001 年 5 月长江口 21 ~ 26 站 NO_3 – N（μmol/L）断面分布图

3.2.7　NO_2 – N

NO_2 – N 的断面分布见图 3.66 ~ 图 3.68。比较 SiO_3 – Si 和 NO_3 – N，NO_2 – N 的断面分布复杂得多。自西向东 NO_2 – N 的浓度变化，1998 年 11 月由升高—降低—升高—降低，1999 年 5 月经历降低—升高—降低，2001 年主要是减小趋势，而 2002 年则是先降低后增加。在垂直方向上，浅水区，NO_2 – N 浓度垂直变化较小；深水区，1998 年 11 月和 2000 年 11 月 NO_2 – N 浓度随水深而增加，反映了下层水中有机 N 氧化分解的影响，其中后者层化十分明显，上下浓度梯度大，而 2002 年 11 月则相反，NO_2 – N 浓度随水深而减小。

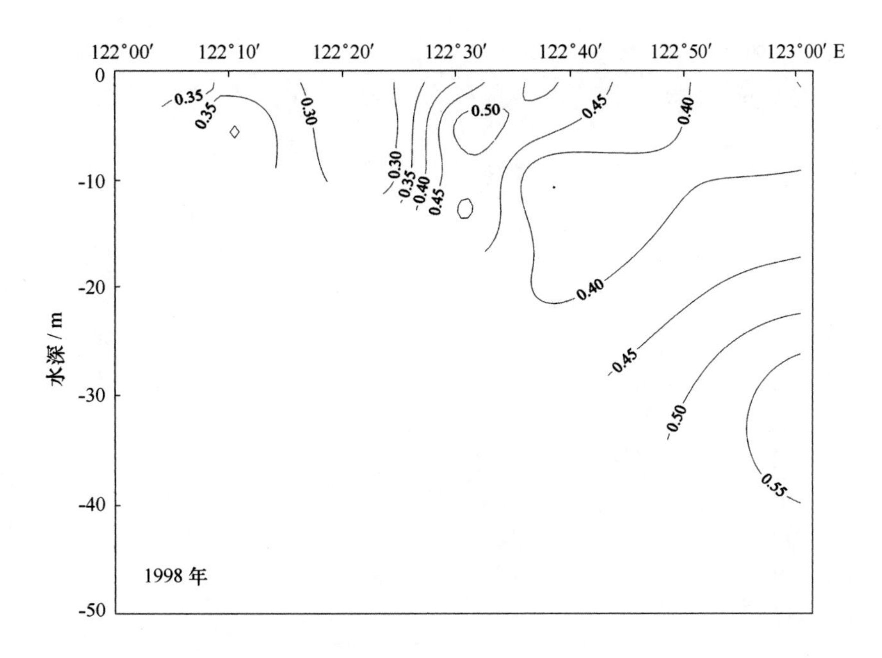

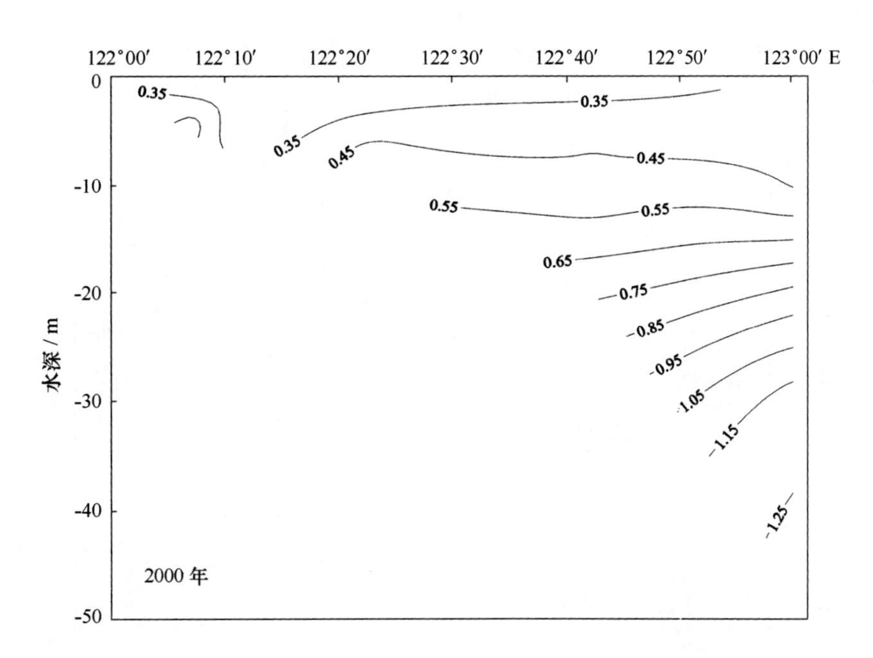

图 3.66　1998 年和 2000 年 11 月长江口 21 ~ 26 站 NO_2-N（μmol/L）断面分布图

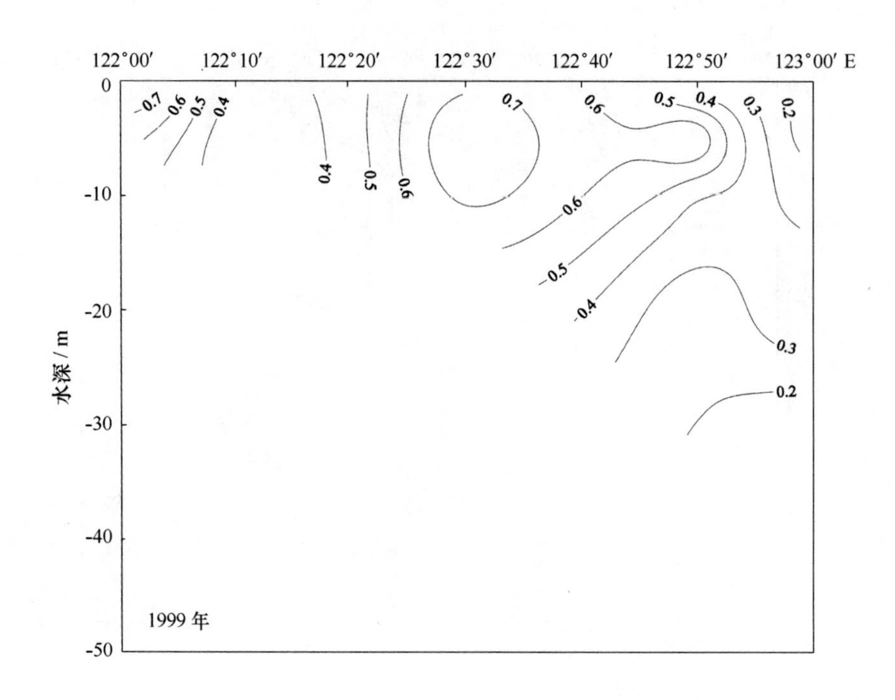

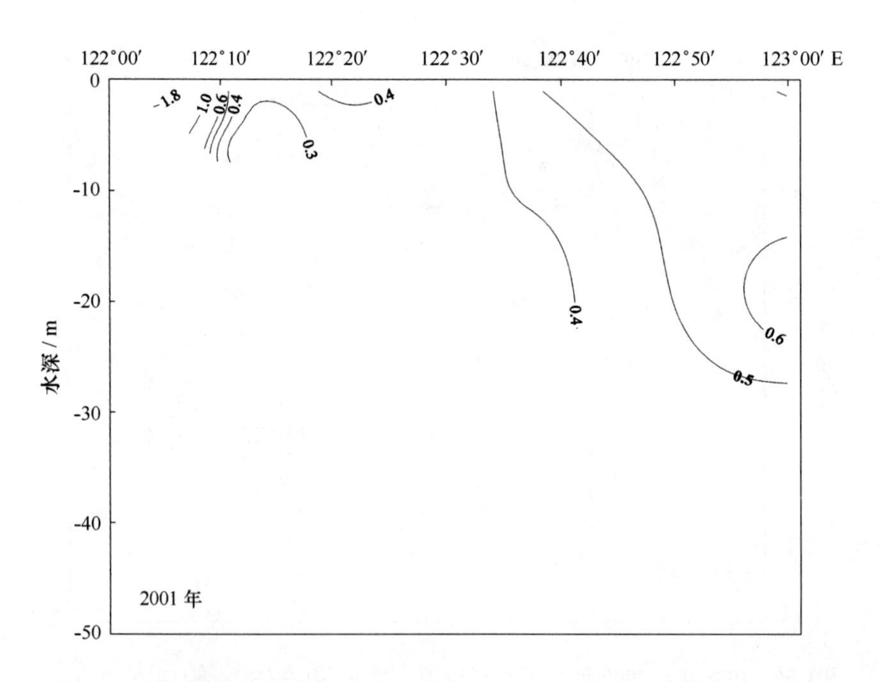

图 3.67 1999 年和 2001 年 5 月长江口 21～26 站 NO_2-N（μmol/L）断面分布图

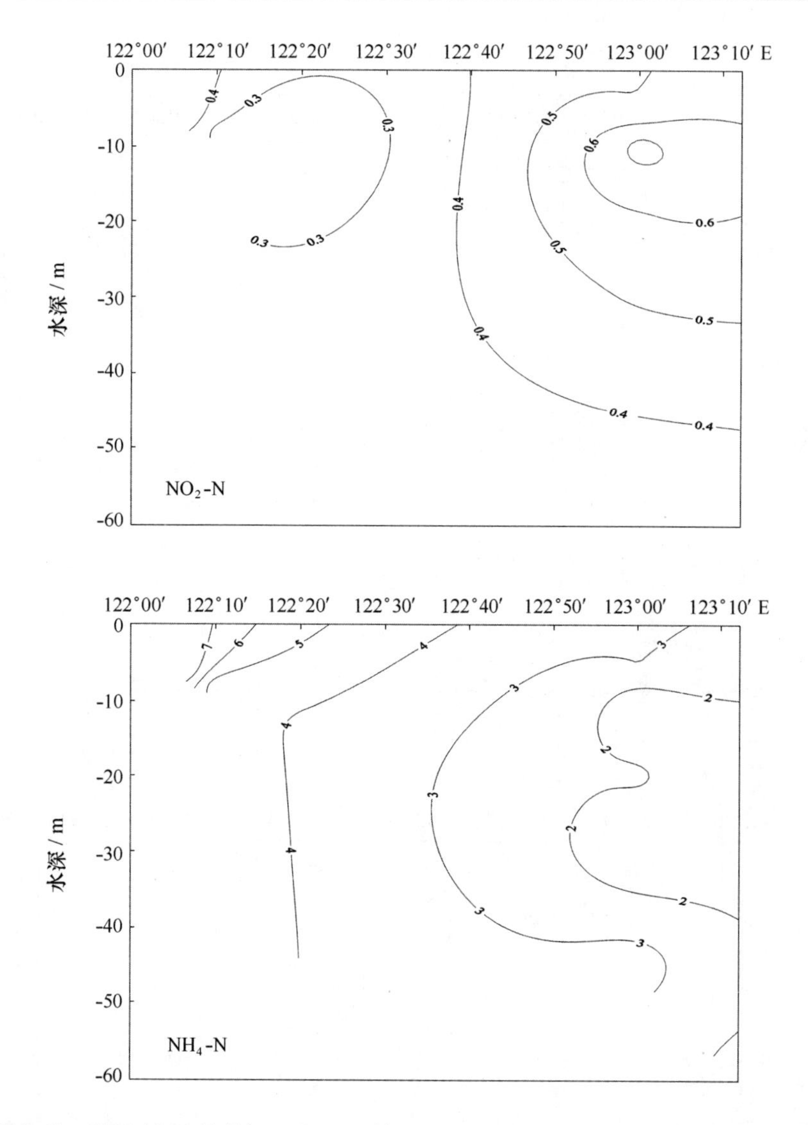

图3.68 2002年11月长江口21~27站 NO_2-N、NH_4-N（μmol/L）断面分布图

3.2.8 NH_4-N

NH_4-N 的断面分布见图3.69~图3.70。NH_4-N 的断面分布比 NO_2-N 有规律，由于受长江冲淡水的影响，大部分调查 NH_4-N 浓度自西向东减小。浅水区 NH_4-N 浓度的垂直变化较小，1998年11月和2000年11月深水区 NH_4-N 与 NO_2-N 相似，浓度随水深增加而升高，2002年11月则是先下降再升高，有机N氧化分解首先生成 NH_4-N，有机N—NH_4-N—NO_2-N—NO_3-N 是热力学的必然趋势，2000年11月 NH_4-N 大约在122°20′E底层也有一个高浓度区，浓度为4.7 μmol/L。2001年5月 NH_4-N 分布较为复杂，其浓度自河口向东由降低—升高—降低，大约在122°40′E 10 m水域出现一个高浓度区，其原因有待于进一步研究。

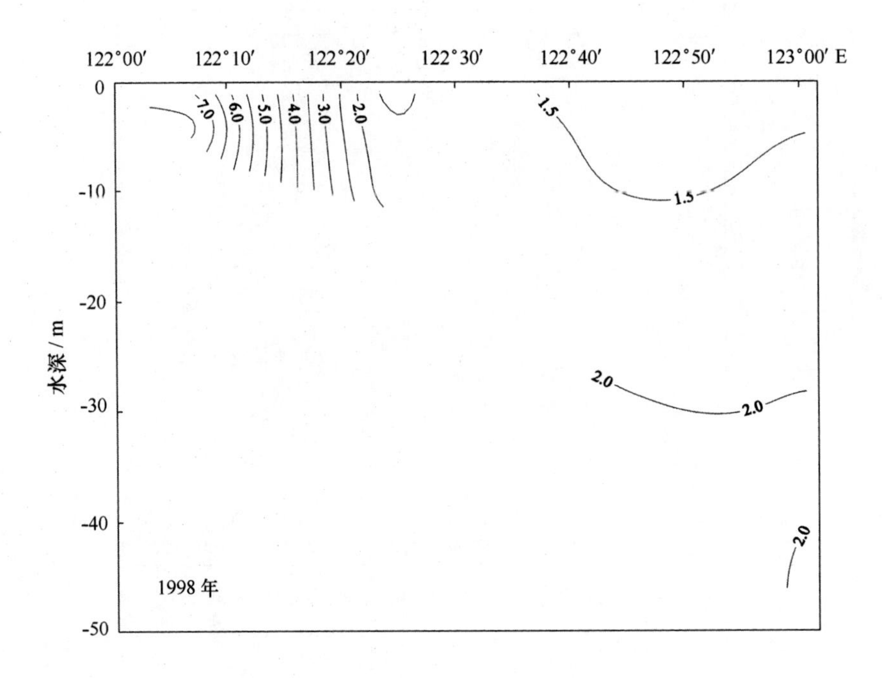

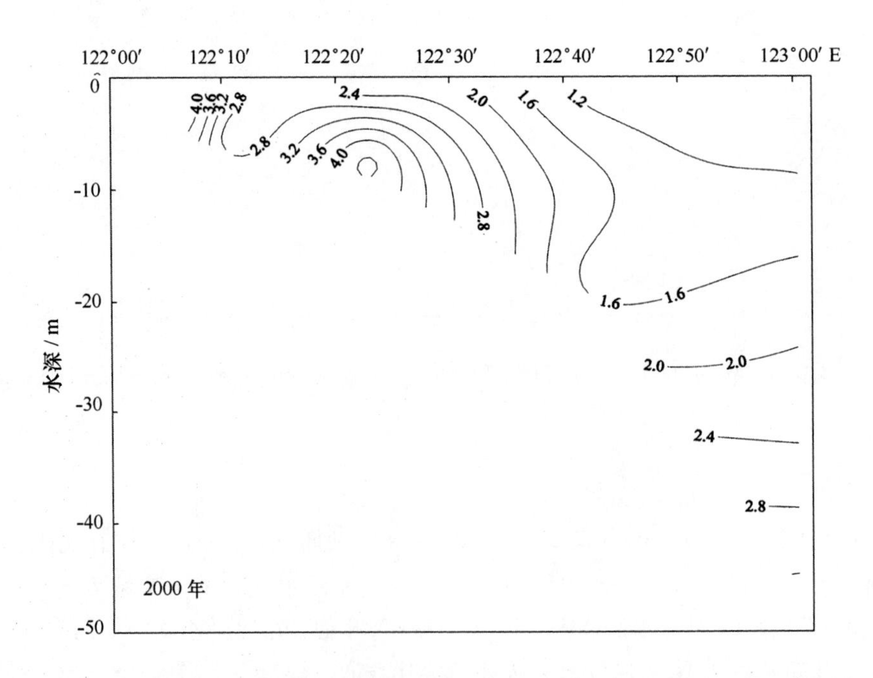

图 3.69　1998 年和 2000 年 11 月长江口 21 ~ 26 站 NH_4-N（μmol/L）断面分布图

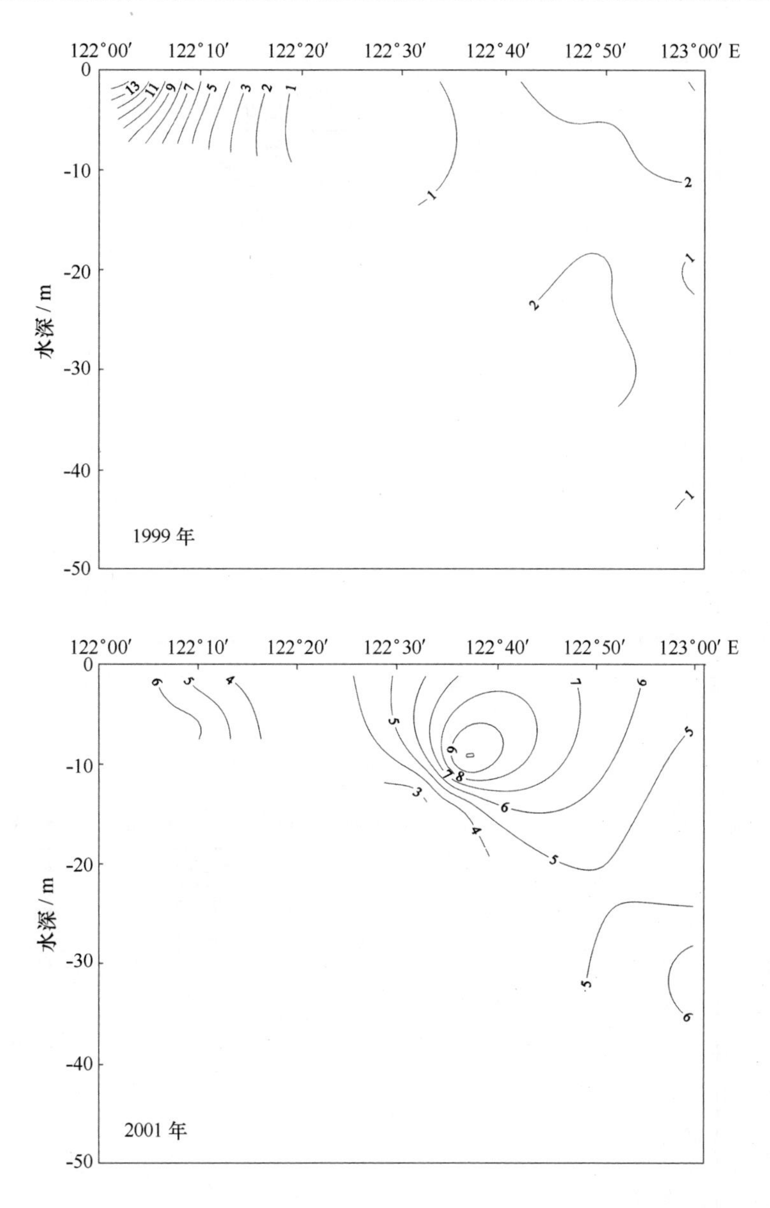

图 3.70　1999 年和 2001 年 5 月长江口 21 ~ 26 站 NH_4-N（μmol/L）断面分布图

3.2.9　TN

TN 的断面分布见图 3.71 ~ 图 3.73。TN 的断面分布很有规律，其浓度自西向东减小，近河口浓度梯度大，等值线密集，远岸则相反。其垂直分布各次调查有所不同，1998 年 11 月浅水区自上而下浓度升高，深水区垂直分布均匀；2000 年 11 月 TN 层化十分明显，其浓度随水深增加而迅速下降；2002 年 11 月 TN 浓度随水深增加有减小趋势，浅水区比深水区明显；1999 年 5 月浅水区垂直变化小，122°30′E 以东则随水深增加浓度减小；2001 年 5 月整个断面 TN 浓度随水深增加而下降，但浓度梯度不是很大。因为 TN 包括所有形式的 N，从它的分布模式可以看出 TN 的断面分布主要是受长江径流输入和淡、盐水混合影响的控制，生物活动没有带来明显的影响。

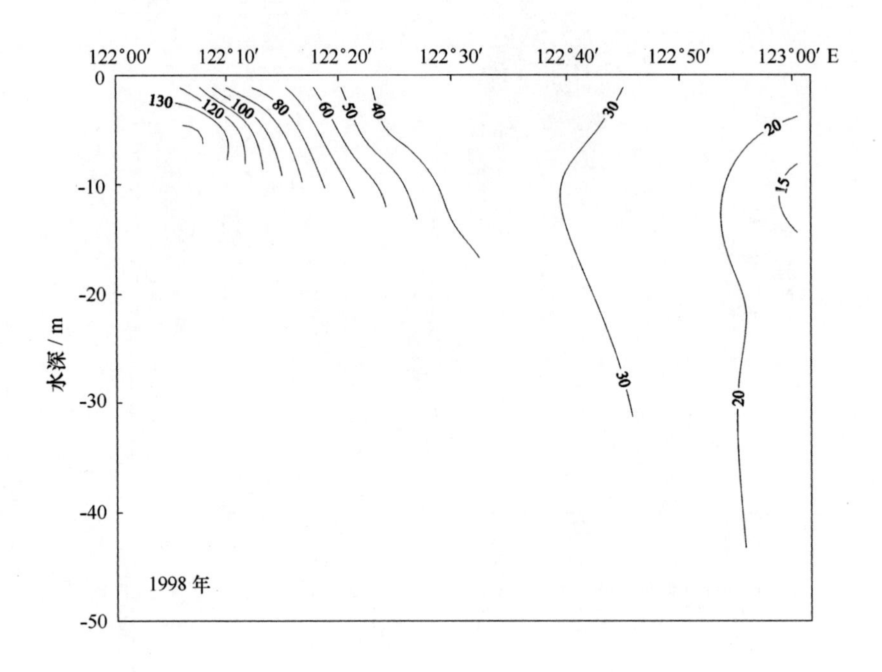

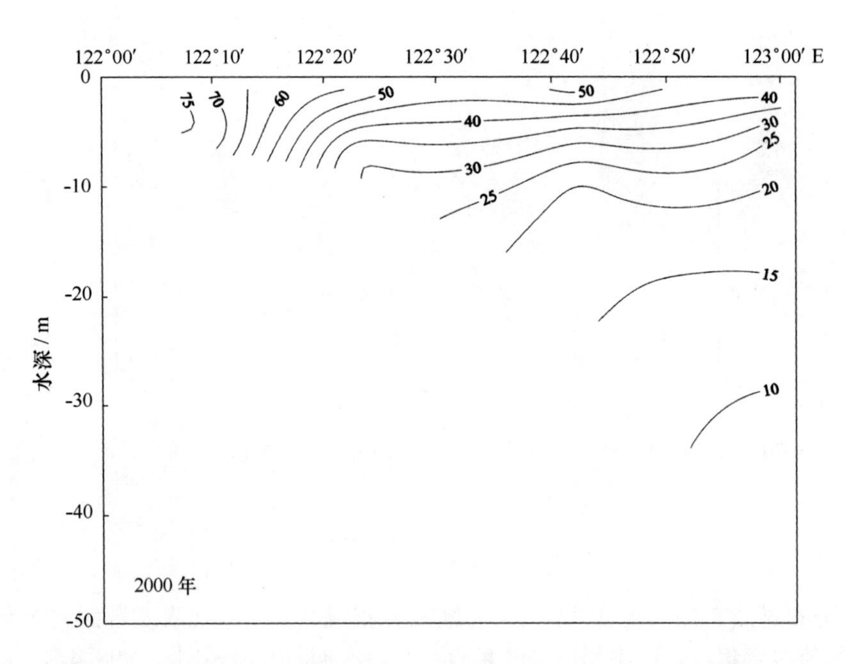

图 3.71　1998 年和 2000 年 11 月长江口 21 ~ 26 站 TN（μmol/L）断面分布图

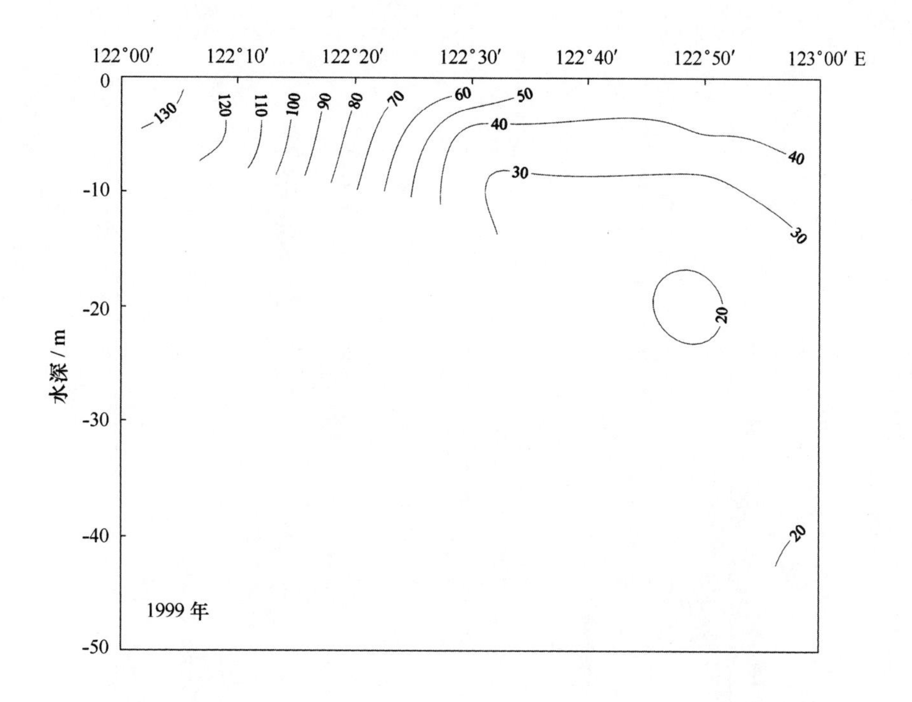

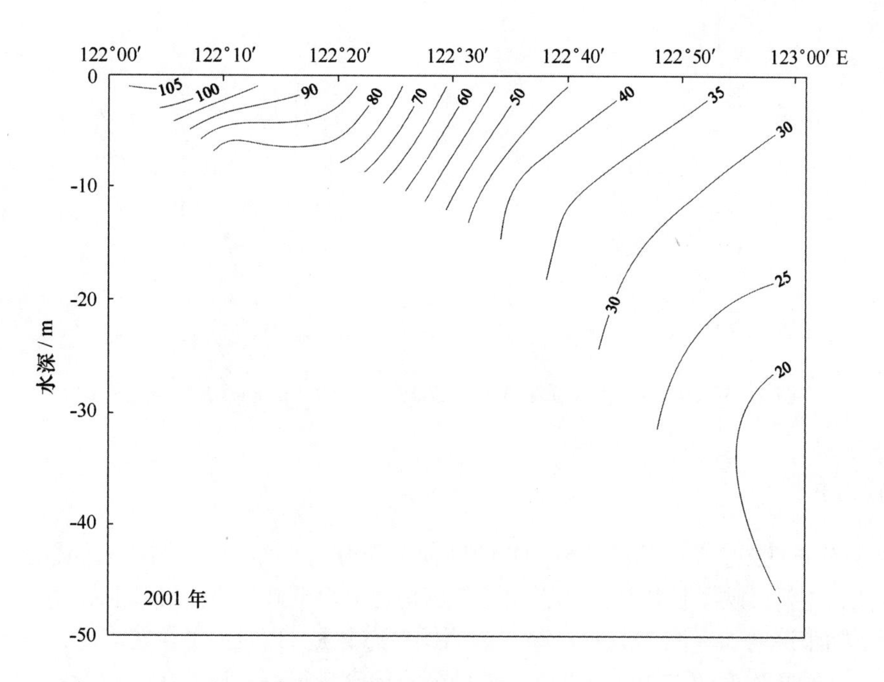

图 3.72 1999 年和 2001 年 5 月长江口 21 ~ 26 站 TN (μmol/L) 断面分布图

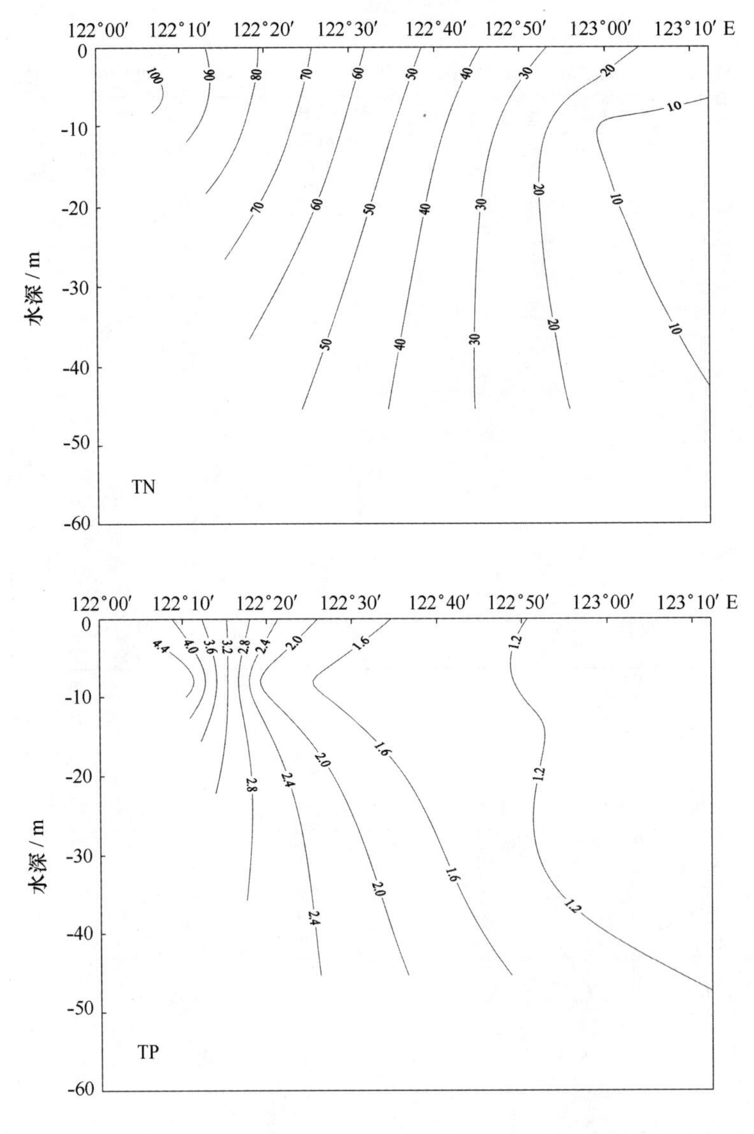

图 3.73　2002 年 11 月长江口 21 ~ 27 站 TN、TP（μmol/L）断面分布图

3.2.10　TP

TP 的断面分布见图 3.74 ~ 图 3.75。TP 的断面分布具有两个明显的特征，其一是自西向东其浓度逐渐降低，主要反映了长江径流的影响；其二是自上而下其浓度逐渐增加，主要是因为悬浮体含量自上而下随水深增加（图 2.1 和 2.2），表明颗粒态 P 是 TP 的主要存在形式，只有在 2001 年 5 月 123°00′E 水域 TP 浓度随水深略有下降，该处悬浮体含量很小，已经不足以影响 TP 的分布。

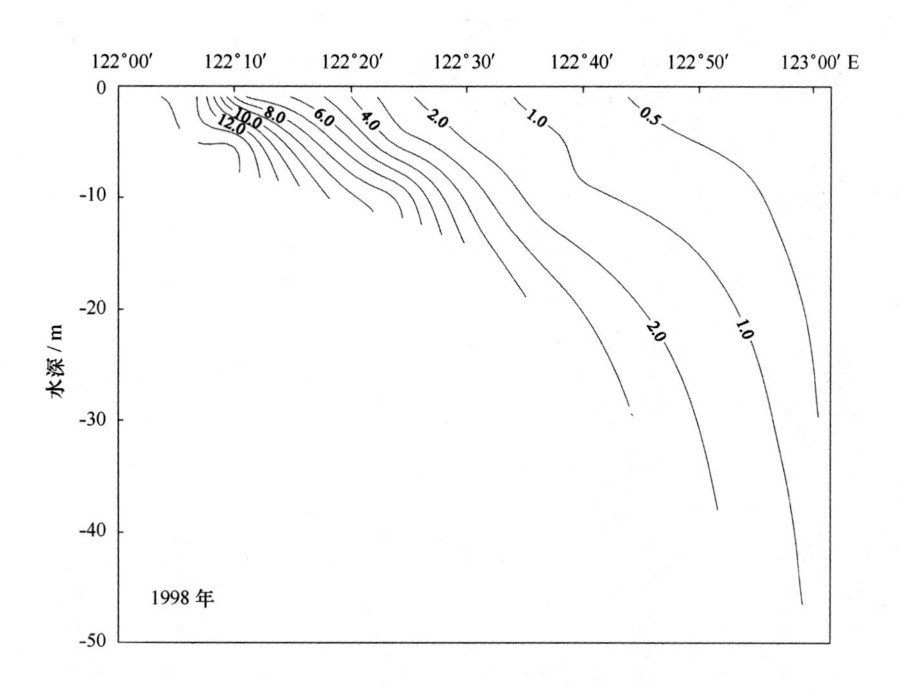

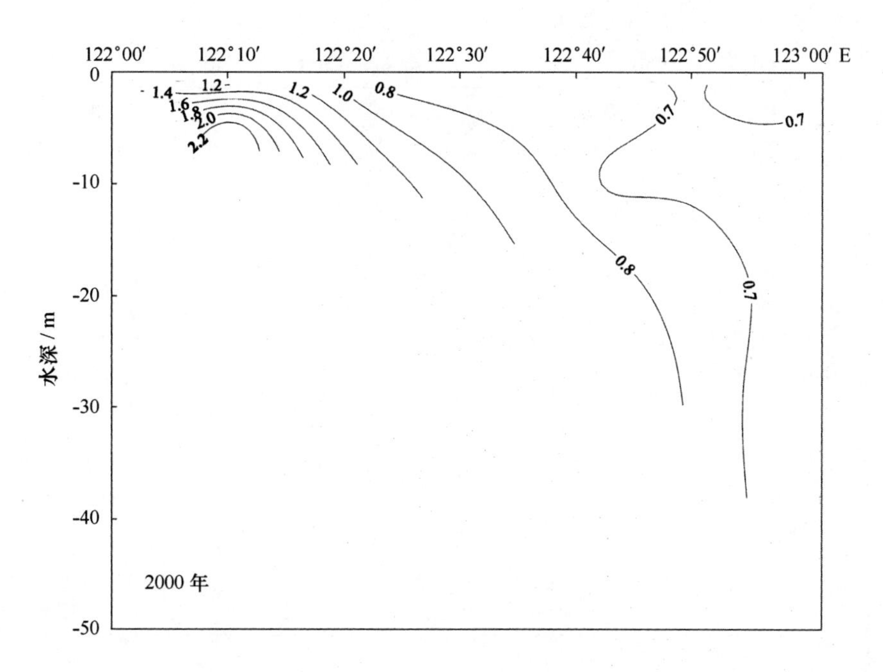

图 3.74　1998 年和 2000 年 11 月长江口 21 ~ 26 站 TP（μmol/L）断面分布图

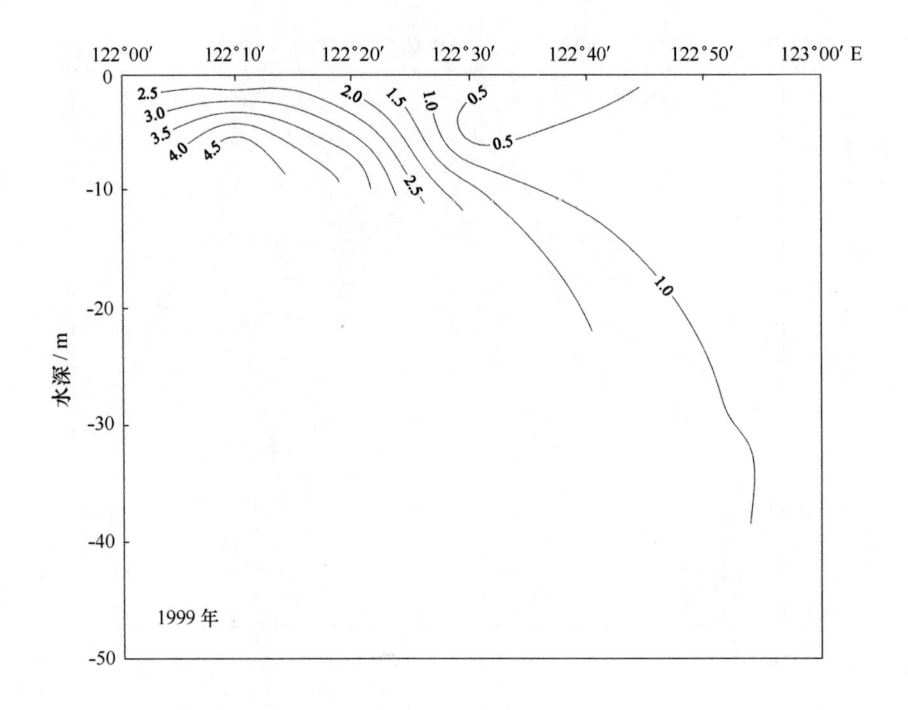

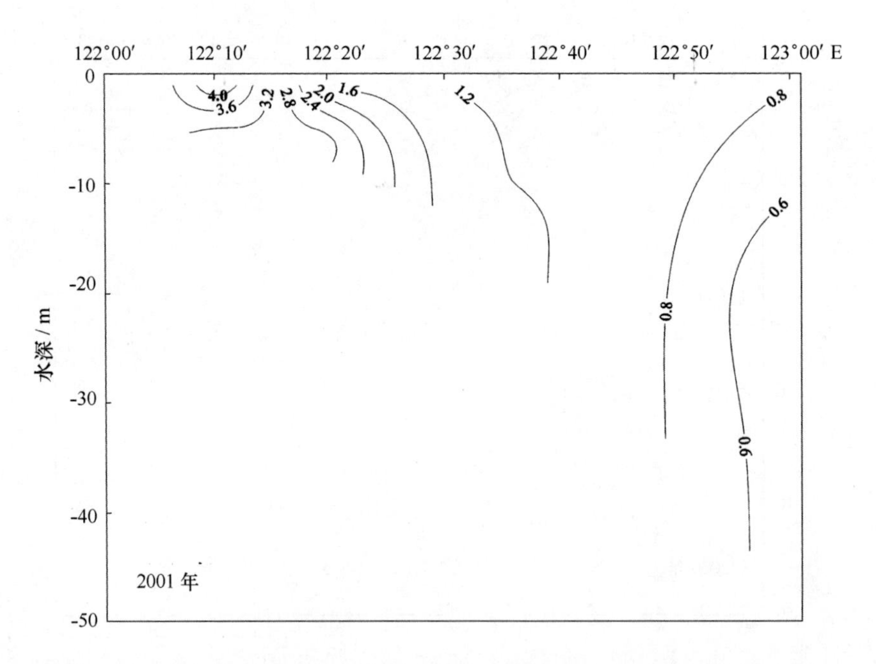

图 3.75　1999 年和 2001 年 5 月长江口 21 ~ 26 站 TP（μmol/L）断面分布图

3.3 季节变化

本节主要讨论表层水中水化学要素的季节变化，由于只进行了春、秋季的调查，下面的讨论只能反映春、秋季的情况。

长江口门内和口门外海区 DO、pH 值和 COD 的季节变化见图 3.76。5 次调查口门内、外 DO 含量的变化并不同步，口门外海区 DO 含量除了受淡水输入的影响外，还与海气交换、浮游植物繁殖等有关。由于众多因子的影响，DO 含量与水温也并非都是反相关关系，由于春、秋季水温变化并不大（尤其在口门外海区），因此从图可以看出其季节变化仅仅在一定程度上受水温影响。

长江口门内、外 pH 值的变化趋势是相似的，反映了淡水的影响，最高 pH 值都在 5 月份，口门内在 2001 年，口门外在 1999 年；最低值都在 11 月，口门内在 2002 年，口门外在 1998 年。

除了 1998 年 11 月外，长江口门内、外 COD 的季节变化具有几乎是同步的变化趋势，反映了长江径流输送的影响。造成 1998 年 11 月口门内、外 COD 含量反常的主要原因是口门外 40 号站 COD 的异常高值（达 20.53 mg/L）。

长江口门内和口门外海区 PO_4-P、SiO_3-Si 和 NO_3-N 的季节变化见图 3.77。口门内 PO_4-P 浓度从 1998 年 11 月至 2002 年 11 月呈增加趋势，而口门外最高浓度在 2002 年 11 月，最低浓度在 1999 年 5 月。口门内、外 PO_4-P 的季节变化没有相似的变化趋势，这可能是因为长江口 PO_4-P 除了受长江径流输送的影响外，还受缓冲机制所控制，在浑浊的高 PO_4-P 浓度的河水中，PO_4-P 有被泥沙等悬浮物质吸附的倾向，在低 PO_4-P 浓度的河口水中易于被释放出来，特别是河口的物理化学条件有利于这个过程进行。

SiO_3-Si 的季节变化，长江口门内、外其浓度变化也不完全同步，如 2002 年 11 月口门内 SiO_3-Si 浓度达到 5 次调查的最高值，而口门外则是调查的最低值，原因有待于进一步研究。河口水中 SiO_3-Si 浓度主要受长江径流输送控制，因此表现出口门内、外平均浓度差很大。

NO_3-N 的季节变化有较好的规律性，长江口门内、外浓度几乎是同步变化，最低浓度口门内在 1998 年 11 月，口门外在 2002 年 11 月（这与 SiO_3-Si 比较相似）。其他 3 个航次浓度变化都较小，口门内介于 71.3 ~ 77.4 μmol/L 之间，口门外介于 30.4 ~ 34.2 μmol/L 之间。口门内表层水中 NO_3-N 的平均浓度比口门外高得多，5 个航次 NO_3-N 浓度，口门内是口门外的 2.7 倍，清楚地表明长江径流对长江口海区的巨大影响。

长江口门内和口门外海区 NO_2-N、NH_4-N、TN 和 TP 的季节变化见图 3.78。口门内、外 NO_2-N 的季节变化具有基本相似的变化趋势，但平均浓度几乎没有大的变化，主要是因为 NO_2-N 不稳定，反映不出河水输入对河口的影响。

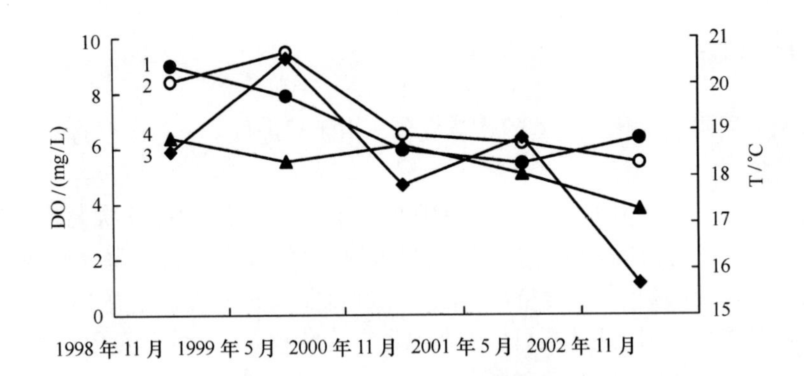

1－口内DO;　2－口外DO;
3－口内温度；4－口外温度

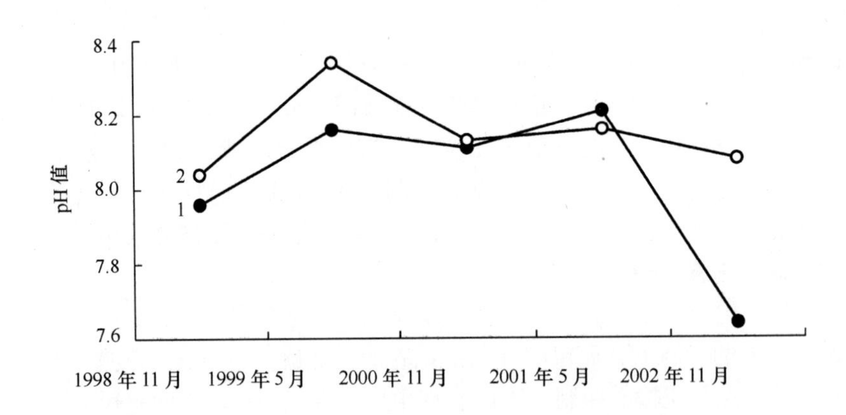

1－口内pH值；2－口外pH值

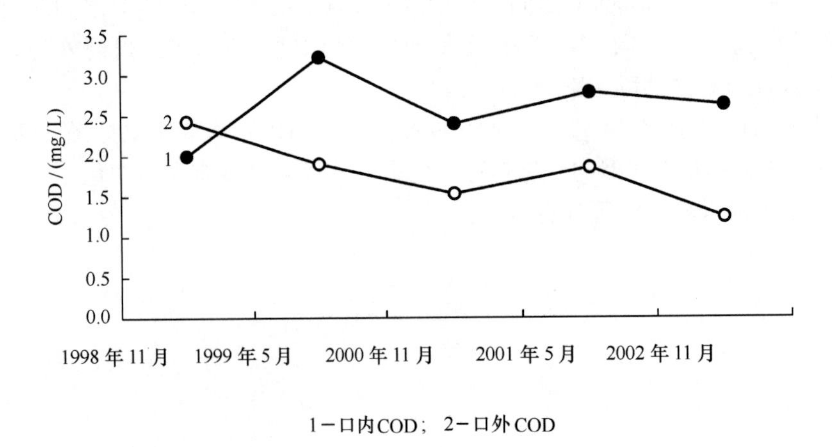

1－口内COD；2－口外COD

图3.76　长江口表层水中DO、pH值、COD的季节变化

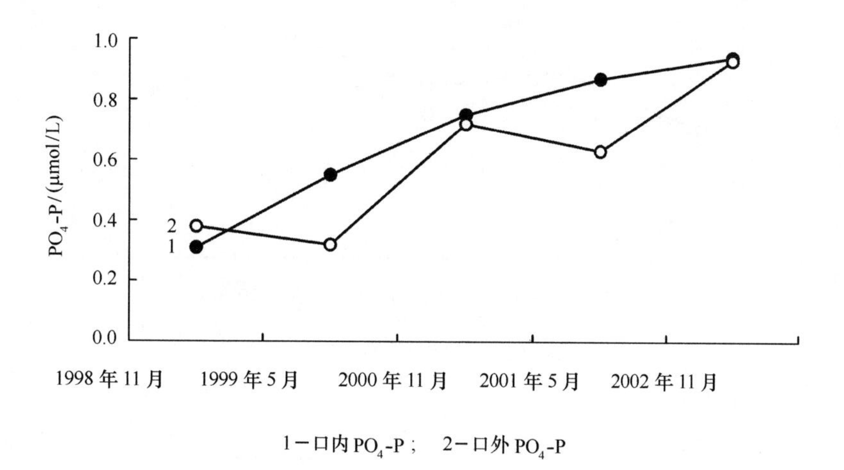

1—口内 PO_4-P； 2—口外 PO_4-P

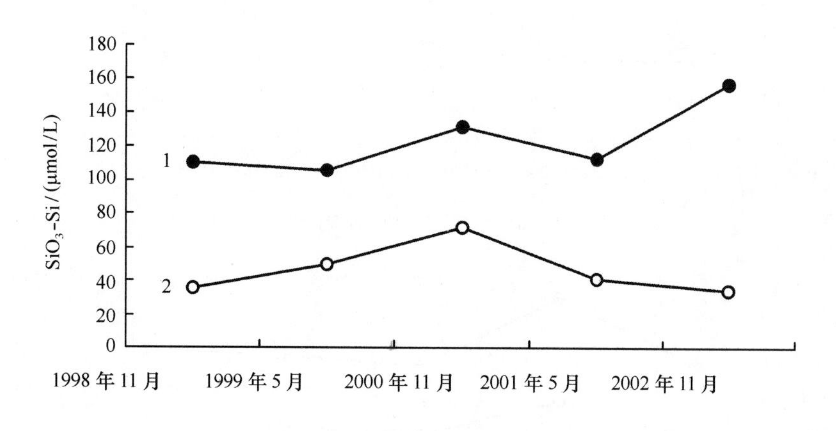

1—口内 SiO_3-Si； 2—口外 SiO_3-Si

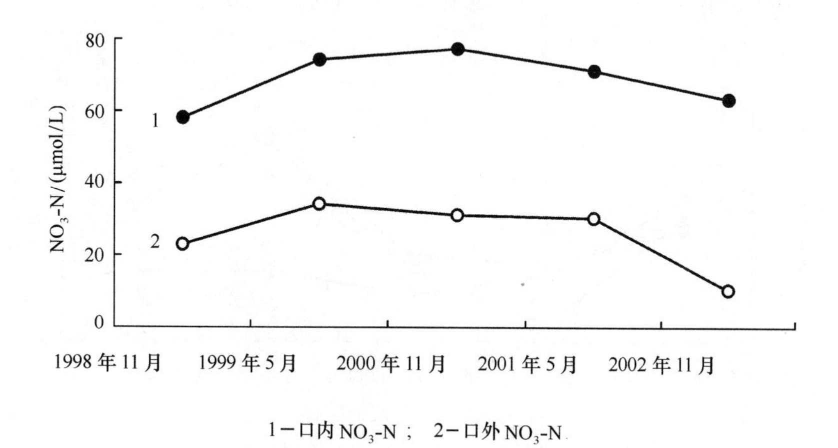

1—口内 NO_3-N； 2—口外 NO_3-N

图3.77 长江口表层水中 PO_4 – P、SiO_3 – Si 和 NO_3 – N 的季节变化

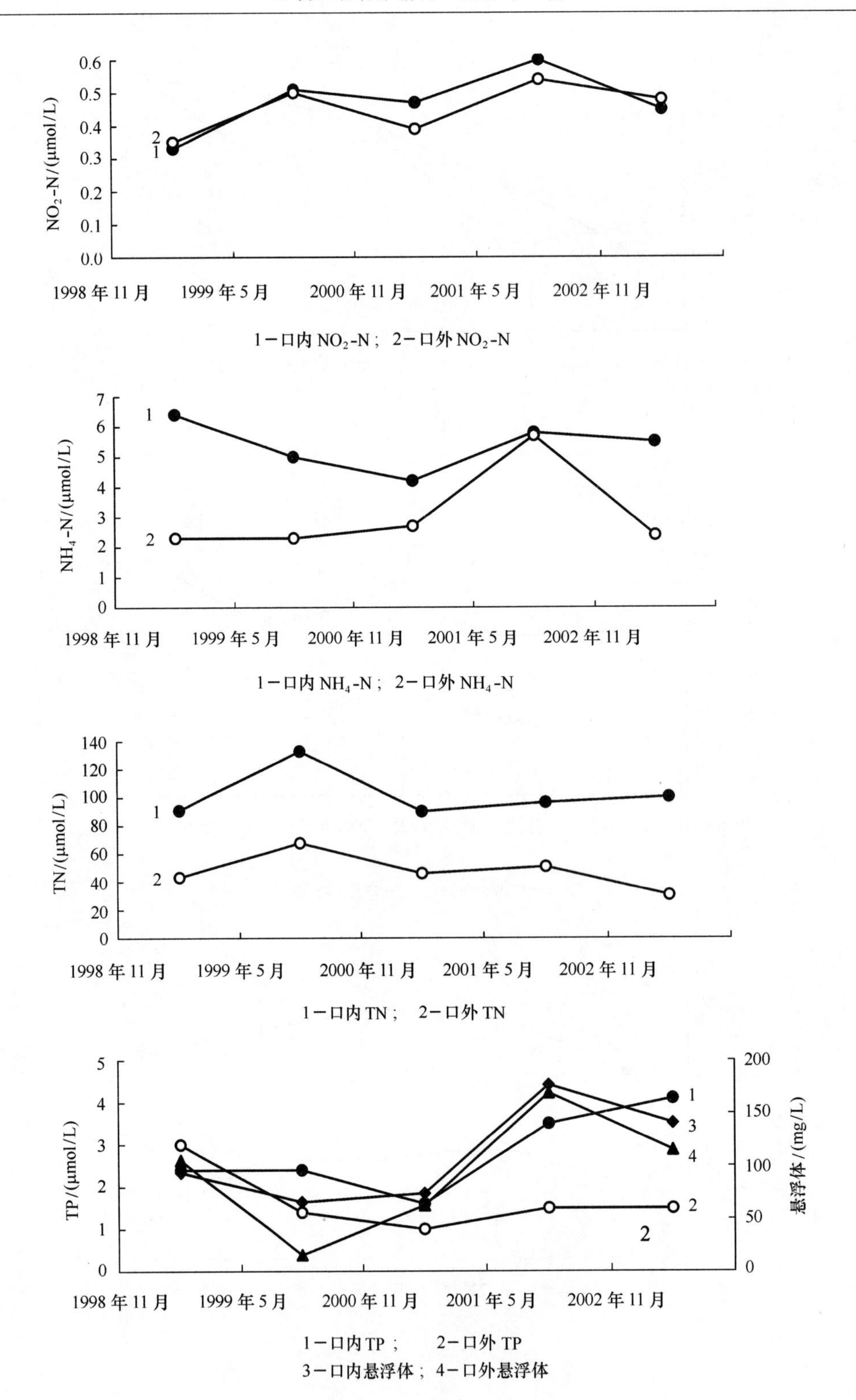

图3.78 长江口表层水中NO_2-N、NH_4-N、TN和TP的季节变化

比较口门内、外 NH_4-N 的季节变化，除了2001年5月浓度没有什么变化外，其他4个航次口门内都明显高于口门外，反映了径流输入对河口 NH_4-N 的影响，但由于影响因素较多，NH_4-N 的季节变化总不如 NO_3-N 那样有规律。

比较口门内、外TN的季节变化几乎是同步的，最高平均浓度都在1999年5月，口门外最低浓度也在2002年11月，这与 NO_3-N 是一致的，由于长江径流的影响，口门内、外TN的浓度差很大。

长江口门内、外TP浓度有相似的季节变化趋势，从1998—2002年口门内、外浓度先降低后增加，口门内、外浓度差较大，反映了径流输入的影响，1998年11月口门外TP浓度高于口门内，主要是由于口门外二个站特别高的浓度（分别为14.5和13.3 μmol/L），可能与那里较高的悬浮体含量有关（分别为487.6和711.0 mg/L）。口门内、外TP的季节变化趋势与悬浮体不完全相似，表明与平面分布不一样，TP的季节变化不完全受悬浮体控制，这是由于不同季节（不同月份）长江携带的悬浮体的含量和组成以及TP浓度的差异所造成的。

3.4 与历史资料相比较

本节根据本次调查的资料，与1985—1986年相比，主要讨论营养盐的平面分布和长江口营养盐的输出通量。

3.4.1 营养盐的平面分布的比较

把1998年11月和1999年5月的调查与1985—1986年相应月份的资料作一比较，PO_4-P、SiO_3-Si 和 NO_3-N 的平面分布见图3.79～图3.81，长江口门内、外营养盐的平均浓度列于表3.3. 从图和表可以看出，1985年11月口门内、外 PO_4-P 的浓度都显著大。

表3.3 11月和5月表层营养盐的平均浓度 单位：μmol/L

营养盐	11月				5月			
	1985年		1998年		1986年		1999年	
	口门内	口门外	口门内	口门外	口门内	口门外	口门内	口门外
PO_4-P	0.60	0.66	0.31	0.38	0.64	0.38	0.55	0.32
SiO_3-Si	192.0	34.5	110.2	33	100.2	21.1	105.4	49.5
NO_3-N	45.1	14.8	58.2	23.0	81.6	10.2	74.3	34.2

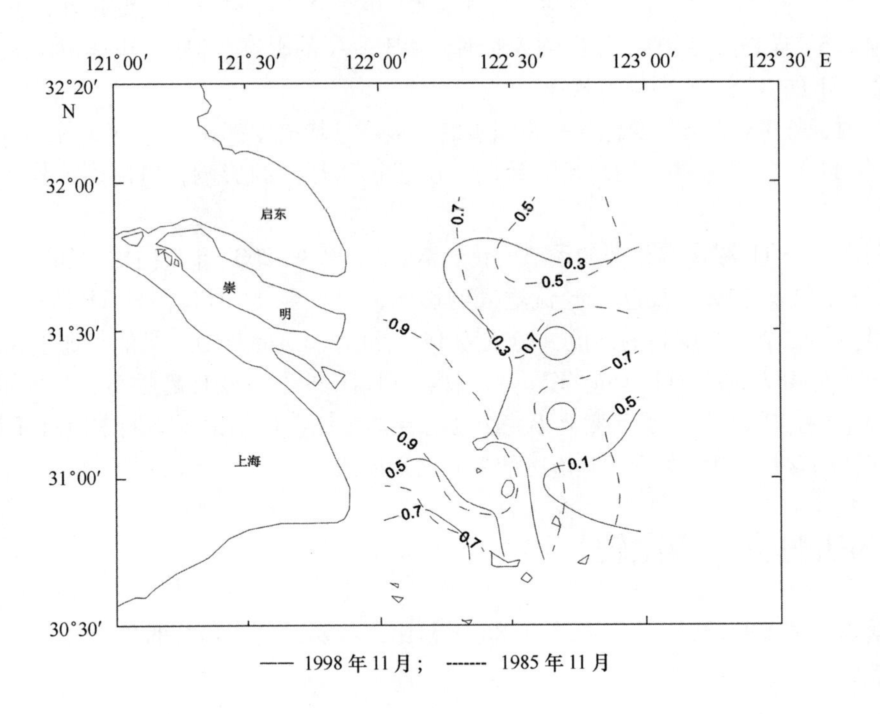

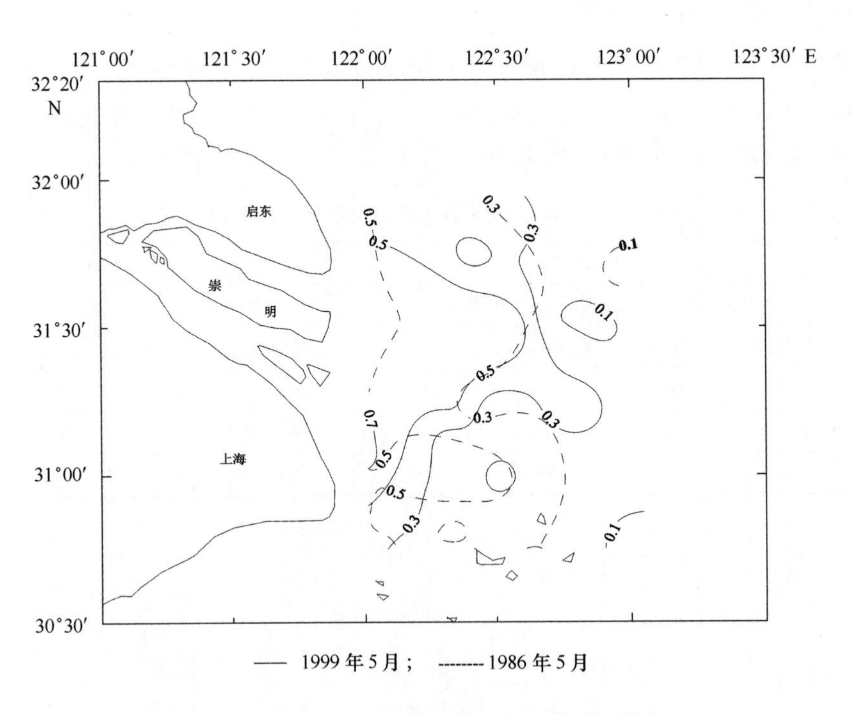

图3.79 长江口 PO_4-P（μmol/L）的平面分布

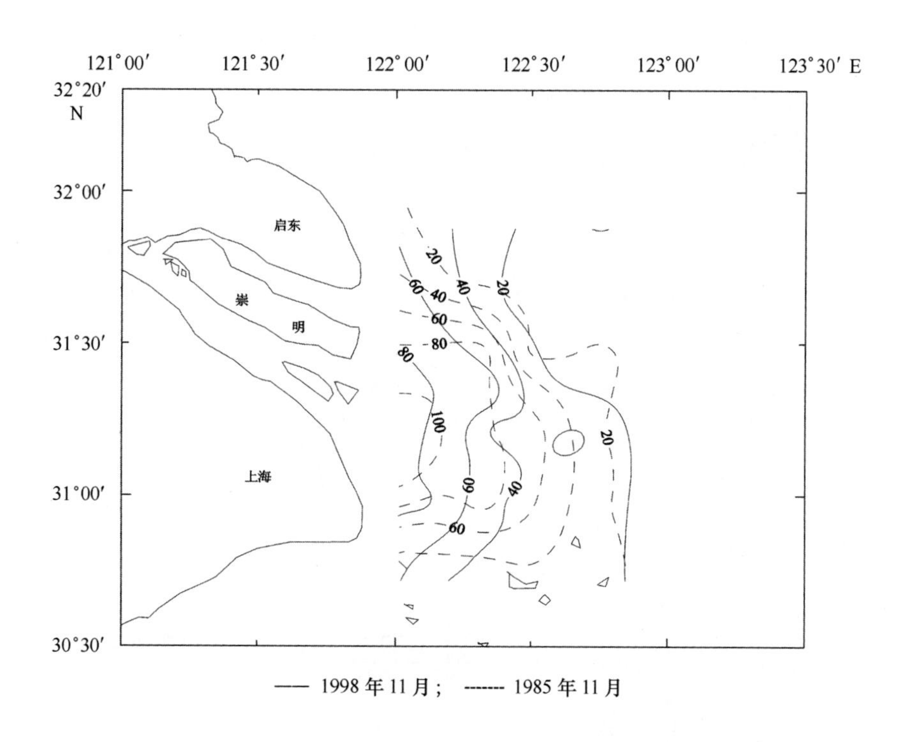

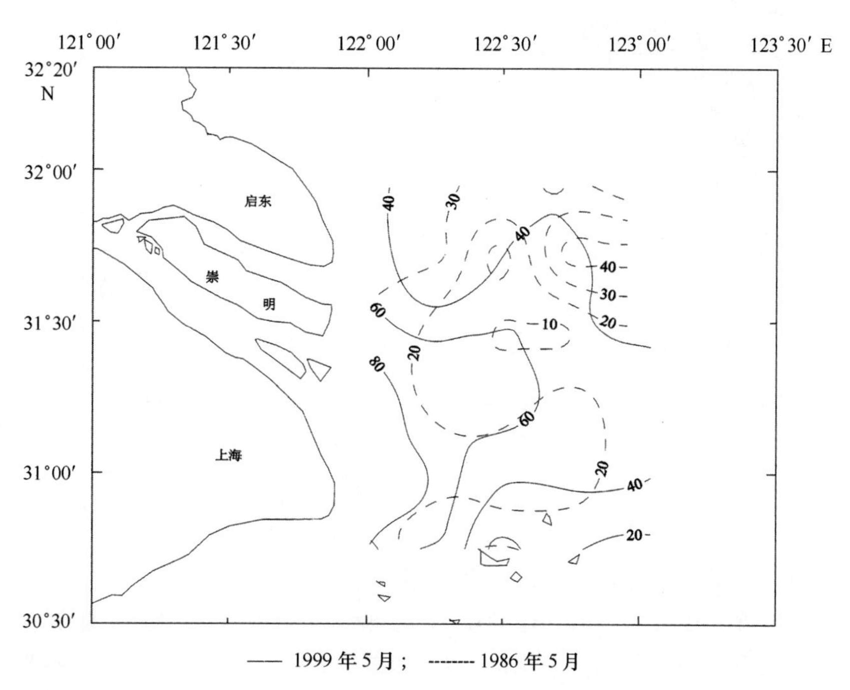

图3.80 长江口 SiO_3-Si（μmol/L）的平面分布

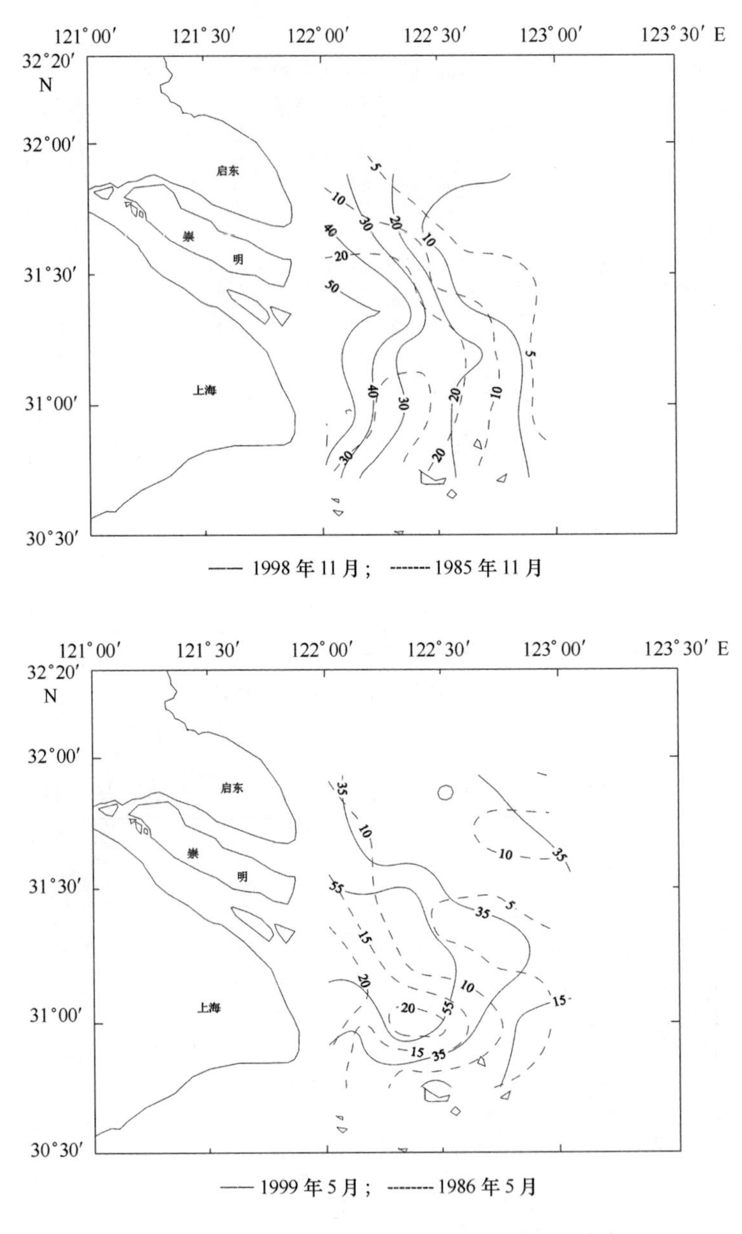

图 3.81　长江口 NO_3 – N（μmol/L）的平面分布

1998 年，反映在平面分布图上，PO_4 – P 高浓度区比 1998 年大得多，整个调查区浓度几乎都大于 0.5 μmol/L。1986 年 5 月口门内、外 PO_4 – P 浓度略大于 1999 年，从平面分布图上可以看出，浓度为 0.3 μmol/L 的等值线所包围的面积也稍大于 1999 年。从 SiO_3 – Si 平均浓度的比较来看似乎难以解释，为什么 1985 年 11 月口门内 SiO_3 – Si 浓度比 1998 年高得多，而口门外浓度却差不多；平均浓度相似，又为什么 1985 年 80 和 60 μmol/L 高浓度等值线所包围的面积明显地大于 1998 年，直至浓度为 20 μmol/L 时，等值线位置才比较接近，这主要是因为 1985 年的等值线是半封闭型的，而 1998 年高浓度等值线还要向南延伸（图 3.80）。5 月份有相反的情况，1999 年口门内 SiO_3 – Si 浓度稍大于 1986 年，但口门外浓度却明显高于 1986 年，反映在平面分布图上，也是 1999 年浓度比1986年高得多，1999年大部分水域SiO_3-Si浓度大于40 μmol/L，这主要是由于1999年径流量比1986年高，输出的SiO_3-Si自然也多。11月份长江口门内、外NO_3-N的平均浓度和平面分布比较一致，1998年浓度均比1985年高，1998年高浓度区的浓度高，范围也广。尽管1999年5月口门内的NO_3-N浓度低于1986年，但口门外浓度却明显高于1986年，这也可以用1999年径流量比1986年高来解释，在平面分布图上也有明显反映。

3.4.2 长江口营养盐输出通量的历史比较

营养盐的输出通量是指经过长江口门输出的营养盐通量。营养盐输出通量可以按下式计算：

$$F = \sum C \cdot Q \cdot f$$

式中：F为营养盐的输出通量（kg/s），$\sum C$为盐度≈0时口门内各站营养盐浓度的平均值（μmol/L），Q为长江口入海的月平均径流量（m^3/s），f为单位换算系数。1985—1986年与本次调查11月和5月营养盐的输出通量比较列于表3.4。

表3.4 11月和5月长江口营养盐的输出通量 单位：kg/s

月份	11月		5月	
项目 \ 年份	1985年	1998年	1986年	1999年
径流量/（m^3/s）	20334	19812	24818	33368
PO_4-P	0.38	0.18	0.49	0.58
SiO_3-Si	109.32	60.24	69.63	93.80
NO_3-N	12.84	15.92	28.35	34.87
NO_2-N	0.08	0.09	0.12	0.23
NH_4-N	2.70	1.37	3.20	2.31
DIN	15.62	17.38	31.67	37.41
TON		10.25		24.21
TN		27.63		61.62
TP		2.58		2.59

从表3.4可以看出，比较20世纪80年代和90年代，11月规律性较差，后者的径流量稍小于前者，但PO_4-P和SiO_3-Si的输出通量却远小于前者，无机氮则相反，后者稍大于前者。5月规律性较好，1999年径流量是1986年的1.34倍，PO_4-P、SiO_3-Si、NO_3-N和DIN的输出通量分别是1986年的1.18、1.35、1.23和1.18倍，表明径流量的增加与营养盐输出通量的增加呈较好的正相关。

对1997年12月、1998年5月、8月、10月和11月长江口营养盐的输出通量与长江口的径流量Q进行相关统计，可以得到如下方程式：

NO_3-N (kg/s) $= -8.519 + 0.001\,249\,Q$ (m^3/s) ($r^2 = 0.976$, $p < 0.01$)

NO_2-N (kg/s) $= -0.570 + 0.000\,028\,Q$ (m^3/s) ($r^2 = 0.883$, $p < 0.05$)

NH_4-N (kg/s) $= -4.710 + 0.000\ 333\ Q$ (m^3/s) ($r^2 = 0.850$, $p < 0.05$)

DIN (kg/s) $= -13.781 + 0.001\ 654\ Q$ (m^3/s) ($r^2 = 0.962$, $p < 0.01$)

TON (kg/s) $= -11.857 + 0.001\ 120\ Q$ (m^3/s) ($r^2 = 0.908$, $p < 0.05$)

TN (kg/s) $= -25.638 + 0.002\ 774\ Q$ (m^3/s) ($r^2 = 0.960$, $p < 0.01$)

PO_4-P (kg/s) $= -0.556 + 0.000\ 031\ Q$ (m^3/s) ($r^2 = 0.926$, $p < 0.01$)

TP (kg/s) $= -1.493 + 0.000\ 134\ Q$ (m^3/s) ($r^2 = 0.944$, $p < 0.01$)

可以看出长江口各种形式N和P的输出通量均与径流量呈显著的或较显著的线性正相关关系，根据径流量即可求出各种营养盐的输出通量。

4 长江口叶绿素a和初级生产力

4.1 叶绿素a含量分布

4.1.1 1998年11月

调查海域叶绿素a含量为0.079~6.172 mg/m³，平均为1.379 mg/m³，分布很不均匀。高值区位于调查海域的东南部，包括19、25、26、33等站在内，以26号站最高，达到6.172 mg/m³。此外，在调查海域北部，有一条沿着122°40′E包括2、6和12号站在内的垂向高值分布带。叶绿素a含量超过3.0 mg/m³（图4.1），调查区西部叶绿素a含量较低，这主要是因为靠近长江口口门，特别是122°10′E以西水域，水质较混浊，海水透明度多不足0.3 m，其中21、22、28和29号站仅为0.1 m，海水的混浊严重地阻碍阳光的入射量，影响浮游植物正常光合作用和生长繁殖，造成这部分海域叶绿素a平均含量仅为0.400 mg/m³，不足全调查海域平均值的1/3。因而本次调查结果总体上呈现出东部叶绿素a含量高而西部低的分布格局。

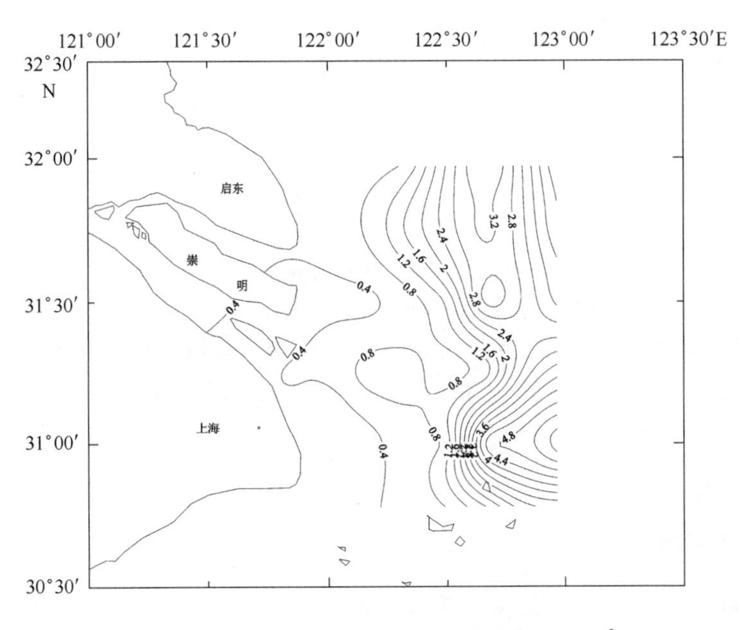

图4.1 1998年11月长江口叶绿素分布（mg/m³）

4.1.2 1999年5月

本月份长江口区海域叶绿素a含量为0.197~5.853 mg/m³，变化幅度很大（图4.2），平均为

1.918 mg/m^3。高值区位于调查区东部，包括2，41，44，12，13，16，17，24和31等站，叶绿素a含量均在3.000 mg/m^{3}以上，其中以13号站最高，达到5.853 mg/m^3。大致沿着122°20′E以西水域，叶绿素a含量明显较低，绝大多数站位低于1.000 mg/m^3，河道内各站更低于0.700 mg/m^3。靠近长江口口门附近及河道内这些测位叶绿素a含量较低的重要原因之一是这部海水水质较混浊，透明度多在0.2～0.3 m，不利于浮游植物增殖。调查区叶绿素a分布格局和1998年11月大体相近。

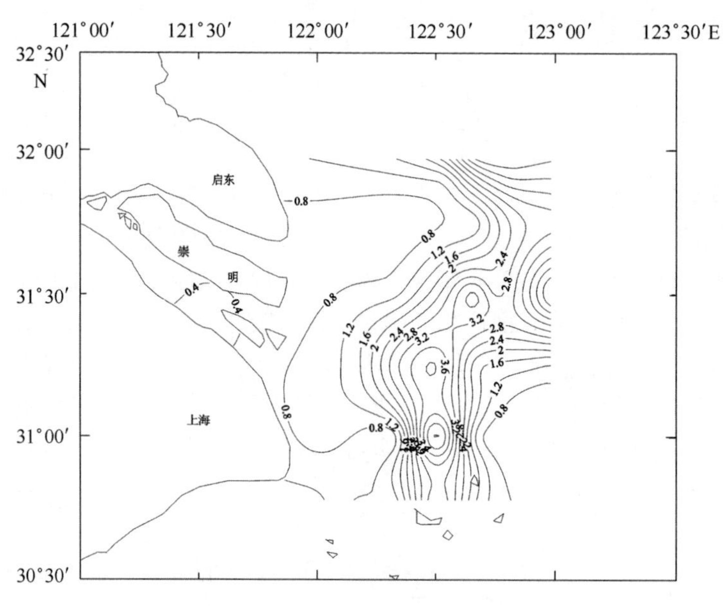

图4.2　1999年5月长江口叶绿素分布（mg/m^3）

4.1.3　2000年11月

本月份调查区叶绿素a含量为0.015～3.867 mg/m^3，平均为1.232 mg/m^3，不同站位之间差异较大。高值区大致位于调查中部偏西南部分海域，包括10，18，23，24等站位，近岸各站叶绿素a含量相对较低。但高值站含量不如上两个航次突出，且较为分散，相对地说分布较为均匀，河道内的一些站位如35和37号站叶绿素a含量分别为1.858 mg/m^{3}和1.505mg/m^3，明显地高于上述两个航次河道内各站含量水平。应该指出的是，本航次调查中，近岸各站位海水透明度均在0.3m以上，略好于上两个航次（图4.3）。

4.1.4　2001年5月

调查海域表层叶绿素a含量为0.186～7.406 mg/m^3，平均为1.915 mg/m^3，不同站位之间变化幅度很大。高值区位于调查区的中部，包括9，10，11，12，15，16，17及25和26等站，叶绿素a含量均超过2.800 mg/m^3。调查区四周包括河道内各站表层含量较低。底层叶绿素a含量为0.232～5.982 mg/m^3，平均为1.767 mg/m^3，比表层的含量略低些，但在河道内各站底层含量略高于表层，其中23号站底层含量最高，达到5.892 mg/m^3，平均分布上没有明显的变化趋势（图4.4）。

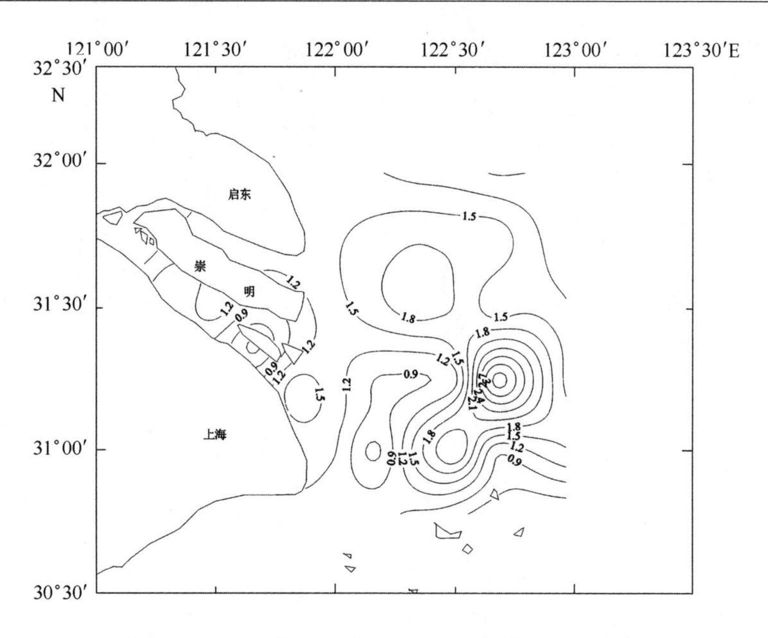

图 4.3　2000 年 11 月长江口叶绿素分布（mg/m^3）

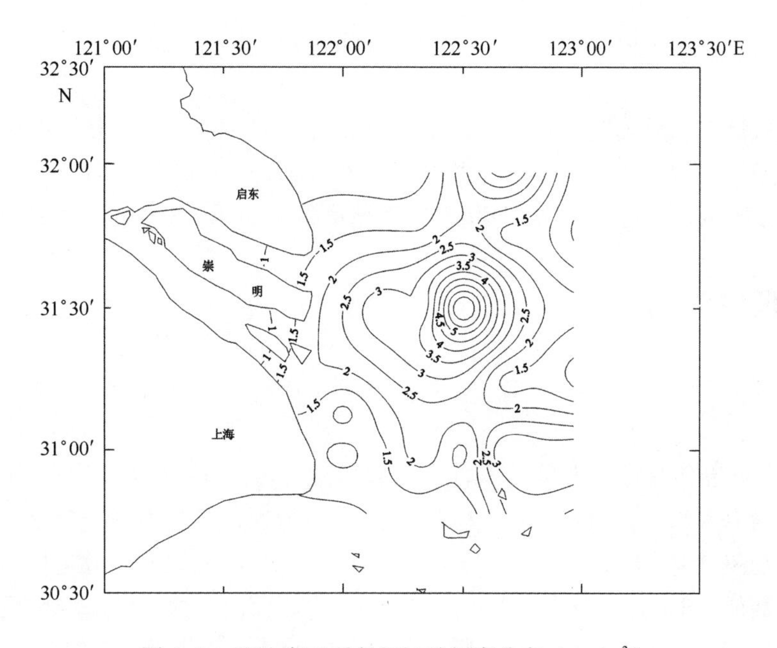

图 4.4　2001 年 5 月长江口叶绿素分布（mg/m^3）

4.1.5　2002 年 11 月

调查海域表层叶绿素 a 含量为 0.053 ~ 1.028 mg/m^3 平均为 0.265 ~ mg/m^3，调查区东南部的 18、19、20 和 25、26、27 及 34 号站含量想对较高，形成 1 个以 25 号站为中心的高值区，不过，该站叶绿素 a 含量最高，亦仅为 1.028 mg/m^3。大多数站位低于 0.25 mg/m^3。显著地低于 1998 年（平均 1.379 mg/m^3）和 2000 年（平均为 1.232 mg/m^3）同期的含量水平（图 4.5）。亦明显地低于1985年11月在长江口区的调查结果（平均为1.036 mg/m³）。

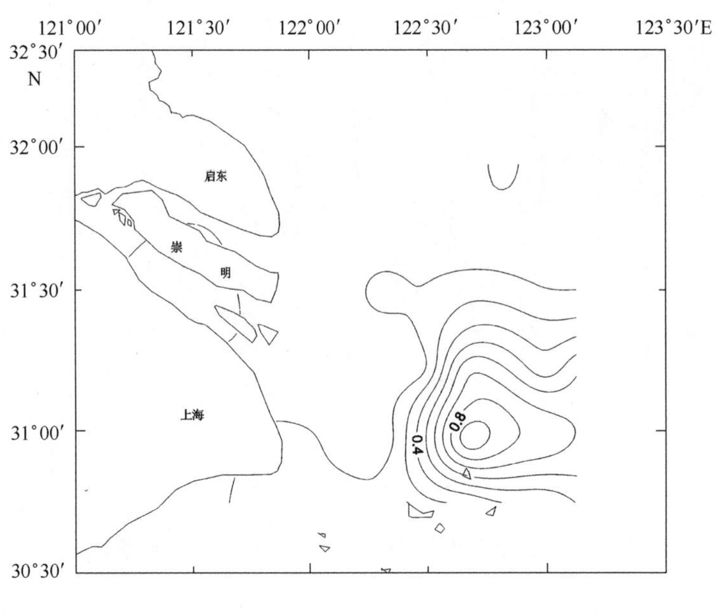

图4.5　2002年11月长江口叶绿素分布（mg/m³）

以上五个航次调查结果表明，春季（5月）二次调查平均叶绿素a含量均在1.900 mg/m³以上，明显地高于秋季（11月）两个航次平均含量，在平面分布上，河道内及长江口门附近各调查站位叶绿素a含量较低，与这些站位水质混浊，透明度低影响浮游植物生长繁殖有关。

4.2　初级生产力

4.2.1　1998年11月

本月份调查海域初级生产力为0.65～21 771.15 mg/（m²·d）（以C计），不同站位之间变化幅度很大，平均为282.88 mg/（m²·d）（以C计），高值区位于东南部，包括19，25和26号等站，初级生产力均超过1 000 mg/（m²·d）（以C计）。122°10′E以西海域包括河道内各站初级生产很低，绝大多数低于10 mg/（m²·d）（以C计），主要原因是这一带海域水质相当混浊，透明度多数仅为0.1～0.2 m，真光层厚度薄，限制了浮游植物的光合作用。若把122°10′E以西这些站位除外，则海区平均初级生产力达到1 433.41 mg/（m²·d）（以C计），显著地高于300 mg/（m²·d）（以C计）的一般温带海域的水平。整个调查海域初级生产力有明显的东部高而西部低的分布格局（图4.6）。

4.2.2　1999年5月

本月份调查海域初级生产力为9.859～4 491.530 mg/（m²·d）（以C计），平均为706.715 mg/（m²·d）（以C计），变化幅度非常大。122°30′E以东海域初级生产力较高，平均高达

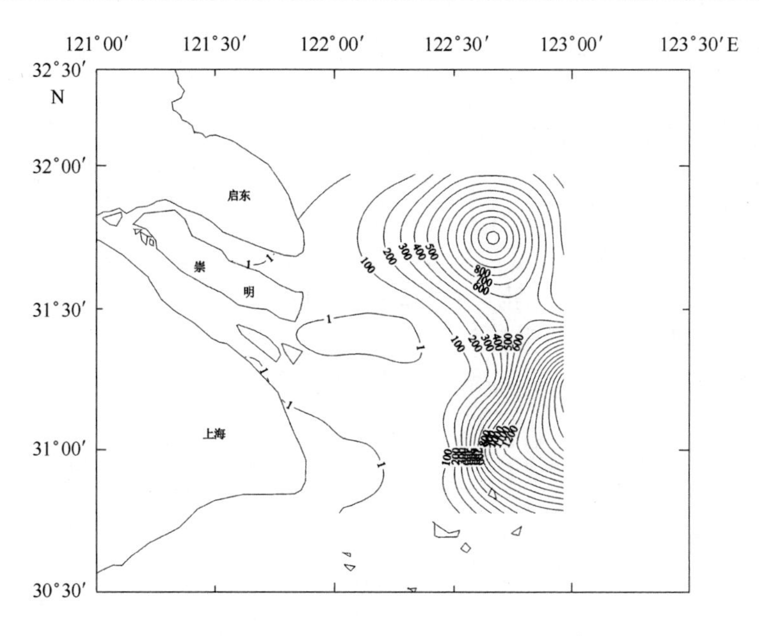

图4.6　1998年11月长江口初级生产力分布［mg/（m²·d）（以C计）］

1 258.118 mg/（m²·d）（以C计）。其中2，7，12，13，17，18，19，24，41和44号站均超过1 000 mg/（m²·d）（以C计），高值区中心位于调查海域的东北部，44，13，2，41等站的初级生产力均超过2 500 mg/（m²·d）（以C计）。河道内及贴近长江口门的40，21和28号站初级生产力很低，平均仅为21.995 mg/（m²·d）（以C计），同122°30′E以东海域呈鲜明对比（图4.7）。造成这部分水域初级生产力低下的原因如上所述，即水质混浊，影响日光的入射，从而限制了浮游植物的有机碳生产。

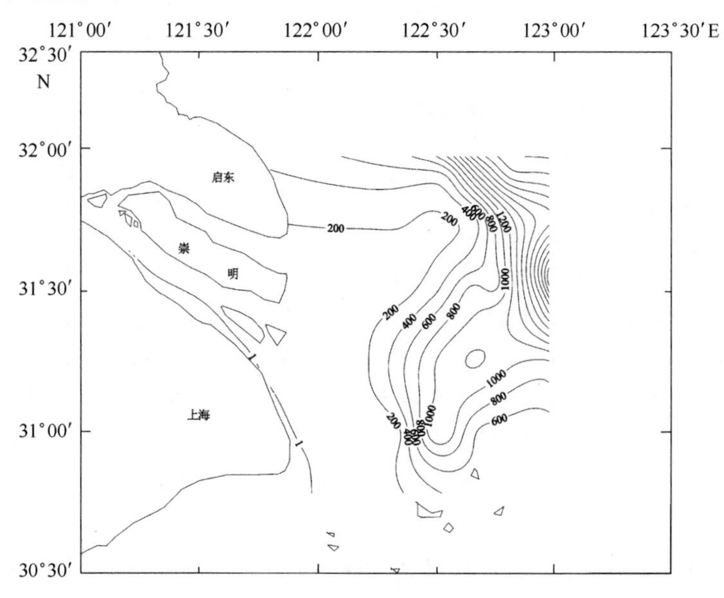

图4.7　1999年5月长江口初级生产力分布［mg/（m²·d）（以C计）］

4.2.3 2000年11月

从调查结果可以看出，本月份长江口区初级生产相当低，为0.32~352.47 mg/（m^2·d）（以C计），平均仅为79.51 mg/（m^2·d）（以C计），远低于1998年同月份的水平（图4.8）。122°10′E以东海域初级生产力略高些，平均亦只有101.71 mg/（m^2·d）（以C计），造成本月份偏低的主要原因是调查期间正遇大风，海底沉积物受风浪搅动而进入水体导致海域水质普遍混浊，约半数站位的透明度小于1.0 m，透明度大于2.0 m的站位仅有东南部的19和33号站，分别为2.7 m和2.6 m，而1998年11月透明度大于2.0 m的有13个站位之多。其中19号站位透明度高达8.0 m，如前面所述。海水透明度小可显著地限制水域浮游植物的光合作用。

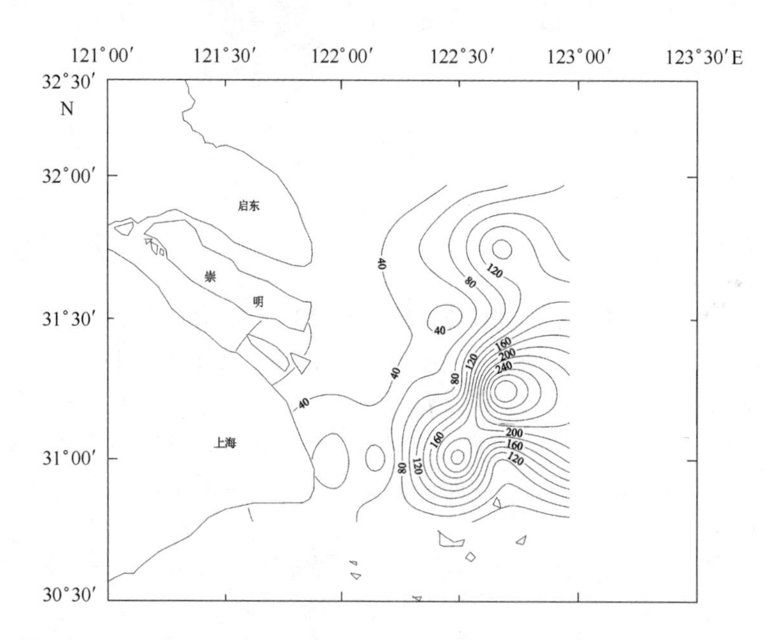

图4.8 2000年11月长江口初级生产力分布［mg/（m^2·d）（以C计）］

4.2.4 2001年5月

本月份调查海域初级生产力为18.84~3 528.77 mg/（m^2·d）（以C计），平均为518.18 mg/（m^2·d）（以C计）。不同部分海域差异幅度很大。122°10′E以西包括河道内几个站初级生产力平均为56.79 mg/（m^2·d）（以C计），而以东海域平均高达769.85 mg/（m^2·d）（以C计），表明东部海域显著地高于西部（沿岸）海域（图4.9）。最大值位于北部的2号站，初级生产力达到3 528.77 mg/（m^2·d）（以C计），造成西部海域初级生产力低下的原因为上所述，这里并不重复。

4.2.5 2002年11月

本月份调查海域初级生产力为0.616~285.454 mg/（m^2·d）（以C计），平均为45.571 mg/（m^2·d）（以C计）。调查区东南部相对较高（图4.10），其中27和34号站分别为285.454 mg/（m^2·d）（以C计）和285.092 mg/（m^2·d）（以C计）。122°30′E以东21个站平均为75.563 mg/（m^2·d）（以C计），以西16个站平均为6.206 mg/（m^2·d）（以C计）。河道内各站初级生

产力均很低，在3 mg/（m^2·d）（以C计）以下，36和37号站低于1 mg/（m^2·d）（以C计）。本次调查区的平均初级生产力明显地低于1998年和2000年同期水平［分别为282.88 mg/（m^2·d）（以C计）和79.51 mg/（m^2·d）（以C计）］。

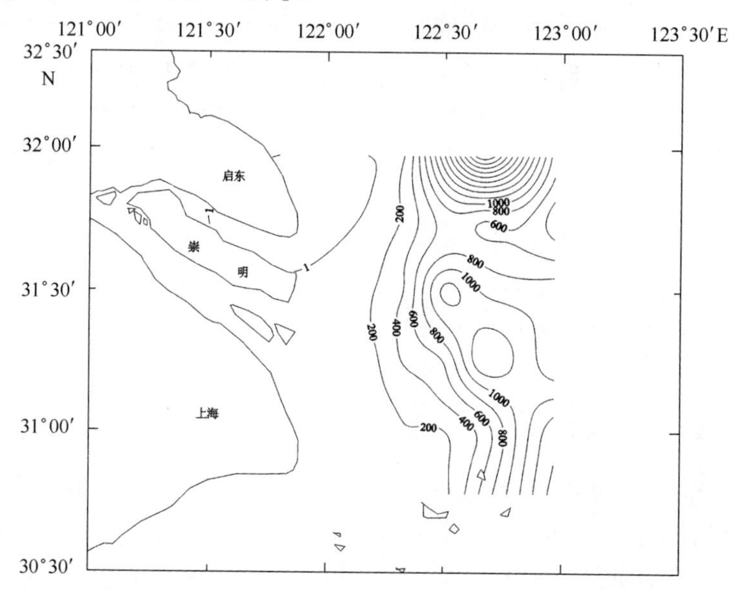

图4.9　2001年5月长江口初级生产力分布［mg/（m^2·d）（以C计）］

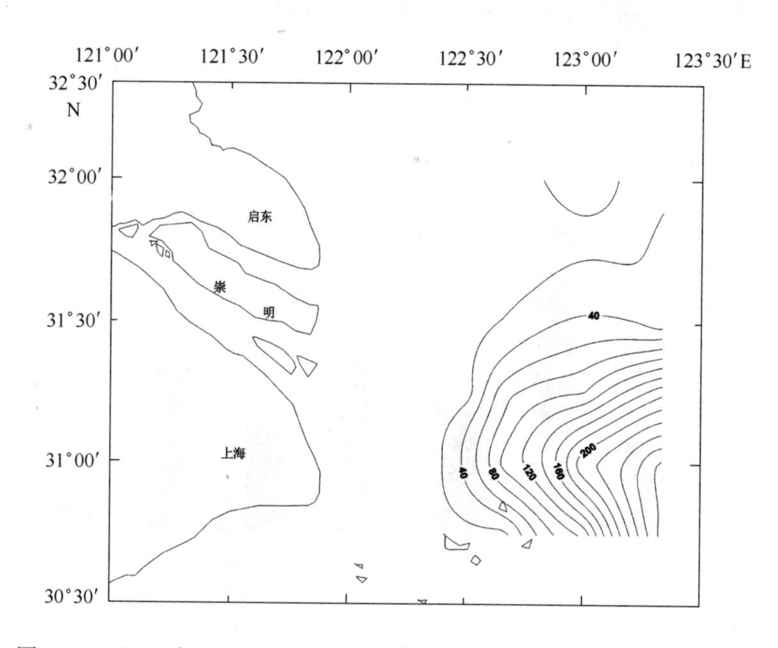

图4.10　2002年11月长江口初级生产力分布［mg/（m^2·d）（以C计）］

上述五次调查结果表明：首先，长江口海域初级生产力分布明显地呈现东部海域高而西部低的格局。重要的原因是122°30′E以西各测站受长江冲淡水携带大量泥沙h的影响海水透明度较低，大多数不足1.0 m，从而影响日光的入射量，限制了浮游植有机碳生产，122°30′E以东各站海水悬浮物含量低些，透明度较大，自 1998 年至 2001 年四个航次，这一海域的平均初级生产力分别为 724. 37 mg/m^2·d（以 C 计）、1 301. 26 mg/m^2·d（以 C 计）、120. 55 mg/（m^2·d）（以 C 计）和 1 108. 40 mg/（m^2·d）（以 C 计）。均显著地高于 122°30′E 以西海域。成为我国沿海高初级生产力海区之一。其次，春季的初级生产力水平要比秋季高，造成这一现象的主要原因包括：春季浮游植物利用日光进行光合作用的时间较长，5 月长江口海域的昼长比 11 月份的要长 2. 5 h 以上。另外 11 月份气象活动比 5 月强烈，大风引起的海水扰动导致水质较混浊，1998 年 11 月长江口外表层海水悬浮物含量高达 105. 3 mg/l，远高于 1999 年 5 月（平均为 15. 5 mg/l），透明度较差，11 月份三个航次平均透明度分别为 1. 62 m、0. 98 m 和 1. 678 m，而 5 月份两航次分别达到 2. 01 m 和 2. 00 m。

4. 3 叶绿素 a 和初级生产力的年际变化

4. 3. 1 叶绿素 a

从 1998 年 11 月至 2002 年 11 月所进行的 5 次调查同 1985 年 11 月和 1986 年 5 月在该海域调查资料相比较可以看出：① 1999 年 5 月和 2001 年 5 月长江口区的叶绿素 a 含量水平相当接近，但与 1986 年 5 月相比要明显的低；② 秋季（11 月）4 次调查结果显示，年际间叶绿素 a 含量水平亦有存明显的波动，2002 年 11 月的含量水平仅为 0，265 mg/m^3，显著地低于其他年份同期水平；③ 春季叶绿素 a 含量均高于秋季；④ 在平面分布上，大体以 122°15′E 为界。以东海域叶绿素 a 含量较高，而以西海域明显地低于以东海域，尤以河道及长江口门附近海域含量最低，这与该部分海区水质较混浊、透明度低影响浮游植物生长繁殖有关。这种分布格局年际间变化不大（图 4. 11）。

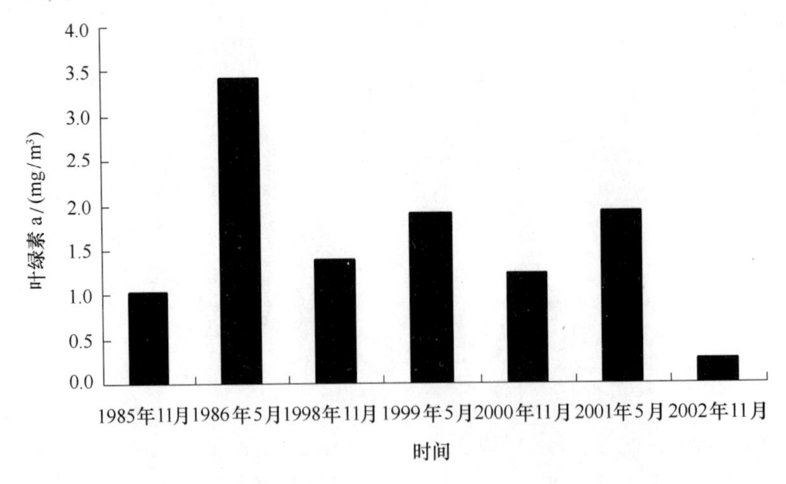

图 4. 11　不同年份春、秋季长江海域叶绿素 a 含量变化

4. 3. 2 初级生产力

① 1998 年、2000 年和 2002 年 3 次秋季初级生产力平均 135. 99 ± 128. 35 mg/（m^2·d）（以 C

计）。3 次调查结果似有递降的趋势，同 1985 年同期水平相当［136 mg/（m^2·d）（以 C 计）］，年际间波动幅度较大，以 2002 年秋季最低，不及 1998 年同期的 1/10；② 2 次春季调查的初级生产力平均为 612.45 ± 133.31 mg/（m^2·d）（以 C 计），1999 年要比 2001 年 5 月高但比起 1986 年 5 月要低得多；③ 春季 5 月初级生产力水平均明显地高于秋季（11 月），其重要原因除上述 5 月份叶绿素 a 含量比较高外就是 11 份大气活动较剧烈、海水上下搅动导致表层沉积物进入水体、水质较混浊、透明度较低，降低了日光的入射量，影响浮游植物有机碳的合成。

不同年份、无论是春季还是秋季，在平面分布上，调查区东部的初级生产力水平均要比西部高，造成这一分布格局的主要原因同上述叶绿素 a 的相仿（图 4.12，表 4.1）。

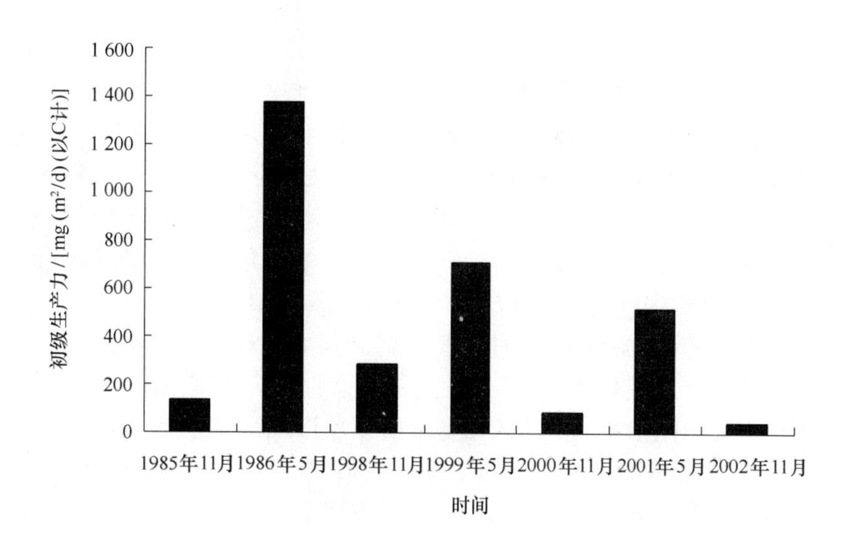

图 4.12　不同年份春、秋季长江口海域的初级生产力

表 4.1　不同年份春、秋季长江口海域叶绿素 a 和初级生产力的比较

	1985.11	1986.5	1998.11	1999.5	2000.11	2001.5.	2002
叶绿素 a 含量 /（mg/m^3）	1.051	3.085	1.379	1.918	1.232	1.915	0.265
初级生产力 /［mg/（m^2·d）（以 C 计）］	136.0	1 371.9	282.9	706.7	79.5	518.2	45.6
资料来源	郭玉洁等（1992）	郭玉洁等（1992）	本文	本文	本文	本文	本文

5 长江口浮游植物

5.1 种类组成

5.1.1 秋季

1998 年 11 月调查海域浮游植物不但数量很大，种类亦十分丰富，共鉴定 131 种（含变种和变型），其中硅藻类占绝对多数，共有 35 属 100 种，其次为甲藻类，有 6 属 24 种，另外还有绿藻 2 属 4 种，蓝藻类 2 种和金藻 1 种。生态性质上以温带近岸性种为主，有少部分外海暖水种及个别半咸水种和淡水种。中肋骨条藻是最重要的优势种，平均占全调查海域浮游植物总量的 98%。此外，数量较多的种类还有旋链角毛藻（*Chaetoceros carvisetus*）、洛氏角毛藻（*Ch. lorenziaus*）、中华半管藻（*Hemiaulus sinensis*）和拟尖刺菱形藻（*Pseudonitzschia pungeus*）。

2000 年 11 月航次共鉴定浮游植物 74 种。其中属硅藻类的有 27 属 58 种，甲藻类 5 属 12 种，绿藻类 2 属 2 种，蓝藻和金藻各 1 种，大多数种类的生态性质为温带近岸性的，和 1998 年秋季一样，中肋骨条藻为最重要的优势种，密集区几乎全由该藻形成，优势度在 99% 以上。所有调查站平均，该藻亦占浮游植物总量的 98%。此外，琼氏圆筛藻（*Cosiimodiscus jonesianus*），孔圆筛藻（*Cosc. perforatus*），高盒形藻（*Biddulphia regia*）和丹麦细柱藻（*Leptocylindrus danicus*）数量比较多。在河道段的 35，36 和 37 号站还出现淡水性藻类盘星藻（*Pediastrum* sp.）和鱼腥藻（*Anabaena* sp.）。

2002 年 11 月共采集并鉴定浮游植物 89 种（含变种和变型），其中硅藻 64 种，甲藻类 22 种，另有金藻、蓝藻和绿藻各 1 种。主要种有中肋骨条藻（*Skeletonema costatun*）、洛氏角毛藻（*Chaetoceros lorenziomus*）、菱形海线藻（*Thalassionema nitzschioides*）和琼氏圆筛藻（*Coscinodiscus Jonesianus*）。以温带近岸种和广布种为主。暖水种和广暖水种有 13 种，均属甲藻类，它们主要出现在调查区的东南部，镰角藻（*Ceratinum falcatum*）、纺锤梨甲藻（*Pyrocystis fisiformis*）和二齿双管藻（*Amphisolenia bidentata*）相对地说有较多量出现。

三次秋季调查结果相比较，1998 年 11 月出现的浮游植物种类要比 2000 年和 2002 年同期多得多，这可能与 1998 年 6—8 月长江流域发生特大洪水有关。洪水携带着大量营养盐入海，改变了海洋环境状况，影响浮游植物的生长繁殖，不但在种类上趋向复杂，而且在数量亦明显地高于常年。

5.1.2 春季

春季浮游植物出现的种类比秋季少些。1999 年 5 月共鉴定浮游植物 65 种，其中有硅藻类 26 属 53 种，甲藻类 6 属 8 种，绿藻类 2 种，金藻和蓝藻各 1 种，以温带近岸性种类为主。数量较多的主要种类为中肋骨条藻、尖刺拟菱形藻及圆筛藻属的种类，以中肋骨条藻为最重要的优势种，所有调查站平均可占浮游植物总量的 95%。2001 年 5 月浮游植物种类组成和 1999 年 5 月相仿，共鉴定 66 种，其中硅藻类有 25 属 51 种，甲藻类 5 属 12 种，另有金藻、绿藻和蓝藻各 1 种，种类的生态性质以温带近岸性种类和广布性种类为主。河口低盐性的中肋骨条藻在数量上占绝对优势，在许多站位该藻的优势度超过 80%，此外，菱形海线藻（*Thalassionema nitzschioides*）、琼氏圆筛藻、辐射圆筛藻（*Cos. radiatus*）、齿状原甲藻（*Prorocentrum dentatum*）和三角角藻（*Ceratinum tripos*）在一些站位上的数量较大。其中菱形海线藻较集中地出现在河道内及口门附近的一些站位。

5.2　数量分布

5.2.1　秋季

1998 年 11 月调查区浮游植物数量为 $1.4\times10^4\sim8.3\times10^8$ 个/m^3，平均为 8.36×10^7 个/m^3。变化幅度非常大。形成两块密集区，一是位于调查区北部，以 5 和 6 号站为中心，优势种为中肋骨条藻，优势度均在99%以上，其中5 号站该藻数量高达 8.3×10^8 个/m^3。另一个密集区位于调查区偏西南部，以25 和26 号站为中心，中心数量亦达到 4.7×10^8 个/m^3。中肋骨条藻乃为浮游植物数量最主要贡献者，优势度在90%以上。河道内的35～38 站及长江口门附近的39、40、21 和22 号站数量较量较少，多在 1×10^6 个/m^3 以下，而河道内 4 个调查站浮游植物数量更不足 1×10^5 个/m^3，相当稀少（见图5.1）。

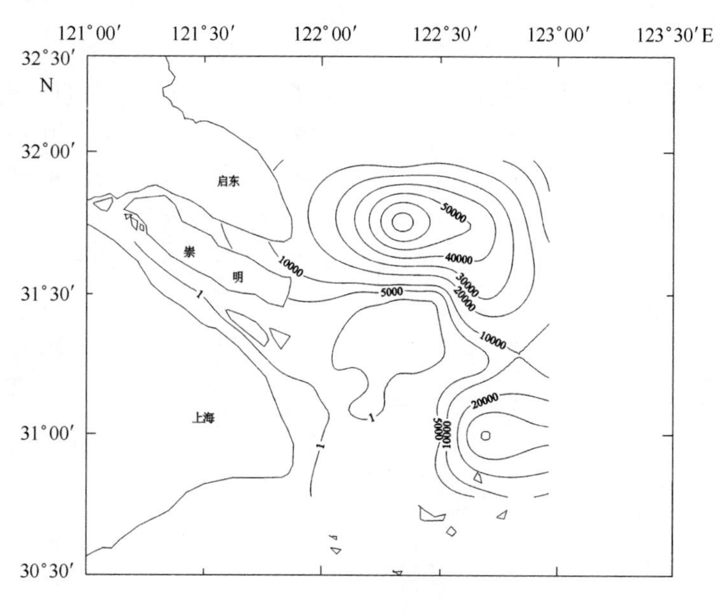

图5.1　1998 年11 月长江口浮游植物数量分布　（个/m^3）

2000 年 11 月，浮游植物数量为 $0.49\times10^4\sim7.3\times10^7$ 个/m^3，平均为 4.8×10^6 个/m^3，分布相当不均匀。密集区位于调查海域的西南部，即靠近长江口门外的40、21、22、23、24、28、29 及16 号站，数量均在 5×10^6 个/m^3 以上，中心在23 号站，数量高达 7.3×10^7 个/m^3，优势种仍以中肋骨条藻最为突出，在密集区各站的优势度均在98%以上。调查区的北部 1、2、3 站和东南部的31、32、33 站数量很少，数量不足 1.2×10^5 个/m^3。另外，河道内各站的浮游植物数亦较稀少（见图5.2）。

2002 年 11 月，浮游植物数量为 $1.26\times10^4\sim741.4\times10^4$ 个/m^3，平均为 40.1×10^4 个/m^3，密

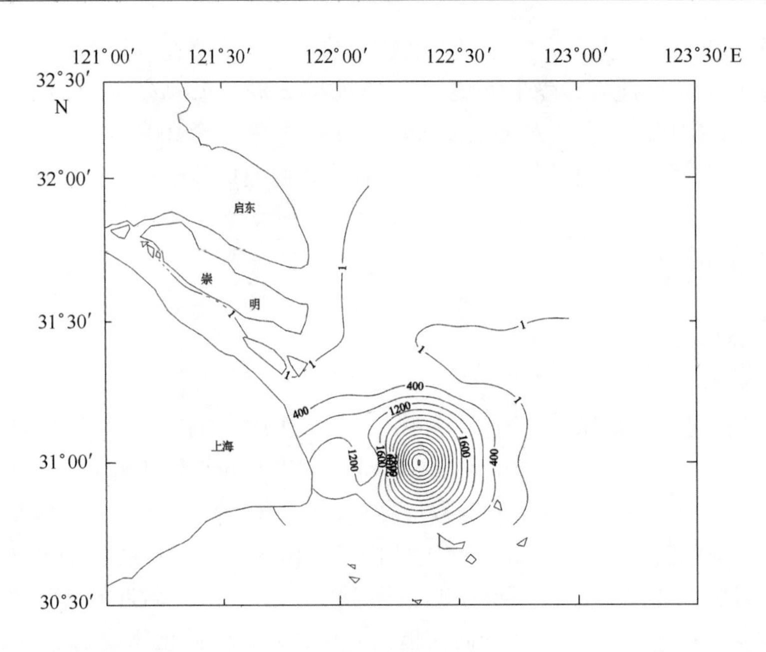

图 5.2　2000 年 11 月长江口浮游植物数量分布（个/m^3）

集区位于长江口门南侧，以 39 、40 和 21 号站为中心，面积较小。优势种为中肋骨条藻，在 39 号站数量高达 7 100 $\times 10^3$ 个/m^3，占该站浮游植物总量的 95.8%，21 号站数量亦高达 2 820 $\times 10^3$ 个/m^3，在该站的优势度为 91.7%。但是大多数站位浮游植物数量较少，不足 10 $\times 10^4$ 个/m^3 本航次调查区浮游植物平均数量约为 1998 年同期的 1/200 和 2000 年同期的 1/100（见图 5.3）。

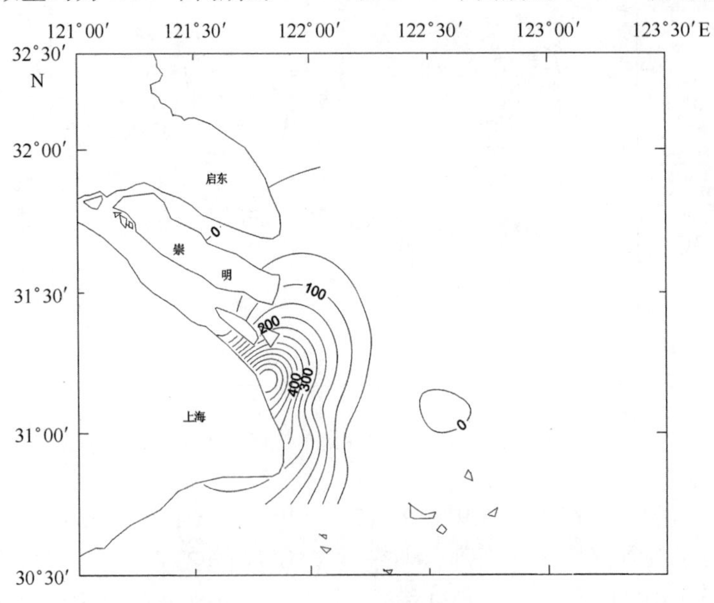

图 5.3　2002 年 11 月长江口浮游植物数量分布（个/m^3）

三次秋季浮游植物调查结果相比较。1998 年要比 2000 年的数量高 1 个数量级以上，而 2000 年又比 2002 年高 1 个量级。且密集区位置亦明显不同，2000 年和 2002 年秋季密集区位于长江口门外附近，而1998年密集区离口门较远较靠近于调查区外侧，与1998年夏季长江流域发生特大洪水有关，长江巨大径流携带大量氮、磷等营养盐及无机矿物质入海，是造成1998年秋季浮游植物异常密集及密集区位置外延的主要原因。相同之处是两次调查均以中肋骨条藻为最重要的优势种，密集区均因该藻大量出现而得以形成，优势度均在95%以上。

5.2.1　春季

1999年5月浮游植物数量为$0.17\times10^4\sim1.7\times10^7$个/$m^3$，平均为$1.0\times10^6$个/$m^3$。变化幅度比较大。在调查区的东北部以2号和41号站为中心由中肋骨条藻形成1个密集区，该藻占浮游植物总量95%以上。另外在偏西南的21~24号站及16号站附近海域亦有1密集区存在，优势种亦为中肋骨条藻。调查区东南部，包括18、19、25、26、29、30、31、32和33号站在内，浮游植物数量很低，均小于3×10^4个/m^3（见图5.4）。

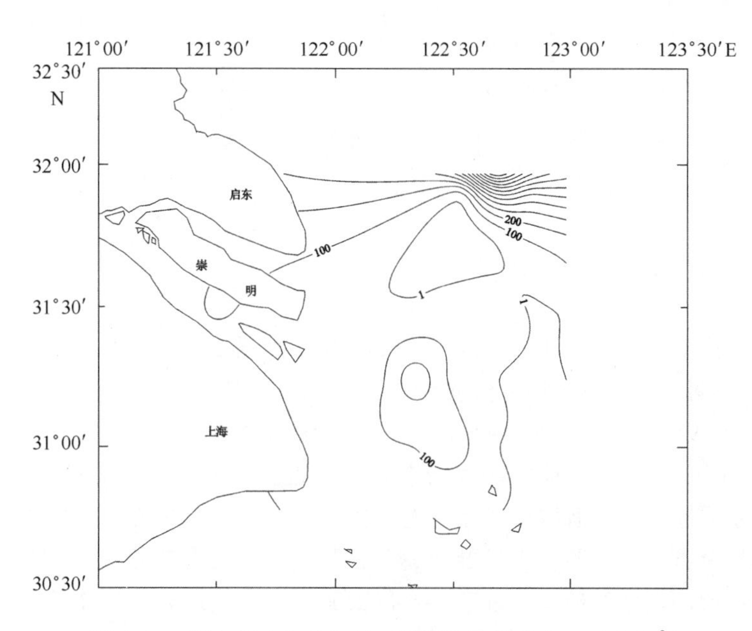

图5.4　1999年5月长江口浮游植物数量分布　（个/m^3）

2001年5月浮游植物数量为$1.2\times10^4\sim895.3\times10^4$个/$m^3$，平均为$153.1\times10^4$个/$m^3$，密集区位于调查区偏南部，以23号站为密集中心，该站数量高达895.3×10^4个/m^3，优势种中肋骨条藻占该站浮游植物总量95%以上，另外，在河口内的35~38号站数量亦较多，均大于140×10^4个/m^3。调查区北部数量很少，32°N断面和31°45′N断面的6个站浮游植物数量均小于10×10^4个/m^3。外侧各站数量亦较低。在本次调查中，除优势种中肋骨条藻，广布性的菱形海线藻在长江口门和河道内各站亦有较多量出现，如在36号站，其数量高达753×10^3个/m^3，占该站浮游植物总量50.8%，略超过骨条藻的数量（见图5.5）。

春季两个航次调查，浮游植物平均数量比较接近，而且均以近岸低盐性的中肋骨条藻为最重要优势种。但是密集区出现的位置则明显不同，1999年5月，浮游植物密集区位于调查区的东北部，而2001年5月密集区出现在调查区南部，北部海域数量很少。

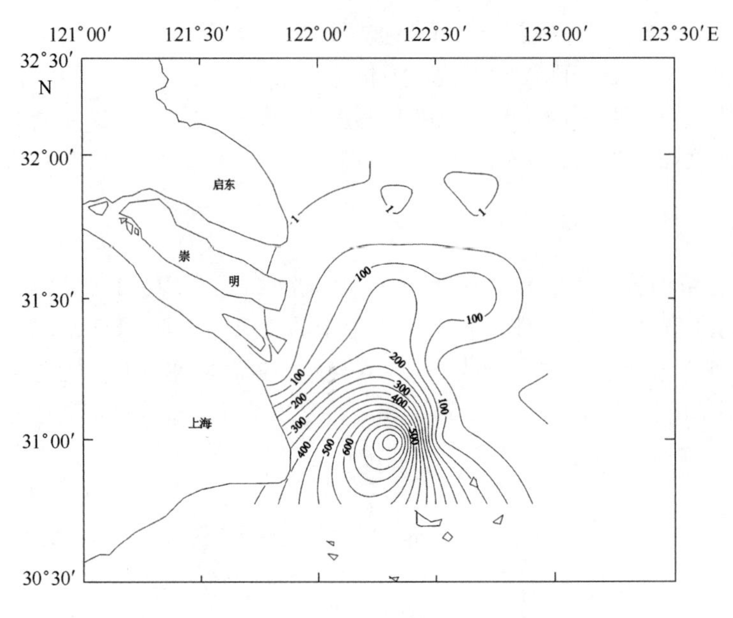

图5.5　2001年5月长江口浮游植物数量分布（个/m³）

5.3　浮游植物数量的年际变化

自20世纪80年代至今，在长江口进行了多次浮游植物调查。有关5月份和11月份的调查结果（图5.6）。结果表明，长江口区浮游植物数量年际间波动很大。1998年11月平均数量2002年11月的468倍，更比1982年11月高1 400倍。春季浮游植物数量年际波动幅度比秋季要小的多，近两次（1999年5月和2001年5月）调查结果相当接近，即使同数量最高的1986年5月相比，低了约一个量级。主要原因是该海域自然环境复杂多变，特别是长江径流量在月份间和年际间的变化及营养盐的输入量有直接的关系。1998年夏季长江特大洪水是造成该年11月浮游植物大量增殖的重要因子。不同年份同期浮游植物数量平面分布状况不一样，其基本的分布趋势是密集区通常位于盐度为14～23的长江冲淡水舌区域内，这是因为本调查海域浮游植物数量受关键种——中肋骨条藻所控制，骨条藻集中分布区通常亦是浮游植物数量的密集区（表5.1）。

表5.1　长江口区浮游植物数量的年际变化*

	1982.11	1983.5	1985.11	1986.5	1998.11	1999.5	2000.11	2001.5	2002.11
浮游植物数量 /（10^4个/m³）	6.8	1760.0	28.8	45.5	9798.0	109.3	568.1	123.1	20.94
中肋骨条藻优势度/%			73.2	42.1	98.9	95.9	98.8	74.8	85.2

*上海市海岸带和海涂资源综合调查报告，（1988年）。

*为和其他年份资料的可比性，1998年后的监测资料中河道内5个站除外。

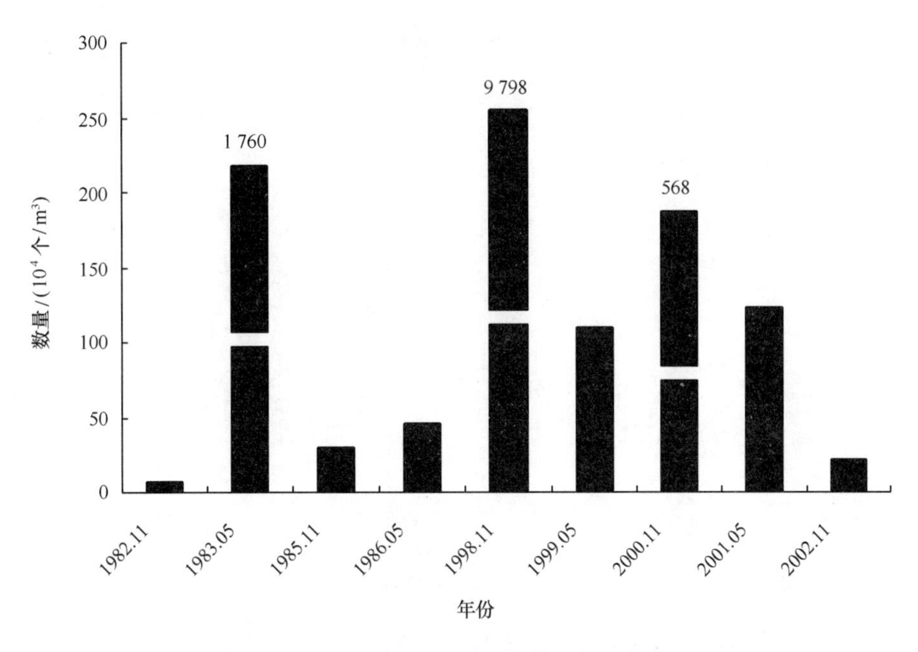

图 5.6　长江口区浮游植物数量年际变化

5.4　中肋骨条藻的时空分布与赤潮

中肋骨条藻为广温广盐性种类，其生态性质比较复杂，在我国常大量出现在近岸河口低盐水域，尤以长江口海域为著，密集中心可达 1×10^9 个/m^3 以上。1998 年 11 月调查海域中肋骨条藻平均数量为 85 171 $\times10^3$ 个/m^3，占全海域浮游植物平均数量的 98% 以上，在若干站位的优势度高达 99.8%，所以该藻是十分重要的优势种，密集区位于以 5 和 6 号站为中心的北部水域。在调查海域的东南部亦有一个密集区（见图 5.7）。2000 年 11 月，中肋骨条藻的平均数量为 4 788 $\times10^3$ 个/m^3，比 1998 年 11 月低 1 个量级，但在浮游植物中的优势度仍然十分高，达到 98.8%，密集区位于调查区南部（见图 5.8），其中 23 号站数量高达 73 316 $\times10^3$ 个/m^3。春季 5 月份中肋骨条藻的数量明显地低于 11 月份，1999 年 5 月航次，平均数量为 983 $\times10^3$ 个/m^3，占全海域浮游植物平均数量的 95%。优势度略比 11 月份两个航次的低些，在调查海域的北部，以 2 号站为中心出现 1 个小范围的密集区（见图 5.9）。2001 年 5 月平均数量为 1 145 $\times10^3$ 个/m^3，占全海域浮游植物平均数量的 74.8%，即是说，其优势度明显低于其他 3 个航次。密集区位于南部偏西海域（见图 5.10）。2002 年 11 月平均为 341.63 $\times10^3$ 个/m^3，占 85.2%，密集区位于南部偏西海域（见图 5.11）。

结合 1985 年 8 月至 1986 年 8 月在该海域逐月调查资料分析显示，中肋骨条藻主要密集出现在盐度为 14 ~ 23，水温为 20 ~ 28℃的水域，大体同长江冲淡水舌一致，枯水期（11 月至翌年 4 月）数量较少，尤以冬季很少出现。丰水期 6—9 月，长江口区均有大量分布，1985 年 9 月平均数量最高达 1 846 $\times10^6$ 个/m^3。以上结果表明，作为长江口海域最主要优势种的中肋骨条藻数量季节波动同长江径流量变化有着密切关联，其中的一个重要原因是长江径流量对营养盐的输入有重要影响。据王昭远等（1989）报道，长江丰水期（5—10 月）N，P 的输送量分别占年输送量的 79.5% 和

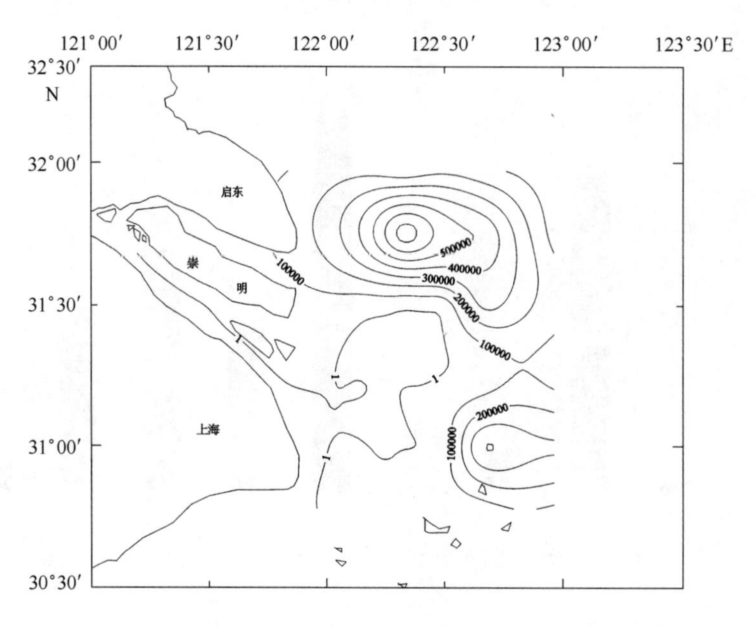

图 5.7　1998 年 11 月长江口中肋骨条藻数量分布（个/m³）

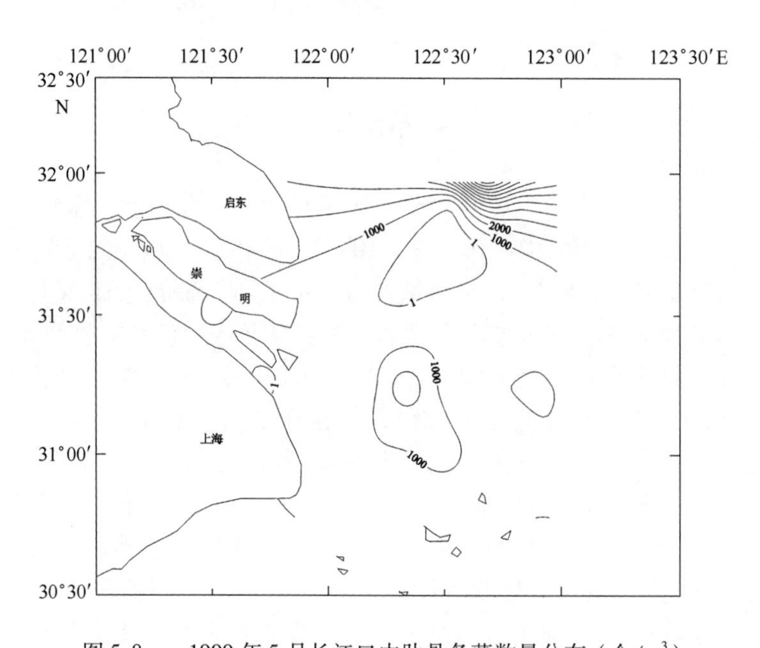

图 5.8　1999 年 5 月长江口中肋骨条藻数量分布（个/m³）

87.6%，显然长江大量营养盐的输入对中肋骨条藻种群发展起了很大的促进作用。

长江流域面积巨大，涵盖及我国 16 个省市，工农业发达，城市众多，人口密集，大量的农田沥水、工业废水和生活污水受长江径流携带入海，造成长江口海域水体富营养化，无机氮超标率超过 90%，无机磷的超标率亦达到 80% 以上（黄秀洁，蒋晓山，2001）。长江口海域富营养化导致赤潮频繁暴发，已经成为我国沿海赤潮多发区和重灾区之一。据统计仅 2001 年就发生了 5 次。每年 5—8 月为赤潮的多发季节。发生赤潮频数较高海区位于 30°30′~32°00′N，122°15′~123°15′E，长江口海域重

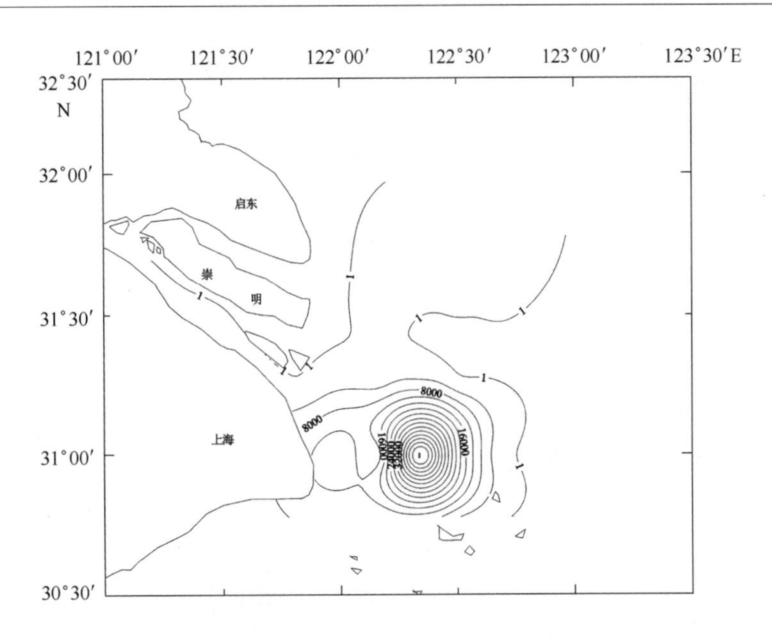

图 5.9　2000 年 11 月长江口中肋骨条藻数量分布（个/m^3）

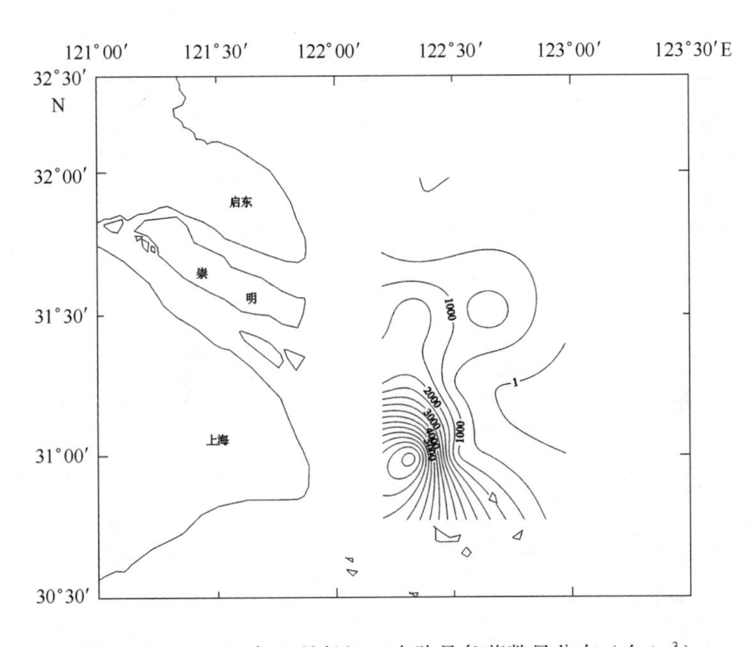

图 5.10　2001 年 5 月长江口中肋骨条藻数量分布（个/m^3）

要赤潮生物有夜光藻（*Noctiluca scintillans*）、中肋骨条藻、铁氏束毛藻（*Trichodesmium thiebauti*）、三角角藻（*Ceratinum tripos*）和具齿原甲藻（*Prorocentru dentatum*）等。由于中肋骨条藻较耐污和喜肥，常在河口低盐水域大量孳生，所以长江口海域水环境条件十分有利于其生长和繁殖，一年中大部月份成为该海域的重要优势种，是该海域最重要的赤潮生物之一。1987 年 6 月 30 日至 7 月 14 日发生的面积达 1 000 km^2 的大赤潮，中肋骨条藻的密度为 3.7×10^7 个/L（洪君超等，1989）。随后至今的 10 多年中，中肋骨条藻赤潮常有发生，给水域生态环境造成一定的危害（表 5.2）。

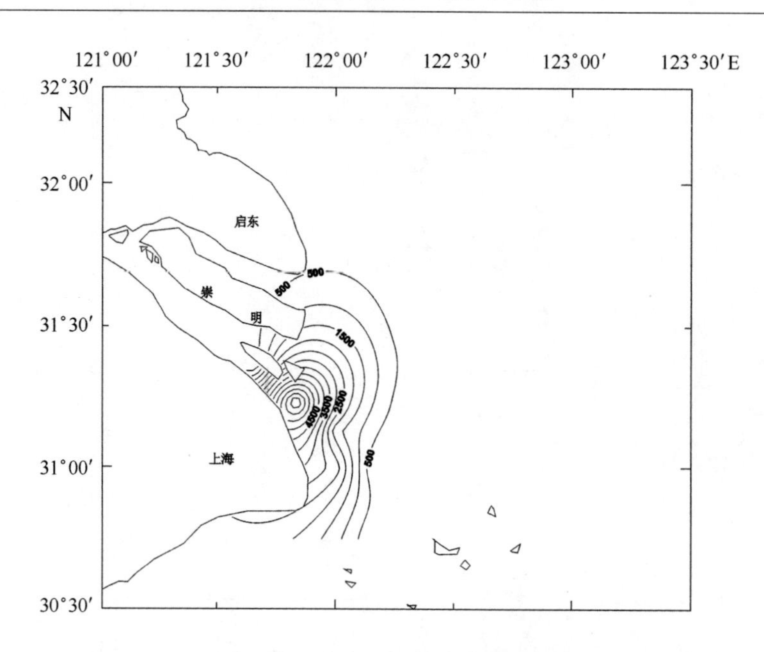

图 5.11　2002 年 11 月长江口中肋骨条藻数量分布（个/m³）

表 5.2　长江口区浮游植物种名录

种　名	1998 年 11 月	1999 年 5 月	2000 年 11 月	2001 年 5 月
具槽直链藻　*Melosira sulcata*（Her.）Cleve	*	*	*	*
颗粒直链藻　*M. Granulata* Ehrenberg	*			
偏心圆筛藻　*Coscinodiscus exenttricus* Ehrenberg		*		*
线形圆筛藻　*C. lineatus* Ehrenberg				
辐射圆筛藻　*C. radiatus* Ehrenberg	*	*	*	*
琼氏圆筛藻　*C. jonesianus*（Grev.）Ostenfeld	*	*	*	*
星脐圆筛藻　*C. asteromphalus* Ehrenberg	*	*	*	*
孔圆筛藻　*C. perforatus* Ehrenberg			*	*
孔圆筛藻疏室变种　*C. perforatus v. cellulosa* Grunow	*	*		
孔圆筛藻窄隙变种　*C. perforatus v. parvillard*（Forti）Hustedt	*	*		
有翼圆筛藻　*C. bipartitus* Rattray	*			
整齐圆筛藻　*C. concinnus* W. Smith	*	*	*	
格氏圆筛藻　*C. granii* Gough		*		*
巨圆筛藻　*C. gigas* Ehrenberg		*		*
具边圆筛藻　*C. marginatus* Ehrenberg			*	
虹彩圆筛藻　*C. oculus – IRIdis*　Ehrenberg	*	*		
蛇目圆筛藻　*C. argus* Ehrenberg	*	*		

续表 5.2

种 名	1998年11月	1999年5月	2000年11月	2001年5月
中心圆筛藻 *C. centralis* Ehrenberrg	*	*		*
有棘圆筛藻 *C. spinosus* Chin	*	*		
星突圆筛藻 *C. stellaris* Roper			*	
细弱圆筛藻 *C. subtilis* Ehrernberg	*			
苏氏圆筛藻 *C. thorii* Parvillard	*			*
威氏圆筛藻 *C. wailesii* Gran et Angst	*	*	*	*
星形柄链藻 *Podosira stelliger* Grunow	*		*	
哈德半盘藻 *Hemidiscus hardmannianus* (Grev.) Mann	*			
波状辐裥藻 *Actinoptichus undulatus* (Wallich) Grunow				
爱氏辐环藻 *Actinocyclus ehrenbergii* Ralfs	*	*		*
透明海链藻 *Thalasiosira hyalina* (Grun.) Gran	*			*
诺登海链藻 *T. nordenskioldii* Cleve				
密联海链藻 *T. condensata* (Cleve) Lebour	*	*		
太平洋海链藻 *T. pacifica* Granet Angest	*			
细弱海链藻 *T. subtilis* (Ostenf.) Gran	*			
北方劳德藻 *Lauderia borealis* Gran		*	*	*
优美施罗藻 *Schroederella delicatula* (Perag.) Parvillard			*	
中肋骨条藻 *Skeletonema costatum* (Grev.) Cleve	*	*	*	*
掌状冠盖藻 *Stephanopyxis palmeriana* (Grev.) Grunow	*	*		
丹麦细柱藻 *Leptocylindrus danicus* Cleve	*		*	*
萎软几内亚藻 *Guinardia flaccida* (Castr.) Peragallo	*		*	
小环毛藻 *Corethron hystrix* Hansen	*	*		*
翼根管藻纤细变型 *Rhizosolenia alata* f. *gracilima* (Cleve) Grunow	*			
翼根管藻印度变型 *R. alata* f. *indica* (Perag.) Hustedt	*			
伯氏根管藻 *R. bergonii* Peragallo	*			
距端根管藻 *R. calcar - avis* Schultze	*			
柔弱根管藻 *R. delicatula* Cleve	*		*	*
克氏根管藻 *R. cleivei* Ostenfeld				
尖根管藻 *R. acuminata* (Perag.) Gran				
覆瓦根管藻斯鲁变种 *R. imbricata v. shrubsolei* (Cleve) Vaan Heurck				*
刚毛根管藻 *R. setigera* Brightwell	*	*	*	
脆根管藻 *R. fragilissima* Bergon	*	*	*	

续表 5.2

种　名	1998 年 11 月	1999 年 5 月	2000 年 11 月	2001 年 5 月
粗根管藻　*R. robusta* Norman ex Ralfs	*	*		
斯氏根管藻　*R. stolterforthii* Peragallo	*			
笔尖形根管藻　*R. styliformis* Brightwell	*			*
变异辐杆藻　*Bacteriastrum varians* Lauder	*	*		
透明辐杆藻　*B. hyalina* Lauder	*			
丛毛辐杆藻　*B. comosum* Parvillard	*			
小辐杆藻　*B. minus* Karstn	*			
异常角毛藻　*C. abnormis* Proschkina – Lavrenko	*	*		
窄隙角毛藻　*Chaetoceros affinis* Lauder	*	*	*	*
窄隙角毛藻绕链变种　*C. affinis* v. *circinalis*（Meunier）Hustedt				
大西洋角毛藻那不勒斯变种　*C. atlanticus v. neapolitana* Hustedt	*		*	
北方角毛藻　*C. borealis* Bailey	*			*
绕孢角毛藻　*C. cinctus* Gran				
密聚角毛藻　*C. coarctatus* Lauder	*			
扁面角毛藻　*C. compressus* Lauder	*	*	*	*
缢缩角毛藻　*C. constrictus* Gran	*			*
卡氏角毛藻　*C. castracanei* Karsten	*	*	*	
须状角毛藻　*C. crinitus* Schuett				
丹麦角毛藻　*C. danicus* Cleve				
柔弱角毛藻　*C. debilis* Cleve	*	*		
密联角毛藻　*C. densue* Cleve	*		*	*
并基角毛藻　*C. decipiens* Cleve	*		*	*
旋链角毛藻　*C. curvisetus* Cleve	*	*	*	
双凸角毛藻　*C. didymus* Ehrenberg				*
远距角毛藻　*C. distans* Cleve	*		*	*
异角角毛藻　*C. diversus* Cleve			*	
垂缘角毛藻　*C. laciniosus* Schuet	*		*	*
平滑角毛藻　*C. laevis* Leuduger – Fortmorel				
洛氏角毛藻　*C. lorenzianus* Grunow	*	*	*	*
短刺角毛藻　*C. messannsis* Castracane	*			
齿角毛藻　*C. denticulatus* Lauder	*			
秘鲁角毛藻　*C. peruvianus* Brightwell	*		*	

续表 5.2

种 名	1998年11月	1999年5月	2000年11月	2001年5月
拟弯角毛藻 *C. pseudocurvisetus* Mangin	*			
相似角毛藻 *C. similis* Cleve	*			
冕孢角毛藻 *C. subsecundus* (Grun.) Hustedt		*	*	
圆柱角毛藻 *C. teres* Cleve	*		*	
扭角毛藻 *C. convolutus* Castracane	*			
暹罗角毛藻 *C. siamens* Ostenfeld	*			
细弱角毛藻 *C. subtilis* Cleve	*			
扭链角毛藻 *C. tortissimus* Gran				
中华盒形藻 *Biddulpha sinensis* Greville	*	*		*
长耳盒形藻 *B. aurita* (Lyngb.) Brebisson et Godey		*		
高盒形藻 *B. regia* (Schultze) Ostenfeld	*	*	*	*
长角盒形藻 *B. longicruris* Greville	*		*	*
活动盒形藻 *B. mobiliensis* (Bailey) Grunow		*	*	*
钝头盒形藻 *B. obtusa* (Kuetz.) Ralfs	*			
异角盒形藻 *B. heteroceros* Grunow	*			
蜂窝三角藻 *Triceratium favus* Ehrenberg	*	*	*	*
中华半管藻 *Hemiaulus sinensis* Greville	*		*	
薄壁半管藻 *H. membranaceus* Cleve	*		*	
波状石丝藻 *Lithodesmium undulatus* Ehrenberg			*	
短角弯角藻 *Eucampia zoodiacus* Ehrenberg	*	*	*	
布氏双尾藻 *Ditylum brightwelli* (West) Grunow	*	*	*	*
锤状中鼓藻 *Bellerochea malleus* (Brightw.) Van Heurck	*			
太阳双尾藻 *D. sol* Grunow	*	*		
梅里小环藻 *Cyclotella meneghiniana* Kuetzing	*			
条纹小环藻 *C. striata* (Kuetz.) Grunow	*	*		
柏氏角管藻 *Ceratalina bergonii* Peragallo			*	*
佛朗梯链藻 *Climacodi um frauenfeldianum* Grunow	*			
扭鞘藻 *Streptothece thamesis* Shrubsole	*	*	*	*
日本星杆藻 *Asteronella japonica* Cleve				
标志星杆藻 *A. notata* (Grun.) Grunow		*		
菱形海线藻 *Thalassionema nitzschioiddes* (Grun.) Van Heurck	*	*	*	*
伏氏海毛藻 *Thalassiothrix frauenfekdii* (Grun.) Grunow	*	*	*	*

续表 5.2

种　名	1998 年 11 月	1999 年 5 月	2000 年 11 月	2001 年 5 月
长海毛藻　*T. longissima* Cleve et Grunow			*	
膜状舟形藻　*Naviculra membranacea* Cleve		*		
舟形藻　*Navicula sp.*	*	*	*	*
翼茧形藻　*Amphiprora alata*（Ehr.）　Kuetzing				
沼泽茧形藻透明变种　*A. paludosa v. hyalina*（Eulenst.）Cleve	*			
卵形双眉藻　*Amphora ovalis* Kuetzing				*
斜纹藻　*Pleurosigma* sp.	*	*	*	*
布纹藻　*Gyrosigma* sp.	*	*	*	*
柔弱菱形藻　*Nitzschi delicatissima* Cleve	*			*
洛氏菱形藻　*N. lorenziana* Grunow			*	*
长菱形藻　*N. longissima*（Breb.）Grunow			*	
尖刺拟菱形藻　*Pseudonitzschia pungens*（Grunow ex Cleve）Hasle	*	*	*	*
奇异菱形藻　*Nitzschia paradoxa* Gmelin	*	*	*	*
拟成列菱形藻　*N. pseudoseriata* Liu	*			
新月菱形藻　*N. closterium* W. Smith	*	*	*	*
三角褐指藻　*Phaeodactylum tricornutum* Bohlin		*		
契形双菱藻　*Surirella cuneata* A. S.				*
长柄曲壳藻　*Achnanthes longipes* Agardh				
桥弯藻　*Cymbella* sp.	*		*	
契针藻　*Synedrospenia* sp.	*			
短纹契形藻　*Licmophora abbreviata* Agardh	*			
针杆藻　*Synedra* sp.	*		*	
等片藻　*Diatoma* sp.	*		*	
脆杆藻　*Fragilaria* sp.	*	*	*	*
裸甲藻　*Gymnodinium* sp.	*			
红色裸甲藻　*G. Sanguineum* Hirasaka				
膝沟藻　*Gonyaulax* sp.		*		
具尾鳍藻　*Dinophysis caudata* Saville－Kent	*		*	
渐尖鳍藻　*P. acuminata* Clap. et Lach				
锥形多甲藻　*Peridinium conicum*（Gran）Ostenfeld et Schmidt	*	*		
扁平多甲藻　*P. depressum* Bailey	*		*	*
墨氏多甲藻　*P. murray* Kofoid	*			

续表 5.2

种 名	1998 年 11 月	1999 年 5 月	2000 年 11 月	2001 年 5 月
海洋多甲藻 *P. oceanicum* Vanhoffen				
平行多甲藻 *P. paralletum* Borth				
光甲多甲藻 *P. pallidum* Ostenfeld				
闪光原甲藻 *Prorocentrum micans* Ehrenberg			*	
尖叶原甲藻 *P. triestinum* Schiller				
齿状原甲藻 *P. dentatum*				*
微型原甲藻 *P. minimum*				*
扁平原甲藻 *P. compressum*				*
帽状秃顶藻 *Phalacroma mitra* Schutt				
卵形秃顶藻 *P. ovum* Schutt				
纺锤角藻 *Ceratium fusus*（Ehr.）Dujardin	*	*	*	*
纺锤角藻疏氏变种 *C. fusus v. schuttii* Lemm	*		*	
镰角藻 *C. falcatum*（Kofoid）Jorgensen	*			
叉角藻 *C. furca*（Ehr.）Claparede et Lachmann	*		*	*
科氏角藻 *C. kofoidii* Jorgensen				
蜡台角藻 *C. candelabrum*（Ehr.）Stein				
线形角藻 *C. lineatum*（Ehr.）Cleve	*		*	
偏转角藻 *C. deflexum*（Kofoid）Jorgensen				
兀鹰角藻苏门答腊变种 *C. vultur* v. *sumatranum*（Karsten）St. Nielsen	*			
大角角藻 *C. macroceros*（Ehr.）Cleve	*		*	*
网纹角藻 *C. hexacanthum* Gourret		*		
马西里亚角藻 *C. massiliense*（Gourret）Karsten	*			
三叉角藻 *C. trichoceros*（Ehr.）Kofoid	*			
羊头角藻 *C. arietinum* Cleve				
短角角藻 *C. breve*（Ost. Et Schmidt）Schroder	*		*	*
新月角藻 *C. lunula* Schimper				
矮胖角藻 *C. humile* Jorgensen	*			
仿锚角藻 *C. tripodides*（Jorg.）Steemann Nielsen	*	*	*	
卡氏角藻 *C. karstenii* Pavillard				
美丽角藻 *C. pulchellum* B. Schroder	*			
对称角藻 *C. symmetricum* Pavillard	*			
驼背角藻 *C. gibberum* Gourret	*			*

续表 5.2

种　名	1998 年 11 月	1999 年 5 月	2000 年 11 月	2001 年 5 月
三角角藻　*C. tripos*（O. F. Muller）Nitzsch.	*	*	*	*
梨甲藻　*Pyrocystis* sp.	*			
菱形梨甲藻　*P. rhomboides* Matzenauer	*			
夜光藻　*Noctiluca scintillancs*（Macartney）Kofoid et Swezy	*	*	*	*
锥状斯氏藻　*Scrippsiella trochoidea*				*
钟扁甲藻斯氏变种　*Pyrophacus horologicum* v. Steinii Schiller	*			
小等刺硅鞭藻地　*Dictyocha fibula* Ehrenberg	*	*	*	*
束毛藻　*Trichodesmium* sp.	*	*	*	*
铁氏束毛藻　*T. thiebautii* Gom.	*			
盘星藻　*Pediastrum* sp.	*	*	*	*
格孔盘星藻　*P. clathratum* Lemm	*			
鱼腥藻　*Anabaena* sp.	*	*		
小球藻　*Chlorella* sp.	*			

6 长江口浮游动物

6.1 生物量分布

浮游动物生物量代表着浮游动物的现存量，它受生态环境的制约，其总的分布趋势是中纬度海区高于低纬度海区，沿岸高于外海。全国海洋综合调查结果，浮游动物生物量渤海 113 mg/m^3，黄海 100 mg/m^3 左右，南海北部 66 mg/m^3，东海西部因长江巨大的径流带来大量营养盐类，生物量高达 170 mg/m^3 以上。东海陆架区生物量大于 100 mg/m^3，密集中心在 400 mg/m^3 以上，而陆架外缘还不到 50 mg/m^3。

6.1.1 浮游动物生物量平面分布

通过近几年对长江口的调查结果我们发现，2000 年 11 月的浮游动物总平均生物量为 96.49 mg/m^3，比 1998 年 11 月的总平均生物量为 157.46 mg/m^3 偏低，只占 2000 年同期的 61.28%，约低 2/5，2002 年总平均生物量为 42.56 mg/m^3，相当于 2000 年的一半；而 2001 年 5 月浮游动物的总平均生物量为 485.17 mg/m^3，比 1999 年 5 月的总平均生物量为 591.80 mg/m^3 也偏低，只占 1999 年同期的 81.98%，约低 1/5。

长江口秋季浮游动物生物量空间分布见图 6.1 ~ 图 6.3。可以看出，调查海区各站之间生物量差别较大。1998 年 11 月生物量分布最高的站分别是 28、10、40 和 26 号站，其中 28 号浅水站生物量高达 1 394.0 mg/m^3，其组成生物量的主要优势种分别是 *Labidocera euchaeta*、*Schmackeria poplesia*、*Tortanus spinicaudatus* 及糠虾类，而生物量分布最低的 38 号站只有 2.0 mg/m^3；2000 年 11 月生物量分布最高的站分别是 15、23、28、32 和 7 号站，其最高生物量出现在浅水区的 15 号站，但也仅有 260.0 mg/m^3，其组成生物量的主要优势种分别是 *Schmackeria poplesia*、*Schmackeria inopinus*、*Sinocalanus sinensis*、*Labidocera euchaeta* 和 *Euphausia pacifica*，而生物量分布最低的 37 号站只有 1.67 mg/m^3，从而使 2000 年 11 月整个长江口海区平均生物量偏低；2002 年 11 月，最高值出现在 47 号站，其次是 32、1、12 等站。各主要类群分布的中心互不相同。

长江口春季浮游动物生物量空间分布见图 6.4 ~ 图 6.5。1999 年 5 月生物量分布最高的站分别是 2、41、15、17 和 45 号站，其中长江口北部的 2 号深水站和 41 号深水站生物量最高分别为 2 855.2 mg/m^3 和 1 801.3 mg/m^3，其组成生物量的主要优势种分别是 *Calanus sinicus*、*Sagitta nagae*、*Themisto gracilipes*、*Oikopleura longicornis*，*Gastopoda larva* 和磷虾类及糠虾类等；1999 年 5 月生物量分布最低的站是河口的 37 号站的 19.2 mg/m^3，而 35、39、21 号站生物量也很低，但综合整个调查海区，其平均生物量为最高，调查区北部海区尤为突出；2001 年 5 月生物量分布最高的站分别是 23、24、25 和 26 号，其中长江口外的 24、25 号浅水站生物量最高分别为 2 665.7 mg/m^3 和 1 915 mg/m^3，其组成生物量的主要优势种分别是 *Calanus sinicus*、*Brachyura larva*、*Sagitta crassa*、*Sagitta nagae*、磷虾类及糠虾类，*Euchaeta concinna*、*Corycaeus affinis*、*Paracalanus parvus* 和 *Labidocera euchaeta* 等，2001 年 5 月生物量分布最低站分别是 28 号站的

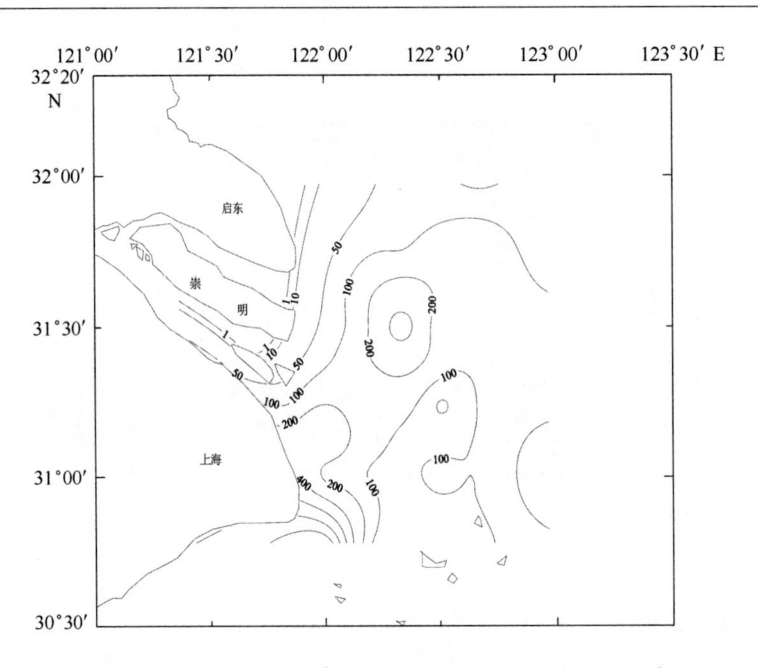

图6.1　1998年11月长江口浮游动物生物量分布（mg/m^3）

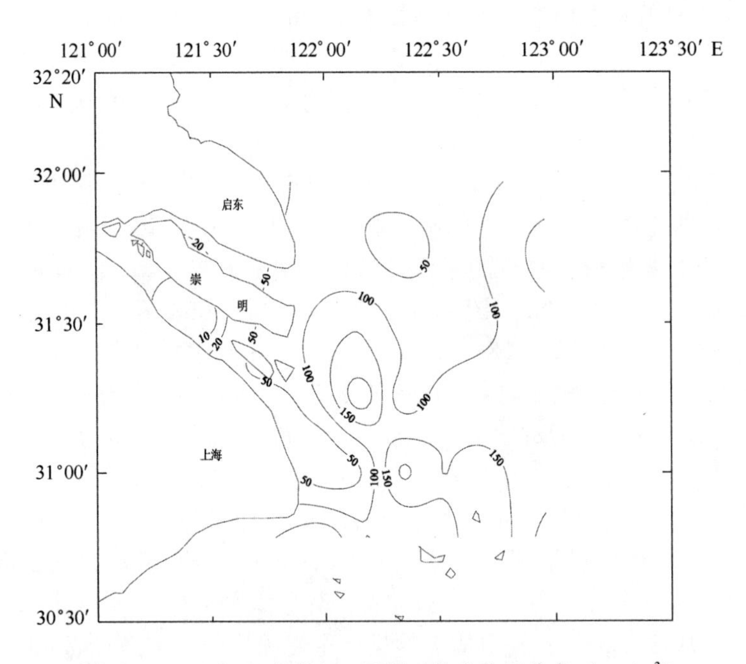

图6.2　2000年11月长江口浮游动物生物量分布（mg/m^3）

8.6 mg/m^3及河口的37号站36 mg/m^3。值得注意的是2001年5月份2号站生物量只有98.5 mg/m^3，只相当1999年同期的3.45%，高生物量区出现在北纬31°的断面上和东北调查区，且生物量分布趋势是南部偏高，调查海区中部生物量偏低，南北分离明显；而1999年5月的调查显示，生物量分布则是南部偏低，北部偏高。

另外，在1998年11月和2000年11月28号浅水站均成为全调查海区生物量分布最高站之一，

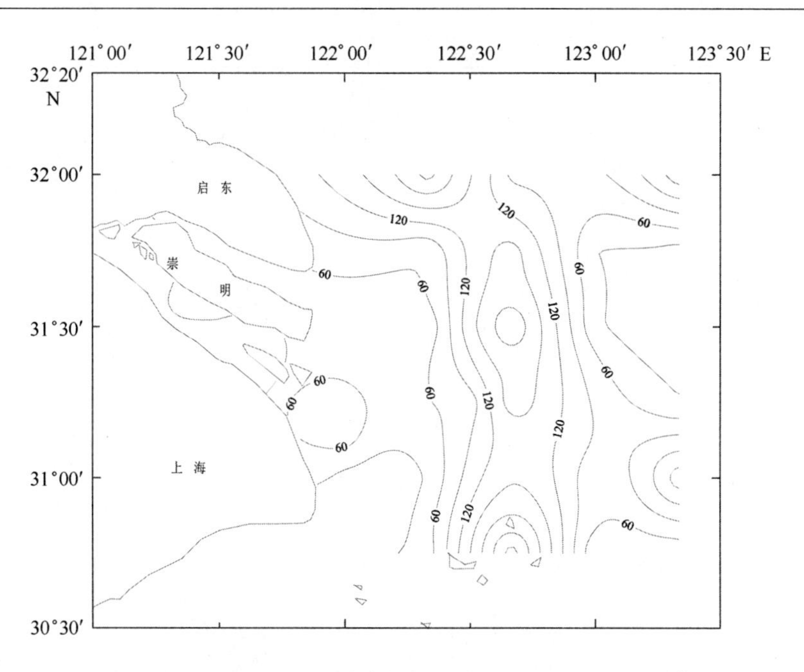

图6.3 2002年11月长江口浮游动物生物量分布（mg/m³）

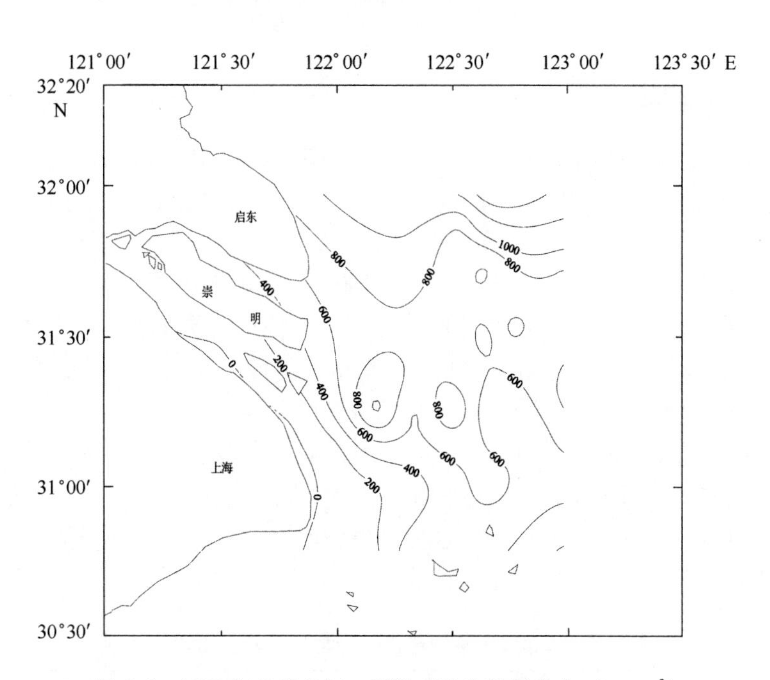

图6.4 1999年5月长江口浮游动物生物量分布（mg/m³）

出现了相当高的生物量，而在1999年5月和2001年5月的调查结果显示，28号浅水站则成为全调查海区生物量分布最低站。这一结果需要我们进一步去深入探讨。

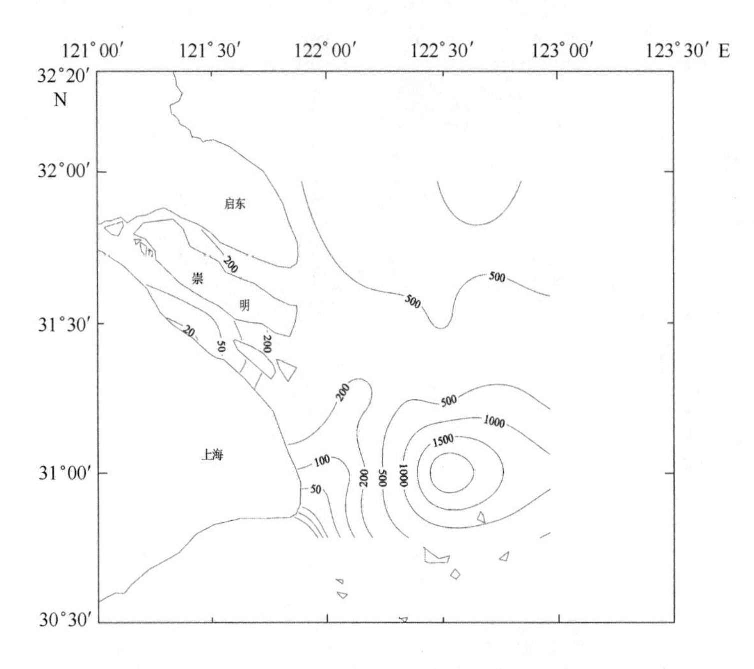

图 6.5　2001 年 5 月长江口浮游动物生物量分布（mg/m³）

6.1.2　浮游动物生物量的年度变化

通过比较各年度的浮游动物生物量变化（表 6.1，图 6.6），我们可以发现，在 20 世纪 50 年代末和 60 年代初，长江口海区浮游动物的生物量处于一个比较低的水平，而到了 70、80 年代，其生物量有所上升，其中春季的 5 月份上升尤为明显；从 90 年代末以后，长江口海区浮游动物的生物量大幅度上升，比起 70、80 年代几乎翻了一番，比起 50、60 年代更是翻了两番多，这与 1985—1986 年的长江口海区浮游动物的调查结果相吻合。由于浮游动物是小型上层鱼类（small pelagic fishes）的主要饵料，因此浮游动物生物量的变化就是鱼类饵料的变化，而桡足类和磷虾类的卵、各期浮游幼体和成体为这些鱼类的仔稚鱼、幼鱼和成鱼提供了不同粒级（size grade）的营养饵料，因此，浮游动物的种群数量变动和时空分布直接影响着渔业的资源变动，影响着浮游动物捕食者的捕食与被捕食关系。从捕食方面来说，由于捕食压力的大大降低，使浮游动物现存量逐年上升并得以大量地繁殖，浮游动物生物量大幅度提高，这种现象的产生，至少从另一个侧面反映出，在东海及长江口海区附近的渔业资源正呈现出逐年减少的趋势。

表 6.1　长江口区不同年份浮游动物平均生物量比较

生物量（mg/m³） 年份	5 月总平均生物量	11 月总平均生物量
1959	137.0	152.0
1960	98.0	77.0
1961	117.3	75.0
1972	242.0	107.0

续表 6.1

年份 \ 生物量（mg/m³）	5 月总平均生物量	11 月总平均生物量
1973	103.0	103.0
1982	160.0	36.0
1985		82.50
1986	277.80	
1998		157.46
1999	591.80	
2000		96.49
2001	485.17	
2002		42.5

注：1961 年生物量资料参阅陈亚瞿等（1985），1982 年生物量资料

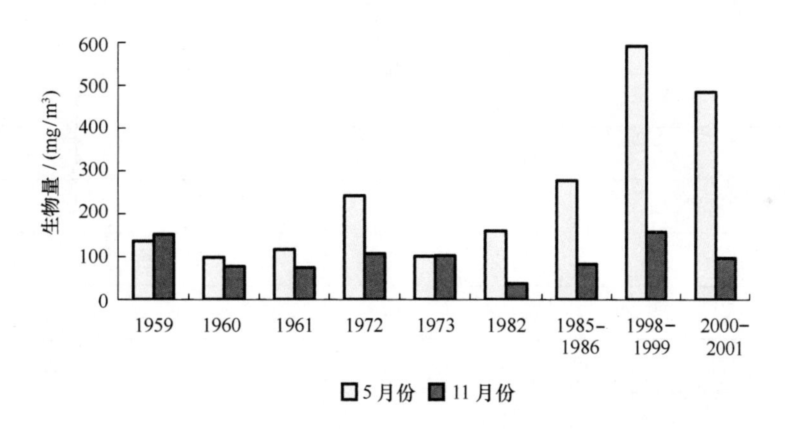

图 6.6　长江口区不同年份浮游动物平均生物量比较

从 1961 年 1—12 月的 8 个航次浮游动物的调查（陈亚瞿等，1985）资料显示，6 月生物量为全年最高，平均值达 277.5 mg/m³，整个调查海区，除长江南支入海口附近生物量较低外，其他水域生物量都大于 100 mg/m³（见图 6.1）；冬季（12 月）生物量最低，平均只有 74 mg/m³，31°30′N以北海区数量稀少（小于 2.5 mg/m³）；5 月份生物量为全年次高，11 月生物量为全年次低，但分布较均匀。与 1961 年的调查结果相比，1999 年和 2001 年全年次高生物量的 5 月份均大于 1961 年全年最高生物量的 6 月份，平均值相差一倍左右。

6.2　种类组成

经初步分析鉴定计数，1998—2002 年在该调查海区共记录了 14 大类 94 种浮游动物（表 6.2），其中 1998 年 11 月调查浮游动物共记录了 47 种，1999 年 5 月调查浮游动物记录了 46 种，2000 年

11月调查共记录了42种，2001年5月调查共记录了58种（不包括仔、稚鱼），2002年11月调查共记录了58种，其中：桡足类 Copepoda（32种），毛颚类 Chaetognatha（3种），水螅水母类 Hydromedusa（24种），栉水母类 Ctenophora（2种），原生动物 Protozoan（1种），糠虾类 Mysidacea（4种），磷虾类 Euphausiacea（2种），莹虾类 Lucifer（2种），十足目 Decapoda（2种），被囊类 Tunicata（3种），端足类 Amphipoda（2种），枝角类 Cladocera（1种），头足类 Cephalopoda（1种），涟虫 Cumacea（2种）和各类浮游幼虫类（12种）。

表6.2　1998—2002年长江口浮游动物种类

种名	类别	1998	1999	2000	2001	种群类型
Acanthomysis longirostris	糠虾类		+		+	
Acartia bifilosa	桡足类		+		+	
Acartia pacifica	桡足类	+	+	+		
Acetes chinensis	十足目		+			
Aequorea conica	水母类			+		
Alima larva	幼虫类	+		+		
Amphinema dinema	水母类			+	+	
Beroe spp.	栉水母类		+			
Bougainvillia principis	水母类				+	
Bougainuillia ramosa	水母类				+	
Brachyura larva	幼虫类	+	+	+	+	# *
Calanus sinicus	桡足类	+	+	+	+	# *
Candacia bradyi	桡足类	+				
Centropages dorsispinatus	桡足类	+		+		
Centropages mcmurrichi	桡足类	+		+	+	
Clytemnestra spp.	桡足类	+			+	
Conchoecia elegans	桡足类		+			
Cirripedita larva	幼虫类	+		+	+	
Corycaeus affinis	桡足类	+	+	+	+	#
Cumacea	涟虫类			+	+	
Diphyes chamissonis	水母类	+		+	+	# *
Diustylis tricincta	涟虫类		+			
Doliolum denticulatum	被囊类	+			+	

续表 6.2

种名	类别	1998	1999	2000	2001	种群类型
Dolioletta gegenbauri	被囊类		+			
Ectopleura dumortieri	水母类	+		+		
Eucalanus subtenuis	桡足类	+		+	+	
Euchaeta concinna	桡足类	+	+	+	+	# *
Euchaeta marina	桡足类		+			
Euphausia pacifica	磷虾类		+	+	+	# *
Euphysora bigelow	水母类		+			
Erythrops minuta	糠虾类		+			
Euphysa aurata	水母类		+			
Gammaridea	端足类	+		+	+	#
Gastrosaecus pelagicus	糠虾类		+			
Gastropoda larva	幼虫类	+	+	+	+	#
Helgicirrha malayensis	水母类			+		
Hybocodon octopleurus	水母类			+	+	
Labidocera euchaeta	桡足类	+	+	+	+	# *
Labidocera immature	桡足类		+			
Lamellibranchiata larva	幼虫类	+		+	+	
Leptochela gracilis	十足类		+			
Lingula larva	幼虫类	+				
Lucifer hanseni	莹虾类	+		+	+	
Lucifer intermedius	莹虾类		+			
Liriope tetraphylla	水母类	+	+		+	
Lovenella assimile	水母类	+	+			
Macrura larva	幼虫类	+	+	+	+	#
Megalopa larva	幼虫类		+		+	
Muggiaea atlantica	水母类		+		+	
Mysidacea larva	糠虾类	+		+	+	# *
Nannocalanus minor	桡足类				+	
Nauplius larva	幼虫类	+			+	
Neocalanus gracilis	桡足类				+	

续表 6.2

种名	类别	1998	1999	2000	2001	种群类型
Nanonia bijuga	水母类		+			
Noctiluca scintillans	原生动物		+	+	+	
Obelia spp	水母类			+	+	
Oikopleura longicornis	被囊类	+	+	+	+	# *
Oithona similis	桡足类	+		+	+	#
Oncaea venusta	桡足类	+				
Ophiopluteus larva	幼虫类	+		+		
Paracalanus crassirostris	桡足类				+	
Paracalanus parvus	桡足类	+	+	+	+	# *
Penilia aviorstris	枝角类	+	+		+	#
Phialidium chengshanense	水母类		+		+	
Phialidium discoidum	水母类		+		+	
Phialucium carolinae	水母类				+	
Phialidium emisphaericum	水母类		+			
Pleurobrachia globosa	栉水母类	+	+		+	
Podocoryne minima	水母类	+	+			
Polychaeta larva	幼虫类	+		+	+	#
Porcellana larva	幼虫类	+		+		
Pseudeuphausia sinica	磷虾类		+		+	# *
Pseudodiaptomus marinus	桡足类	+				
Rhincalanus carnutus	桡足类				+	
Sagitta crassa	毛颚类	+		+	+	# *
Sagitta enflata	毛颚类	+	+	+		
Sagitta nagea	毛颚类	+	+	+	+	# *
Sarsia nipponica	水母类	+				
Schmackeria inopiuns	桡足类			+	+	*
Schmackeria poplesia	桡足类	+	+	+	+	*
Sinocalanus laevidactylus	桡足类				+	
Sinocalanus sinensis	桡足类				+	*
Sioncalanus tenellus	桡足类	+	+	+		*

续表 6.2

种名	类别	1998	1999	2000	2001	种群类型
Solmundella bitentaculata	水母类		+		+	
Temora turbinata	桡足类			+		
Themisto gracilipes	端足类	+	+	+	+	#
Tiarepsis multicirrata	水母类	+			+	
Tiaricodon coeruleus	水母类				+	
Tortanus forcipatus	桡足类			+		
Tortanus spinicaudatus	桡足类	+	+		+	#
Undinula vulgaris	桡足类	+				
淡水剑水蚤 *Cyclopoida Sars*	桡足类				+	
乌贼幼体 *Cephalopoda larva*	头足类				+	

其中“+”号表示出现种，带“#”符号者为广布种，带“*”符号者为优势种。

从种类组成上看，长江口海区 2001 年 5 月与 1999 年同期相比，浮游动物种类组成有明显增加，个别种类有所变化，其中 *Brachyura larva* 、*Schmackeris inopiuns* 和 *Paracalanus crassirostris* 数量增加比较明显，而 *Calanus sinicus* 的数量有所减少，其他一些种类数量也有不同程度的变化。与 1985—1986 年的调查结果比较，浮游动物种类组成的数量在减少。

6.3 主要优势种数量分布和变化

由于受地理环境的影响，从中纬度到低纬度浮游动物种数逐渐递增，而个体数量逐渐减少。1985—1986 年的长江口海区调查结果：共鉴定浮游动物 130 种，其中桡足类 57 种，枝角类 2 种，糠虾 10 种，端足类 10 种，磷虾类 2 种，莹虾 1 种，细螯虾 1 种，水母类 27 种，毛颚类 7 种，被囊类 7 种，浮游贝类 3 种，夜光虫 1 种和少量介形类、涟虫、多毛类等。从 1998 年以后的长江口海区调查结果看，共鉴定浮游动物 14 大类 94 种，比起 20 世纪 80 年代有所减少。

在调查海区横沙以西水域和长江口近岸主要分布的是淡水种类和半咸水性河口种类，其中火腿许水蚤 *Schmackeria poplesia*、细巧华哲水蚤 *Sioncalanus tenellus* 和刺尾歪水蚤 *Tortanus spinicaudatus* 始终占主导地位，其数量分布基本上是 5 月多于 11 月，但 1998 年 11 月火腿许水蚤 *Schmackeria poplesia* 的数量偏高，在西南部海区出现了一个大于 1000 个/m^3的高密集区（见图 6.7 ~ 图 6.18）。

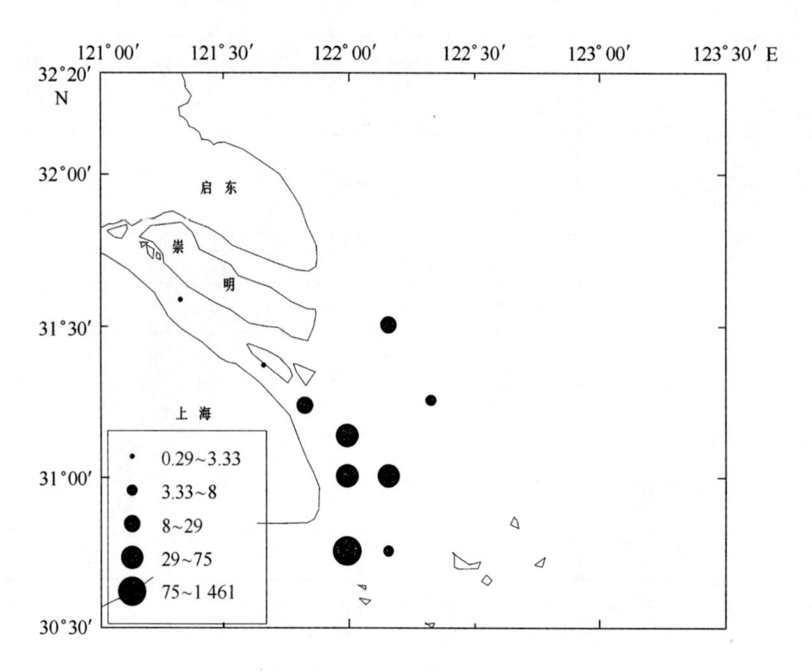

图 6.7 *Schmackeria poplesia* 1998 年 11 月生物量分布

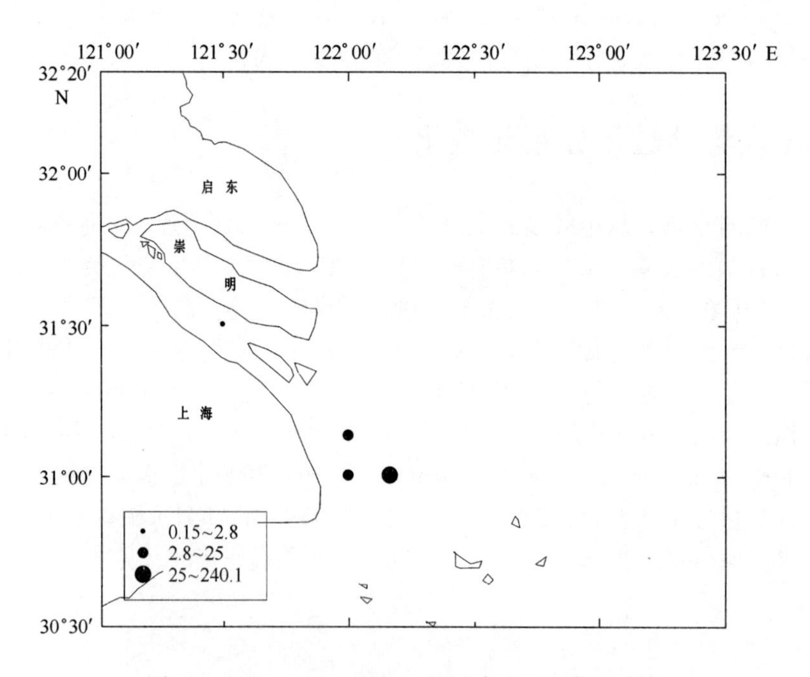

图 6.8 *Schmackeria poplesia* 1999 年 5 月生物量分布

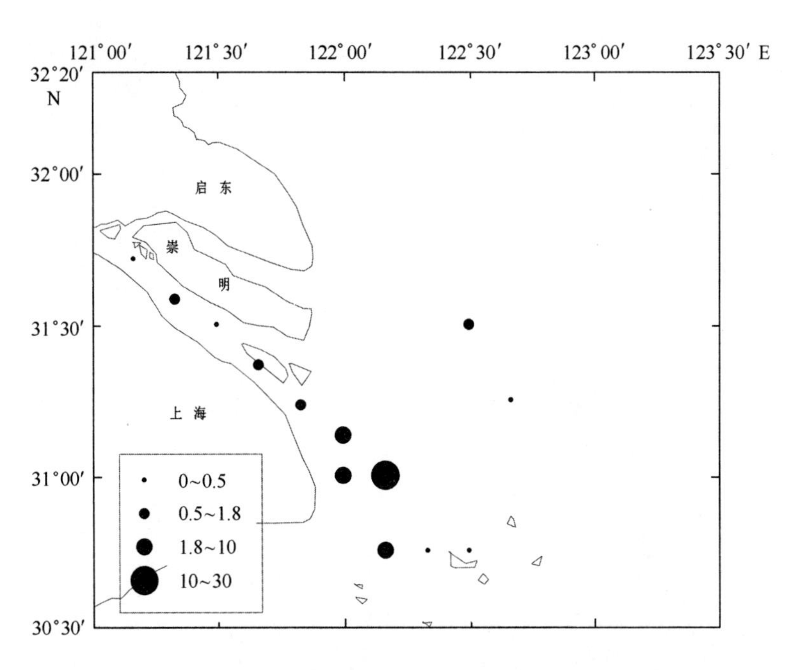

图 6.9 *Schmackeria poplesia* 2000 年 11 月生物量分布

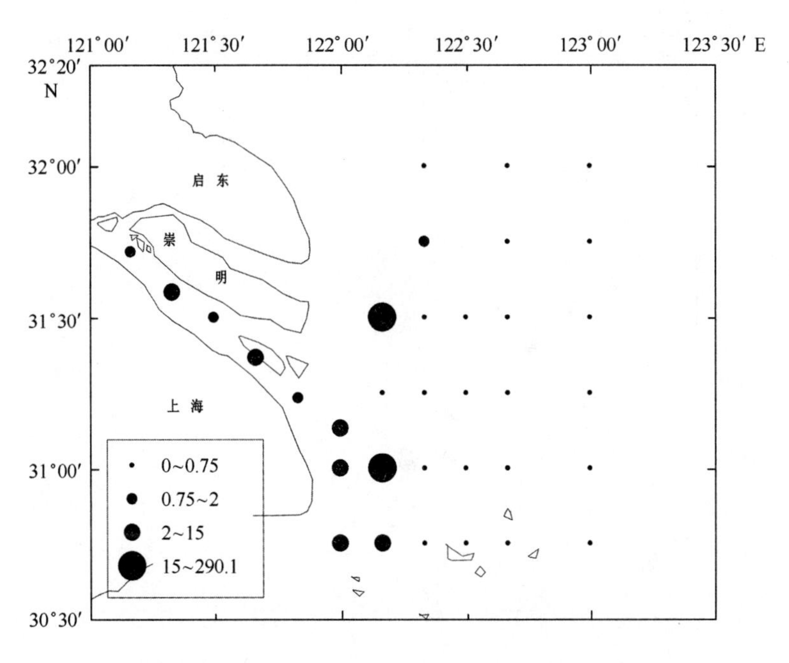

图 6.10 *Schmackeria poplesia* 2001 年 5 月生物量分布

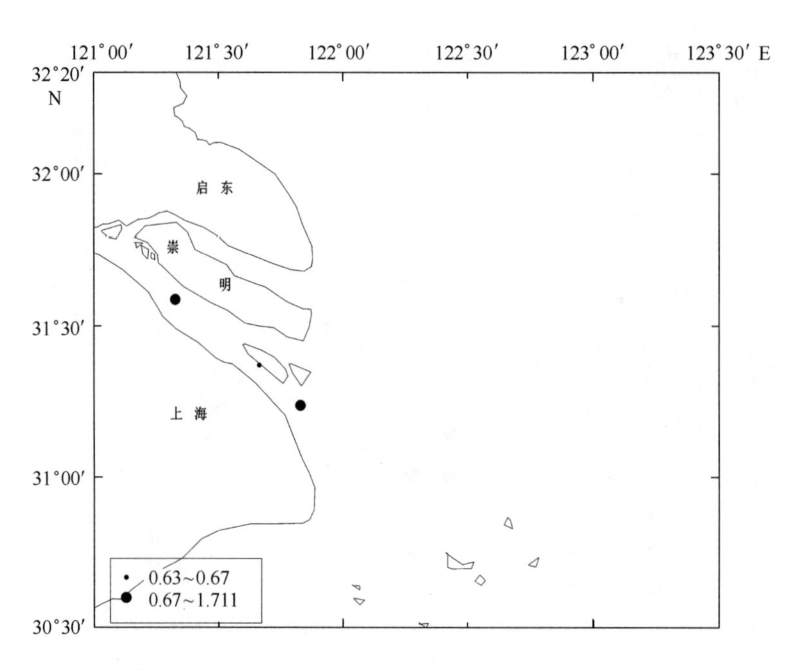

图6.11 *Sinacalanus tenellus* 1998年11月生物量分布

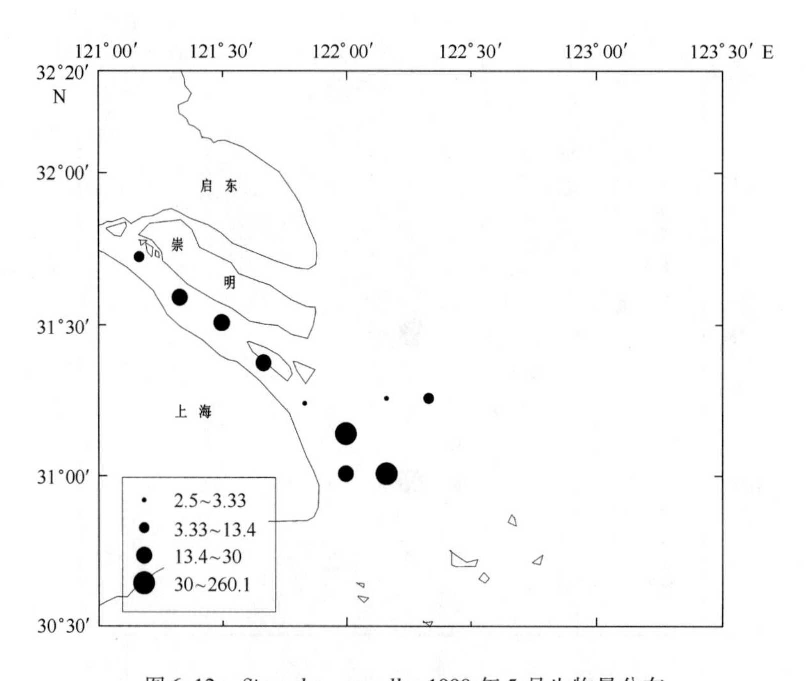

图6.12 *Sinacalanus tenellus* 1999年5月生物量分布

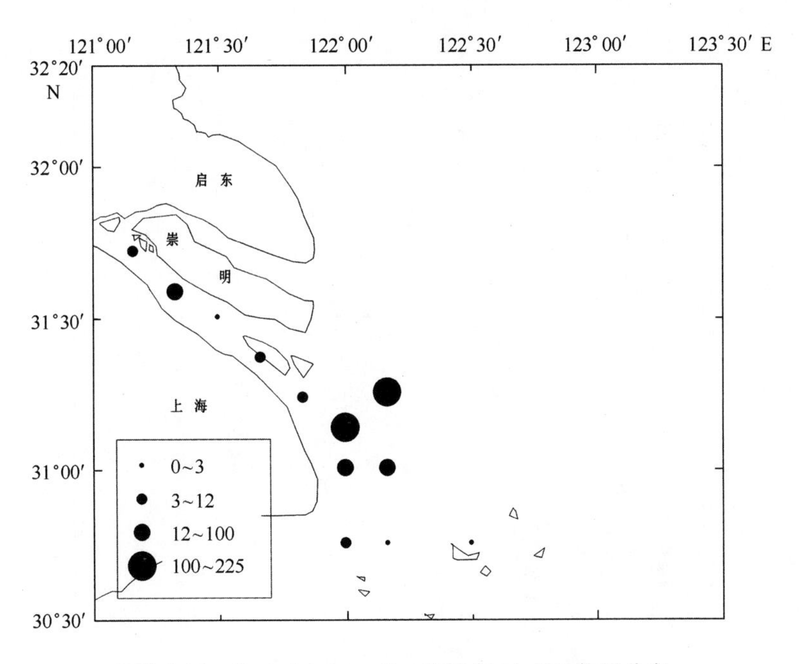

图 6. 13　*Sinocalanus tenellus* 2000 年 11 月生物量分布

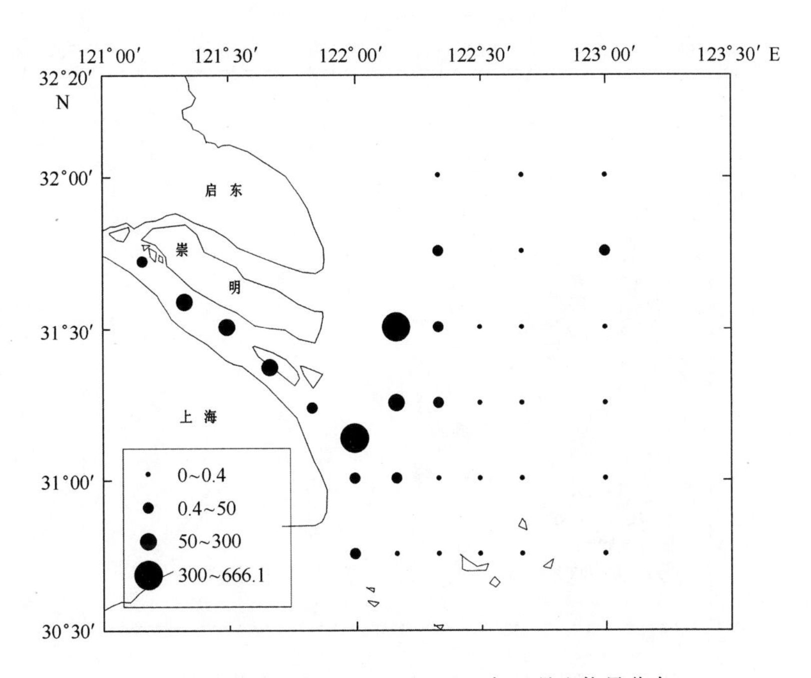

图 6. 14　*Sinacalanus tenellus* 2001 年 5 月生物量分布

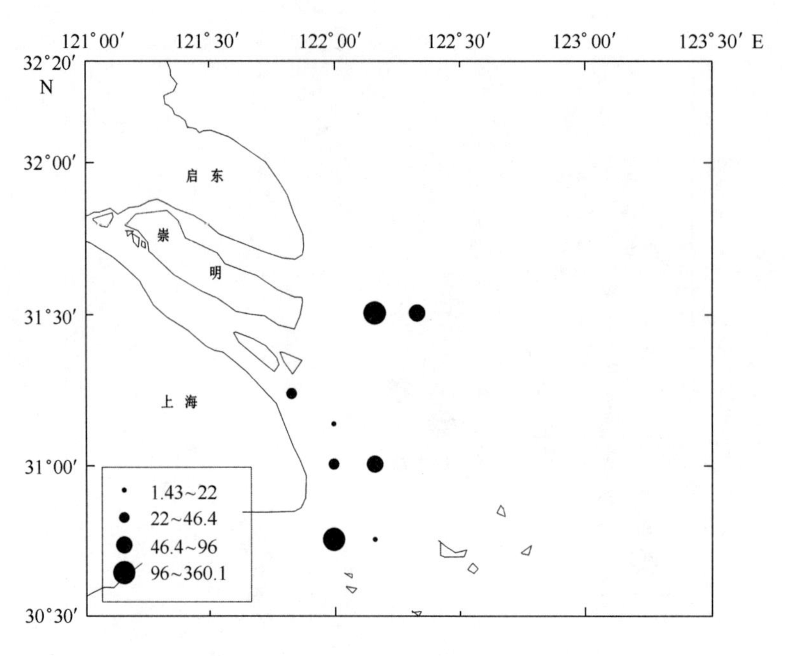

图 6.15　*Tortanus spinicaudatus* 1998 年 11 月生物量分布

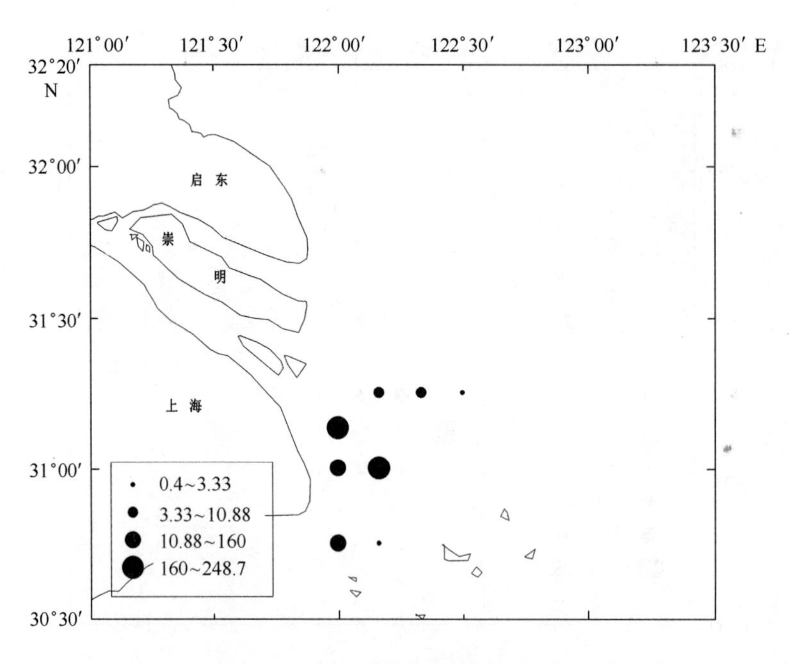

图 6.16　*Tortanus spinicaudatus* 1999 年 5 月生物量分布

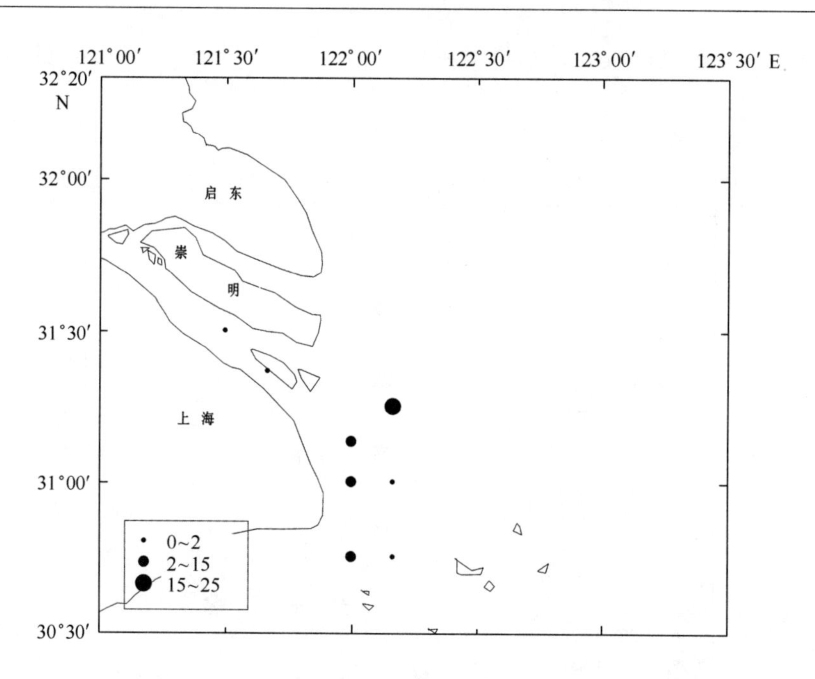

图 6.17 *Tortanus spinicaudatus* 2000 年 11 月生物量分布

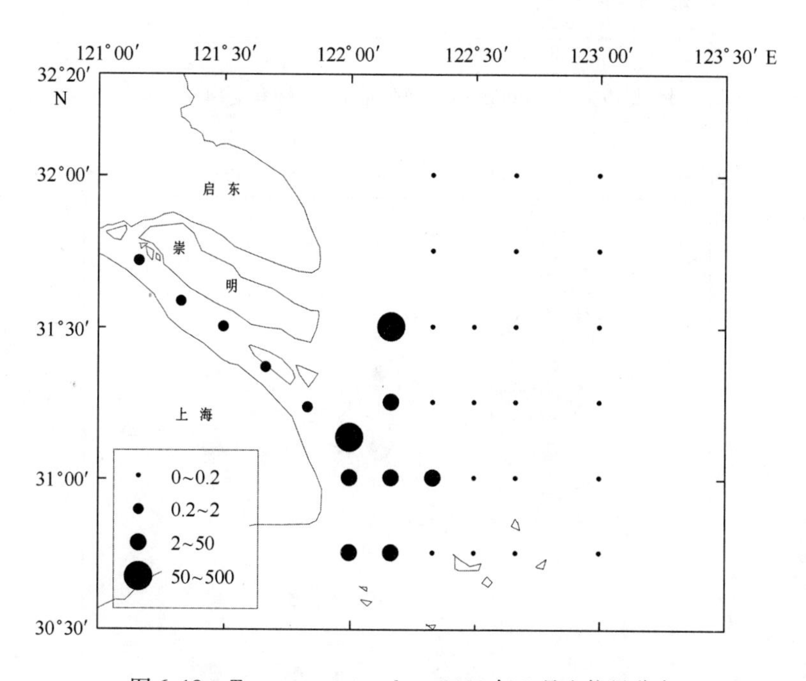

图 6.18 *Tortanus spinicaudatus* 2001 年 5 月生物量分布

其他海区：1998 年 11 月主要优势种以精致真刺水蚤 *Euchaeta concinna*、中华哲水蚤 *Calanus sinicus*、真刺唇角水蚤 *Labidocera euchaeta* 和箭虫 *Sagitta spp.* 为代表，其特点是数量多，分布广，个体大；其中 *Euchaeta concinna* 在东南部出现了大于 100 个/m^3密集区，其次是 *Calanus sinicus* 在东北部海区多站均出现大于 50 个/m^3密集区；另外，真刺唇角水蚤 *Labidocera euchaeta* 在 28 号站出现一个高达 3 360 个/m^3的密集区（见图 6.21），而小拟哲水蚤 *Paracalanus parvus*、箭虫 *Sagitta spp.* 和

糠虾的数量也较多，分布也比较广，水母类中以双生水母 *Diphyes chamissonis* 的数量占优（见图6.19～图6.30）。

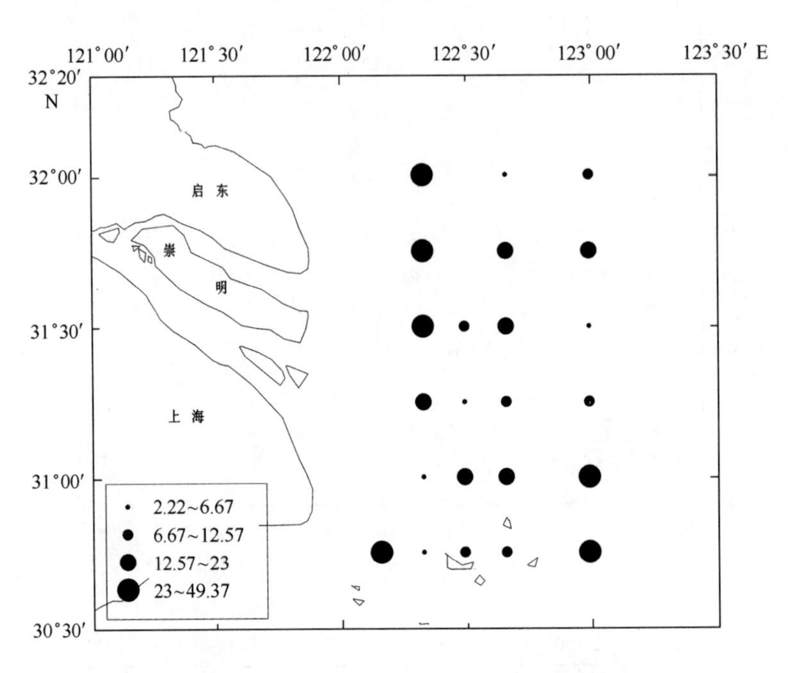

图 6.19　*Calanus sinicus* 1998 年 11 月秋季生物量分布

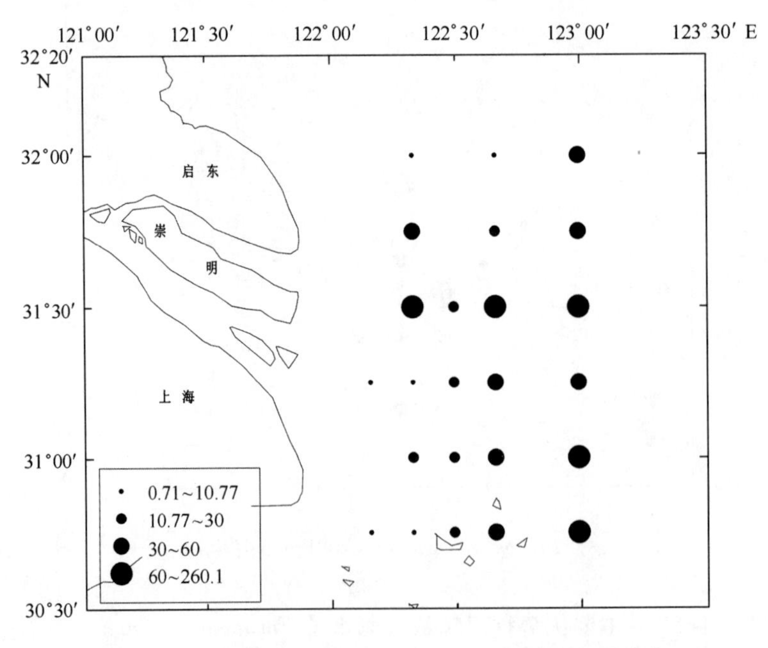

图 6.20　*Eucheta concinna* 1998 年 11 月秋季生物量分布

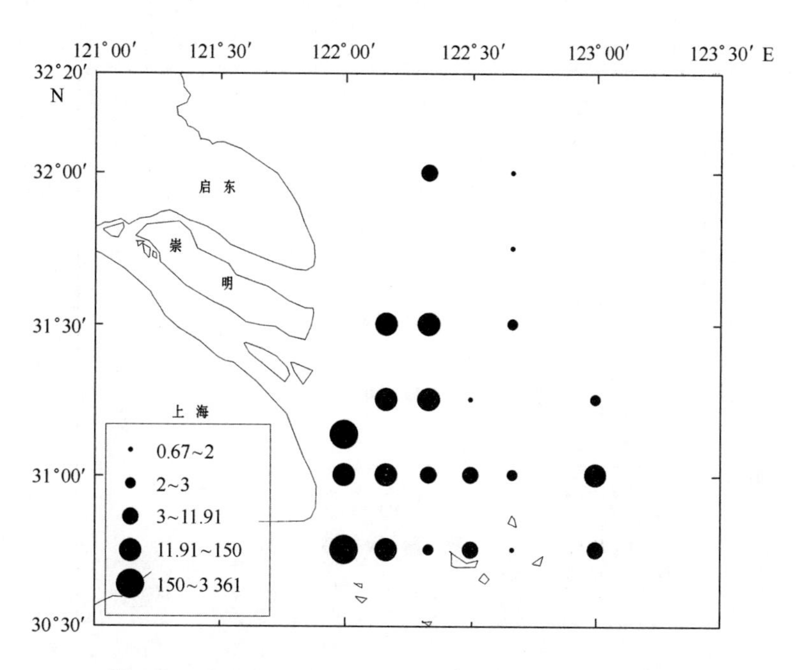

图 6.21　*Labidocera euchaeta* 1998 年 11 月秋季生物量分布

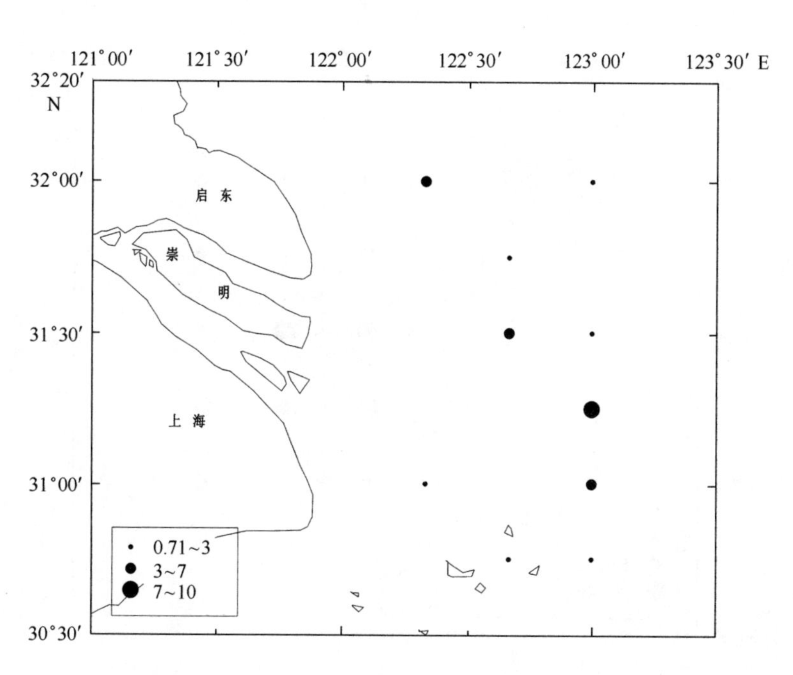

图 6.22　*Brachyura larva* 1998 年 11 月秋季生物量分布

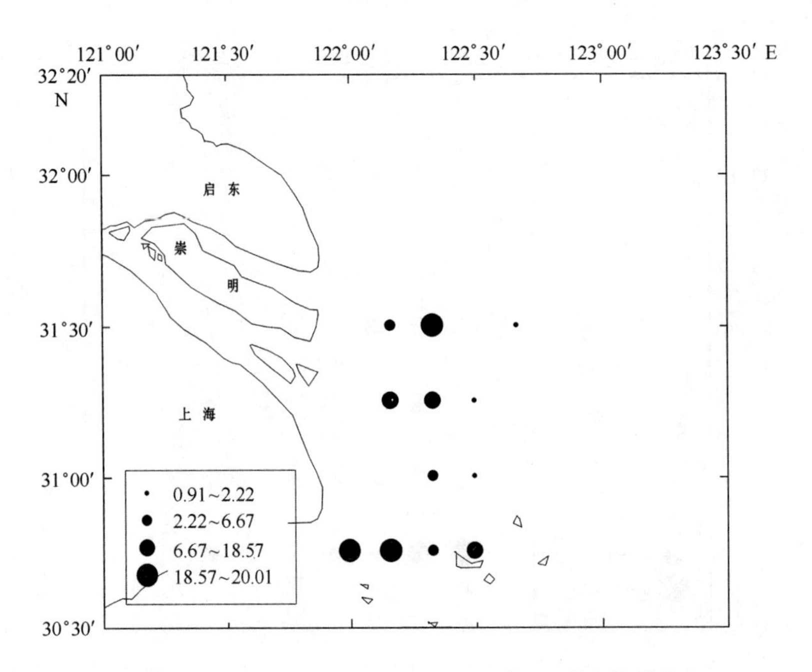

图 6.23 *Cemtropages dorsispinatus* 1998 年 11 月生物量分布

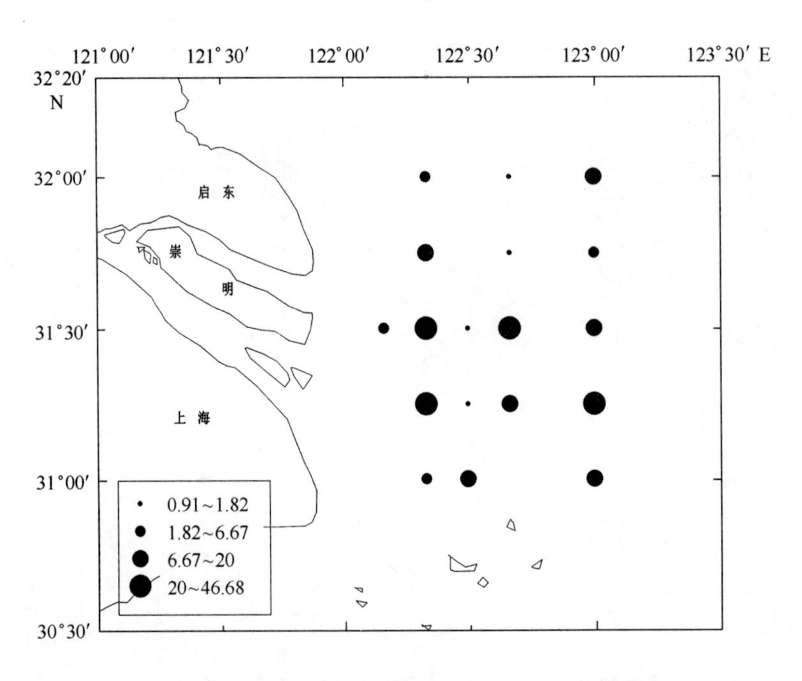

图 6.24 *Paracalanus parvus* 1998 年 11 月生物量分布

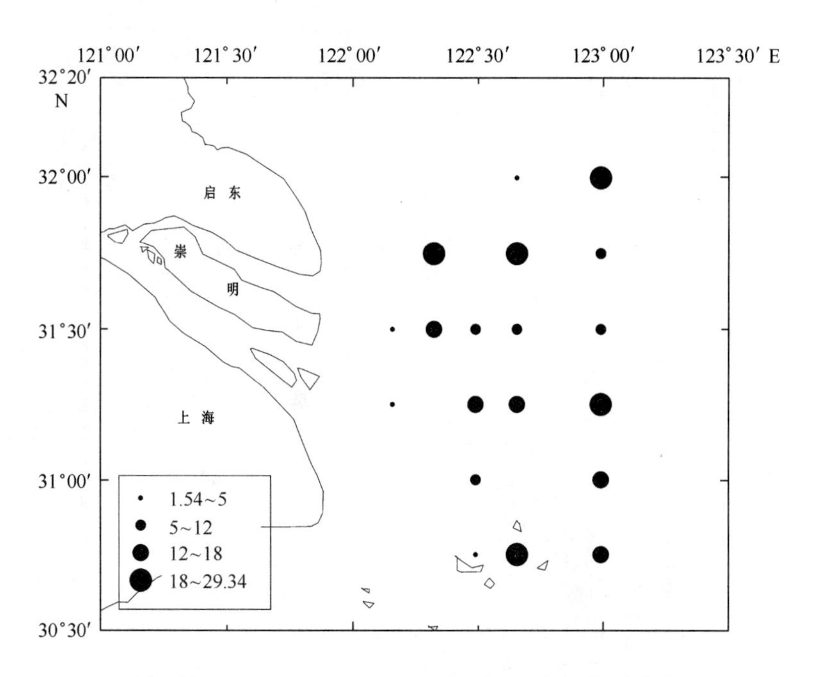

图 6.25　*Dipphyes chamissonis* 1998 年 11 月生物量分布

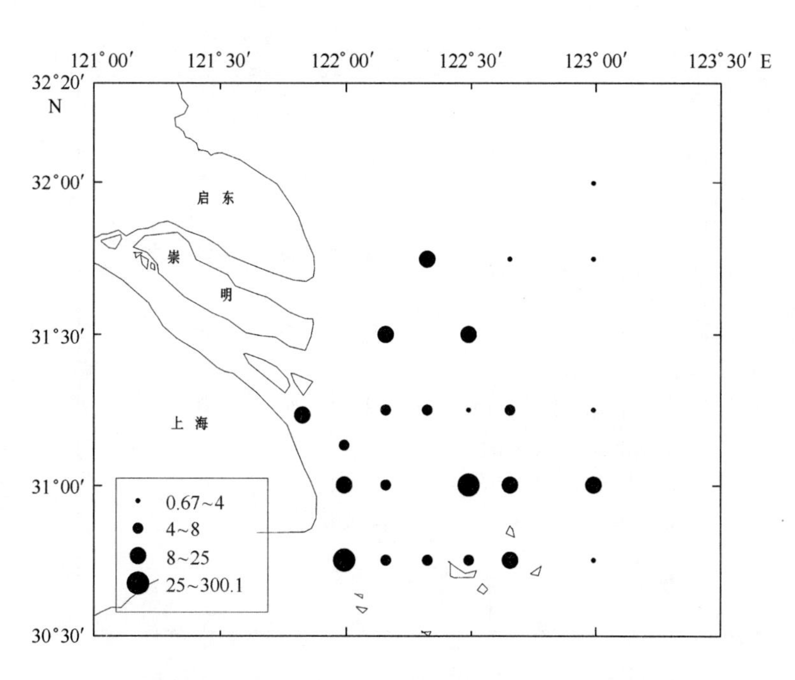

图 6.26　*Mysidacea larva* 1998 年 11 月生物量分布

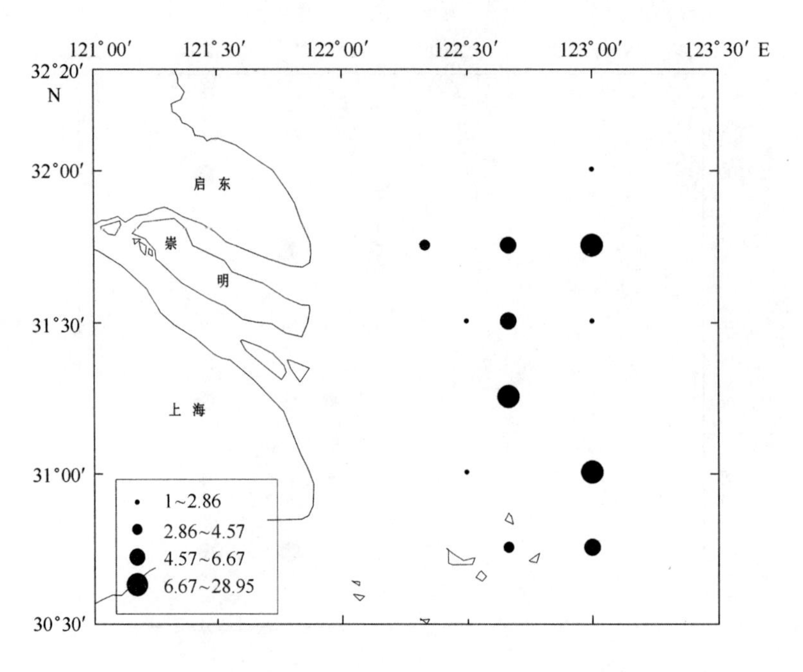

图6.27 *Eucalanus subtenuis* 1998年11月生物量分布

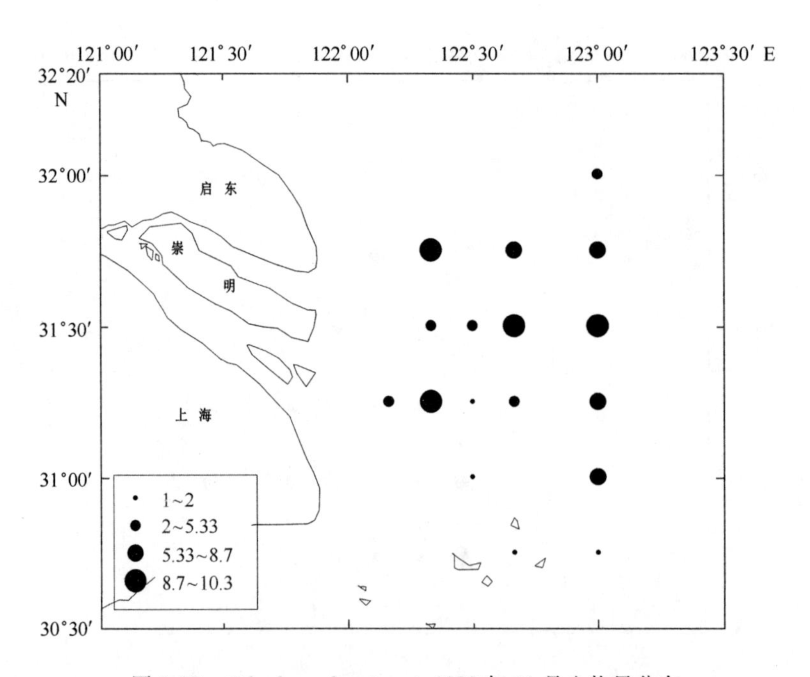

图6.28 *Oikopleura longicornis* 1998年11月生物量分布

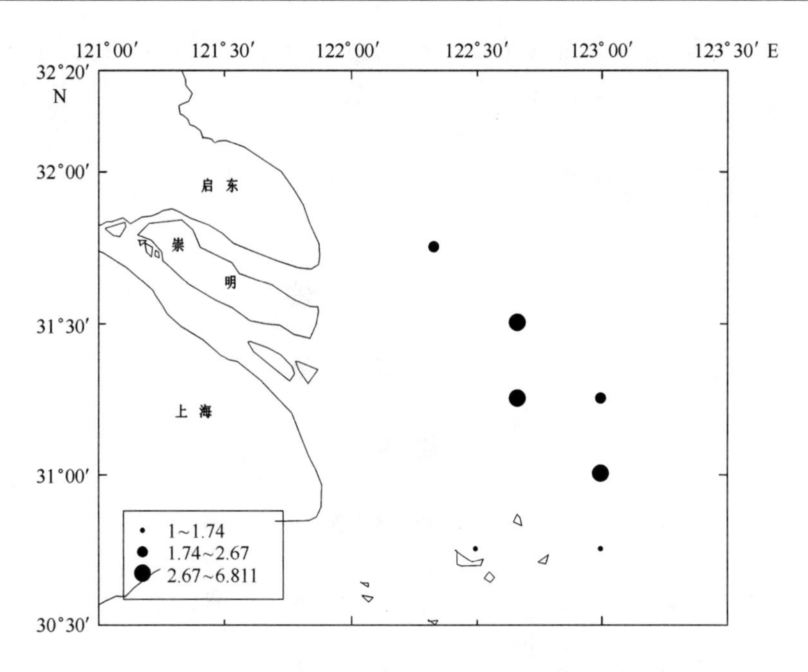

图 6.29 *Oithona similis* 1998 年 11 月生物量分布

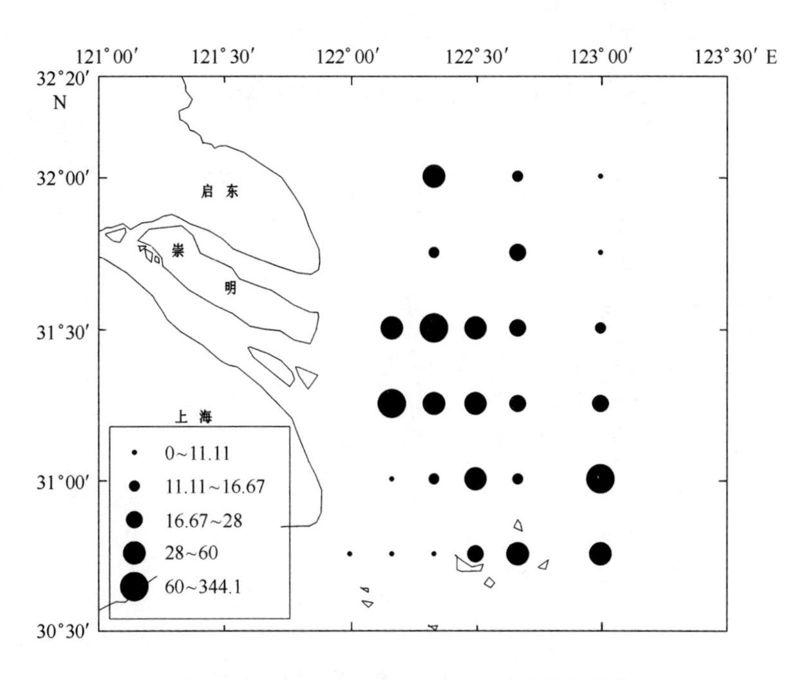

图 6.30 *Sagitta spp* 1998 年 11 月生物量分布

1999 年 5 月主要优势种以中华蜇水蚤 *Calanus sinicus* 最为突出，在调查区东北部海区出现了多个大于 1 000 个/m^3的高密集区，尤其在 2 号站出现了一个大于 2835 个/m^3的高密集区，其次是短尾类幼虫 *Brachyura larva* 和箭虫 *Sagitta spp.* 的数量分布也较多，其他种类优势不明显，精致真刺水蚤 *Euchaeta concinna*、真刺唇角水蚤 *Labidocera euchaeta* 和小拟蜇水蚤 *Paracalanus parvus* 的数量明显下降（见图6.31～图6.42），水母类以五角水母 *Muggiaea atlantic* 的数量占优，而双生水母数量则变得很少。

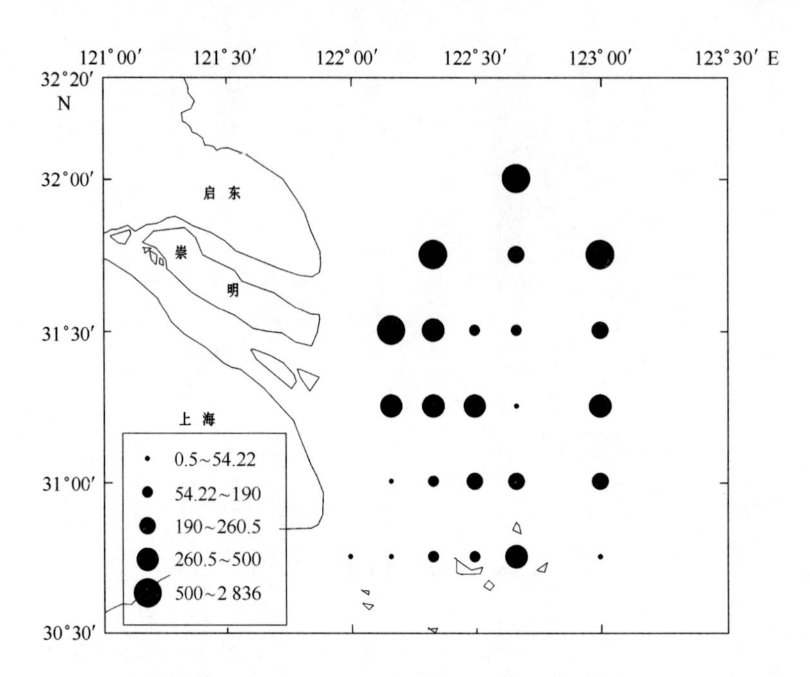

图6.31 *Calanus sinicus* 1999年5月生物量分布

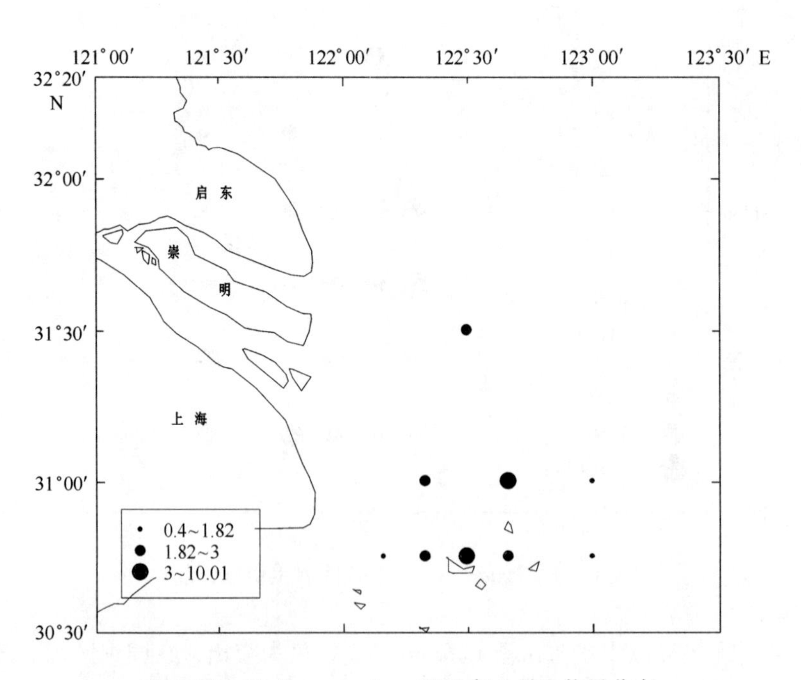

图6.32 *Euchaeta concinna* 1999年5月生物量分布

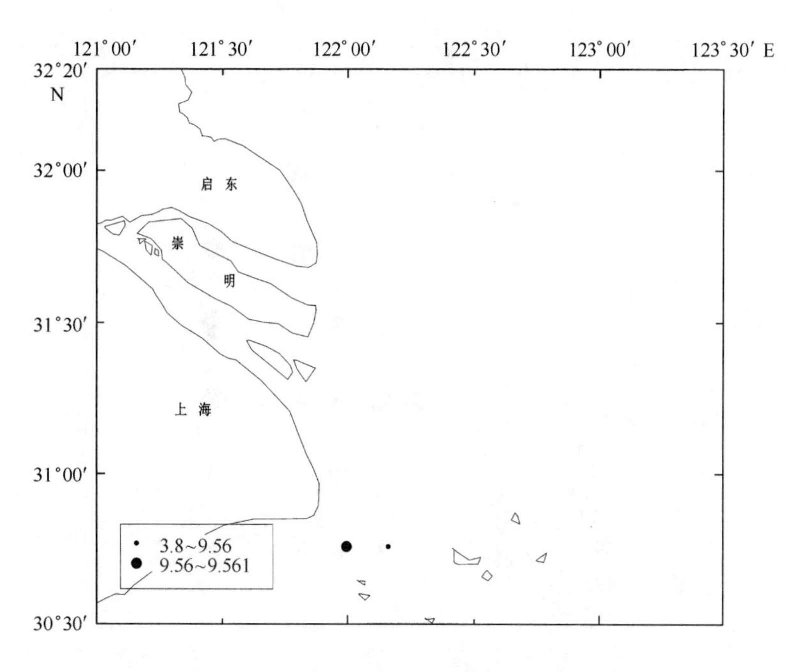

图 6.33 *Labidocera euchaeta* 1999 年 5 月生物量分布

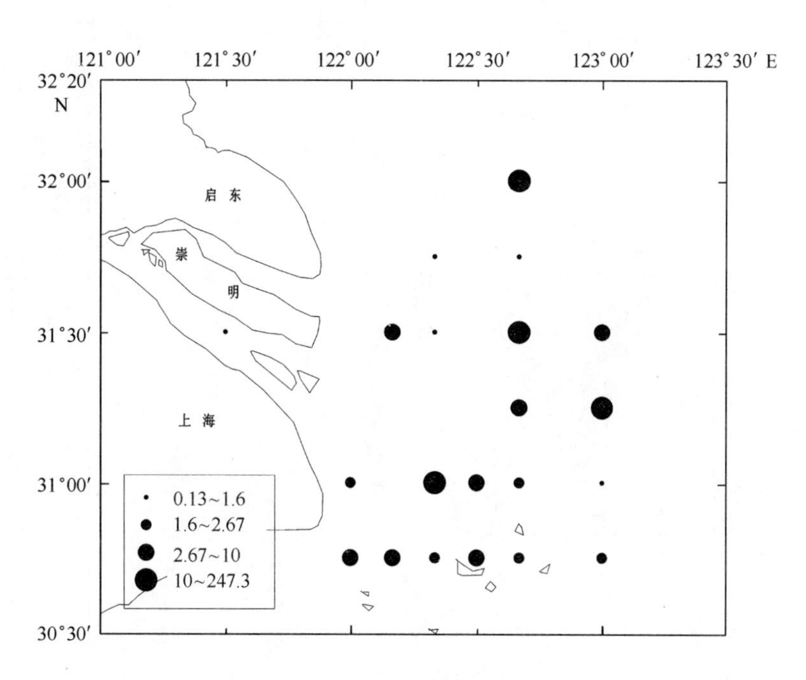

图 6.34 *Brachyura larva* 1999 年 5 月生物量分布

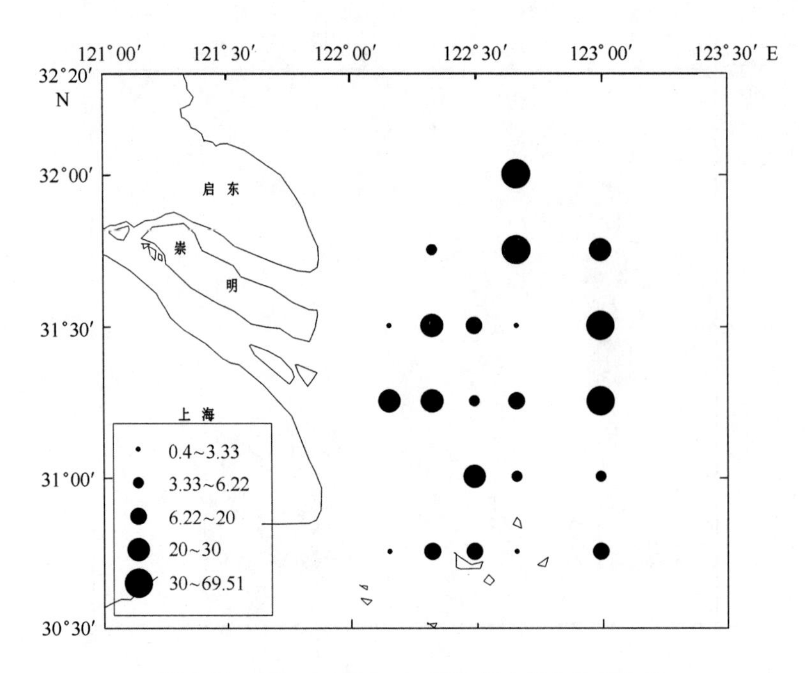

图 6.35 *Muggiaea atlantic* 1999 年 5 月生物量分布

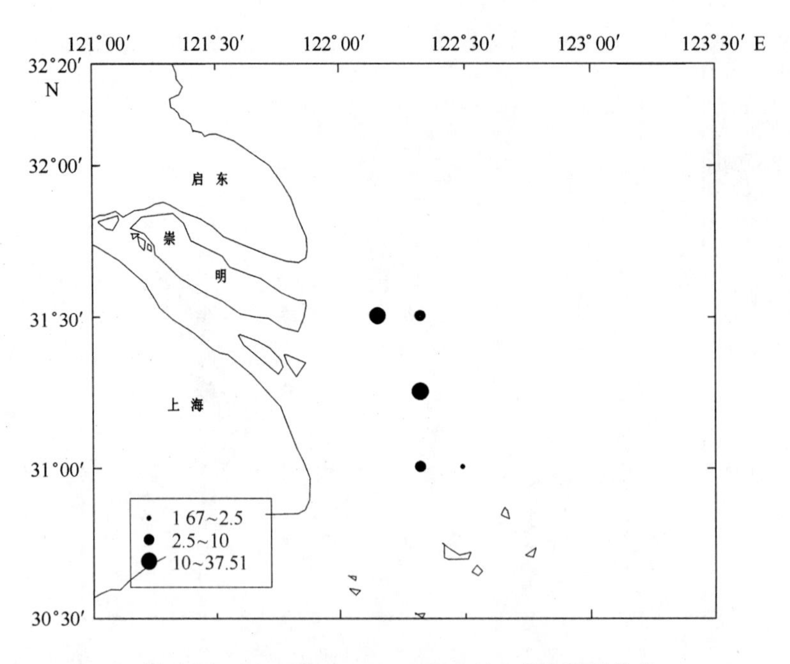

图 6.36 *Paracalanus parvus* 1999 年 5 月生物量分布

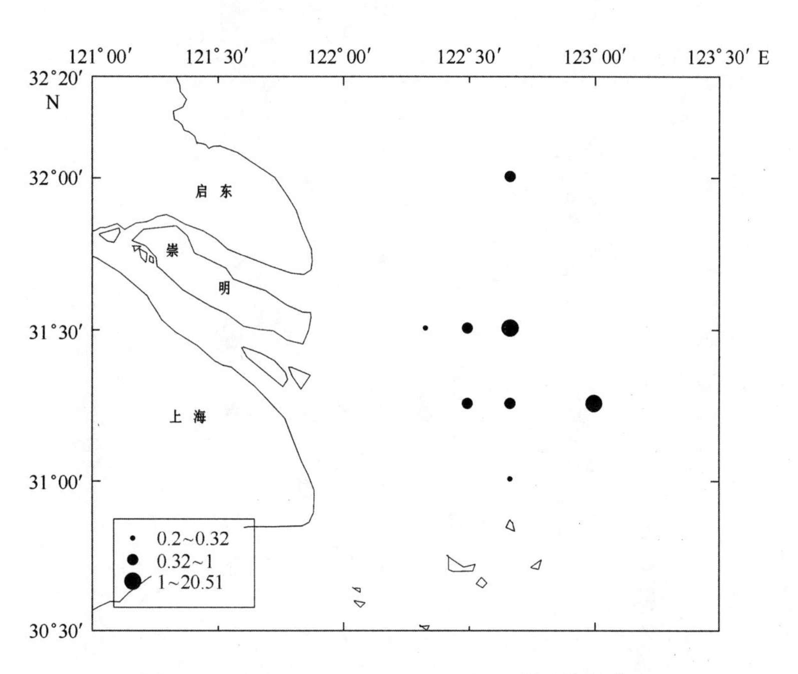

图 6.37 *Euphausia pacifica* 1999 年 5 月生物量分布

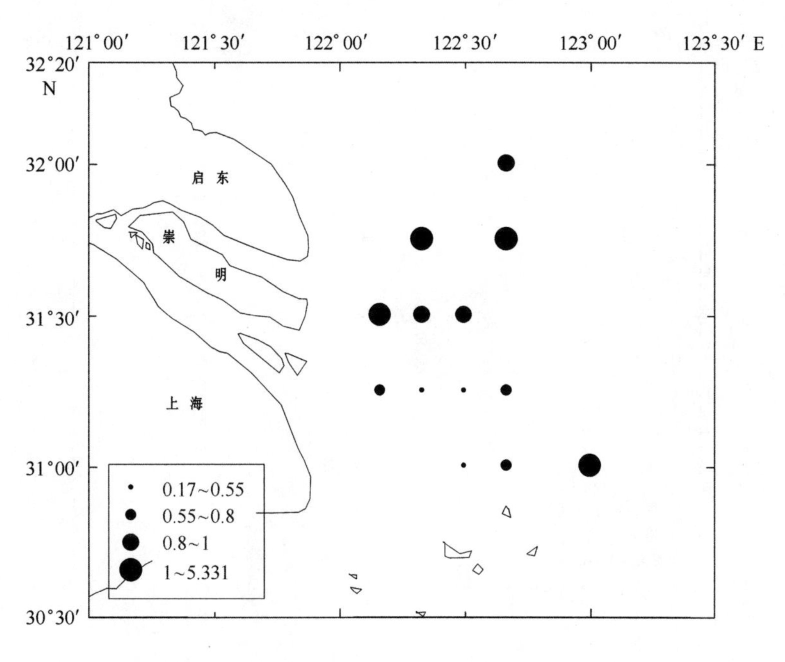

图 6.38 *Pseudeuphausia sinica* 1999 年 5 月生物量分布

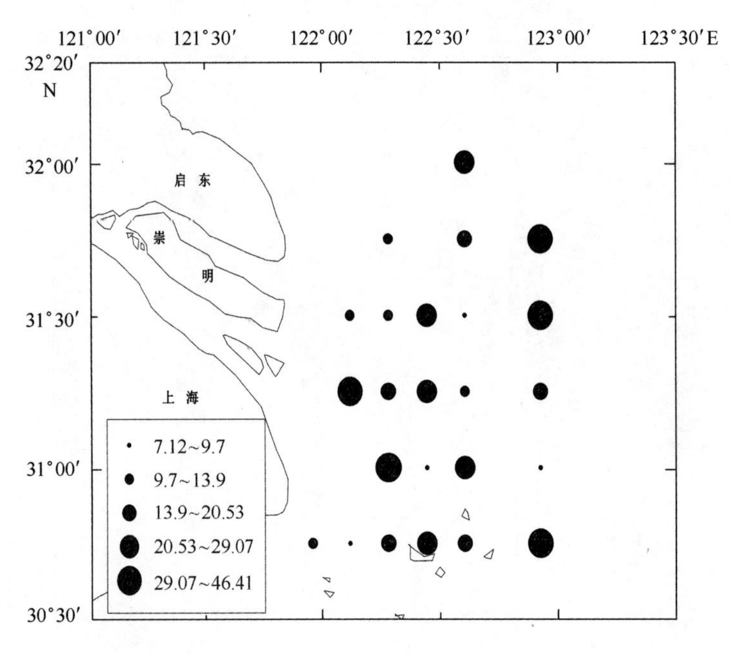

图 6.39 *Sagitta spp* 1999 年 5 月生物量分布

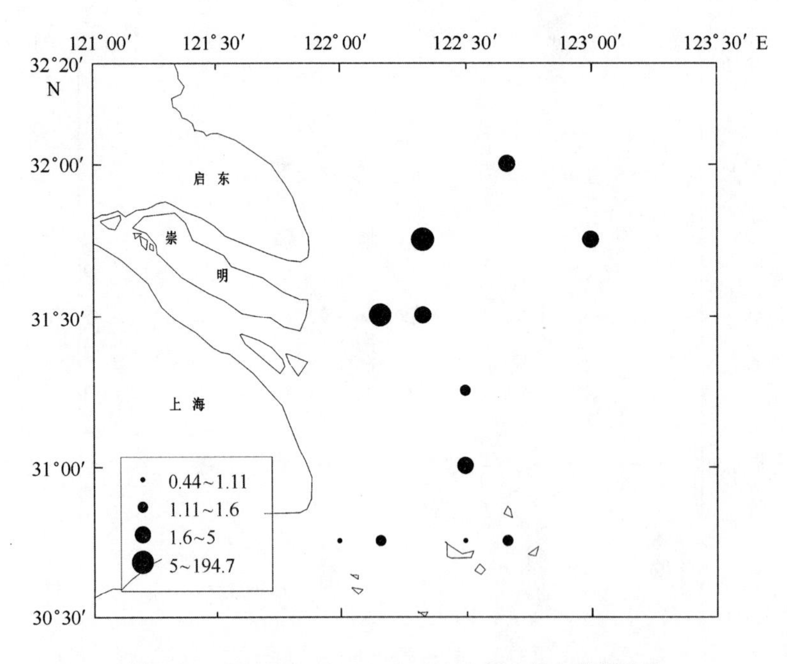

图 6.40 *Oikopleura longicornis* 1999 年 5 月生物量分布

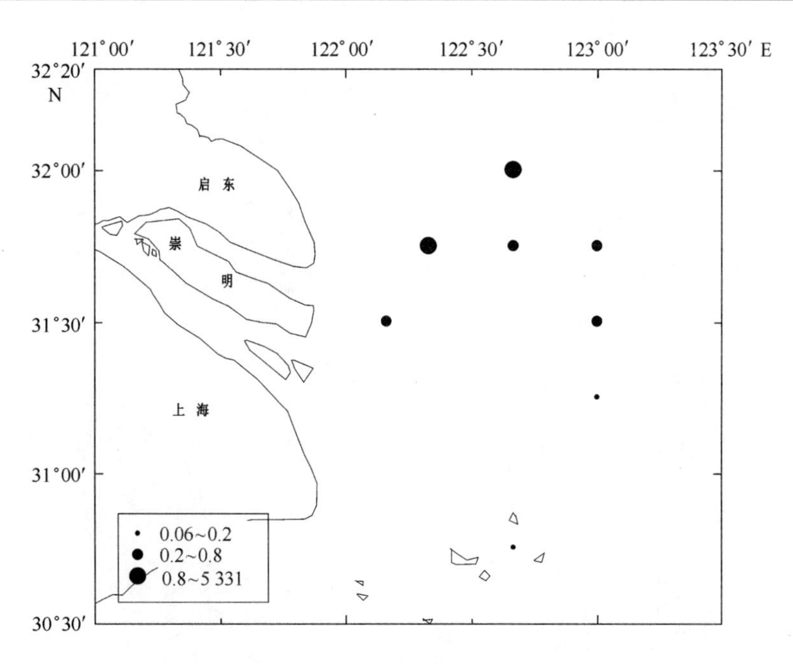

图 6.41 *Themisto gracilipes* 1999 年 5 月生物量分布

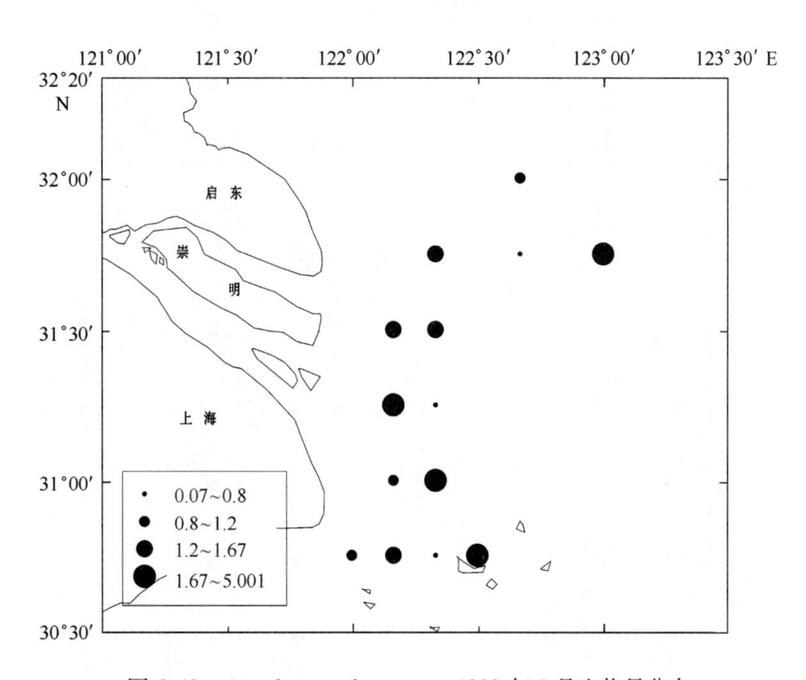

图 6.42 *Acanthomysis longirostris* 1999 年 5 月生物量分布

2000 年 11 月主要优势种以精致真刺水蚤 *Euchaeta concinna*、中华哲水蚤 *Calanus sinicus* 和太平洋磷虾 *Euphausia pacifica* 为主，但中华哲水蚤 *Calanus sinicus* 的优势减弱，而背针胸次水蚤 *Centropages dorsispinatus* 的数量激增，紧随其后的是真刺唇角水蚤 *Labidocera euchaeta*、小拟哲水蚤 *Paracalanus parvus* 和箭虫 *Sagitta spp.*，值得注意的是短尾类幼虫 *Brachyura larva* 的数量明显减少，整个调查区都在 10 个/m^{3}以下（见图 6.43 ~ 图 6.54），水母类的数量也有所下降。

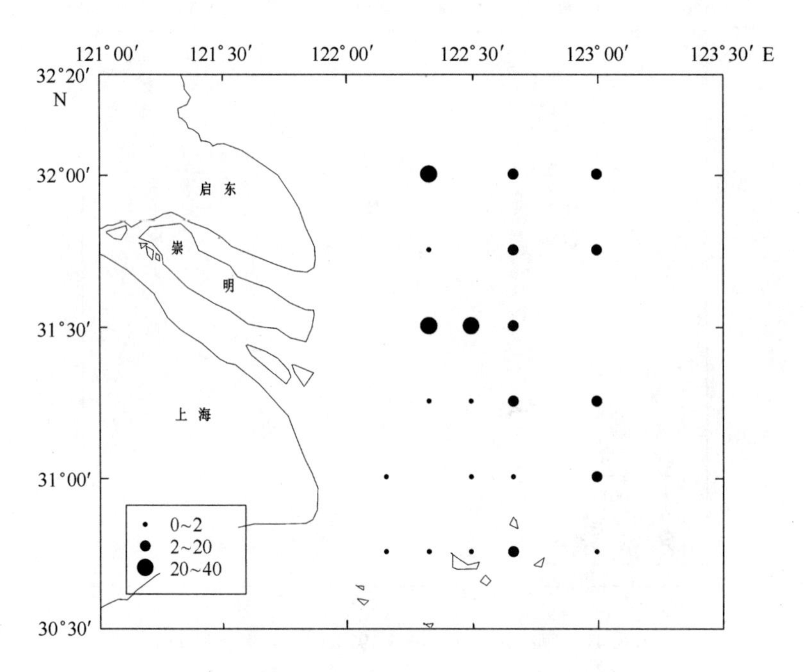

图 6.43 *Calanus sinicus* 2000 年 11 月生物量分布

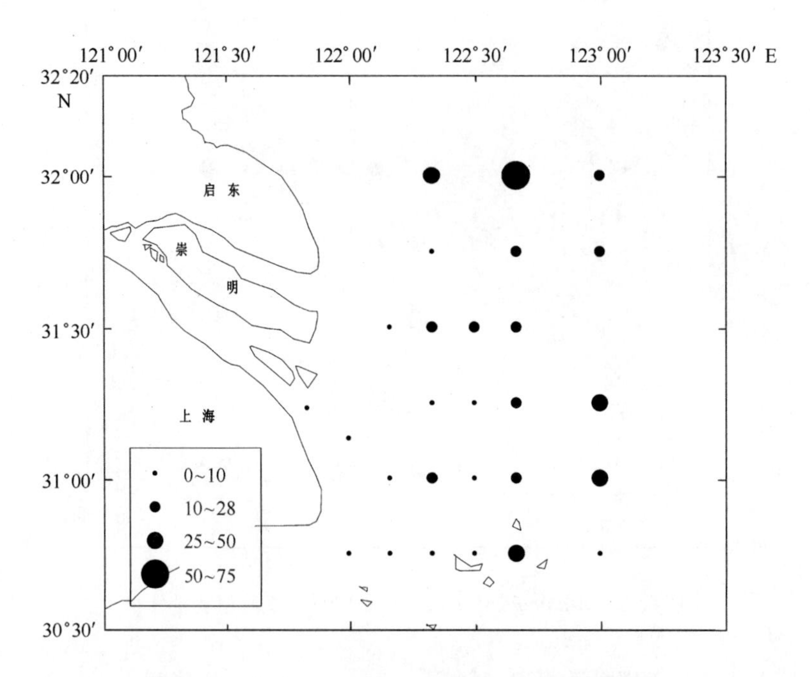

图 6.44 *Euchaeta concinna* 2000 年 11 月生物量分布

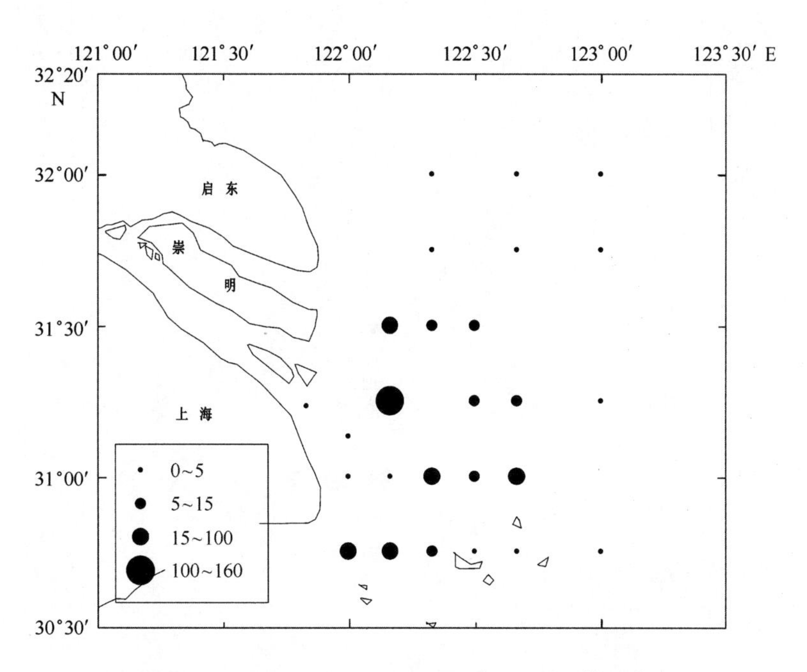

图 6.45 *Labidocera euchaeta* 2000 年 11 月生物量分布

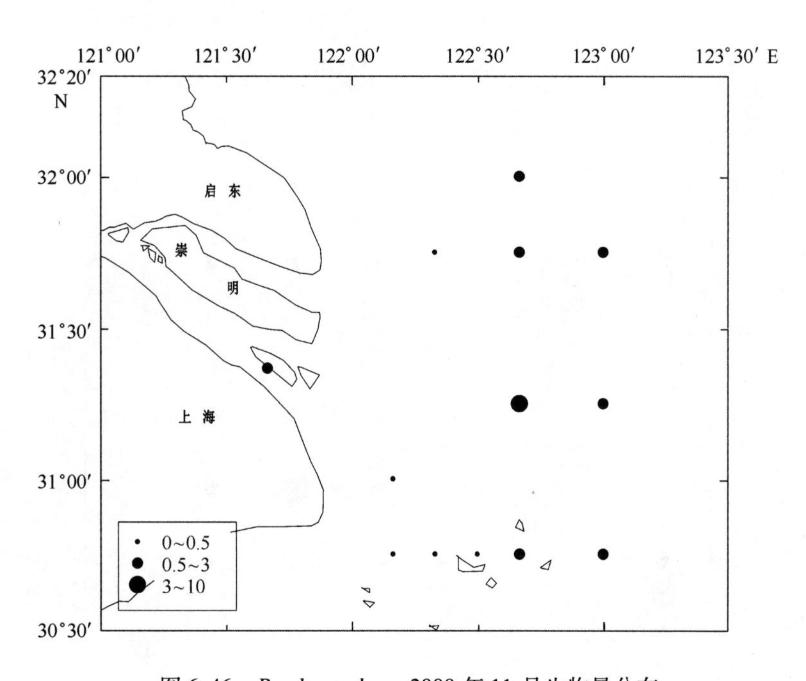

图 6.46 *Brachyura larva* 2000 年 11 月生物量分布

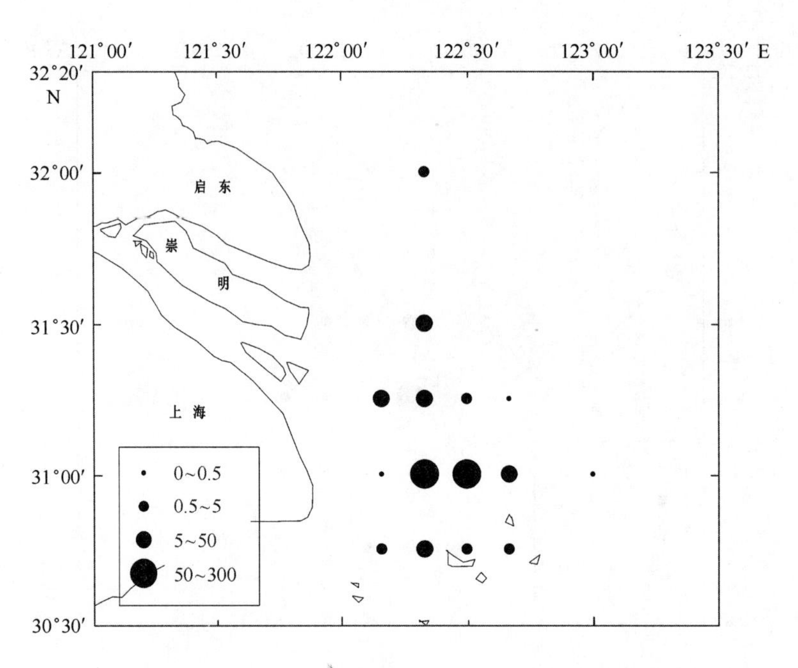

图 6.47 *Centropages dorsispinatus* 2000 年 11 月生物量分布

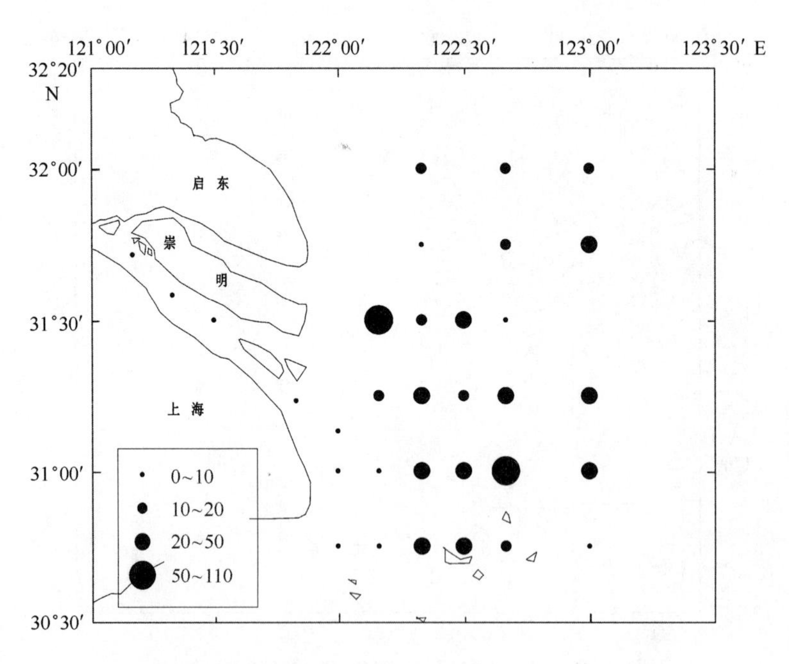

图 6.48 *Paracalanus paryus* 2000 年 11 月生物量分布

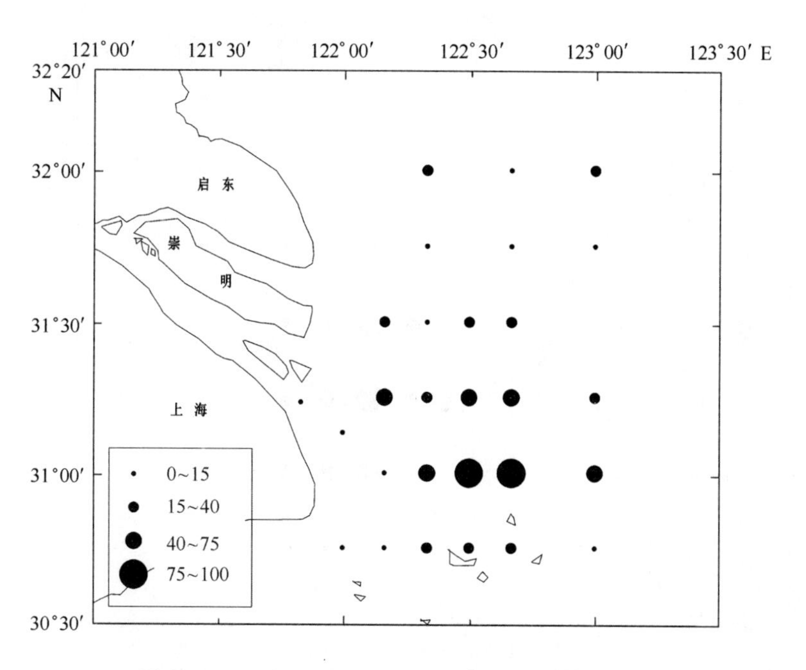

图 6.49 *Euphausia pacifica* 2000 年 11 月生物量分布

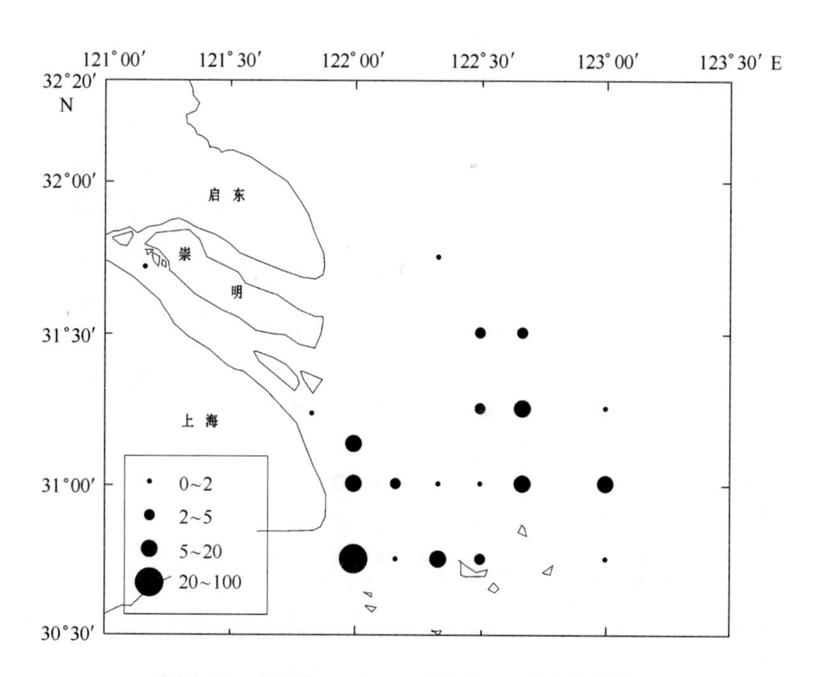

图 6.50 *Mysidacea larva* 2000 年 11 月生物量分布

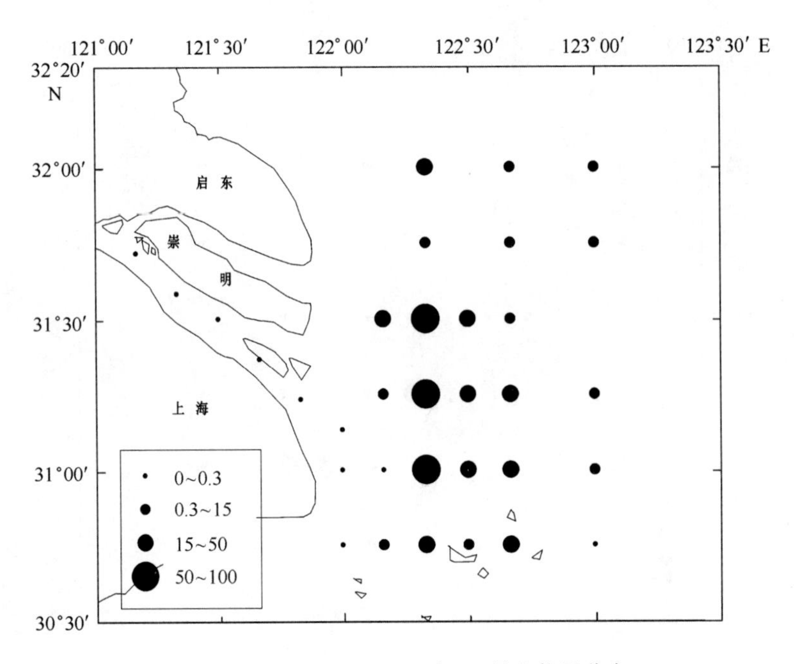

图 6.51 *Sagitta spp* 2000 年 11 月生物量分布

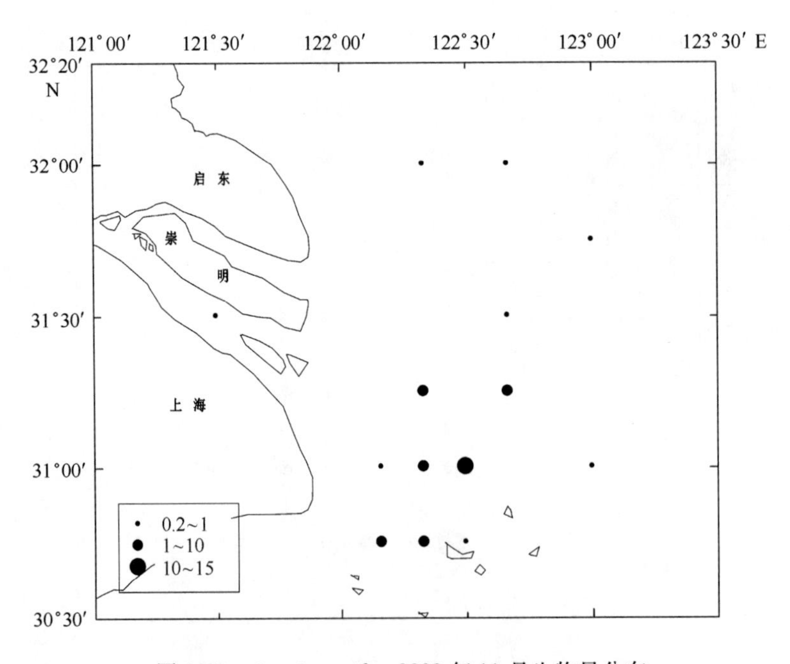

图 6.52 *Acartia pacifica* 2000 年 11 月生物量分布

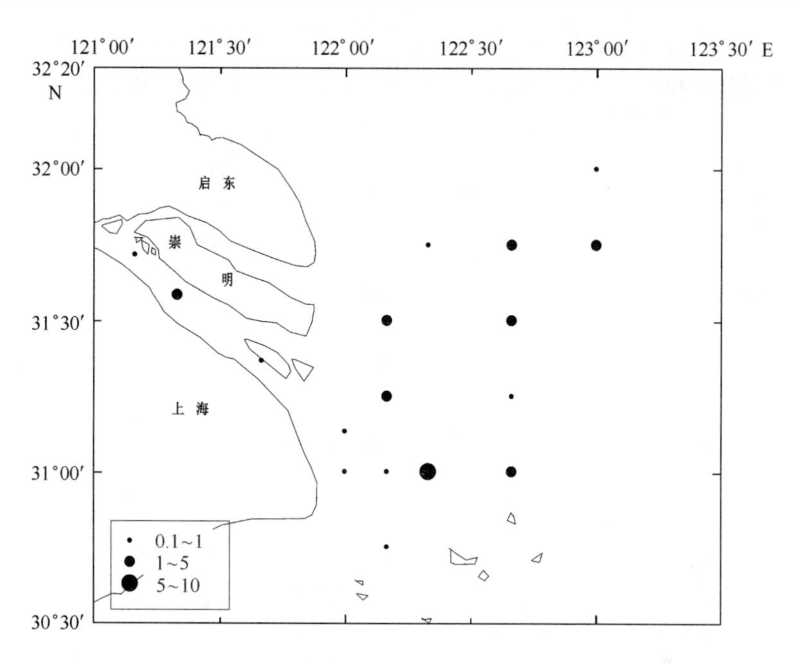

图 6.53 *Gammaridae* 2000 年 11 月生物量分布

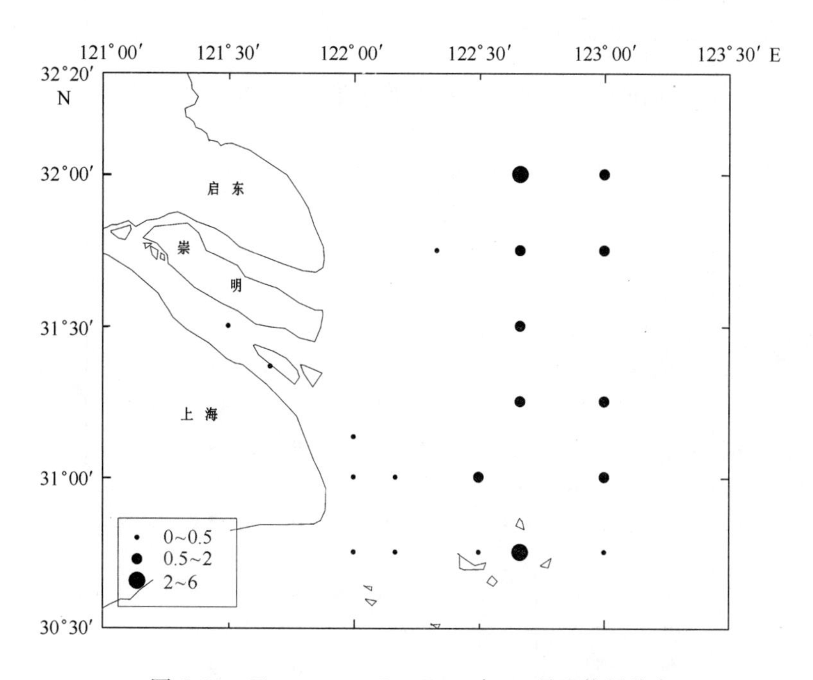

图 6.54 *Themisto gracilipes* 2000 年 11 月生物量分布

2001 年 5 月主要优势种仍以中华哲水蚤 *Calanus sinicus* 为主，除在中南部海区出现了一个大于 1 000 个/m^{3}的高密集区外，在调查区南北均出现了多个大于 250 个/m^{3}的密集区，但整个分布区域南移；而其他优势种不突出，种类较多，分布数量也差不多，如：短尾类幼虫 *Brachyura larva*、精致真刺水蚤 *Euchaeta concinna*、糠虾幼虫 *Mysidacea larva*、太平洋磷虾 *Euphausia pacifica*、中华假磷虾 *Pseudeuphausia sinica*、腹足类幼虫 *Gastropoda larva*、长尾类幼虫 *Macrura larva*、箭虫 *Sagitta spp.*

和小拟哲水蚤 *Paracalanus parvus* 的数量分布较多；其中短尾类幼虫 *Brachyura larva* 的数量增加比较明显，水母类的数量比 1999 年 5 月也略有增加，整个海区浮游动物的种数增加较大（见图 6.55 ~ 图 6.66）。

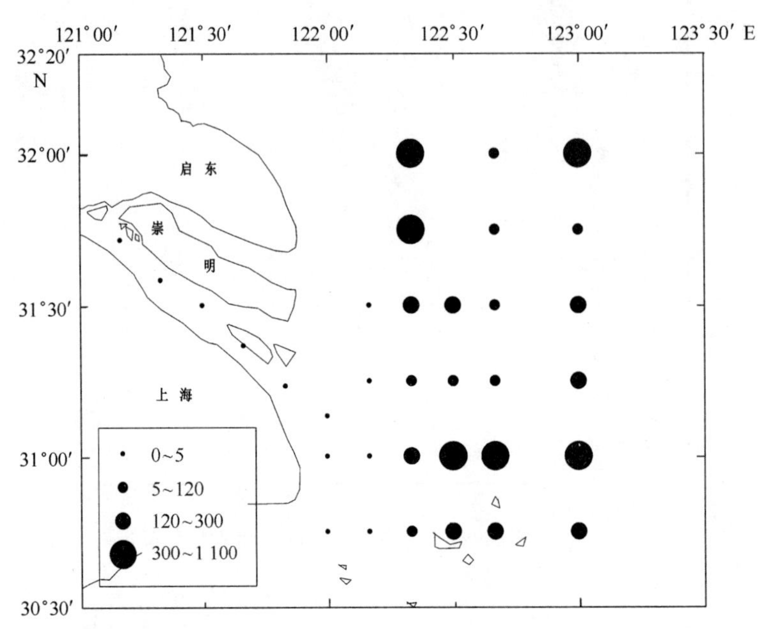

图 6.55 *Calanus sinicus* 2001 年 5 月生物量分布

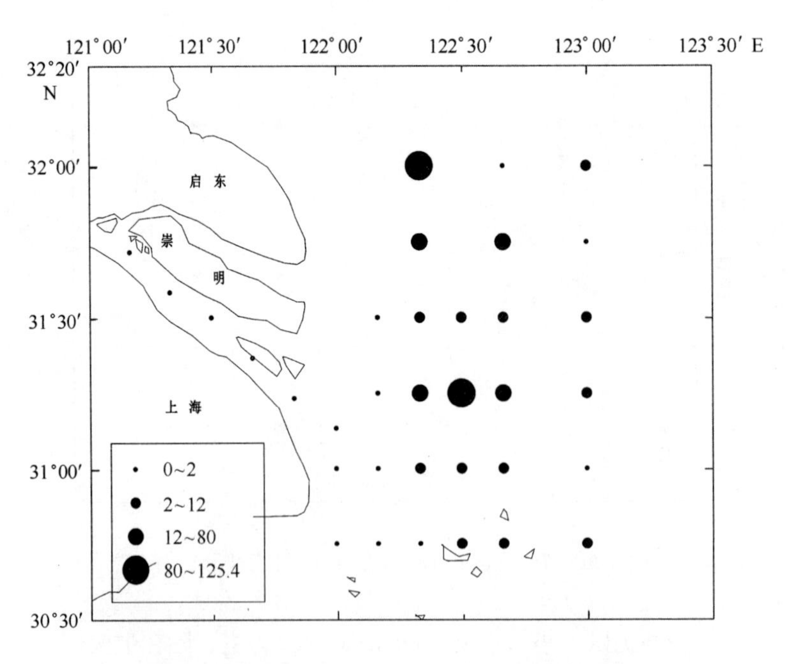

图 6.56 *Euchaeta concinna* 2001 年 5 月生物量分布

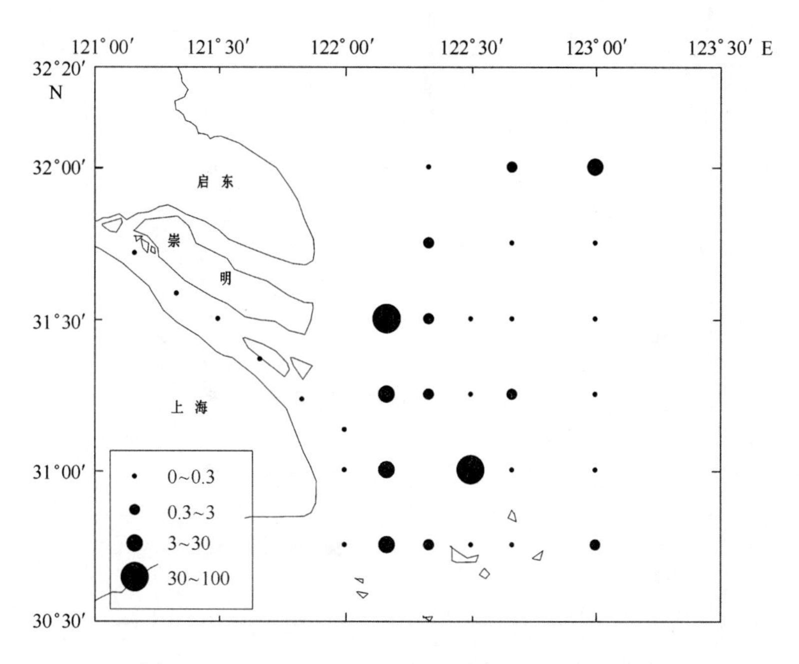

图 6.57 *Labidocera euchaeta* 2001 年 5 月生物量分布

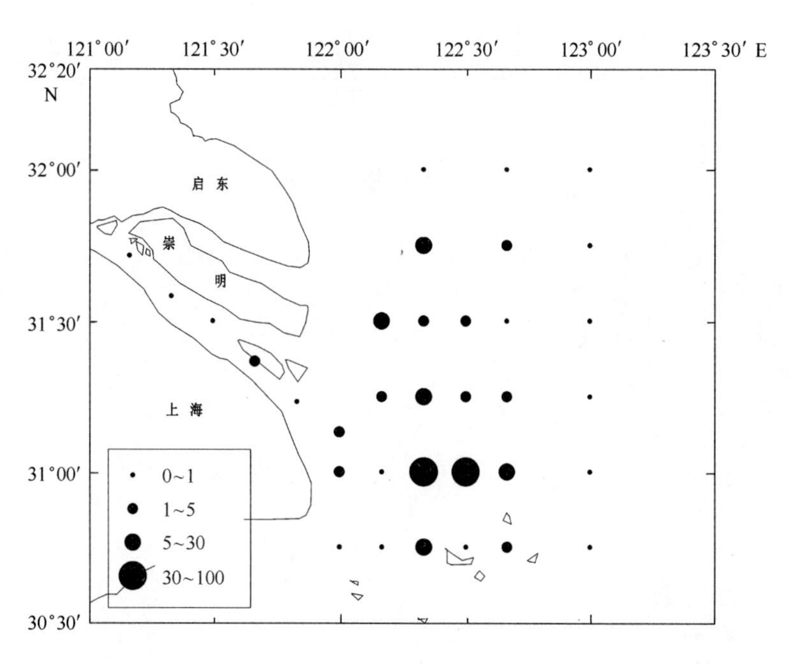

图 6.58 *Brachyura larva* 2001 年 5 月生物量分布

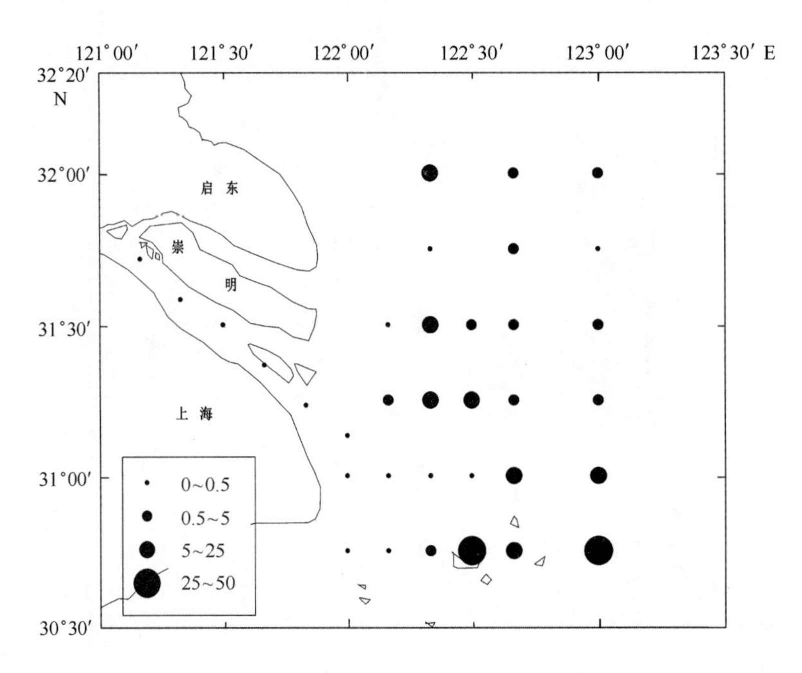

图 6.59 *Diphyes chamissonis* 2001 年 5 月生物量分布

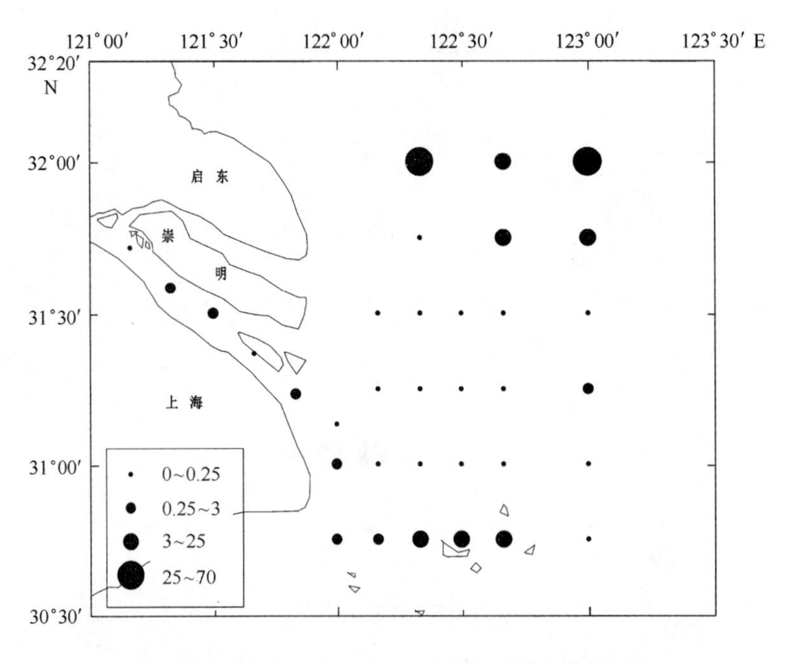

图 6.60 *Paracalanus paryus* 2001 年 5 月生物量分布

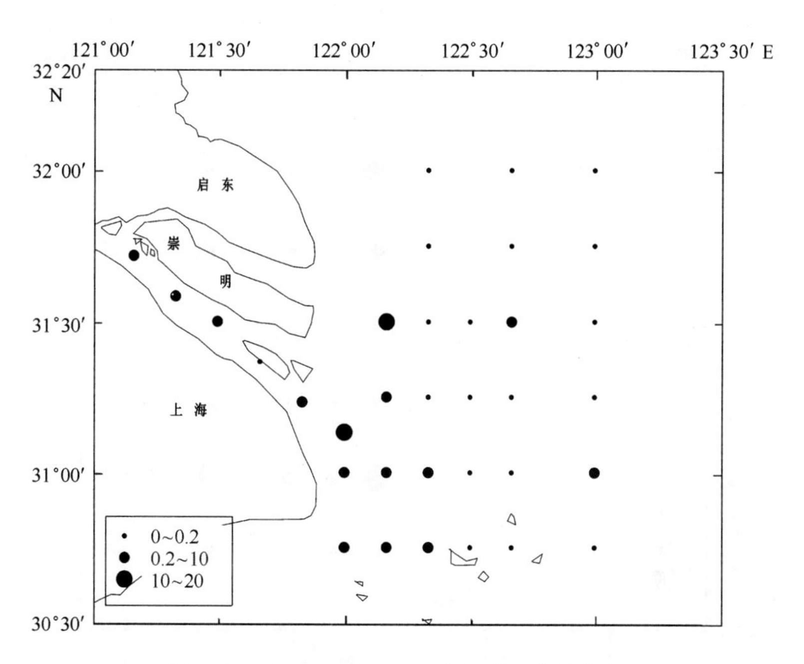

图 6.61 *Gammaridae* 2001 年 5 月生物量分布

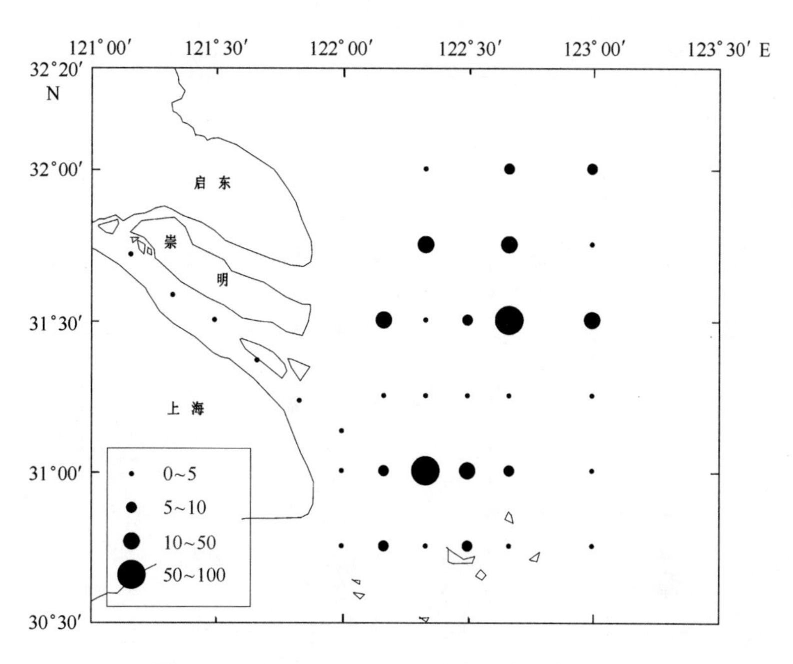

图 6.62 *Mysidacea larva* 2001 年 5 月生物量分布

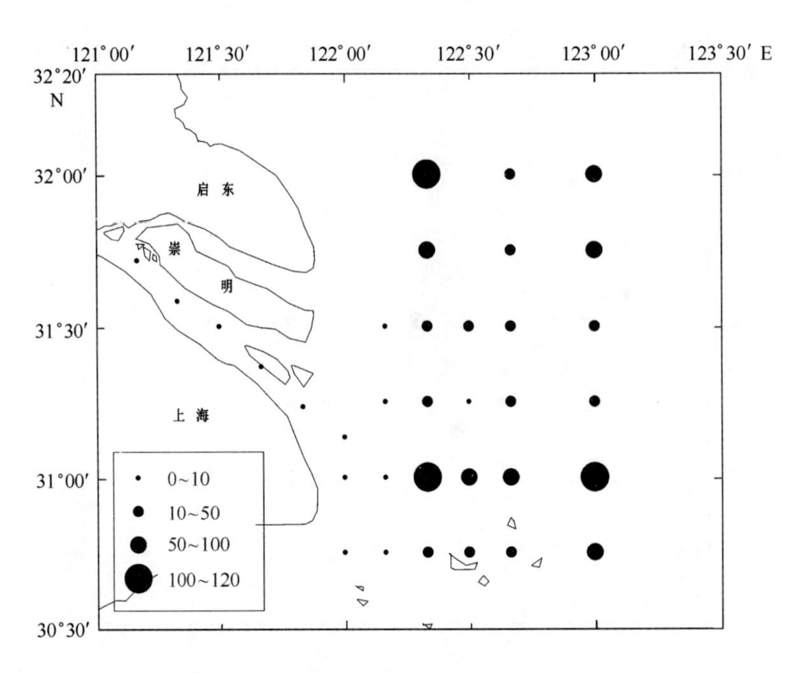

图 6.63　*Sagitta* spp. 2001 年 5 月生物量分布

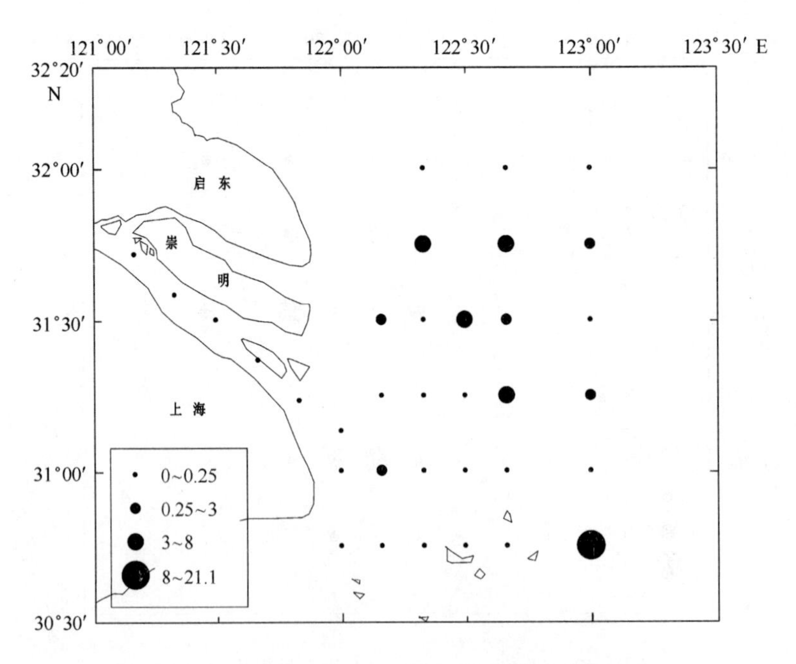

图 6.64　*Euphausia pacifica* 2001 年 5 月生物量分布

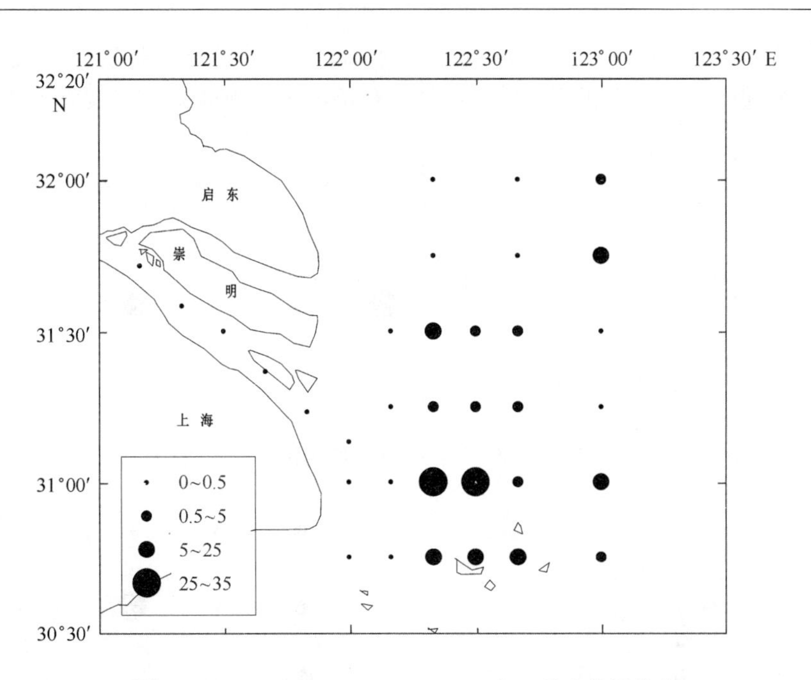

图 6.65 *Pseudeuphausia sinica* 2001 年 5 月生物量分布

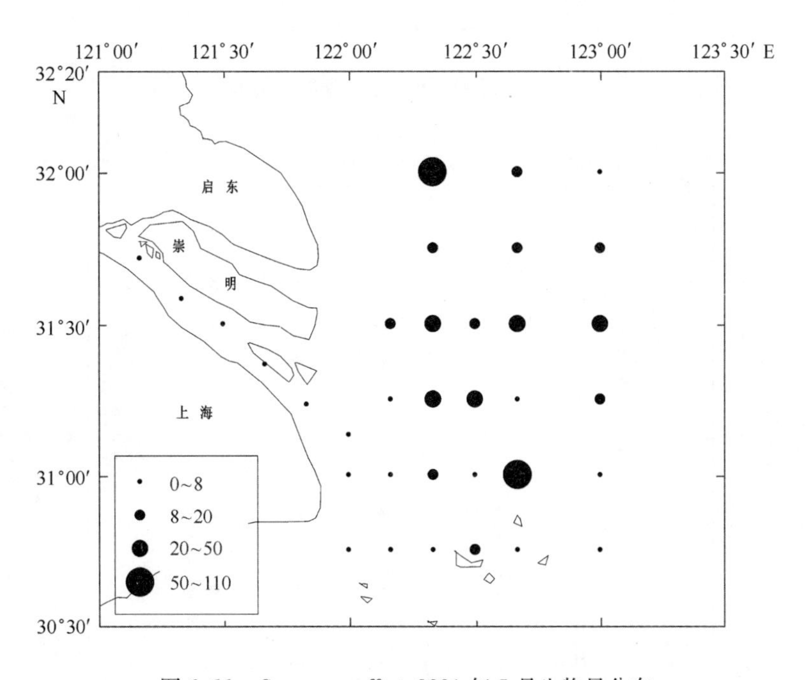

图 6.66 *Corycaeus affinis* 2001 年 5 月生物量分布

2002 年 11 月，桡足类当中，出现的平均密度较高的种类有精致真刺水蚤（*Euchaeta concinna*）、中华哲水蚤（*Calanus sinicus*）、太平洋纺锤水蚤（*Acartia pacific*）、中华华哲水蚤（*Sinocalanus sinensis*）、真刺唇角水蚤（*Labidocera euchaeta*）等。水母中依次是双生水母（*Diphyopsis chamissonis*）、两手筐水母（*Solnundella bitentaculata*）和球形侧腕水母（*Pleurobrachia globasa*）。本航次捕

到的虾类中，最多的是中华假磷虾（*Pseudeuphausia sinica*），其次是糠虾幼体，太平洋磷虾（*Euphausia pacifica*）数量较少，甚至少于漂浮囊糠虾（*Gastrosaecus pelagicus*）（见图 6.67 ~ 图 6.69）。

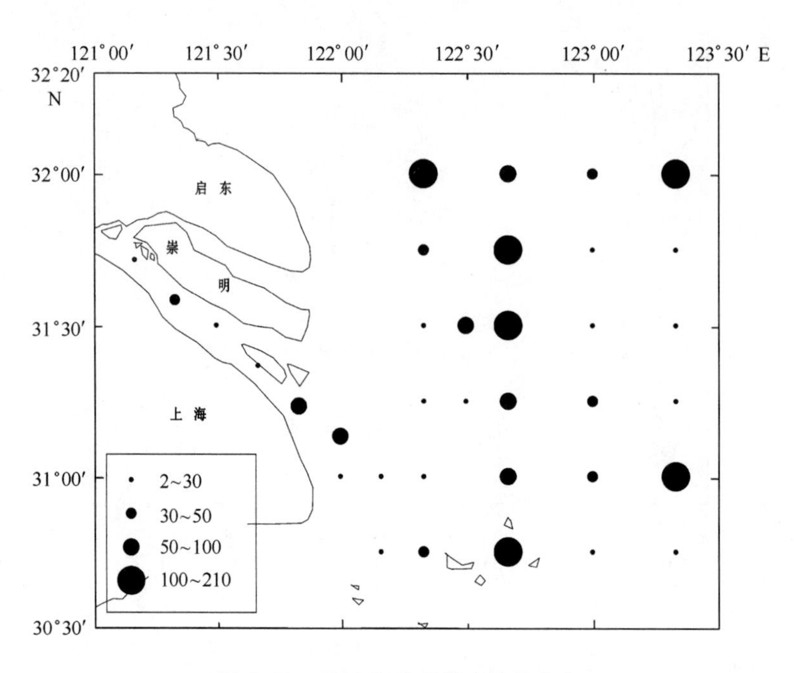

图 6.67　2002 年桡足类生物量分布

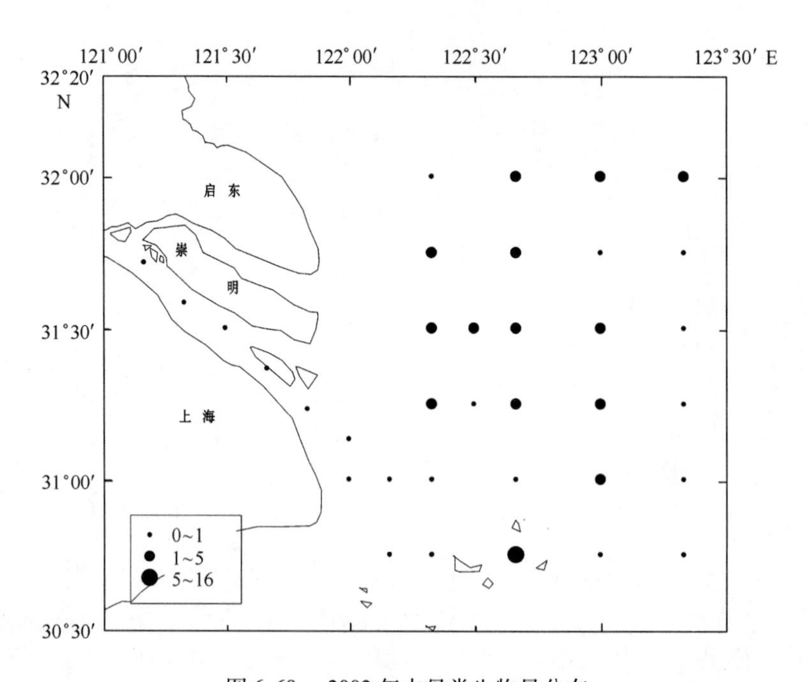

图 6.68　2002 年水母类生物量分布

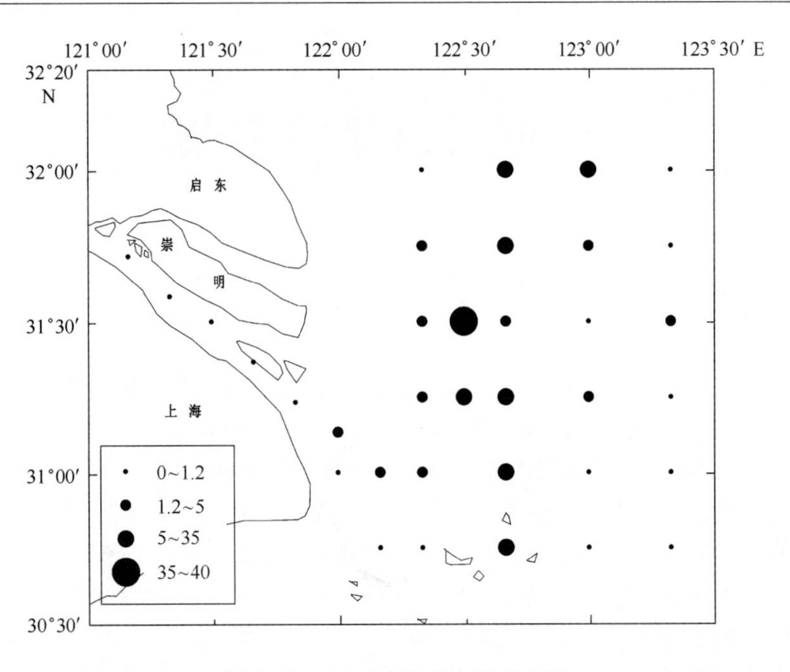

图 6.69 2002 年虾类生物量分布

正是由于各主要优势种的数量变动才导致了生物量的变化，从生物量的平面分布和主要种类的数量分布中可以看出，浮游动物的生物量的分布与优势种的分布格局不同。一些丰度小的种类由于个体较大，所以这些种类对生物量的贡献较大，有时数量变化与生物量变化并非成正比，这在 2001 年 5 月的调查结果中可以看出，5 月份许多种类的个体要小于 11 月份，这主要是由物种在不同发育期里的个体大小差异所决定的，而小型桡足类在海洋生态系统中的功能作用也越来越重要。

7 长江口底栖生物

7.1 种类组成

4个航次共获得底栖生物181种（类）。其中，多毛类92种（占50.83%），软体动物48种（占26.52%），甲壳类22种（占12.15%），棘皮动物8种（占4.42%），其他11种（占6.07%）。从底栖生物出现频率较高的优势种空间分布来看，大体可分为2种类型（表7.1）：一是长江口附近水域沉积物以软泥和泥质砂为主，优势种有多毛类：长吻沙蚕、异足索沙蚕、缩头竹节虫、丝异须虫、膜质伪才女虫和小头虫，软体动物：纵肋织纹螺、圆筒原盒螺、江户明樱蛤，甲壳类：钩虾、日本鼓虾，棘皮动物：滩栖阳遂足和棘刺锚参；二是长江口以北苏北沿海水域以细沙和粗沙碎壳为主，优势种有多毛类、寡节甘吻沙蚕、乳突半突虫，软体动物、秀丽织纹螺、脆壳理蛤，甲壳类、日本浪漂水虱、豆形短眼蟹，棘皮动物、日本倍棘蛇尾。本阶段底栖生物种类组成及其优势种结构，与1985—1986年、1988年的调查结果相吻合。但必须提出的是，于2001年5月调查第10、11、12站和2002年11月25、26、34站出现大量的多毛类污染指标种小头虫，显示这一带水域的水质生态环境有恶化的趋势。

表7.1 长江口底栖生物优势种组成

多毛类：	
长吻沙蚕 *Glycera chirori* 寡节甘吻沙蚕 *Glycinde gurjanovae* 异足索沙蚕 *Lumbrineris heteropoda* 缩头竹节虫 *Maldane sarsi*	丝异须虫 *Heteromastus filiforms* 小头虫 *Capitella capitata* 乳突半突虫 *Anaitides papillosa* 伪才女虫 *Pseudopolydora sp.*
软体动物：	
纵肋织纹螺 *Nassarius varicifera* 圆筒原盒螺 *Eocylichna cylindrella* 江户明樱蛤 *Moerella jedoensis*	秀丽织纹螺 *Raetellops pulchella* 脆壳理蛤 *Theora fragilis*
甲壳类：	
双眼钩虾 *Ampelisca sp.* 日本浪漂水虱 *Cirolana japonensis*	日本鼓虾 *Alpheus japonicus* 豆形短眼蟹 *Xenophthalmus pinnotheraides*
棘皮动物：	
滩栖阳遂足 *Amphiura vadicola* 日本倍棘蛇尾 *Amphioplus japonicus*	棘刺锚参 *Protankyra bidentata*

7.2　生物量

比较不同年份的季节性调查资料显示（表7.2），1999年5月总平均生物量偏低为14.04 g/m^2。而2000年11月、2001年5月和2002年11月的平均生物量较高，分别为25.65 g/m^2、28.14 g/m^{2}和27.04 g/m^2。从底栖生物4大门类的生物量组成来看，除1999年5月外，软体动物的生物量比例最高，即春季（5月）为10.69 g/m^2（占37.99%），秋季（11月）为11.04 g/m^2（占43.04%）及11.51 g/m^2（占42.56%）。多毛类生物量次之，春、秋季分别为5.61 g/m^2（占39.96%）、5.25 g/m^2（占20.47%）、7.14 g/m^2（占25.37%）和5.42 g/m^2（占20.04%）。甲壳类和棘皮动物的生物量占比例均较低。

表7.2　不同年份长江口底栖生物生物量组成

年月	平均	软体动物		多毛类		甲壳类		棘皮动物		其他	
		数量/（g/m^2）	比例/%	数量/（g/m^2）	比例/%	数量/（g/m^2）	比例/%	数量/（g/m^2）	比例/%	数量/（g/m^2）	比例/%
1999.5	14.04	2.99	21.29	5.61	39.96	0.93	6.62	2.05	14.60	2.46	17.52
2000.11	25.65	11.04	43.04	5.25	20.47	1.96	7.64	3.23	12.59	4.17	16.26
2001.5	28.14	10.69	37.99	7.14	25.37	3.22	11.44	4.99	17.73	2.10	7.46
2002.11	27.04	11.51	42.56	5.42	20.04	5.68	21.01	3.25	12.02	1.18	4.36

与此同时，5月调查各测站底栖生物生物量较高达45.65 g/m^{2}以上的站位，主要有第1、2、3、18、19、23、32、33站（图7.1~图7.4）。其中，第19站的生物量最高达132.10 g/m^2，因采得大型纺锤螺和异足索沙蚕。11月调查出现高生物量为47.25 g/m^{2}以上的测站主要有第1、11、18、19、26站，尤其是第19和26站的生物量最高达190.59 g/m^{2}和165.7 g/m^2，采得数量较多的秀丽波纹蛤和3个个体较大的明樱蛤。还有第11站，采得5个滩栖蛇尾。由于这些测站远离长江口，受其冲淡水影响较小，水域生态环境较稳定，这是形成高生物量的重要因素。

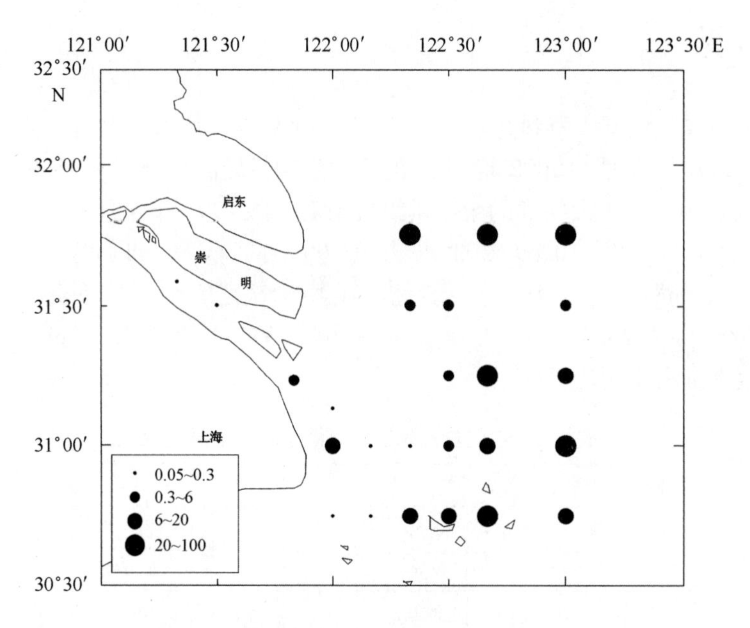

图 7.1　1999 年底栖生物生物量分布（g/m²）

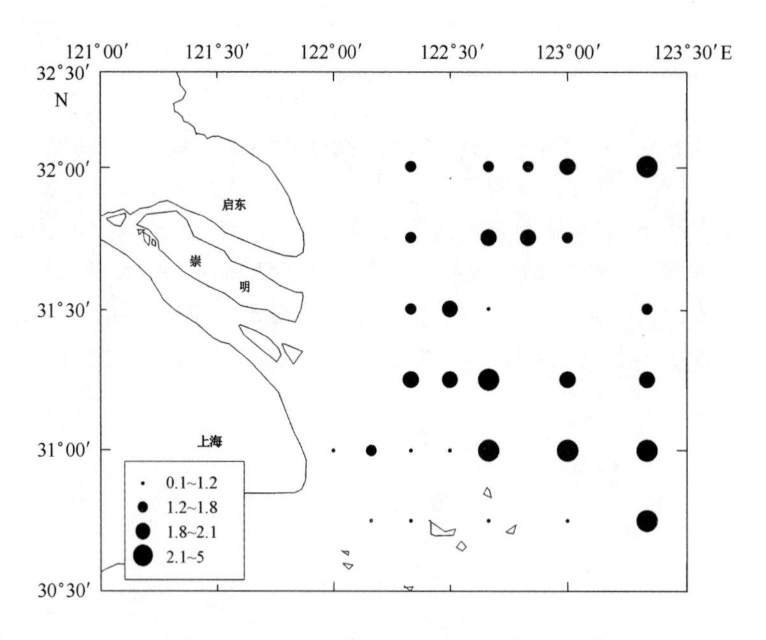

图 7.2　2000 年底栖生物生物量分布（g/m²）

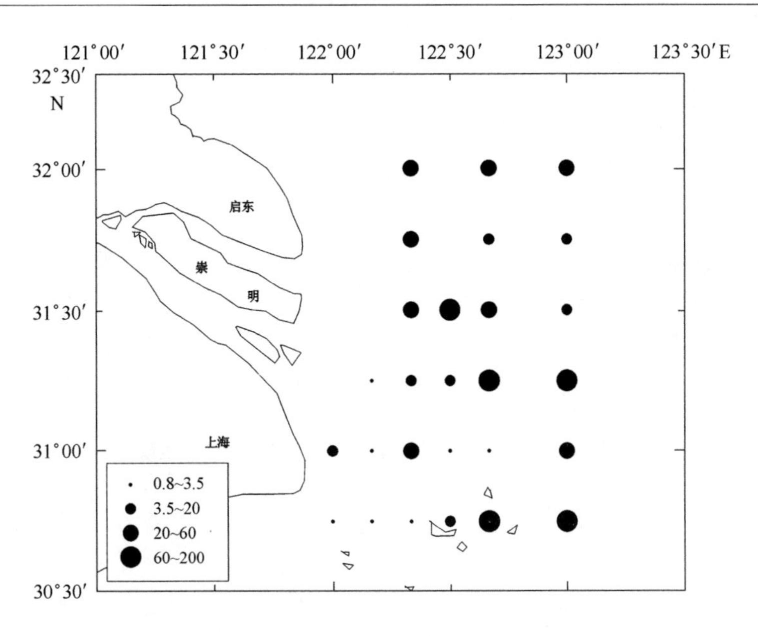

图 7.3 2001 年底栖生物生物量分布（g/m^2）

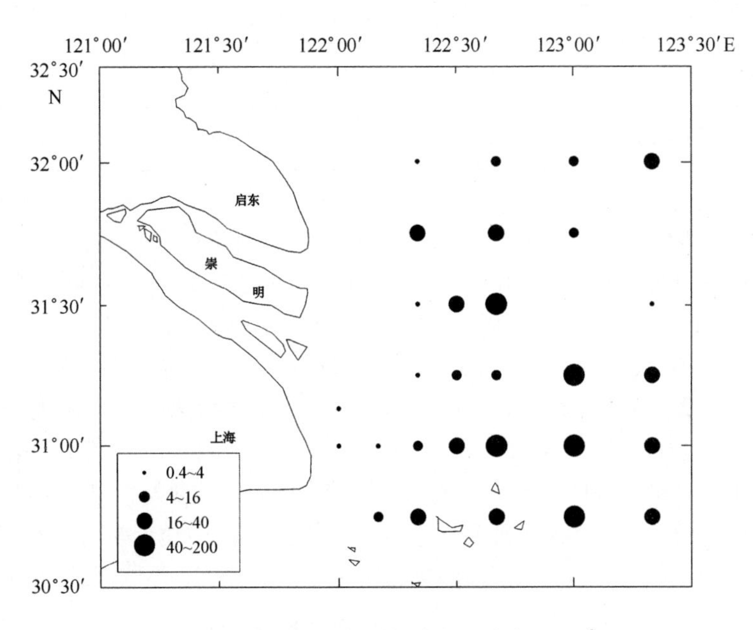

图 7.4 2002 年底栖生物生物量分布（g/m^2）

从上述分析来看，春季（5 月）底栖生物总平均生物量和 4 个门类的生物量组成，总体要高于秋季（11 月）调查结果。原因是 5 月长江口水温回升，又值汛期来临，为河口水域带来充裕的营养盐和有机碎屑，对长江口底栖生物的繁育和高生物量组成起了良好促进作用。

7.3 栖息密度

由表7.3可见，1999年5月和2001年5月的平均栖息密度较高，分别为333.24个/m²和411.91个/m²，2000年和2002年11月的平均栖息密度分别为213.08个/m²和396.87个/m²在底栖生物4大门类的栖息密度组成中，以多毛类的栖息密度比例最高，春季（5月）和秋季（11月）分别为267.88个/m²（占80.38%），90.77个/m²（占42.60%），316.91个/m²（占76.94%）和152.18个/m²。其次，软体动物为32.92个/m²（占9.88%），58.46个/m²（占27.43%），50.15个/m²（占12.17%）和36.3个/m²。甲壳类和棘皮动物的栖息密度所占比例均较低。

表7.3　不同年份长江口底栖生物栖息密度组成　　单位：个/m²

时间	平均	软体动物		多毛类		甲壳类		棘皮动物		其他	
		数量	比例/%	数量	比例/%	数量	比例/%	数量	比例/%	数量	比例/%
1999年5月	333.24	32.92	9.88	267.88	80.38	13.46	4.04	7.13	2.14	11.85	3.56
2000年11月	213.08	58.46	27.43	90.77	42.60	21.54	10.11	5.77	2.71	36.54	17.15
2001年5月	411.91	50.15	12.17	316.91	76.94	24.85	6.03	7.35	1.78	12.65	3.07
2002年11月	396.87	144.06	36.30	152.18	38.34	41.25	10.39	24.37	6.14	35.00	8.83

5月份调查中，底栖生物栖息密度大于250个/m²以上的站位有第1、5、6、7、11、13、17、18、19、25、26、32、33站（图7.5～图7.8）。其中，2001年5月第11站的生物栖息密度最高达6 020个/m²，还有2002年11月的19站为1 700个/m²。因采到大量的多毛类伪才女虫（2 830个/m²）和小头虫（150个/m²）。还有，1999年5月第25站的生物栖息密度很高（图7.5），达2 200个/m²。其中，丝异须虫数量高达2 000个/m²。2000年和2002年11月底栖生物栖息密度大于260个/m²以上的站位有第1、6、11、16、17、19、24、25、26、31、32、33站（图7.3）。其中，第17和19站的栖息密度分别高达640个/m²和1 700个/m²，主要为个体较小的秀丽波纹蛤数量是480个/m²和缩头竹节虫数量是150个/m²。另外，第25站的圆筒原盒螺，栖息密度亦达60个/m²。2001年5月，少数优势种类的栖息密度也很高，如第1站的豆形短眼蟹为120个/m²，第13站的樱蛤为330个/m²。

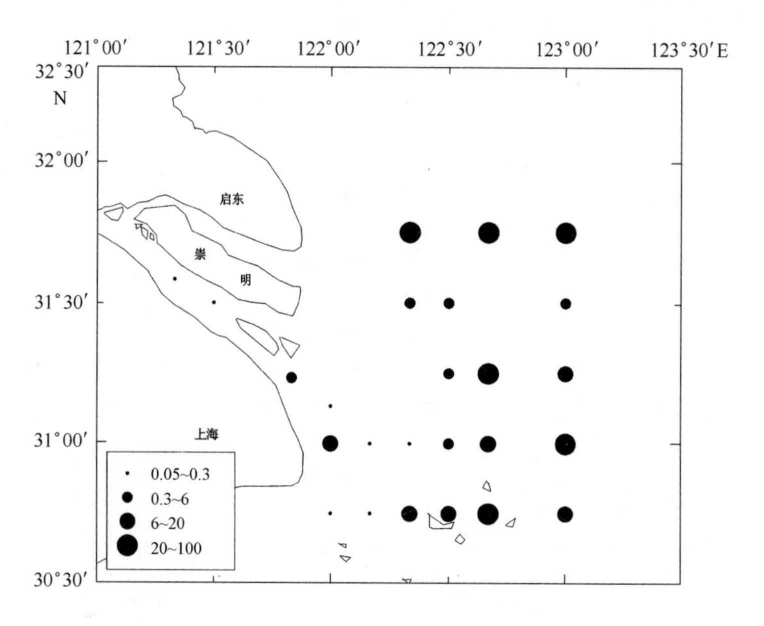

图 7.5 1999 年底栖生物栖息密度分布（个/m²）

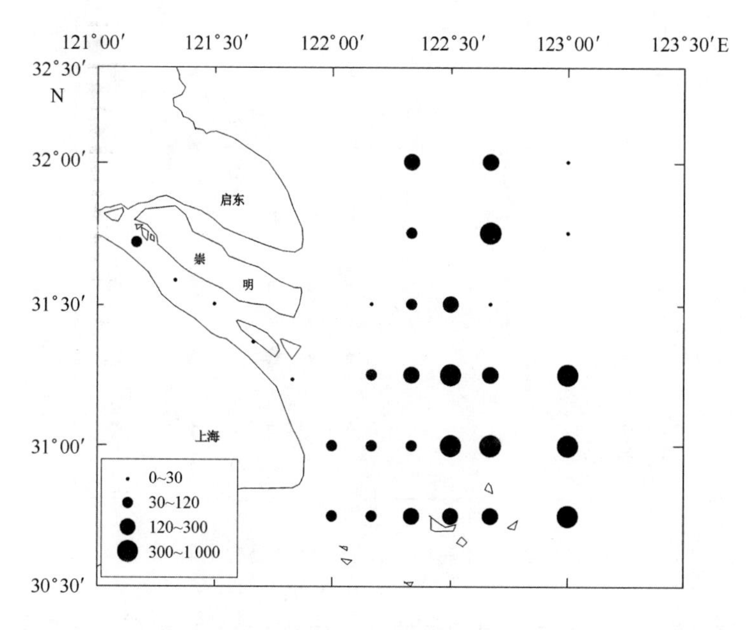

图 7.6 2000 年底栖生物栖息密度分布（个/m²）

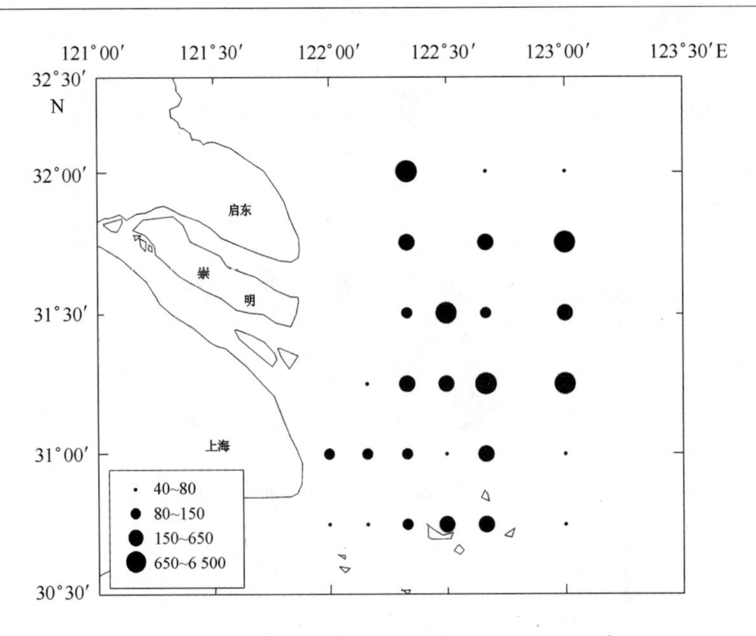

图 7.7　2001 年底栖生物栖息密度分布（个/m²）

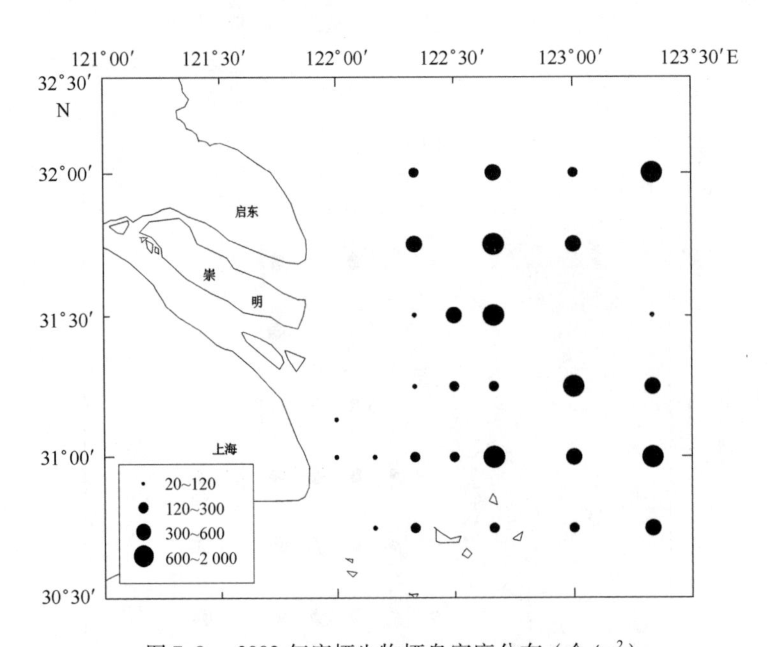

图 7.8　2002 年底栖生物栖息密度分布（个/m²）

由此可见，长江口水域春、秋季底栖生物的高生物量和栖息密度的空间分布格局基本一致，主要位于122°E 以东，长江口外盐度偏高的水域，而紧靠长江口附近 122°E 以西调查水域底栖生物数量分布均低（图 7.1 ~ 图 7.8）。如口内经多次调查第 35 站至 40 站的生物栖息密度几乎为零，与刘瑞玉等（1992）报道相一致。

7.4 群落多样性特征

根据3个航次调查资料，对底栖生物群落多样性作了统计分析。

2000年11月和2001年5月的Shannon－Weiner指数（H'）平均值分别为2.87和2.88，相差甚微，而1999年5月的H'平均值2.41，稍低于2001年5月。初步结果表明，11月和5月长江口及邻近水域底栖生物群落多样性较高。其中，第19站H'值最高（11月和5月），分别为4.13（22种）和4.91（37种）。此外，第5、6、7、16、18、23、25、26、31、32站H'值都在3左右。但是，位于长江口内及其入海口附近测站，如第22、28、35至40站的H'值较低或为零，表明该水域底栖生物群落多样性偏低图7.9～图7.11。

除了Shannon－Weiner指数外，根据种类丰度指数和均匀度指数对生物群落的空间分布特征分析表明（图7.12～图7.14），3个航次的丰度指数D的平均值分别为1.28、1.33、1.11，均匀度指数J平均值分别为0.76、0.89、0.93。可见调查区D值和J值都较高，且位于标准值的上限范围。其中，第1、5、6、19、26、32、33站的D值（2.29～3.44）和J值（0.75～1.0），显得较高。这与上述底栖生物种类多样性指数H'出现高值的测站一致，这基本反映长江口及邻近水域底栖生物多样性属于良好势态。大部分测站不仅群落丰度较高，而且种类分布亦较均匀。

7.5 群落多样性指数的空间分布

根据2001年5月和2000、2002年11月各站Shannon－wiener多样性指数（H'），作成等值线平面分布（图7.9～图7.14），以示该水域春、秋季底栖生物群落多样性空间特征。

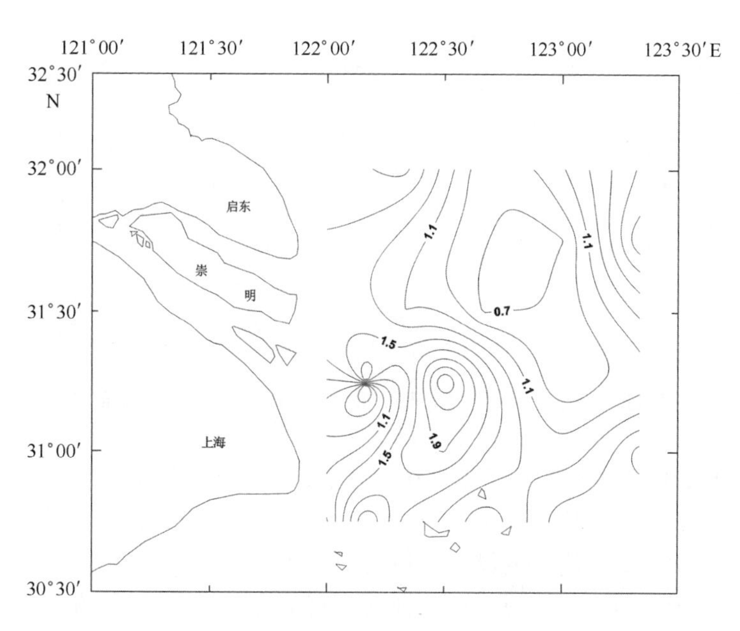

图7.9　2000年底栖生物Shannon－Weiner多样性指数分布特征

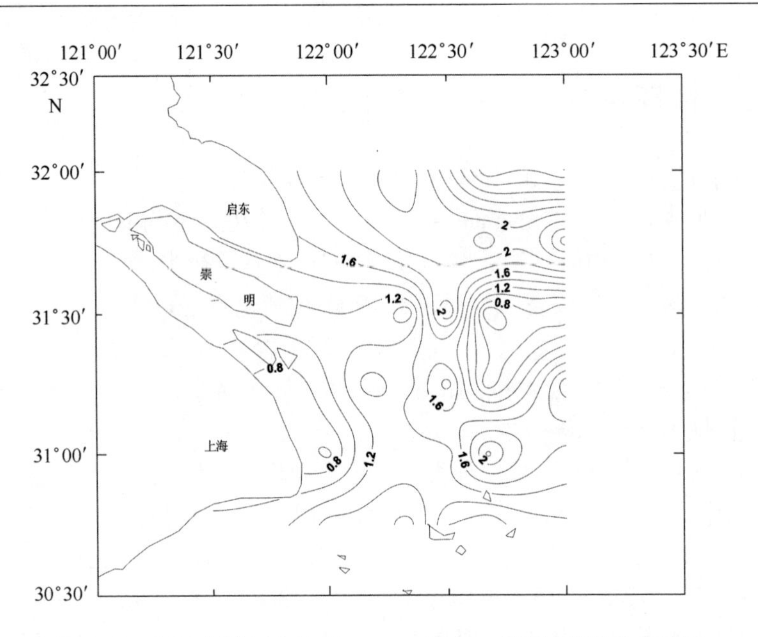

图 7.10 2001 年底栖生物 Shannon - Weiner 多样性指数分布特征

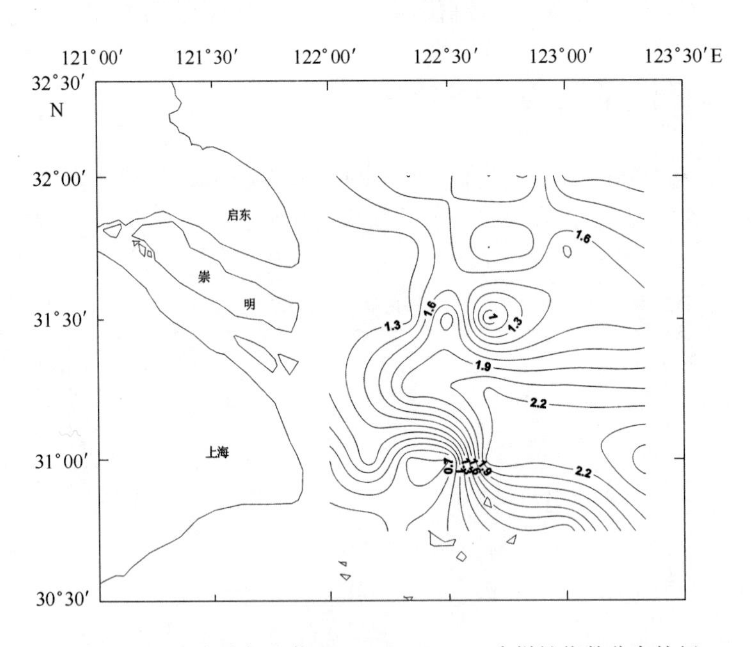

图 7.11 2002 年底栖生物 Shannon - Weiner 多样性指数分布特征

春季（5 月），122°E 以东大部分水域的 H' 值在 2.8 以上，尤其是在 122°30′E，31 ~ 32°N 水域的 H' 值高达 3 左右，有的测站甚至高达 4 以上，如第 7、19 站的 H' 值分别为 4.54（30 种）、4.91（37 种）。必须指出，5 月底栖生物种类组成中，多毛类种类数及个体数较多，如第 19 站共出现 27 种（多毛类为 15 种），而 11 月共 22 种（多毛类为 8 种）。显示春季多毛类种类数对底栖生物群落多样性指数 H' 值起了主导作用。

秋季（11 月），群落多样性指数 H' 等值线平面分布，大致可分为 2 个小区，即位于长江口外

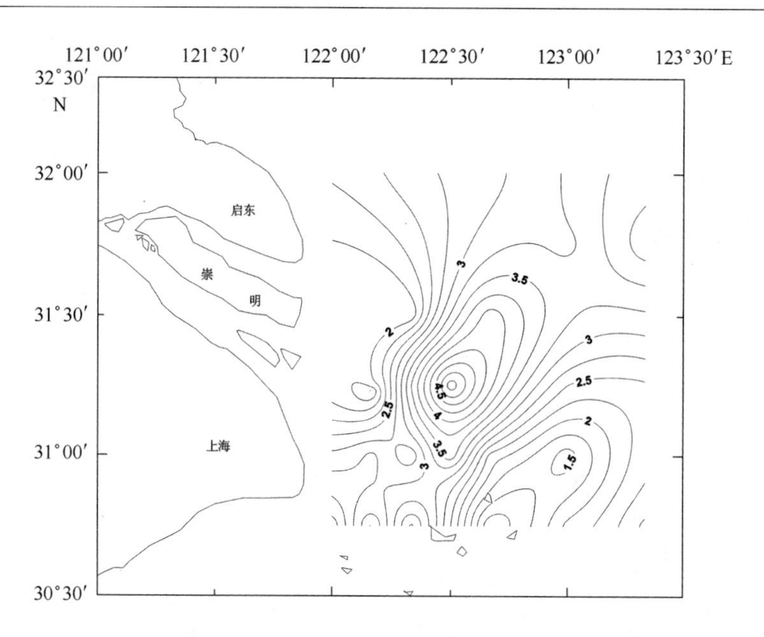

图 7.12　2000 年底栖生物种类丰度分布特征分布

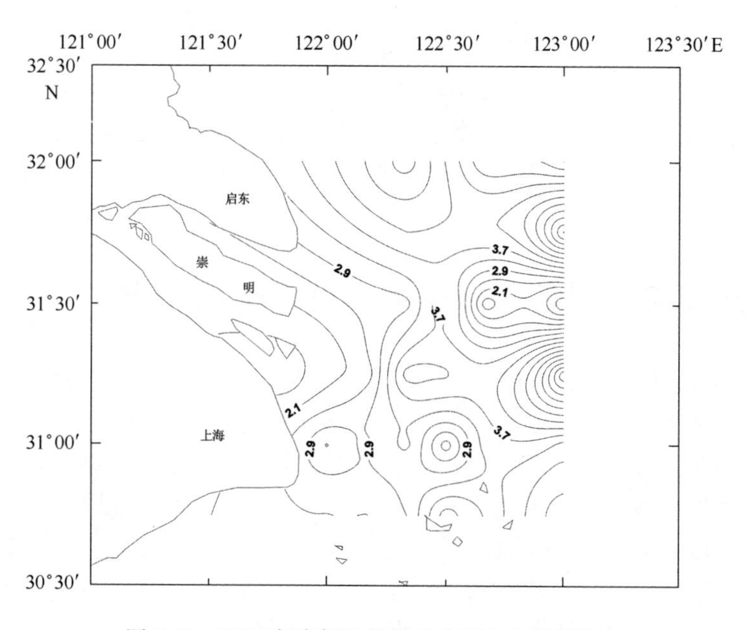

图 7.13　2001 年底栖生物种类丰度分布特征分布

122°30 以东，自苏北沿海至浙江北部 31°～32°N 为 H' 高值区，H' 值在 2.8 以上，大部分测站出现相对丰富的生物种类。如第 11 站 H' 值为 3.58（15 种）、第 19 站 H' 为 4.13（22 种），第 33 站 H' 值为 3.62（14 种）。另外，位于长江口入海前锋 122°E 附近水域，出现生物种类明显减少，一般在 5 种左右，H' 值在 2.4 以下。还有在长江口内因水流太急，没有采得生物样品，故该水域的 H' 值几乎为零，H' 值最低。

如上所述，长江口水域底栖生物群落多样性的基本特征：一是位于长江口外海（即 122°E 以东）水域总体显示，群落多样性指数 H' 值较高，达 2.8 以上，但 11 月和 5 月该水域的生物多样

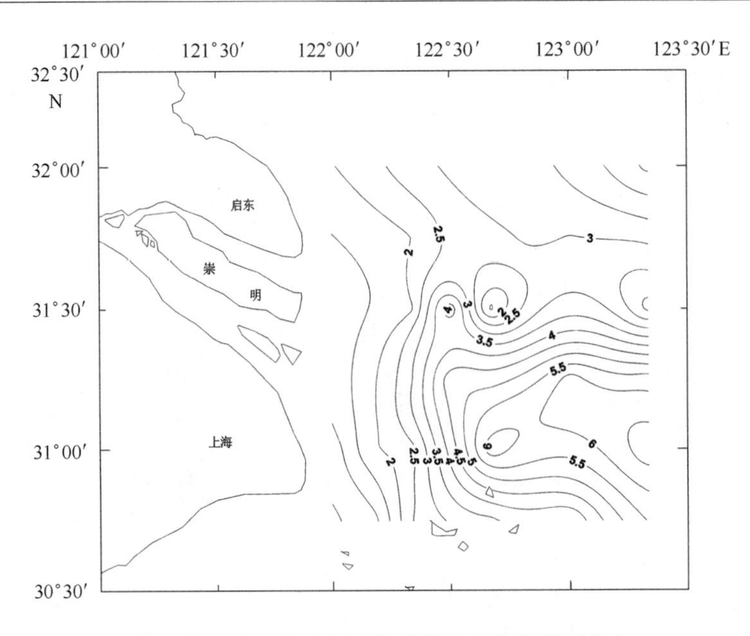

图 7.14　2002 年底栖生物种类丰度分布特征分布

性分布有季节差异。秋季（11 月）枯水期 H' 高值平面分布图明显向外海水域集中，而 5 月汛期来临加上水温回升，H' 高值分布区向长江口附近延伸。特别是在苏北启东沿海尤为明显。二是位于长江口 122°E 以东水域的群落多样性指数 H'、丰度指数 D 及均匀度指数 J 普遍高于河口附近水域。这充分反映了长江口底栖生物群落分布动态的基本格局，同时又说明河口底栖生物分布与该水域理化环境要素变化密切相关。

7.6　三峡大坝截流对长江口底栖生物多样性的影响

本次河口生态环境监测调查，时值三峡大坝截流之际。本次调查有关长江口底栖生物群落多样性本底现状，不仅是继 1985—1986 年对底栖生物生态状况的监测延伸，而且是临近完成大坝截流后实施发电运作，引起河口水域底栖生物生态变化前期的重要背景值。根据 11 月和 5 月调查长江口底栖生物群落多样性指数 H' 值平面分布图分析，口外（即 122°E 以东）群落多样性指数 H' 值普遍较高，种类丰度 D 和均匀度 J 值大都符合标准上限的佳况范围，并基本反映历年长江口水域处于良性生态。正如刘瑞玉（1992）指出，长江口区底栖生物的本底状况是水温、盐度和沉积物等诸环境因子长期共同作用的结果。近期三峡大坝不久将建成，尔后每年长江口的径流量要经受春夏季洪汛期和秋冬季枯水期的调节型变动。随着年复一年历史性进程，长江冲淡水径流量的久年大幅变动，可以直接影响长江口水域的生态稳定性，可能导致长江口的水温、盐度、泥沙沉积速率、悬浮颗粒物含量、水质透明度等的不稳定性。由于水域环境要素的急剧变化，对赖以河口环境栖息的底栖生物生存必然受到影响。尤其是位于长江口入海前锋局部水域的底栖生物群落多样性可能发生消长变动，如多毛类耐污动物小头虫因径流量的减少，而可能得到大量繁衍的机会，软体动物贝类有的种类可能消失或迁移，这是有待于以后持续不懈对长江口监测调查的重要内容之一。

8 长江口鱼类浮游生物

8.1 种类组成

长江口区鱼类浮游生物各年种类组成情况（表8.1）：1998年11月调查区共捕获仔稚鱼40尾，共5个种；1999年5月调查区共捕获鱼卵6 644个，皆属于浮性、悬浮性鱼卵；获仔稚鱼近1.5万尾，共分22种，其中包括淡水鲤科的3个种，隶属于16科，已鉴定到种的鱼类计16种；2000年11月调查区共捕获鱼卵59个，获仔稚鱼62尾，共分11个种，已鉴定到种的鱼类计10种，其余1种鉴定到属；2001年5月调查区共捕获浮性、悬浮性鱼卵1 341个，获仔稚鱼7 466尾。所获鱼类浮游生物共分32个种，已鉴定到种的鱼类计26种，其余6种至少鉴定到科；2002年11月，获鱼卵35个，获仔稚鱼29尾；共分11种。

表8.1 鱼卵仔鱼名录表

拉丁名	种名	生态类型	区系	1998年	1999年	2000年	2001年
Acentrogobius caninus	犬牙细棘鰕虎鱼	半咸水	WT			+	
Anchoviella commersoni	康氏小公鱼	沿岸		+		+	+
Anguillidae	鳗鲡科	半咸水		+			+
Benthosema pterota	七星鱼	深水	WT			+	
Brotulidae	须鳚科	近海			+		
Callionymidae	衔科	近海					+
Chaeturichthys hexanema	六丝矛尾鰕虎鱼	半咸水	WT		+		+
Chaeturichthys stigmatias	矛尾鰕虎鱼						+
Coilia mystus	凤鲚	半咸水	WW	+	+		+
Collichthys lucidus	棘头梅童鱼	沿岸					+
Cynoglossus abbreviatus	短吻三线舌鳎	近海					+
Cynoglossus joyneri	焦氏舌鳎	沿岸	WT		+		+
Cynoglossus spp.	舌鳎属					+	+
Cyprinidae	鲤科	淡水			+		
Draculo mirabilis	单鳍衔	近海	WT		+		
Engraulis japonicus	鳀	近海	WT		+	+	+
Gobiidae	鰕虎鱼科						+

续表 8.1

拉丁名	种名	生态类型	区系	1998 年	1999 年	2000 年	2001 年
Harpodon nehereus	龙头鱼	沿岸	WW			+	
Hemisalanx prognathus	前颌间银鱼	半咸水	WT		+		
Johnius belengeri	皮氏叫姑鱼	沿岸					+
Lateolabrax japonicus	花鲈	近海	WT			+	
Lepidotrigla micropterus	短鳍红娘鱼						+
Liza haematocheila	梭鱼	半咸水	WT		+		+
Luciogobius guttatus	竿鰕虎鱼	半咸水	WT		+		+
Mugil cephalus	鲻鱼	半咸水					+
Nibea japonica	日本黄姑鱼		WT			+	
Odontamblyopus rubicundus	红狼牙鰕虎鱼						+
Pampus argenteus	银鲳	沿岸	WT		+		+
Platycephalus indicus	鲬	近海	WW		+		+
Pneumatophorus japonicus	鲐	近海	WW		+		+
Pseudolaubuca engraulis	寡鳞飘鱼	淡水				+	
Pseudolaubuca sinensis	银飘鱼	淡水				+	+
Pseudorasbora parva	麦穗鱼	淡水		+			
Pseudosciaena crocea	大黄鱼	沿岸	WT		+		+
Pseudosciaena polyactis	小黄鱼	沿岸	WT		+		+
Salanx ariakensis	有明银鱼	河口	WT			+	
Sciaenidae	石首鱼科						+
Sebastiscus marmoratus	褐菖鲉	近岸岩礁	WT		+		+
Sebastes schlegeli	许氏平鲉	沿岸、近海	CT		+		
Setipinna taty	黄鲫	沿岸					+
Sparidae	鲷科	近海			+		
Synechogobius hasta	矛尾复鰕虎鱼	半咸水	WT		+		+
Tetraodontidae	鲀科	半咸水			+		+
Therapon theraps	刺鱼						+
Thrissa Kammalensis	赤鼻棱鳀	沿岸					+
Trachidermus fasciatus	松江鲈	半咸水					+
Trachinocephalus myops	大头狗母鱼			+			

8.2　数量分布

1998年11月共捕获仔稚鱼共40尾。在垂直网中捕获仔稚鱼5尾，为凤鲚、鳗鲡、大头狗母鱼。在水平表层网中，捕获仔稚鱼35尾，数量最多为麦穗鱼，其次为康氏小公鱼和凤鲚。

1999年5月共捕获鱼卵、仔稚鱼近21 553个（尾）。在垂直由底托至表的取样中，共获鱼卵6 261个，仔稚鱼1 173尾。鱼卵中鳀数量最大，其次为银鲳、凤鲚；仔稚鱼也是鳀数量最大，六丝矛尾鰕虎鱼、前颌间银鱼次之。在水平表层托网取样中，获鱼卵383个，仔稚鱼近14 000尾，梭鱼的鱼卵数量最大，其次依次为凤鲚、大黄鱼、小黄鱼；仔稚鱼仍是鳀数量最大，其次为六丝矛尾鰕虎鱼、前颌间银鱼。

2000年11月共捕获鱼类浮游生物121个（尾）。在垂直拖网中，获鱼卵57个，仔稚鱼9尾。鱼卵包括鲈鱼和一待鉴定种；仔稚鱼中鳀鱼数量最大。在水平网捕获鱼卵2个，全部为鲈鱼卵；仔稚鱼53尾，有明银鱼数量最大，其次为鳀鱼和龙头鱼。

2001年5月共捕获鱼类浮游生物数量为8 807个（尾）。在垂直拖网取样中，共获鱼卵27个，仔稚鱼119尾。鱼卵中凤鲚数量最大；仔稚鱼中小黄鱼和六丝矛尾鰕虎鱼数量最大。在水平网中，获鱼卵1 314个，仔稚鱼7 347尾，凤鲚的鱼卵数量最大，其次为梭鱼和鳀鱼；仔稚鱼中凤鲚数量最大，其次是衔科和鳀鱼。

2002年11月共拖获鱼类浮游生物64个（尾），其中鱼卵35个，获仔稚鱼29尾。在垂直网中，获鱼卵5个，仔稚鱼4尾。鱼卵包括花鲈和一待鉴定种，仔稚鱼包括鳗科和有明银鱼等3种。在水平网中，拖获鱼卵30个，仔稚鱼25尾，鱼卵种类结构同垂直网，仔稚鱼则包括大黄鱼、有明银鱼和海龙科等种类（表8.2）。

表8.2　鱼卵仔稚鱼的垂直水平数量比例

拖网类型	1999年5月	2001年5月	1998年11月	2000年11月	2002年11月
垂直网鱼卵	6 261	27	0	57	5
垂直网仔稚鱼	1 173	119	5	9	4
水平网鱼卵	383	1 314	0	2	30
水平网仔稚鱼	13 759	7347	35	53	25
鱼类浮游生物总数	21 576	8 807	40	121	64
鱼类浮游生物种数	22	32	5	11	11

8.3　相对丰度

1998年11月麦穗鱼的鱼类浮游生物数量在水表水体中第一，仅次其后的是康氏小公鱼。而在垂直水体中凤鲚最多。表明1998年冬季鱼类浮游生物的优势种群是凤鲚。

1999年5月，鳀的鱼类浮游生物量在垂直和水平水体中均占绝对优势，六丝矛尾鰕虎鱼、前颌间银鱼在垂直和水平水体中分占二、三位。1999年5月调查鱼类浮游生物中，鳀数量最多且大多数位于长江口的东北方向即42、43、44三个站，即河口海域的东北部分。此次调查鱼类浮游生物数量，数量大的主要经济种类为凤鲚，大小黄鱼，及银鲳，但这些种类的数量远远低于鳀的数量，表明鳀在长江口渔场的补充量很大，具有巨大的开发潜力。

2000 年 11 月，银鱼的鱼类浮游生物数量在水表水体中第一，仅次其后的是鳀鱼。而在垂直水体中鳀鱼则占绝对优势，其次为鲈鱼和舌鳎属。表明冬季鱼类浮游生物的优势种群仍是鲈鱼，有明银鱼、龙头鱼等，而鳀鱼仍是绝对优势种鱼类。

2001 年 5，凤鲚的鱼类浮游生物数量在水表水体中占绝对优势，而在垂直水体中仅次于小黄鱼和六丝矛尾鰕虎鱼之后，在水表水体中衔科和鳀鱼列第二、第三位。表明凤鲚、小黄鱼等经济种类资源量回升，仍有很大的开发潜力，而鳀鱼仍是优势种鱼类。

2002 年 11 月，水平和垂直拖网中除死卵和无法鉴定的种类外，有明银鱼、大黄鱼、花鲈在表层水体中数量优势较大。花鲈、有明银鱼、日本黄姑鱼、鳗鲡等仍在垂直水体中数量较大。数量优势种群仍为花鲈，有明银鱼等。本季捕获鳀数量较少。

8.4 空间分布

分布频次在水平与垂直水体上的差异，反映出鱼类浮游生物的分布范围是主要在垂直水体中还是聚于水表面。六丝矛尾鰕虎鱼、银鲳、小黄鱼、焦氏舌鳎、竿鰕虎鱼均为垂直水体出现站位的频次远大于水平表面出现频次，表明该类鱼类浮游生物在分布范围上主要分布在垂直水体中；鳀、凤鲚、大黄鱼、单鳍衔、鲬垂直与水表分布站位基本一致，表明该类鱼类浮游生物水平与垂直水体的分布基本上一致，相差不大；梭鱼、鲤科、前颌间银鱼等鱼类浮游生物垂直分布上明显低于水平分布上的频次，该类鱼类浮游生物在水表的分布范围广。

1998 年 11 月，鱼类浮游生物分布站位范围最广的种类是康氏小公鱼，主要分布在水表水体中，其次是麦穗鱼，凤鲚；而大头狗母鱼和鳗鲡则只分布在垂直水体中。水表与垂直水体鱼类浮游生物总量在各站位分布情况如图（图 8.1 和图 8.2）

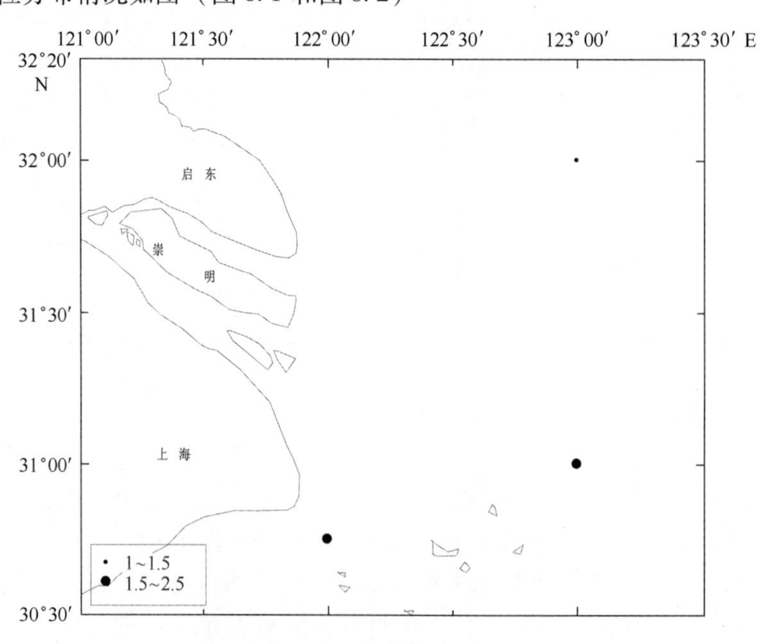

图 8.1　1998 年 11 月垂直水体鱼类浮游生物站位分布

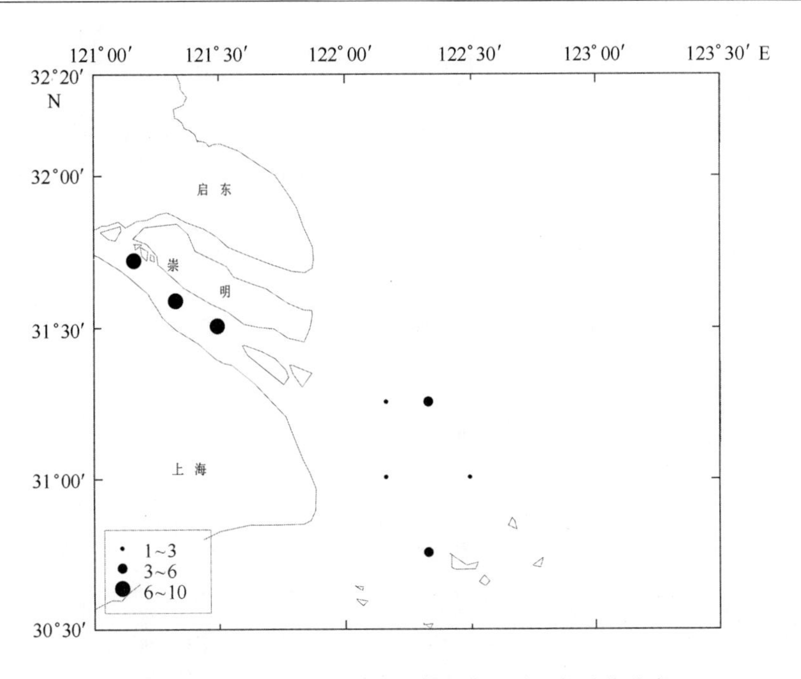

图 8.2 1998 年 11 月水表水体鱼类浮游生物站位分布

1999 年 5 月，鱼类浮游生物分布站位范围最广的种类是鳀，在垂直和水表水体中均占首位；六丝矛尾鰕虎鱼、银鲳在垂直水体中分布范围分居其次；梭鱼、六丝矛尾鰕虎、凤鲚在水表水体中分居其次。鳀鱼、六丝矛尾鰕虎鱼、银鲳、小黄鱼等鱼类浮游生物在分布总频次上居于首位。1999 年 5 月，水表与垂直水体鱼类浮游生物总量在各站位分布情况如图（图 8.3 和图 8.4），垂直与水表水体均在调查区域的东北部鱼类浮游生物数量较大，另外，水表水体中在河道和调查区域的南部有较多的鱼类浮游生物。

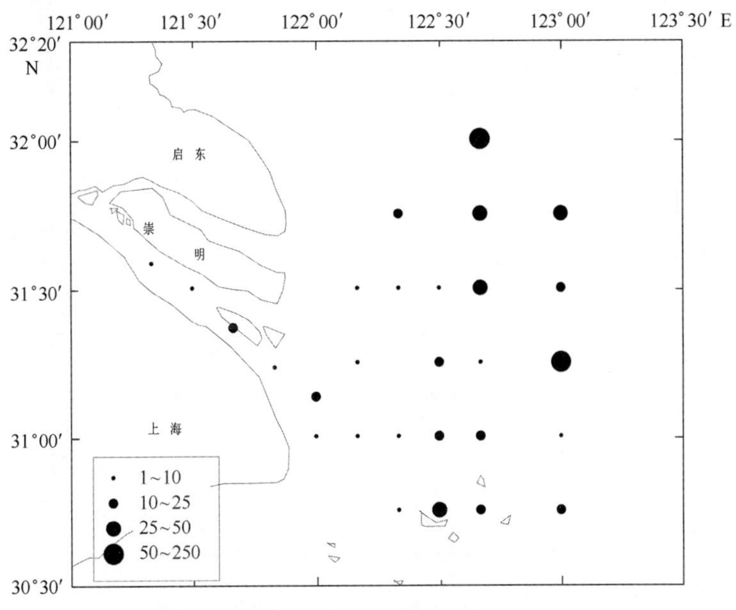

图 8.3 1999 年 5 月垂直水体鱼类浮游生物站位分布

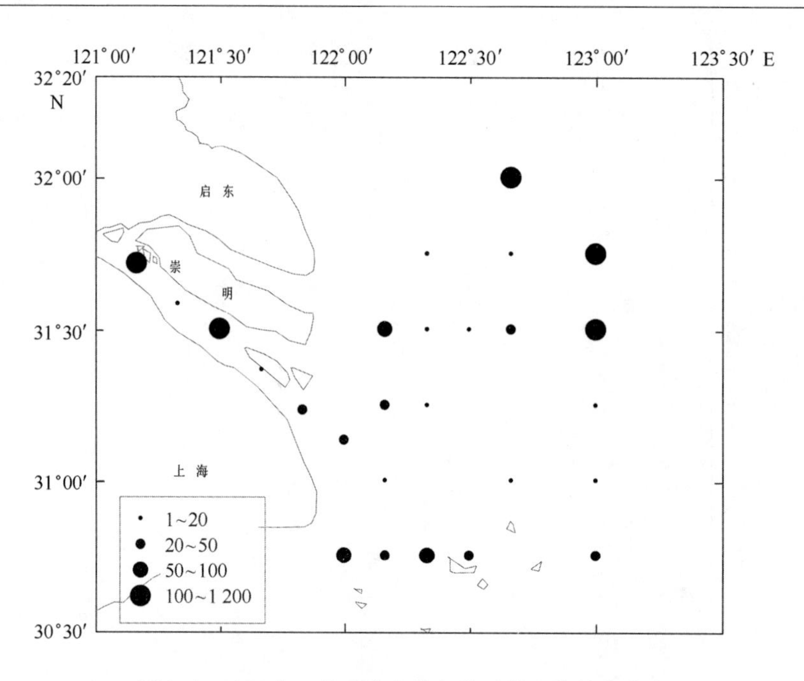

图 8.4　1999 年 5 月水表水体鱼类浮游生物站位分布

2000 年 11 月的调查中，鱼类浮游生物分布站位范围最广的种类仍是鳀，在水表水体中仅次于有明银鱼，与龙头鱼并列，在垂直水体中鳀仍占首位。鳀鱼，有明银鱼，龙头鱼，鲈鱼，在分布总频次依次排开。水表与垂直水体鱼类浮游生物总量在各站位分布情况如图（图 8.5 和图 8.6），水表水体在调查区域的北部和河道内有较多的鱼类浮游生物，垂直水体则在调查区域的东南侧有较多的鱼类浮游生物出现。

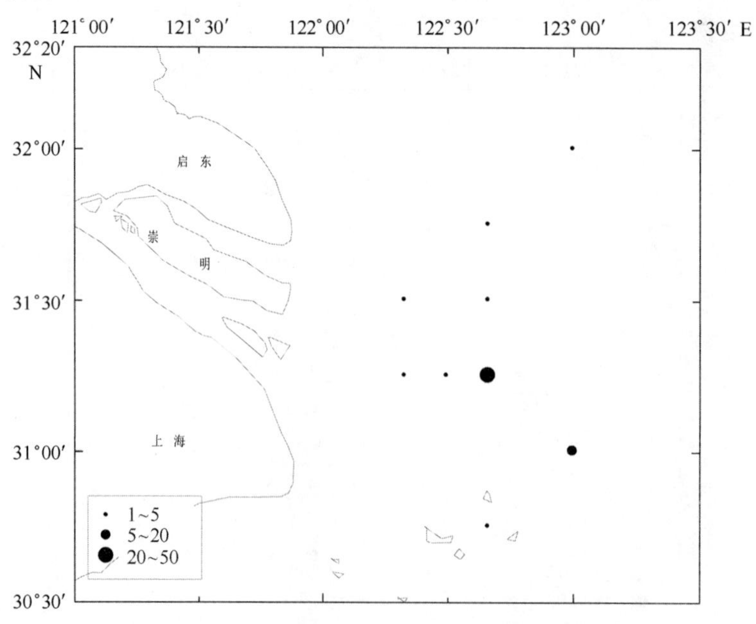

图 8.5　2000 年 11 月垂直水体鱼类浮游生物站位分布

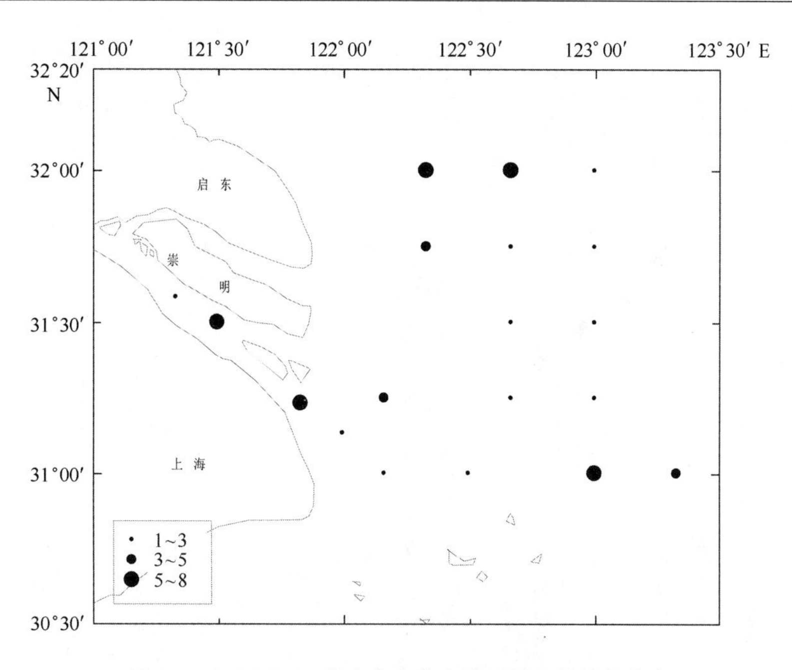

图 8.6　2000 年 11 月水表水体鱼类浮游生物站位分布

2001 年 5 月的调查中，鱼类浮游生物分布站位范围最广的种类仍是鳀，在水表水体中和梭鱼并列首位，在垂直水体中出现站位较少；在垂直水体中出现站位最多的种类是矛尾鰕虎鱼、其次是小黄鱼、鳀鱼、梭鱼、凤鲚、小黄鱼等鱼类浮游生物在分布总频次上依次排开。2001 年 5 月，水表与垂直水体鱼类浮游生物总量在各站位分布情况如图（图 8.7 和图 8.8），垂直与水表水体均在调查区域的南部和河道内鱼类浮游生物分布较多，另外，垂直水体在调查区域的北部有较多的鱼类浮游生物。

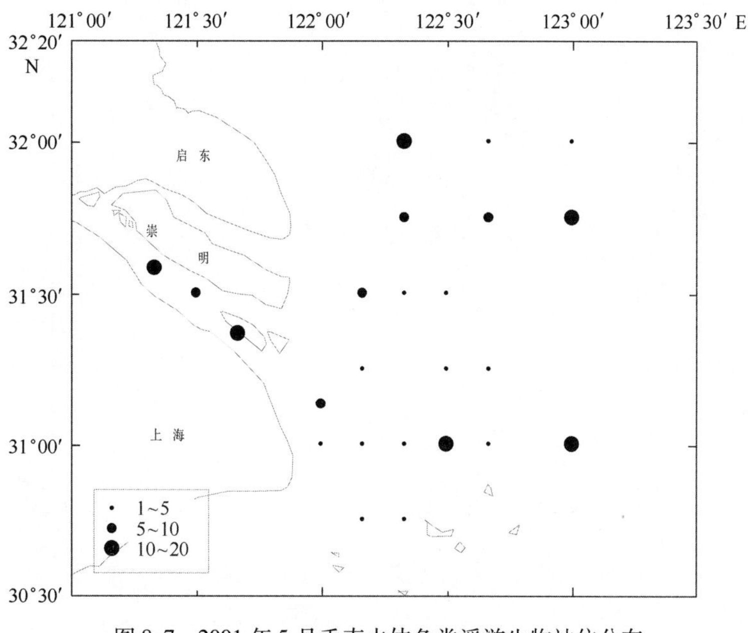

图 8.7　2001 年 5 月垂直水体鱼类浮游生物站位分布

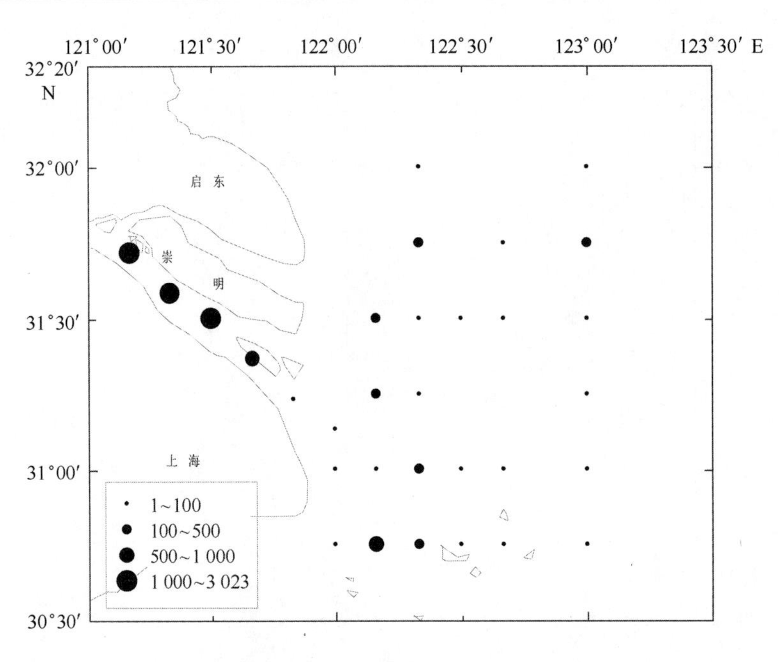

图 8.8　2001 年 5 月水表水体鱼类浮游生物站位分布

2002 年 11 月秋季调查发现，花鲈、大黄鱼、有明银鱼的分布频次依次居前三位。在表层水体中，鱼类浮游生物在调查区域的东北和东南侧分布较多，而在垂直水体中，仅在调查区域的东南侧有出现。这与 2000 年的调查是一致的（图 8.9，图 8.10）。

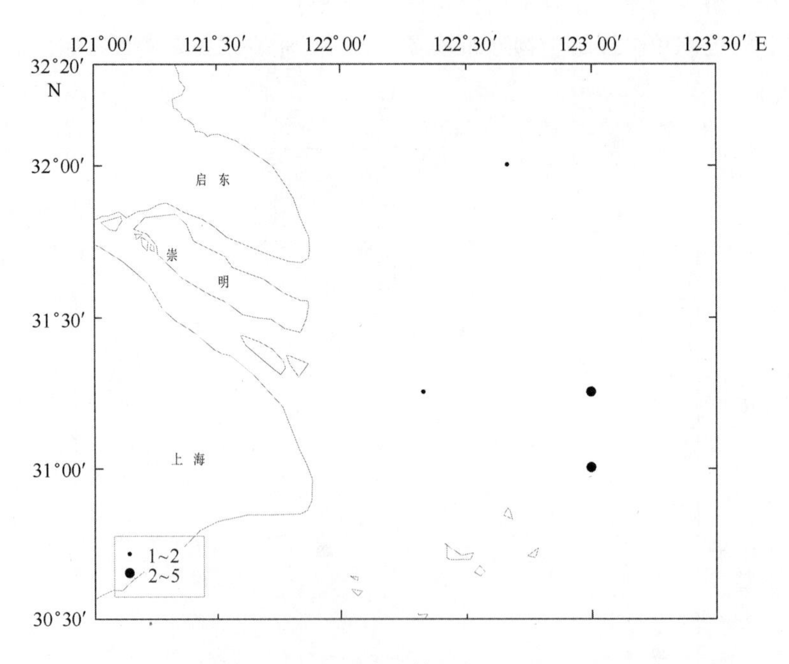

图 8.9　2002 年 11 月垂直水体鱼类浮游生物站位分布

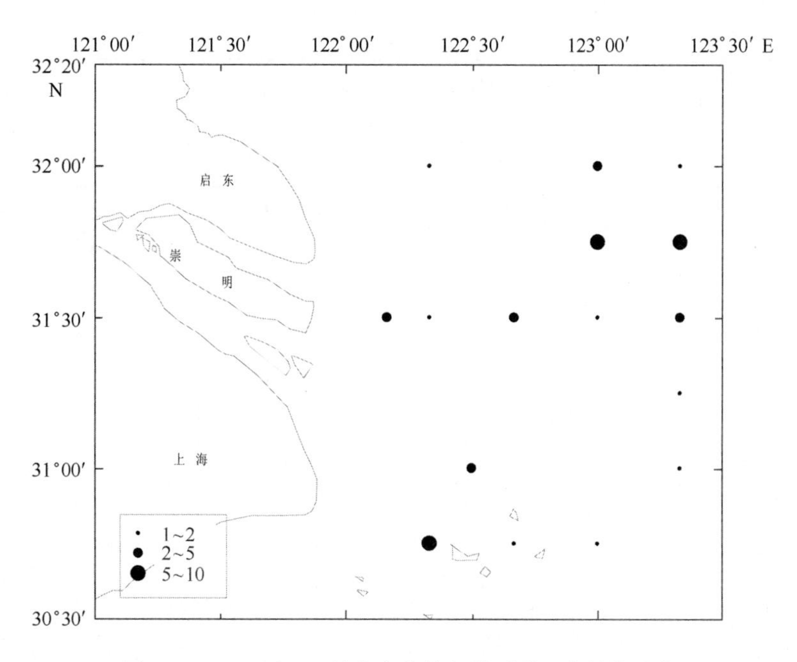

图 8.10　2002 年 11 月水表水体鱼类浮游生物站位分布

8.5　优势种成分

1998 年 11 月调查，凤鲚 *IRI* 值最高，其余各种类的 *IRI* 值见表 8.3。

1999 年 5 月调查，鳀 *IRI* 值最高占绝对优势，六丝矛尾鰕虎鱼、棱鱼为其次（表 8.3）。

表 8.3　长江口 1998—2001 年鱼类浮游生物 *IRI* 指数值

年份	种 类	垂直个数百分比 /%	水平个数百分比 /%	*F*/%	*IRI*
1998 年	凤鲚	40.00	2.86	36.36	1 558.44
	鳗鲡	40.00	0.00	27.27	1 090.91
	麦穗鱼	0.00	62.86	9.09	571.43
	大头狗母鱼	20.00	0.00	18.18	363.64
	康氏小公鱼	0.00	34.29	9.09	311.69

续表 8.3

年份	种类	垂直个数百分比/%	水平个数百分比/%	F/%	IRI
1999 年	鳀	95.534 0	90.800 5	18.497 1	3 446.65
	六丝矛尾虾虎鱼	1.842 9	2.446 6	12.716 8	54.55
	梭鱼	0.067 3	1.378 9	8.670 5	12.54
	小黄鱼	0.443 9	0.495 0	8.670 5	8.14
	凤鲚	0.443 9	0.608 1	7.514 5	7.91
	前颌间银鱼	0.538 1	1.534 4	2.312 1	4.79
	鲤科	0.013 5	1.513 2	2.890 2	4.41
	大黄鱼	0.215 2	0.487 9	5.202 3	3.66
	银鲳	0.336 3	0.042 4	9.248 6	3.50
	焦氏舌鳎	0.188 3	0.120 2	8.092 5	2.50
	单鳍衔	0.053 8	0.417 2	4.624 3	2.18
	竿虾虎鱼	0.242 1	0.014 1	3.468 2	0.89
	鲬	0.040 4	0.042 4	2.890 2	0.24
	鲷科	0.013 5	0.056 6	1.734 1	0.12
	鲐	0.013 5	0.014 1	1.734 1	0.05
	鲀科	0.000 0	0.014 1	0.578 0	0.008
	褐菖鲉	0.000 0	0.014 1	0.578 0	0.008
	须鳎科	0.013 5	0.000 0	0.578 0	0.008
2000 年	鳀鱼	12.12	18.18	22.86	692.64
	有明银鱼	0.00	23.64	17.14	405.19
	龙头鱼	0.00	12.73	11.43	145.45
	鲈鱼	1.52	9.09	8.57	90.91
	寡鳞飘鱼	0.00	10.91	5.71	62.34
	七星鱼	0.00	5.45	5.71	31.17
	康氏小公鱼	0.00	1.82	2.86	5.19
	犬牙细棘虾虎鱼	0.00	1.82	2.86	5.19
	日本黄姑鱼	0.00	1.82	2.86	5.19
	银飘鱼	0.00	1.82	2.86	5.19
	舌鳎属	1.52	0.00	2.86	4.33

续表 8.3

年份	种 类	垂直个数百分比 /%	水平个数百分比 /%	*F*/%	*IRI*
2001 年	凤鲚	22.60	72.97	9.40	898.01
	小黄鱼	25.34	0.07	9.40	238.77
	鳀	4.79	7.09	12.08	143.56
	六丝矛尾鰕虎鱼	23.29	0.18	6.04	141.78
	矛尾鰕虎鱼	10.96	0.00	8.05	88.26
	衔科	0.68	10.86	5.37	62.01
	梭鱼	0.68	2.52	10.74	34.38
	矛尾复鰕虎	0.00	3.60	6.04	21.76
	黄鲫	6.85	0.01	2.01	13.81
	鲬鱼	1.37	0.18	2.68	4.17
	竿鰕虎鱼	1.37	0.27	2.01	3.29
	短吻三线舌鳎	0.68	0.05	2.68	1.96
	银鲳	0.68	0.05	2.01	1.47
	鳗鲡科	0.68	0.03	1.34	0.97
	赤鼻棱鳀	0.00	1.06	0.67	0.71
	褐菖鲉	0.00	0.20	2.01	0.40
	鲐鱼	0.00	0.06	3.36	0.19
	棘头梅童鱼	0.00	0.28	0.67	0.19
	焦氏舌鳎	0.00	0.14	0.67	0.09
	康氏小公鱼	0.00	0.03	2.01	0.07
	开氏鲻鱼	0.00	0.03	1.34	0.05
	大黄鱼	0.00	0.06	0.67	0.04
2002 年	花鲈	11.11	7.27	13.33	245.12
	有明银鱼	11.11	7.27	13.33	245.12
	大黄鱼	0.00	14.55	13.33	193.94
	鳗鲡科	22.22	0.00	3.33	74.07
	日本黄姑鱼	11.11	0.00	3.33	37.04
	龙头鱼	0.00	5.45	6.67	36.36
	海龙科	0.00	9.09	3.33	30.30
	七星鱼	0.00	3.64	6.67	24.24
	鳀	0.00	3.64	3.33	12.12
	衔科	0.00	1.82	3.33	6.06

2000 年 11 月调查，鳀鱼 *IRI* 值最高占绝对优势，有明银鱼、龙头鱼的 *IRI* 值大于 100 为绝对优势种，鲈鱼、寡鳞飘鱼、七星鱼的 *IRI* 值大于 10 选取为优势种，1 ~ 10 为常见种包括康氏小公鱼、

犬牙细棘鰕虎鱼、日本黄姑鱼、银飘鱼、舌鳎属等五种鱼（表8.3）。

2001年5月调查，凤鲚*IRI*值最高占绝对优势，小黄鱼、鳀鱼、六丝矛尾鰕虎鱼、矛尾鰕虎鱼、衔科、梭鱼、矛尾复鰕虎鱼、黄鲫依次降低，该九种的*IRI*值大于10选取为优势种，1~10为常见种包括鲬鱼、竿鰕虎、短吻三线舌鳎等四种鱼，小于1为稀有种包括鳗鲡、赤鼻棱鳀、褐菖鲉等20个种类（表8.3）。

2002年11月调查，除死卵和无法鉴定的种类外，花鲈*IRI*值最高（表8.3），有明银鱼、大黄鱼的*IRI*值均大于100为绝对优势种；*IRI*值大于10的鳗鲡科、日本黄姑鱼、龙头鱼、海龙科、七星鱼、鳀六种鱼类选取为优势种；衔科则为常见种。

8.6 与历史资料对比分析

8.6.1 鱼卵仔鱼种类组成、优势种变化

长江口海域作为产卵场和育幼场，其鱼卵仔鱼的种类、数量分布对于河口鱼类的补充影响巨大，而河口水域鱼卵仔鱼的丰富程度取决于大量的因素。自20世纪50年代以来，我国对长江口及其邻近海域做了多次生态环境和生物资源的调查，对鱼类群落的种类组成、营养结构等做了一系列的研究；但这些研究主要针对达到捕捞规格的成鱼群体，采用较大网目网具进行采样，而有关鱼类补充群体的研究主要局限于鱼卵和仔稚鱼的种类调查，分布及季节变动。

根据1985—1986年长江口鱼卵仔鱼调查资料，该海区系由淡水鱼类、半咸水鱼类和沿岸、近海鱼类四种生态类型组成的鱼类生态结构，具有特殊复杂的生态特点。长江口春季鱼卵数量最多，占全年鱼卵总数的75%，1986年5月拖获的鱼卵仔鱼种数有30种，隶属于18科。1999年5月调查共捕获鱼卵仔鱼22种，其中包括淡水鲤科的3个种，隶属于16科，获鱼卵6 644个，仔稚鱼近1.5万尾。10年间鱼类浮游生物种数明显减少。且出现了6个1986年未曾发现的种类，它们是：须鳚科、六丝矛尾鰕虎鱼、单鳍衔、褐菖鲉、许氏平鲉、矛尾复鰕虎鱼。该6个种类均为非经济种类。以上数据表明长江口补充资源明显衰退，鱼卵仔鱼种类结构也发生重大的变化。2001年5月调查区共捕获鱼类浮游生物共分32个种，已鉴定到种的鱼类计26种，其余6种至少鉴定到科，种类数又恢复到1986年5月的水平。1985—1986年11月捕获的鱼卵仔鱼种数有12种；1998年11月调查区共捕获仔稚鱼5个种，2000年11月调查区共捕获鱼卵59个，获仔稚鱼62尾，共分11个种。基本与15年前相近。

1985、1986年度长江口周年调查时已经发现重要经济鱼类种数日益减少，而作为它们的主要饵料之一的鳀却数量倍增，成为长江口鱼类资源的主要组成种。10年后这种情况加剧，鳀的补充量无论垂直网还是水平网均占鱼类浮游生物总量的90%以上，1999年春季*IRI*指数值高达3 446.65，而*IRI*值第二位的六丝矛尾鰕虎鱼仅为54.55，已成为绝对优势种。这与渔业上的过度滥捕和人类对环境破坏有很大关系。

8.6.2 鱼卵仔鱼重要种分布环境特征

将1986年和1999年春季5月份长江口鱼卵仔鱼重要种生态特征对比如（表8.4）：

表 8.4 1986、1999 年鱼类浮游生物重要种生态特性对比

种 名	区系	1986 年生态特性		1999 年生态特性		
		生态类型	出现月份	分布温度范围/℃	分布盐度范围	所属区域频次比例
凤鲚	WW	半咸水	5—9 月	18.89～20.86	2.858～17.847	中 33.3% 低 66.7%
焦氏舌鳎	WT	沿岸	5—9 月	18.26～20.74	2.858～27.498	中 25% 高 50% 低 25%
鲤科		淡水	6—8 月	20.15～20.86	2.858～2.859	低 100%
鳀	WT	近海	4—12 月	15.89～20.33	7.799～27.563	中 66.7% 高 25% 低 8.3%
前颌间银鱼	WT	半咸水	4—5 月	16.64～20.48	15.656～29.037	中 66.7% 高 33.3%
梭鱼	WT	半咸水	4—5 月	14.98～19.90	4.127～27.498	中 46.15% 高 38.46% 低 15.38%
银鲳	WT	沿岸	4—8 月	17.38～20.18	15.987～27.563	中 50% 高 50%
大黄鱼	WT	沿岸	6—8 月 10—11 月	17.38～18.77	21.773～27.563	高 100%
小黄鱼	WT	沿岸	4—7 月	15.89～20.18	15.987～29.037	中 60% 高 40%

1）淡水型的仔稚鱼多出现在长江河道或由长江径流携带到入海口处，1986 年共发现 4 种淡水类型，其出现月份在 6—8 月，而 1999 年春季仅发现 3 个鲤科淡水种，其出现月份提前，主要分布在河口水道内。

2）1986 年春季半咸水型，除虾虎鱼类适应温盐范围较广外，多数经济鱼类的早期阶段的适应范围小而低，分布水域盐度范围为 0.12～12.0，分布水温范围为 12.0～22.0℃。1986 年 5 月发现 11 个半咸水种，1999 年 5 月发现 7 个半咸水种。其中凤鲚的分布盐度范围 2～18 与 1986 年的 0.1～15.0 相似但比其产卵场盐度范围广，凤鲚产卵场的水温在 18～28℃，盐度在 6～24 之间；而前颌间银鱼分布偏向于咸水盐度分布范围为 15.7～29.0，梭鱼则跨低中高 3 个盐度范围。

3）沿岸型多为春夏季洄游到沿岸浅水进行索饵、繁殖发育和生长，冬季回到外海越冬的种类。1986 年发现除小黄鱼早期阶段出现于低温和盐度较高（21.0～33.0）的海区外，其他多数种类皆出现在水温为 18～30℃，盐度低于 26.0 的近岸混浊水域。1986 年 5 月发现 7 个沿岸种，1999 年 5 月发现 6 个沿岸种。其中小黄鱼的盐度分布范围在 16.0～29.0 与 1986 年 5 月份相似，而其产卵场的盐度范围为 24～33；大黄鱼的鱼卵仔鱼则完全分布于盐度 21 以上的高盐水域，说明大黄鱼早期发育完全在盐度较高的水域，大黄鱼产卵场盐度在 29～32.5 之间；焦氏舌鳎则属于分布盐度范围最广的种类，跨 3 种盐度区域。

4）近海型鱼类浮游生物多在离岸较远，大于 30 m 水深的海区索饵、繁殖、发育和生长，包括大洋性和深海洄游鱼类。1986 年 5 月发现的近海型鱼类有 12 种，而 1999 年 5 月发现的近海种有 6 种。1986 年近海型多数种类早期阶段适应温、盐范围较宽，水温一般在 14.0～30.0℃，盐度为 15.0～34.0。但以水温为 16.0～22.0℃、盐度为 24.0～33.0 出现鱼卵仔鱼数量最多。即水温较低、盐度较高、透明度大的环境更适宜它们繁殖发育。最重要的近海种是鳀鱼，它的适盐范围很大这与

1986 年调查相似，但其东海区产卵场盐度范围为 28.6～34.5，说明鳀鱼虽然产卵场盐度范围较窄但其鱼卵仔稚鱼的适盐分布范围很广。

8.6.3 鱼卵仔鱼群落特性分布与环境因子的关系

河口鱼卵仔鱼的群落特征受诸多因子的影响，河口鱼类聚集、分布和丰度的影响因子总结为以下几种：盐度、水温、径流量、浊度、入海口形状、溶氧、栖息地变异性、动物地理和季节性、河口区域的大小、仔鱼食物链、河口类型。可将之归纳为生物因子和非生物因子两大类。长江口鱼类浮游生物的群落特征也受其复杂的水文物理条件及其生物条件因子所制约。早在 1985 年、1986 年长江口鱼卵仔鱼调查中已发现，长江口鱼卵仔鱼的种类组成和数量分布，受长江径流、台湾暖流及黄海冷水团等水系的相互消长，交换而形成的错综复杂的海况条件所制约。

非生物因子主要指水文物理及化学因子，鱼类浮游生物在河口水域的群落特征及其多样性受水文因子影响很大：水温、溶氧、盐度强烈的物理梯度变化与鱼类浮游生物群落结构相关性很大，且反映时空的异质性。水文特征对近海沿岸鱼类浮游生物群落的影响，发现潮汐水文锋线影响仔鱼的转运、分布、和发育是调控不同种类年补充量。入海口处鱼卵仔鱼的丰度取决于大量的因子，例如，采样的月份、河口类型、光照强度、潮流方向和深度。利用 gams 模型进行 4 个黑海种类的调查研究表明，所设立的黑海年间物理环境指标，如海表温度，风速、风压、风混合、海平面气压和河流径流量等数据，与鱼类补充量、资源生物量、和物理环境之间体现出显著的相关。关于潮汐（流）对鱼类浮游生物行为特征的影响研究显示，Botany 湾河口附近不同的潮汐状态下，鱼类浮游生物的丰度特征有所变异。即使在相同地理区系下的不同河口，由于特殊的物理特征可导致鱼类浮游生物多样性的巨大差异。Sarawak 和 Sabah 河口的鱼类浮游生物多样性研究发现，由于恶劣的物理条件，如高浊度、流速等，该河口的多样性要比其他热带河口低很多。

生物因子广义上包括鱼类浮游生物所生活的生物环境以及其本身的生物特性。鱼类浮游生物自身的生物生理特性决定其在河口这个特殊地理区域的补充情况。不同种鱼卵仔鱼的时空定位不同，影响它们进入河口的能力，浮游种在河口的停留率低于底栖种的停留率。在研究条纹鲈在切萨匹克湾孵化放流的潜力时发现，仔稚鱼的存活与其本身的发育时期有关，不同时期放流仔稚鱼的存活率不同即转变为河口补充资源量的比例不同。生物环境则包括河口水域的浮游植物、浮游动物、叶绿素及初级生产力等与鱼类浮游生物密切相关的生物因子情况。

生物因子和非生物因子并不是各自单一的对鱼类浮游生物的群落结构及多样性起作用，而是联合起来起到综合的交互作用。鱼类浮游生物对环境因子也是不断地进行适应选择；尽管鱼类浮游生物受环境因子影响很大，河口的鱼类群落总是持续的调节适应季节的变动、盐度、浊度等因子。即使生物和非生物环境总是处于持续的波动之中，但鱼类浮游生物的基本结构显现出具有潜在的稳定性，且就单独种和特定条件而言，该结构可预测。非生物因子和生物因子对鱼类补充产生的交互联合效应，有不少国外学者进行了研究，如基于个体的模拟模型评价了温度、光照时、饵料产量、产卵机制、死亡率对冬鲽（*Pleuronectes americanus*）的补充产生的联合效应。潮汐和仔鱼的行为（垂直移动）的交互作用被认为在仔鱼进入河口的转运过程和保持河口仔鱼容量的过程中起重要作用，但潮汐单独的效果还没进行检验。鱼类补充群体进入河口的程度，基本取决于广盐性海洋和河口鱼类的分布范围，热带和温带品系尤显丰富、大量的趋势，即不同种类鱼类其自身对温盐的适应特征不同。在一个特定的生物地理区域内，河口类型和主要的盐度体系特征对鱼类浮游动物群落细微的结构有主要的影响；由于河口环境因子变化剧烈，生态系统的结构有明显的脆弱性和敏感性，盐度和河口类型的改变会对鱼类浮游生物的群落结构造成巨大的影响，而正在兴建的三峡工程等水利设施势必影响长江的径流量和冲淡水的变化，从而对河口鱼类的补充造成影响，最终导致渔业资源结构和产量的巨大变化。所以现在监测长江口环境因子和鱼类浮游生物的动态变化对于将三峡工程和河口鱼类资源的保护更好的协调起来有重要的意义。

9 长江口渔业生物群落结构

9.1 种类组成和生态类型

在1998年至2002年的调查期间，共捕获渔业生物154种（表9.1）。其中鱼类101种，隶属1纲12目59科77属，鲱形目（Clupeiformes）2科8属11种，灯笼鱼目（Myctophiformes）4科3属5种，鳗鲡目（Anguilliformes）4科4属4种，鲇形目（Siluriformes）1科1属1种，鳕形目（Gadiformes）2科2属2种，鲻形目（Mugiliformes）2科2属2种，颌针鱼目（Beloniformes）1科1属1种，鲈形目（Perciformes）29科35属42种，鲉形目（Scorpaeniformes）7科9属14种，鲽形目（Pleuronectiformes）5科7属10种，鲀形目（Tetraodontiformes）2科3属7种，鮟鱇目（Lophiiformes）2科2属2种。本次调查，共捕获甲壳类（Crustacea）34种，软体类（Mollusca）19种。

此外，在长江口水域还有一些少见种，因调查时间、地点和网具所限，在本文的资料中未能得到反映。例如降海的鳗鲡和松江鲈，还有银鱼科的一些种以及珍稀种中华鲟和白鲟以及分布在河口内侧的淡水或低盐性种类。

9.1.1 生态类型

在河口这一咸淡水交汇，盐度梯度变化十分显著的特殊环境中，盐度对鱼类的生活和分布是一个重要的制约因素。能在河口生活的各种鱼类，按其对环境中盐度的要求和本身的生活习性而形成不同的生态类型，并各自分布在河口区的不同水域。长江河口区的鱼类有下列5个生态类型：

1）淡水鱼类　整个生活史在淡水中完成，本次调查中未见（表9.1）。

2）海河间洄游鱼类　生活的不同阶段能适应从淡水到海水或从海水到淡水的各种盐度。如刀鲚、暗纹东方鲀为溯河生殖洄游鱼类；降河生殖洄游鱼类如日本鳗鲡本调查中未捕获。

3）半咸水鱼类　有凤鲚、鲻、鲮和东方鲀属的一些种，它们生活在河口附近。其中，凤鲚是长江口的优势种，也是重要的经济鱼类。凤鲚在长江口外的近岸水域越冬，春季开始陆续游至长江口内崇明至江阴一带繁殖，繁殖后的成鱼和幼鱼均停留在河口半咸水区索饵育肥，冬季又游向附近的浅海越冬。

表9.1　长江口及邻近海域春秋季资源生物名录

	种名	拉丁名	区系	1998年秋	2000年秋	2002年秋	1999年春	2001年春
1	鲱	*Clupea harengus pallasi*	ct	+				+
2	鳓	*Ilisha elongata*	ww	+	+	+	+	+
3	青鳞小沙丁	*Sardinella zunasi*	ww	+				
4	赤鼻棱鳀	*Thrissa Kammalensis*	ww	+	+	+	+	+
5	刀鲚	*Coilia ectenes*	wt	+	+		+	+

续表 9.1

	种名	拉丁名	区系	1998 年秋	2000 年秋	2002 年秋	1999 年春	2001 年春
6	凤鲚	*Coilia mystus*	ww	+	+	+	+	+
7	黄鲫	*Setipinna taty*	ww	+	+	+	+	+
8	康氏小公鱼	*Anchoviella commersoni*	ww	+		+		
9	鳀	*Engraulis japonicus*	wt	+				+
10	中颌棱鳀	*Thrissa mystax*	ww	+	+			
11	中华小公鱼	*Anchoviella chinensis*	wt	+				
12	长蛇鲻	*Saurida elongata*	wt		+	+	+	+
13	花斑蛇鲻	*Saurida undosquamis*	ww				+	
14	多齿蛇鲻	*Saurida tumbil*	ww			+		
15	鲻	*Mugil cephalus*	ww			+		
16	龙头鱼	*Harpodon nehereus*	ww	+	+	+	+	+
17	七星底灯鱼	*Benthosema pterotum*	ww	+	+	+	+	+
18	海鳗	*Muraenesox cinereus*	ww	+	+	+	+	+
19	星康吉鳗	*Astroconger myriaster*	wt	+	+		+	+
20	异纹裸胸鳝	*Gymnothorax richardsoni*	ww		+			
21	前肛鳗	*Dysomma anguillaris*	ww	+	+	+		+
22	海鲶	*Arius thalassinus*	ww	+				
23	无斑圆颌针鱼	*Tylosurus leiurus*	ww			+		
24	麦氏犀鳕	*Bregmaceros macclellandi*	ww			+		+
25	刺吻膜头鳕	*Hymenocephalus lethonemus*	ww			+		
26	油魣	*Sphyraena pinguis*	ww	+	+	+	+	+
27	六指马鲅	*Polynemus sextarius*	ww	+		+		
28	赤鯥	*Doederleinia berycoides*	ct		+	+		
29	云纹石斑鱼	*Epinephelus moara*	ww			+		
30	短尾大眼鲷	*Priacanthus macracanthus*	ww		+		+	
31	细条天竺鱼	*Apogonichthys lineatus*	ww	+	+	+	+	+
32	多鳞鱚	*Sillago sihama*	ww	+	+		+	
33	沟鲹	*Atropus atropus*	ww	+	+	+		
34	蓝圆鲹	*Decapterus maruadsi*	wt	+		+		
35	竹筴鱼	*Trachurus japonicus*	wt		+		+	+

续表 9.1

	种名	拉丁名	区系	1998 年秋	2000 年秋	2002 年秋	1999 年春	2001 年春
36	卵形鲳鲹	*Trachinotus ovatus*	ww	+				
37	白姑鱼	*Argyrosomus argentatus*	ww		+			+
38	大黄鱼	*Pseudosciaena crocea*	wt	+	+	+		
39	黄姑鱼	*Nibea albiflora*	wt	+	+	+	+	+
40	棘头梅童鱼	*Collichthys lucidus*	wt	+	+		+	+
41	鮸	*Miichthys miiuy*	wt	+				
42	皮氏叫姑鱼	*Johnius belengeri*	ww	+	+	+	+	+
43	小黄鱼	*Pseudosciaena polyactis*	wt	+	+	+	+	+
44	短吻拟牙鱼彧	*Otolithes argenteus*	ww	+				
45	黄斑鲾	*Leiognathus bindus*	ww	+				
46	鹿斑鲾	*Leiognathus ruconius*	ww	+	+		+	
47	朴蝴蝶鱼	*Chaetodon modestus*	ww		+			
48	日本騰	*Uranoscopus japonicus*	wt		+		+	+
49	绵鳚	*Zoarces elongatus*	ct			+		
50	鮀	*Girella punctata*	wt	+	+			+
51	条尾绯鲤	*Upeneus bensasi*	wt			+		
52	条石鲷	*Oplegnathus fasciatus*	wt	+				
53	绯鲔	*Callionymus beniteguri*	wt		+		+	+
54	带鱼	*Trichiurus japonicus*	ww	+	+	+	+	+
55	小带鱼	*Eupleurogrammus muticus*	ww	+	+		+	+
56	鲐	*Pneumatophorus japonicus*	ww		+	+	+	+
57	蓝点马鲛	*Scombermorus niphonius*	wt	+	+	+		
58	燕尾鲳	*Pampus nozawae*	ww		+	+		
59	银鲳	*Pampus argenteus*	ww	+	+	+	+	+
60	中国鲳	*Pampus chinesos*	ww		+			+
61	刺鲳	*Psenopsis anomala*	wt	+	+	+		+
62	长丝鰕虎鱼	*Cryptocentrus filifer*	wt	+				
63	六丝矛尾鰕虎鱼	*Chaeturichthys hexanema*	wt	+				
64	矛尾复鰕虎鱼	*Synechogobius hasta*	wt	+	+		+	+
65	矛尾鰕虎鱼	*Chaeturichthys stigmatias*	wt	+	+		+	+

续表 9.1

	种名	拉丁名	区系	1998 年秋	2000 年秋	2002 年秋	1999 年春	2001 年春
66	钝尖尾鰕虎鱼	*Chceturichthys hexanema*	wt			+		
67	红狼牙鰕虎鱼	*Odontamblyopus rubicundus*	wt	+	+	+	+	+
68	冠棘鲉	*Scorpaena hatizyoensis*	ww					+
69	花斑短鳍蓑鲉	*Dendrochirus zebra*	ww					+
70	日本鬼鲉	*Inimicus japonicus*	ww	+				
71	斑鳍红娘鱼	*Lepidotrigla punctipectoralis*	ww	+	+		+	+
72	短鳍红娘鱼	*Lepidotrigla micropterus*	wt	+	+			
73	深海红娘鱼	*Lepidotrigla abyssalis*	wt					+
74	岸上红娘鱼	*Lepidotrigla kishinouyi*	wt			+		
75	蜂鲉	*Vespicula sinensis*	ww		+			
76	粗蜂鲉	*Vespicula trachinoides*	ww			+		
77	绿鳍鱼	*Chelidonichthys kumu*	ww					+
78	虎鲉	*Minous monodactylus*	ww	+				
79	虻鲉	*Erisphex potti*	ww	+			+	+
80	鲬	*Platycephalus indicus*	ww					+
81	细纹狮子鱼	*Liparis tanakae*	wt			+		
82	桂皮斑鲆	*Pseudorhombus cinnamomeus*	wt	+			+	
83	五眼斑鲆	*Pseudorhombus pentophthalmus*	wt			+		
84	褐牙鲆	*Paralichthys olivaceus*	wt	+				
85	高眼鲽	*Cleisthenes herzensteini*	ct		+			+
86	角木叶蝶	*Pleuronichthys cornutus*	wt				+	
87	半滑舌鳎	*Cynoglossus semilaevis*	wt					+
88	焦氏舌鳎	*Cynoglossus joyneri*	wt			+		
89	短吻红舌鳎	*Cynoglossus joyneri*	wt	+			+	
90	短吻三线舌鳎	*Cynoglossus abbreviatus*	wt	+	+			+
91	窄体舌鳎	*Cynoglossus gracilis*	wt	+				
92	带纹条鳎	*Zebrias zebra*	ww			+	+	
93	绿鳍马面鲀	*Navodon septentrionalis*	ww	+				
94	红鳍东方鲀	*Fugu rubripes*	wt			+		
95	暗纹东方鲀	*Fugu obscurus*	wt	+	+			

续表 9.1

	种名	拉丁名	区系	1998 年秋	2000 年秋	2002 年秋	1999 年春	2001 年春
96	黄鳍东方鲀	*Fugu xanthopterus*	wt	+				
97	铅点东方鲀	*Fugu alboplumbeus*	wt	+				
98	网纹东方鲀	*Fugu reticularis*	wt		+			
99	棕斑腹刺鲀	*Gastrophysus spadiceus*	ww	+	+	+		
100	黄鮟鱇	*Lophius litulon*	wt	+			+	
101	三齿躄鱼	*Antennarius pinniceps*	ww	+				
102	马粪海胆	*Hemicentrotus pulcherrimus*					+	
103	口虾蛄	*Oratosquilla oratoria*		+	+		+	+
104	双斑蟳	*Charybdis bimaculata*		+	+	+	+	+
105	日本蟳	*Charybdis japonica*		+	+		+	+
106	矛形梭子蟹	*Portunus hastatoides*		+				
107	纤手梭子蟹	*Portunus gracilimanus*		+				
108	纤细梭子蟹	*Portunus sp.*		+	+			+
109	细足梭子蟹	*Portunus tenuipes*		+				
110	红星梭子蟹	*Portunus sanguinolentus*		+	+	+		+
111	三疣梭子蟹	*Portunus trituberculatus*		+	+	+	+	+
112	细点圆趾蟹	*Ovalipes punctatus*			+	+	+	+
113	红线黎明蟹	*Matuta planipes*		+	+			+
114	日本关公蟹	*Neodorippe japonica*		+			+	+
115	绵蟹	*Dromia dehanni*		+			+	+
116	隆线强蟹	*Eucrate crenata*		+				
117	逍遥馒头蟹	*Calappa philargius*		+				
118	细螯虾	*Leptochela gracilis*		+	+	+	+	+
119	脊腹褐虾	*Crangon affinis*					+	
120	葛氏长臂虾	*Palaemon gravieri*		+	+	+	+	+
121	长足七腕虾	*Heptacarpus futilirostris*					+	
122	秀丽白虾	*Exopalaemon modestus*		+				+
123	脊尾白虾	*Exopalaemon carinicauda*		+	+	+		+
124	安氏白虾	*Exopalaemon annandalei*		+		+		
125	鞭腕虾	*Hippolysmata vittata*		+	+		+	+

续表 9.1

	种名	拉丁名	区系	1998 年秋	2000 年秋	2002 年秋	1999 年春	2001 年春
126	日本鼓虾	*Alpheus japonicus*		+	+		+	+
127	鲜明鼓虾	*Alpheus distinguendus*			+	+	+	+
128	中国毛虾	*Acetes chinensis*		+	+	+	+	+
129	中华管鞭虾	*Solenocera crassicoenis*		+	+	+	+	+
130	戴氏赤虾	*Metapenaeopsis dalei*		+	+	+	+	+
131	细巧仿对虾	*Parapenaeus tenella*		+	+	+	+	+
132	哈氏仿对虾	*Parapenaeus hardwickii*		+	+	+		+
133	鹰爪虾	*Trachypenaeus curvirostris*		+	+	+	+	+
134	周氏新对虾	*Metapenaeus joyneri*		+	+		+	+
135	日本对虾	*Penaeus japonicus*			+			
136	曼氏无针乌贼	*Sepiella maindroni*		+				
137	金乌贼	*Sepia esculenta*		+	+			
138	剑尖枪乌贼	*Loligo edulis*		+			+	
139	日本枪乌贼	*Loligo japonica*		+	+	+	+	+
140	四盘耳乌贼	*Euprymna sp.*			+	+		
141	双喙耳乌贼	*Sepiola birostrata*		+		+	+	+
142	太平洋褶柔鱼	*Todasods pacificas*				+		
143	长蛸	*Octopus variabilis*		+	+		+	+
144	短蛸	*Octopus ocellatus*		+	+	+	+	+
145	微点舌片鳃	*Pleurobranaeas sp.*		+	+		+	
146	脉红螺	*Rapana venosa*		+				+
147	蓝无壳侧鳃海牛	*Plwuroranchaea novaezealandiae*				+		
148	毛蚶	*Scapharca sp.*					+	
149	细肋蕾螺	*Cemmula deshayesii*					+	+
150	香螺	*Hemifusus ternatanus*		+				
151	缢蛏	*Sinonovacula constricta*		+				
152	角贝	*Dentalium longum*						+
153	霞水母	*Rhopilema esculenta*		+	+	+		
154	蛰水母	*Rhopilema sp.*			+			

4）近岸广盐海洋鱼类　适盐范围广，长江口的一些重要种和常见种多属这一类型，如鳓、黄

鲫、龙头鱼、海鲶、六指马鲅、棘头梅童鱼、皮氏叫姑鱼、银鲳、蜂鲉、窄体舌鳎均为这一类型。它们在春夏季由较深的越冬海区游至河口附近生殖。

5）近海鱼类　调查区中大多数种类属这一类型，为季节性洄游鱼类，常出现在调查区外测盐度较高水域，如长蛇鲻、多鳞鱚、大黄鱼、小黄鱼、鲐以及鲹科、鲉科、鲬科、鲆科、鲽科等多种鱼类。

9.1.2　区系组成

从种的适温性分析，长江口鱼类由3种区系成分构成，以暖温性种类为最多，有48种，占鱼类资源的54.5%，暖水种居第二位，有37种，占42%，冷水种仅3种，分别为鲱、赤鲑和高眼鲽。

9.1.3　栖息水层

中上层鱼类包括鲱、鳓、青鳞小沙丁、赤鼻棱鳀、康氏小公鱼、鳀、中颌棱鳀、中华小公鱼、六指马鲅、鲐、蓝点马鲛、燕尾鲳、银鲳、中国鲳、刺鲳等15种，占鱼类资源的17%；中下层鱼类有黄鲫、长蛇鲻、花斑蛇鲻、赤鲑、细条天竺鱼、白姑鱼、大黄鱼、黄姑鱼、黄姑鱼、棘头梅童鱼、皮氏叫姑鱼、条石鲷、带鱼、小带鱼等14种，占15.9%；除刀鲚、凤鲚及鳊为河口、近岸鱼类外，其余全部为底层鱼类，共55种，占鱼类资源的62.5%。可以看出，本调查鱼类资源的主要种类为底层鱼类，其次为中上层和中下层鱼类。

9.1.4　食性类型

本调查鱼类资源主要种类营底栖生物食性，共44种，占50%；其次为游泳动物食性，共25种，占27%，浮游动物食性共16种，占18%；其他食性3种：刀鲚和凤鲚为兼浮游动物和游泳动物食性，大黄鱼为广食性。

9.2　种类组成的季节变化

9.2.1　种数的季节变化

秋季：1998年，共获得103种资源生物，个体数为178 469尾，重量为1567 780.06 g，平均个体重量8.78 g。其中，鱼类62种，无脊椎动物41种；2000年，共获得82种资源生物，个体数为139 927尾，重量为1 096 059 g，平均个体重为7.83 g。其中，鱼类51种，无脊椎动物31种；2002年，共获得73种资源种类，个体数为9 236尾，重量为61 042 g，平均个体重量为7.00 g。其中，鱼类47种，无脊椎动物26种。

春季：1999年，共获得82种资源生物，个体数为139 927尾，重量为1 096 059 g，平均个体重量为7.83 g。其中，鱼类51种，无脊椎动物31种；2001春，共获得78种资源生物，个体数为101 374尾，重量为289 335 g，平均个体重量为2.85 g。其中，鱼类47种，无脊椎动物31种。

可以看出，秋季的渔获物种数多于春季，其中以1998年秋季为最多，2001年春季为最少。

9.2.2 种类的季节变化

1998—2002 年 5 次调查均捕获的种类包括赤鼻棱鳀、刀鲚、凤鲚、黄鲫、龙头鱼、七星底灯鱼、海鳗、星康吉鳗、油䱨、细条天竺鱼、黄姑鱼、棘头梅童鱼、皮氏叫姑鱼、小黄鱼、带鱼、小带鱼、银鲳、矛尾鰕虎鱼、红狼牙鰕虎鱼、双斑蟳、日本蟳、三疣梭子蟹、细螯虾、葛氏长臂虾、鞭腕虾、日本鼓虾、中国毛虾、中华管鞭虾、戴氏赤虾、细巧仿对虾、鹰爪虾、周氏新对虾、日本枪乌贼、长蛸、短蛸等 35 种，为长江口春季和秋季均栖息在长江口的种类，多为暖温和暖水种，有常年栖息在长江口的种类，如凤鲚、刀鲚、棘头梅童鱼、小黄鱼、皮氏叫姑鱼、银鲳等，也有季节性洄游种类，春季游来，滞留至秋季降温后离开，如带鱼、海鳗等。

其他种类在长江口滞留的时间更短，仅秋季调查捕获的种类有中颌棱鳀、蓝点马鲛、短鳍红娘鱼、暗纹东方鲀、棕斑腹刺鲀、金乌贼、霞水母等。春季渔业资源种类大都在秋季可捕获，少数种类仅在春季出现，如花斑蛇鲻、麦氏犀鳕、角木叶鲽、半滑舌鳎、带纹条鳎、马粪海胆、脊腹褐虾、长足七腕虾、毛蚶、细肋蕾螺等。

9.3 优势种

群落优势种是指在群落中其丰盛度占有很大优势，其动态能控制和影响整个群落的数量和动态的少数种或类群。从结构和功能上，将丰盛度大、时空分布广的种定为优势种。本文根据 Pinkas（1971）提出的相对重要性指数（*IRI*）的大小，来确定鱼类和无脊椎渔业种类在群落中的重要性。其中，鱼类资源，选取 *IRI* 值大于 1 000 的种类为优势种，*IRI* 值在 10 ~ 1 000 之间的为普通种，与优势种合称为重要种，*IRI* 值在 1 ~ 10 之间为次要种，*IRI* 值小于 1 为少见种；无脊椎动物资源，选取 *IRI* 值大于 100 的种类为优势种，*IRI* 值在 10 ~ 100 之间的为普通种，与优势种合称为重要种，*IRI* 值在 1 ~ 10 之间为次要种，*IRI* 值小于 1 为少见种。

9.3.1 秋季

1998 年秋季长江口鱼类生物群落优势种为龙头鱼、黄鲫、小黄鱼、赤鼻棱鳀、银鲳和七星底灯鱼等 6 种（表 9.2），其栖息密度（*NED*）占总个体数的 70.88%，生物量密度（*BED*）占总重量的 82.59%；普通种有 10 种，分别为凤鲚、带鱼、细条天竺鱼、刀鲚、棘头梅童鱼、海鳗、鲻、鳀、皮氏叫姑鱼、矛尾鰕虎鱼，与优势种共同构成 1998 年秋季鱼类生物群落重要种，在总个体数中占去 89.21%，而 *BED* 占总渔获物重量的 92.99%；鱼类生物群落次要种 14 种，*NED* 和 *BED* 的比例分别为 0.71% 和 0.97%，30 种少见种的累计数量和重量分别为 12.59 尾/km^2 和 247.37 kg/km^2，仅占总渔获物种数和重量的 0.18% 和 0.43%。

无脊椎动物资源以双斑蟳、中华管鞭虾、葛氏长臂虾和口虾姑为优势种，其重要种还包括中国毛虾、三疣梭子蟹、日本蟳、戴氏赤虾、日本枪乌贼、哈氏仿对虾、剑尖枪乌贼等 7 种（表 9.3），占资源数量和重量的 14.06% 和 4.67%。

表 9.2 1998 年秋长江口区鱼类群落重要种成分

	Sp	*NED*	*BED*	平均个体大小	*N*/%	*W*/%	*F*	*IRI*
优势种	龙头鱼	2 281.18	19 527.92	8.56	33.29	33.70	17	6 699.44
	黄鲫	696.05	12 554.93	18.04	10.16	21.67	15	2 808.18
	小黄鱼	251.52	7 054.55	28.05	3.67	12.17	14	1 304.94
	赤鼻棱鳀	575.39	3 451.13	6.00	8.40	5.96	13	1 097.63
	银鲳	161.68	4 813.17	29.77	2.36	8.31	17	1 066.64
	七星底灯鱼	890.91	450.84	0.51	13.00	0.78	13	1 053.79
普通种	凤鲚	370.57	1 511.51	4.08	5.41	2.61	12	565.89
	带鱼	184.00	1 915.50	10.41	2.69	3.31	13	458.15
	细条天竺鱼	178.27	234.56	1.32	2.60	0.40	7	123.80
	刀鲚	11.52	634.92	55.13	0.17	1.10	13	96.65
	棘头梅童鱼	31.98	412.05	12.88	0.47	0.71	12	83.15
	海鳗	1.49	634.87	427.48	0.02	1.10	4	26.29
	鳓	6.18	220.70	35.72	0.09	0.38	9	24.94
	鳀	25.37	250.83	9.89	0.37	0.43	4	18.90
	皮氏叫姑鱼	10.47	87.33	8.34	0.15	0.15	7	12.50
	矛尾鰕虎鱼	24.98	123.78	4.95	0.36	0.21	3	10.20
次要种	赤鲑	9.44	19.38	2.05	0.14	0.03	3	3.02
	康氏小公鱼	21.38	53.13	2.48	0.31	0.09	1	2.38
	油魣	0.73	48.95	66.73	0.01	0.08	4	2.24
	蓝圆鲹	1.06	21.57	20.30	0.02	0.04	7	2.17
	虻鲉	3.99	6.65	1.66	0.06	0.01	5	2.05
	矛尾复鰕虎鱼	4.29	14.18	3.30	0.06	0.02	4	2.05
	青鳞小沙丁	1.90	44.42	23.38	0.03	0.08	3	1.84
	星康吉鳗	0.14	75.18	550.13	0.00	0.13	2	1.55
	燕尾鲳	0.65	15.33	23.46	0.01	0.03	7	1.48
	短吻三线舌鳎	0.46	40.69	87.65	0.01	0.07	3	1.36
	鮸	0.07	125.89	1800.00	0.00	0.22	1	1.28
	六丝矛尾鰕虎鱼	2.39	40.05	16.74	0.03	0.07	2	1.22
	小带鱼	1.65	25.10	15.17	0.02	0.04	3	1.19
	棕斑腹刺鲀	0.19	32.14	169.15	0.00	0.06	3	1.03

续表 9.2

	Sp	*NED*	*BED*	平均个体大小	*N*/%	*W*/%	*F*	*IRI*
少见种	蓝点马鲛	0.09	40.11	471.19	0.00	0.07	2	0.83
	六指马鲅	0.74	18.36	24.95	0.01	0.03	3	0.75
	窄体舌鳎	0.38	14.85	39.53	0.01	0.03	4	0.73
	卵形鲳鲹	0.52	17.19	33.00	0.01	0.03	3	0.66
	桂皮斑鲆	2.29	6.11	2.67	0.03	0.01	2	0.52
	中华小公鱼	3.63	10.89	3.00	0.05	0.02	1	0.42
	大黄鱼	0.34	13.91	41.38	0.00	0.02	2	0.34
	褐牙鲆	0.02	31.55	1650.00	0.00	0.05	1	0.32
	黄鲫	0.84	23.31	27.78	0.01	0.04	15	0.31
	红狼牙鰕虎鱼	0.85	6.14	7.20	0.01	0.01	2	0.27
	鲱	0.15	6.34	41.29	0.00	0.01	3	0.23
	黄鳍东方鲀	0.06	7.37	125.95	0.00	0.01	2	0.16
	短吻拟牙鱼彧	1.08	1.10	1.02	0.02	0.00	1	0.10
	暗纹东方鲀	0.22	3.10	13.94	0.00	0.01	2	0.10
	短鳍红娘鱼	0.31	7.17	23.00	0.00	0.01	1	0.10
	沟鲹	0.09	2.24	25.51	0.00	0.00	3	0.09
	铅点东方鲀	0.02	8.03	420.00	0.00	0.01	1	0.08
	条石鲷	0.08	6.70	88.00	0.00	0.01	1	0.07
	多鳞鱚	0.08	2.78	35.41	0.00	0.00	2	0.07
	海鲇	0.20	1.65	8.43	0.00	0.00	2	0.07
	绿鳍马面鲀	0.08	4.86	62.00	0.00	0.01	1	0.06
	短吻红舌鳎	0.17	1.09	6.33	0.00	0.00	2	0.05
	黄姑鱼	0.04	3.65	99.00	0.00	0.01	1	0.04
	黄鮟鱇	0.02	3.57	186.74	0.00	0.01	1	0.04
	刺鲳	0.06	1.33	22.67	0.00	0.00	2	0.04
	斑鳍红娘鱼	0.02	2.36	116.00	0.00	0.00	1	0.03
	鹿斑鲾	0.13	0.42	3.25	0.00	0.00	1	0.02
	前肛鳗	0.02	0.91	45.00	0.00	0.00	1	0.01
	黄斑鲾	0.08	0.23	3.00	0.00	0.00	1	0.01
	长丝鰕虎鱼	0.02	0.04	2.00	0.00	0.00	1	0.00

表 9.3 1998 年秋长江口区无脊椎动物重要种成分

	Sp	*NED*	*BED*	平均个体大小	*N*/%	*W*/%	*F*	*IRI*
优势种	双斑蟳	247. 42	571. 57	2. 31	3. 61	0. 99	14	378. 61
	中华管鞭虾	153. 59	347. 10	2. 26	2. 24	0. 60	12	200. 51
	葛氏长臂虾	154. 66	182. 48	1. 18	2. 26	0. 31	12	181. 56
	口虾蛄	49. 27	411. 45	8. 35	0. 72	0. 71	14	117. 69
普通种	中国毛虾	188. 16	49. 65	0. 26	2. 75	0. 09	5	83. 29
	三疣梭子蟹	3. 89	550. 55	141. 51	0. 06	0. 95	13	77. 00
	日本蟳	15. 41	203. 54	13. 21	0. 22	0. 35	13	44. 06
	戴氏赤虾	43. 06	38. 40	0. 89	0. 63	0. 07	9	36. 78
	日本枪乌贼	61. 84	131. 96	2. 13	0. 90	0. 23	5	33. 24
	哈氏仿对虾	22. 11	72. 39	3. 27	0. 32	0. 12	8	21. 07
	剑尖枪乌贼	22. 62	53. 01	2. 34	0. 33	0. 09	5	12. 40
次要种	绵蟹	1. 37	95. 93	69. 86	0. 02	0. 17	5	5. 46
	安氏白虾	59. 99	25. 35	0. 42	0. 88	0. 04	1	5. 41
	霞水母	0. 04	235. 37	5 546. 94	0. 00	0. 41	2	4. 79
	脊尾白虾	15. 06	15. 85	1. 05	0. 22	0. 03	3	4. 36
	红星梭子蟹	0. 63	50. 08	79. 11	0. 01	0. 09	7	3. 94
	隆线强蟹	10. 58	18. 80	1. 78	0. 15	0. 03	3	3. 30
	周氏新对虾	4. 03	17. 09	4. 24	0. 06	0. 03	5	2. 60
	鞭腕虾	4. 25	3. 12	0. 73	0. 06	0. 01	6	2. 38
	短蛸	1. 09	33. 77	30. 98	0. 02	0. 06	4	1. 75
	逍遥馒头蟹	0. 37	67. 14	181. 96	0. 01	0. 12	2	1. 43
少见种	秀丽白虾	10. 15	4. 47	0. 44	0. 15	0. 01	1	0. 92
	细螯虾	6. 54	6. 44	0. 98	0. 10	0. 01	1	0. 63
	细足梭子蟹	2. 22	7. 07	3. 19	0. 03	0. 01	2	0. 52
	双喙耳乌贼	1. 55	5. 84	3. 76	0. 02	0. 01	2	0. 39
	鹰爪虾	2. 89	8. 23	2. 85	0. 04	0. 01	1	0. 33
	日本关公蟹	0. 90	5. 99	6. 66	0. 01	0. 01	2	0. 28
	曼氏无针乌贼	1. 75	10. 91	6. 24	0. 03	0. 02	1	0. 26
	细巧仿对虾	1. 86	3. 21	1. 72	0. 03	0. 01	1	0. 19
	脉红螺	0. 08	11. 75	150. 00	0. 00	0. 02	1	0. 13
	日本鼓虾	1. 16	1. 16	1. 00	0. 02	0. 00	1	0. 11
	香螺	0. 06	4. 91	85. 62	0. 00	0. 01	1	0. 05
	细点圆指蟹	0. 07	4. 43	63. 33	0. 00	0. 01	1	0. 05
	纤细梭子蟹	0. 24	1. 57	6. 67	0. 00	0. 00	1	0. 04
	缢蛏	0. 30	0. 59	2. 00	0. 00	0. 00	1	0. 03

续表 9.3

	Sp	NED	BED	平均个体大小	N/%	W/%	F	IRI
少见种	金乌贼	0.03	2.26	72.00	0.00	0.00	1	0.03
	海牛	0.06	0.52	8.00	0.00	0.00	1	0.01
	日本鬼鲉	0.06	0.10	1.50	0.00	0.00	1	0.01
	马粪海胆	0.02	0.21	11.00	0.00	0.00	1	0.00
	矛形梭子蟹	0.02	0.18	11.00	0.00	0.00	1	0.00
	红线黎明蟹	0.02	0.12	5.00	0.00	0.00	1	0.00

2000 年秋季长江口鱼类生物群落以龙头鱼、黄鲫和细条天竺鱼为优势种（表 9.4），其 *NED* 占总个体数的 73.26%，*BED* 占总重量的 64.18%；普通种有 12 种，分别为小黄鱼、带鱼、赤鼻棱鳀、七星底灯鱼、赤鲑、凤鲚、刀鲚、皮氏叫姑鱼、刺鲳、棘头梅童鱼、白姑鱼和矛尾鰕虎鱼，与优势种共同构成 2000 年秋季鱼类生物群落重要种，15 种重要种的 *NED* 和 *BED* 分别占总种数和重量的 90.74% 和 81.80%；鱼类生物群落 8 种次要种和 25 种少见种 *NED* 和 *BED* 的累计比例分别为 0.93% 和 1.74%。

无脊椎动物资源的优势种为三疣梭子蟹、口虾姑和葛氏长臂虾为优势种，其重要种还包括双斑蟳、日本枪乌贼、红星梭子蟹、鞭腕虾、霞水母、日本蟳和细点圆趾蟹等 7 种（表 9.5），重要种的 *NED* 和 *BED* 分别占资源数量和重量的 7.13% 和 15.71%。

表 9.4　2000 年秋长江口区鱼类群落重要种成分

	Sp	NED	BED	平均个体大小	N/%	W/%	F	IRI
	龙头鱼	2 070.52	16 969.64	8.20	46.59	46.29	16	8 741.61
	黄鲫	266.80	4 721.10	17.70	6.00	12.88	16	1 777.04
	细条天竺鱼	918.18	1 837.90	2.00	20.66	5.01	9	1 359.26
	小黄鱼	52.00	2 017.49	38.80	1.17	5.50	12	471.04
	带鱼	142.36	996.47	7.00	3.20	2.72	13	452.82
	赤鼻棱鳀	120.35	1 197.19	9.95	2.71	3.27	10	351.40
普通种	七星底灯鱼	169.06	127.23	0.75	3.80	0.35	10	244.20
	赤鲑	180.09	651.20	3.62	4.05	1.78	7	240.01
	凤鲚	60.56	523.38	8.64	1.36	1.43	9	147.73
	刀鲚	3.13	310.17	99.09	0.07	0.85	12	64.69
	皮氏叫姑鱼	23.34	277.93	11.91	0.53	0.76	6	45.30
	刺鲳	2.48	201.06	81.21	0.06	0.55	6	21.32
	棘头梅童鱼	6.09	47.33	7.77	0.14	0.13	11	17.23
	白姑鱼	9.96	60.15	6.04	0.22	0.16	6	13.70
	矛尾鰕虎鱼	7.34	53.11	7.24	0.17	0.14	7	12.76

续表 9.4

	Sp	*NED*	*BED*	平均个体大小	*N/%*	*W/%*	*F*	*IRI*
次要种	鰳	1. 39	76. 89	55. 41	0. 03	0. 21	5	7. 09
	中颌棱鳀	20. 70	230. 42	11. 13	0. 47	0. 63	1	6. 44
	斑鳍红娘鱼	0. 76	54. 69	72. 11	0. 02	0. 15	6	5. 87
	绯鲫	5. 62	21. 91	3. 90	0. 13	0. 06	4	4. 38
	海鳗	0. 14	72. 41	523. 00	0. 00	0. 20	3	3. 54
	银鲳	0. 12	13. 22	108. 33	0. 00	0. 04	12	2. 74
	矛尾复鰕虎鱼	3. 77	19. 09	5. 07	0. 08	0. 05	3	2. 41
	红狼牙鰕虎鱼	1. 06	8. 18	7. 72	0. 02	0. 02	4	1. 09
少见种	小带鱼	0. 71	13. 57	19. 24	0. 02	0. 04	3	0. 93
	燕尾鲳	0. 07	8. 09	110. 00	0. 00	0. 02	6	0. 84
	黄鳍东方鲀	0. 07	20. 46	301. 94	0. 00	0. 06	2	0. 67
	多鳞鱚	0. 25	7. 63	30. 42	0. 01	0. 02	4	0. 62
	短尾大眼鲷	4. 14	4. 14	1. 00	0. 09	0. 01	1	0. 61
	黄姑鱼	0. 16	13. 79	84. 04	0. 00	0. 04	2	0. 49
	大黄鱼	0. 18	11. 14	60. 70	0. 00	0. 03	2	0. 41
	油魣	0. 03	3. 61	117. 50	0. 00	0. 01	6	0. 37
	短吻三线舌鳎	0. 09	6. 38	74. 36	0. 00	0. 02	3	0. 34
	竹筴鱼	0. 06	2. 30	41. 67	0. 00	0. 01	7	0. 31
	鲐	0. 07	8. 28	117. 39	0. 00	0. 02	2	0. 28
	蓝点马鲛	0. 03	13. 49	460. 00	0. 00	0. 04	1	0. 22
	高眼鲽	0. 35	3. 23	9. 33	0. 01	0. 01	2	0. 20
	短鳍红娘鱼	0. 23	4. 16	18. 00	0. 01	0. 01	2	0. 19
	虎鲉	0. 90	1. 79	2. 00	0. 02	0. 00	1	0. 15
	棕斑腹刺鲀	0. 02	2. 64	130. 00	0. 00	0. 01	2	0. 09
	前肛鳗	0. 05	3. 63	78. 00	0. 00	0. 01	1	0. 06
	星康吉鳗	0. 04	1. 53	39. 50	0. 00	0. 00	2	0. 06
	沟鲹	0. 06	2. 32	38. 50	0. 00	0. 01	1	0. 05
	朴蝴蝶鱼	0. 04	2. 47	62. 00	0. 00	0. 01	1	0. 04
	异纹裸胸鳝	0. 02	1. 10	60. 00	0. 00	0. 00	2	0. 04
	长蛇鲻	0. 03	1. 72	56. 00	0. 00	0. 00	1	0. 03
	日本騰	0. 02	1. 72	112. 00	0. 00	0. 00	1	0. 03
	鹿斑鲾	0. 07	0. 21	2. 75	0. 00	0. 00	2	0. 03
	网纹东方鲀	0. 02	1. 01	55. 00	0. 00	0. 00	1	0. 02

表 9.5 2000 年秋长江口区无脊椎动物重要种成分

	Sp	NED	BED	平均个体大小	N/%	W/%	F	IRI
优势种	三疣梭子蟹	7.84	1924.26	245.33	0.18	5.25	15	478.69
	口虾蛄	100.90	572.39	5.67	2.27	1.56	13	293.03
	葛氏长臂虾	70.12	110.71	1.58	1.58	0.30	13	143.76
普通种	双斑蟳	41.95	123.40	2.94	0.94	0.34	10	75.33
	日本枪乌贼	43.48	75.17	1.73	0.98	0.21	8	55.70
	红星梭子蟹	4.03	246.54	61.21	0.09	0.67	9	40.40
	鞭腕虾	36.72	100.55	2.74	0.83	0.27	6	38.85
	霞水母	0.16	2 389.54	15 000.00	0.00	6.52	1	38.36
	日本蟳	7.65	89.13	11.66	0.17	0.24	9	21.98
	细点圆指蟹	3.97	127.22	32.07	0.09	0.35	6	15.40
次要种	纤细梭子蟹	6.59	61.77	9.37	0.15	0.17	5	9.32
	短蛸	1.49	40.54	27.26	0.03	0.11	9	7.63
	细螯虾	9.07	15.75	1.74	0.20	0.04	5	7.27
	细巧仿对虾	6.02	21.70	3.60	0.14	0.06	6	6.87
	中华管鞭虾	7.05	24.38	3.46	0.16	0.07	5	6.62
	哈氏仿对虾	4.21	21.71	5.16	0.09	0.06	7	6.34
	戴氏赤虾	6.83	21.64	3.17	0.15	0.06	4	5.01
	双喙耳乌贼	2.78	18.72	6.73	0.06	0.05	5	4.34
	红线黎明蟹	1.09	4.36	4.02	0.02	0.01	5	1.07
少见种	鲜明鼓虾	1.47	2.47	1.68	0.03	0.01	3	0.70
	鹰爪虾	0.55	0.55	1.00	0.01	0.00	8	0.66
	脊尾白虾	4.00	3.50	0.88	0.09	0.01	1	0.59
	中国毛虾	0.92	0.46	0.50	0.02	0.00	4	0.52
	周氏新对虾	0.37	2.03	5.56	0.01	0.01	5	0.41
	蛰水母	0.04	23.67	640.00	0.00	0.06	1	0.38
	四盘耳乌贼	0.47	2.51	5.40	0.01	0.01	2	0.20
	海牛	0.45	2.24	5.00	0.01	0.01	1	0.10
	双斑蟳	0.02	5.24	285.00	0.00	0.01	1	0.09
	金乌贼	0.02	1.02	50.00	0.00	0.00	1	0.02
	日本对虾	0.02	0.37	18.00	0.00	0.00	1	0.01
	日本鼓虾	0.05	0.10	2.00	0.00	0.00	1	0.01

2002 年秋季长江口鱼类生物群落以带鱼、龙头鱼、黄鲫为优势种（表 9.6），其 *NED* 占总个体数的 766.97%，*BED* 占总重量的 31.87%；普通种有 7 种，分别为银鲳、小黄鱼、七星底灯鱼、赤鼻棱鳀、细条天竺鱼、棕斑腹刺鲀和刺鲳，与优势种共同构成 2002 年秋季鱼类生物群落重要种，10 种重要种的 *NED* 和 *BED* 分别占总数量和重量的 78.02% 和 38.66%；鱼类生物群落 8 种次要种

和29种少见种 *NED* 和 *BED* 的累计比例分别为1.17%和0.99%。

无脊椎动物资源的优势种有4种，分别为霞水母、枪乌贼、双斑蟳和中国毛虾。重要种还包括中华管鞭虾、三疣梭子蟹、安氏白虾、耳乌贼、口虾蛄和葛氏长臂虾等6种（表9.7），重要种的 *NED* 和 *BED* 分别占资源数量和重量的19.74%和60.11%。

表9.6　2002年秋长江口区鱼类群落重要种成分

	Sp	*NED*	*BED*	平均个体大小	*N*/%	*W*/%	*F*	*IRI*
优势种	带鱼	675.78	4 574.67	8.75	44.70	12.15	17	5 369.24
	龙头鱼	203.26	5 334.86	3.32	13.44	14.17	18	2 761.34
	黄鲫	133.47	2 090.65	10.00	8.83	5.55	18	1 438.12
普通种	银鲳	12.06	1 065.45	117.65	0.80	2.83	18	362.77
	小黄鱼	26.83	896.11	70.00	1.77	2.38	11	253.89
	七星底灯鱼	52.78	33.80	0.55	3.49	0.09	11	218.84
	赤鼻棱鳀	31.62	235.14	4.84	2.09	0.62	9	135.82
	细条天竺鱼	42.03	91.01	1.31	2.78	0.24	6	100.73
	棕斑腹刺鲀	0.52	141.41	240.00	0.03	0.38	7	15.95
	刺鲳	1.09	94.13	97.73	0.07	0.25	6	10.74
次要种	蓝点马鲛	0.11	108.85	750.00	0.01	0.29	4	6.59
	白姑鱼	1.15	24.67	26.38	0.08	0.07	6	4.73
	康氏小公鱼	4.40	16.55	3.73	0.29	0.04	2	3.72
	皮氏叫姑鱼	1.58	42.54	100.00	0.10	0.11	3	3.62
	赤鲑	3.76	12.76	3.34	0.25	0.03	2	3.14
	兰圆鲹	1.27	11.92	62.50	0.08	0.03	3	1.93
	鲐	0.24	48.59	200.00	0.02	0.13	2	1.61
	油㸆	0.14	9.54	50.00	0.01	0.03	6	1.15
少见种	绵鳚	1.69	0.57	0.34	0.11	0.00	1	0.63
	鳓	0.12	8.07	100.00	0.01	0.02	3	0.49
	海鳗	0.06	7.95	170.00	0.00	0.02	3	0.42
	尖尾鰕虎鱼	0.91	4.55	4.97	0.06	0.01	1	0.40
	大黄鱼	0.14	10.09	72.22	0.01	0.03	2	0.40
	灰鲳	0.13	10.01	15.00	0.01	0.03	2	0.39
	燕尾鲳	0.06	10.41	150.00	0.00	0.03	2	0.35
	长蛇鲻	0.04	3.48	50.00	0.00	0.01	3	0.20
	黄姑鱼	0.05	5.21	100.00	0.00	0.01	2	0.19
	岸上红娘鱼	0.29	5.69	19.33	0.02	0.02	1	0.19
	红鳍东方鲀	0.02	10.17	650.00	0.00	0.03	1	0.16
	红狼牙鰕虎鱼	0.15	0.58	1.39	0.01	0.00	2	0.13

续表 9.6

	Sp	NED	BED	平均个体大小	N/%	W/%	F	IRI
少见种	钝尖尾鰕虎鱼	0.29	1.25	4.24	0.02	0.00	1	0.13
	沟鲹	0.12	1.17	6.00	0.01	0.00	2	0.12
	粗蜂鲉	0.29	0.48	1.63	0.02	0.00	1	0.12
	细纹狮子鱼	0.01	6.50	550.00	0.00	0.02	1	0.10
	条尾绯鲤	0.14	2.62	18.70	0.01	0.01	1	0.09
	麦氏犀血	0.20	0.36	1.75	0.01	0.00	1	0.08
	六指马鲅	0.02	0.85	36.00	0.00	0.00	2	0.04
	焦氏舌鳎	0.10	0.27	2.63	0.01	0.00	1	0.04
	刺吻膜头血	0.10	0.06	0.63	0.01	0.00	1	0.04
	鲻	0.01	1.82	150.00	0.00	0.00	1	0.03
	无斑颌针鱼	0.02	1.72	110.00	0.00	0.00	1	0.03
	多齿蛇鲻	0.01	1.18	100.00	0.00	0.00	1	0.02
	凤鲚	0.02	0.61	25.00	0.00	0.00	1	0.02
	带纹条鳎	0.03	0.42	15.00	0.00	0.00	1	0.02
	石斑鱼	0.01	0.69	50.00	0.00	0.00	1	0.02
	前肛鳗	0.01	0.49	35.00	0.00	0.00	1	0.01
	五眼斑鲆	0.01	0.21	15.00	0.00	0.00	1	0.01

表 9.7 2002 年秋长江口区无脊椎动物重要种成分

	Sp	NED	BED	平均个体大小	N/%	W/%	F	IRI
优势种	霞水母	1.32	21 851.11	10 500.00	0.09	58.03	4	1291.57
	枪乌贼	56.59	163.99	3.92	3.74	0.44	11	255.38
	双斑蟳	62.98	116.25	2.84	4.17	0.31	10	248.60
	中国毛虾	91.96	25.54	0.27	6.08	0.07	5	170.85
普通种	中华管鞭虾	24.24	64.22	1.83	1.60	0.17	10	98.54
	三疣梭子蟹	1.43	319.11	175.00	0.09	0.85	16	83.76
	安氏白虾	31.36	2.82	0.18	2.07	0.01	4	46.26
	耳乌贼	17.77	49.12	2.02	1.18	0.13	3	21.77
	口虾蛄	4.04	30.96	25.00	0.27	0.08	11	21.37
	葛氏长臂虾	6.76	10.75	0.58	0.45	0.03	8	21.14
次要种	哈氏仿对虾	3.46	22.67	7.00	0.23	0.06	4	6.42
	戴氏赤虾	3.18	2.41	0.54	0.21	0.01	5	6.02
	红星梭子蟹	0.30	26.75	150.00	0.02	0.07	4	2.02
	双喙耳乌贼	3.62	6.76	1.87	0.24	0.02	1	1.43
	鹰爪虾	3.05	9.33	3.06	0.20	0.02	1	1.26

续表 9.7

	Sp	NED	BED	平均个体大小	N/%	W/%	F	IRI
少见种	日本蟳	0.19	5.44	70.00	0.01	0.01	4	0.60
	细螯虾	0.46	0.05	0.03	0.03	0.00	2	0.34
	细点圆趾蟹	0.09	4.89	60.00	0.01	0.01	3	0.32
	细巧仿对虾	0.70	0.70	1.00	0.05	0.00	1	0.27
	脊尾白虾	0.36	1.95	5.46	0.02	0.01	1	0.16
	鲜明鼓虾	0.29	0.18	0.60	0.02	0.00	1	0.11
	四盘耳乌贼	0.23	0.94	4.00	0.02	0.00	1	0.10
	太平洋柔鱼	0.01	4.84	400.00	0.00	0.01	1	0.08
	仿对虾	0.14	0.28	2.00	0.01	0.00	1	0.06
	海牛	0.01	1.27	100.00	0.00	0.00	1	0.02

9.3.2 春季

1999 年春季长江口鱼类生物群落优势种为小黄鱼、银鲳、龙头鱼和黄鲫等 4 种（表 9.8），其栖息密度占总个体数的 39.79%，生物量密度占总重量的 68.42%；普通种有 10 种，分别为凤鲚、鳀、带鱼、赤鼻棱鳀、虻鲉、竹筴鱼、红狼牙鰕虎鱼、鲐、皮氏叫姑鱼、鳓和小带鱼，与优势种共同构成 1999 年春季鱼类生物群落重要种，在总个体数中占去 54.73%，而 *BED* 占总渔获物重量的 84.61%；鱼类生物群落次要种 10 种，*NED* 和 *BED* 的比例分别为 0.51% 和 1.94%，15 种少见种的累计数量和重量分别为 1.21 尾/km^2 和 19.67 kg/km^2，仅占总渔获物种数和重量的 0.19% 和 0.31%。

无脊椎动物资源的优势种为葛氏长臂虾、日本枪乌贼、中国毛虾、脊腹褐虾和双斑蟳为优势种，其重要种还包括三疣梭子蟹、戴氏赤虾、中华管鞭虾、口虾姑、剑尖枪乌贼和绵蟹等 6 种（表 9.9），重要种的 *NED* 和 *BED* 分别占资源数量和重量的 42.12% 和 12.34%。

2001 年春季长江口鱼类生物群落以银鲳、小黄鱼和黄鲫为优势种（表 9.10），其中银鲳的优势度超过 10 000，比排在第二位的小黄鱼高出近 10 倍，主要表现在其 *NED* 占到资源数量的 73.51%。可以看出，银鲳以幼鱼数量占优势，其 *BED* 占资源重量的 39.38%。2001 年优势种的 NED 占总个体数的 80.34%，*BED* 占总重量的 75.66%；普通种有 11 种，分别为龙头鱼、皮氏叫姑鱼、凤鲚、矛尾鰕虎鱼、鲐、六丝矛尾鰕虎鱼、黄鮟鱇、鳀、竹筴鱼、虻鲉和棘头梅童鱼，与优势种共同构成 2001 年春季鱼类生物群落重要种，14 种重要种的 *NED* 和 *BED* 分别占总种数和重量的 93.51% 和 82.07%；鱼类生物群落 14 种次要种和 17 种少见种，*NED* 和 *BED* 的累计比例分别为 0.61% 和 3.57%。

无脊椎动物资源的优势种为三疣梭子蟹和日本枪乌贼为优势种，其重要种还包括细巧仿对虾、双斑蟳、口虾姑、葛氏长臂虾、细螯虾、双喙耳乌贼、鹰爪虾、中国毛虾、细点圆趾蟹和长蛸等 10 种（表 9.11），重要种的 *NED* 和 *BED* 分别占资源数量和重量的 5.46% 和 12.68%。

表9.8 1999年春长江口区鱼类群落重要种成分

	Sp	*NED*	*BED*	平均个体大小	*N*/%	*W*/%	*F*	*IRI*
优势种	小黄鱼	77.59	2 022.24	26.06	12.09	32.27	17	4 436.56
	银鲳	70.61	853.62	12.09	11.01	13.62	15	2 173.15
	龙头鱼	54.97	929.82	16.91	8.57	14.84	14	1 927.64
	黄鲫	52.09	481.99	9.25	8.12	7.69	12	1 116.06
普通种	凤鲚	38.02	453.12	11.92	5.93	7.23	9	696.55
	鳀	17.54	221.14	12.61	2.73	3.53	8	294.71
	带鱼	15.54	79.71	5.13	2.42	1.27	12	260.83
	赤鼻棱鳀	19.41	107.73	5.55	3.03	1.72	5	139.56
	虻鲉	7.56	34.57	4.57	1.18	0.55	11	111.96
	竹筴鱼	9	16.46	3.22	0.80	0.26	7	43.61
	红狼牙鰕虎鱼	2.28	21.53	9.43	0.36	0.34	5	20.57
	鲐	1.24	20.70	16.66	0.19	0.33	6	18.49
	皮氏叫姑鱼	1.14	19.60	17.22	0.18	0.31	6	17.30
	鳓	0.31	26.61	86.47	0.05	0.42	5	13.90
	小带鱼	0.54	13.17	24.44	0.08	0.21	8	13.84
次要种	海鳗	0.07	33.26	468.19	0.01	0.53	3	9.56
	长蛇鲻	0.20	14.31	73.36	0.03	0.23	5	7.61
	短吻三线舌鳎	0.24	24.39	101.36	0.04	0.39	3	7.53
	黄姑鱼	0.07	19.54	280.00	0.01	0.31	3	5.69
	矛尾鰕虎鱼	0.67	3.45	5.17	0.10	0.06	6	5.62
	棘头梅童鱼	0.51	8.12	15.91	0.08	0.13	4	4.92
	日本螣	0.54	7.41	13.74	0.08	0.12	4	4.76
	刀鲚	0.23	9.18	39.09	0.04	0.15	4	4.31
	黄鮟鱇	0.31	1.31	4.28	0.05	0.02	6	2.42
	七星底灯鱼	0.47	0.39	0.84	0.07	0.01	4	1.86
少见种	麦氏犀鳕	0.20	0.78	3.87	0.03	0.01	3	0.77
	黄斑鲾	0.47	1.67	3.56	0.07	0.03	1	0.59
	带纹条鳎	0.04	5.57	125.00	0.01	0.09	1	0.56
	细条天竺鱼	0.13	0.57	4.53	0.02	0.01	3	0.51
	油魣	0.02	4.68	210.00	0.00	0.07	1	0.46
	星康吉鳗	0.03	3.21	92.00	0.01	0.05	1	0.33
	斑鳍红娘鱼	0.06	0.58	10.00	0.01	0.01	3	0.32
	鹿斑鲾	0.06	0.19	3.13	0.01	0.00	2	0.15
	桂皮斑鲆	0.06	0.22	3.80	0.01	0.00	2	0.15
	多鳞鱚	0.02	1.09	47.00	0.00	0.02	1	0.12
	花斑蛇鲻	0.02	0.33	14.00	0.00	0.01	1	0.05

续表 9.8

	Sp	NED	BED	平均个体大小	N/%	W/%	F	IRI
少见种	短吻红舌鳎	0.03	0.26	10.00	0.00	0.00	1	0.05
	绯鲫	0.02	0.24	14.00	0.00	0.00	1	0.04
	短尾大眼鲷	0.02	0.21	12.00	0.00	0.00	1	0.04
	角木叶蝶	0.02	0.07	3.00	0.00	0.00	1	0.03

表 9.9　1999 年春长江口区无脊椎动物重要种成分

	Sp	NED	BED	平均个体大小	N/%	W/%	F	IRI
优势种	葛氏长臂虾	179.08	270.61	1.51	27.91	4.32	11	2 085.68
	日本枪乌贼	15.45	204.94	13.26	2.41	3.27	17	567.94
	中国毛虾	27.68	14.72	0.53	4.32	0.23	8	214.13
	脊腹褐虾	22.07	37.58	1.70	3.44	0.60	7	166.37
	双斑蟳	8.27	33.43	4.04	1.29	0.53	14	150.11
普通种	三疣梭子蟹	0.36	93.61	259.99	0.06	1.49	10	91.18
	戴氏赤虾	6.01	5.92	0.98	0.94	0.09	9	54.60
	中华管鞭虾	3.24	9.43	2.91	0.50	0.15	10	38.55
	鞭腕虾	5.59	10.18	1.82	0.87	0.16	5	30.42
	口虾蛄	1.13	20.33	18.00	0.18	0.32	10	29.44
	剑尖枪乌贼	0.81	22.58	28.03	0.13	0.36	5	14.29
	绵蟹	0.52	49.64	96.15	0.08	0.79	2	10.27
次要种	鹰爪虾	0.85	3.97	4.65	0.13	0.06	5	5.78
	细点圆指蟹	0.15	8.98	61.89	0.02	0.14	4	3.90
	周氏新对虾	0.28	1.68	5.89	0.04	0.03	7	2.93
	长蛸	0.06	13.36	221.13	0.01	0.21	2	2.62
	细巧仿对虾	0.30	0.96	3.15	0.05	0.02	6	2.21
	日本蟳	0.23	8.30	36.62	0.04	0.13	2	1.97
少见种	四盘耳乌贼	0.20	0.46	2.27	0.03	0.01	3	0.68
	细肋蕾螺	0.07	6.31	90.50	0.01	0.10	1	0.66
	细螯虾	0.15	0.12	0.79	0.02	0.00	4	0.59
	长足七腕虾	0.15	0.14	0.88	0.02	0.00	3	0.46
	毛蚶	0.07	3.95	56.67	0.01	0.06	1	0.44
	日本关公蟹	0.09	0.49	5.58	0.01	0.01	2	0.25
	鲜明鼓虾	0.09	0.20	2.35	0.01	0.00	2	0.20
	日本鼓虾	0.07	0.11	1.67	0.01	0.00	2	0.15
	短蛸	0.02	0.70	30.00	0.00	0.01	1	0.09
	马粪海胆	0.02	0.63	27.00	0.00	0.01	1	0.08
	海牛	0.02	0.07	3.00	0.00	0.00	1	0.03
	双喙耳乌贼	0.02	0.02	1.00	0.00	0.00	1	0.02

表 9.10 2001 年春长江口区鱼类群落重要种成分

	Sp	NED	BED	平均个体大小	N/%	W/%	F	IRI
优势种	银鲳	2 278.24	2 458.81	1.08	73.51	33.38	16	10 059.87
	小黄鱼	34.10	1 047.39	30.72	1.10	14.22	15	1 351.66
	黄鲫	91.64	995.89	10.87	2.96	13.52	13	1 259.94
普通种	龙头鱼	33.14	554.84	16.74	1.07	7.53	12	607.16
	皮氏叫姑鱼	235.13	485.86	2.07	7.59	6.60	7	583.96
	凤鲚	43.09	228.80	5.31	1.39	3.11	7	185.14
	矛尾鰕虎鱼	50.96	45.30	0.89	1.64	0.61	11	146.18
	鲐	33.48	70.89	2.12	1.08	0.96	11	132.16
	六丝矛尾鰕虎鱼	59.04	41.65	0.71	1.90	0.57	7	101.72
	黄鮟鱇	4.92	45.30	9.21	0.16	0.61	12	54.61
	鳀	14.76	20.51	1.39	0.48	0.28	11	48.82
	竹筴鱼	8.22	15.20	1.85	0.27	0.21	9	24.96
	虻鲉	5.07	25.80	5.09	0.16	0.35	7	21.15
	棘头梅童鱼	6.49	9.51	1.46	0.21	0.13	7	13.94
	红狼牙鰕虎鱼	3.06	24.98	8.17	0.10	0.34	5	12.87
次要种	带鱼	1.02	12.57	12.36	0.03	0.17	8	9.58
	绿鳍鱼	3.89	6.51	1.67	0.13	0.09	7	8.81
	刀鲚	1.10	47.81	43.54	0.04	0.65	2	8.05
	短尾大眼鲷	0.70	26.49	37.82	0.02	0.36	3	6.74
	燕尾鲳	0.84	39.05	46.36	0.03	0.53	2	6.56
	赤鼻棱鳀	2.48	13.09	5.28	0.08	0.18	4	6.06
	刺鲳	0.99	8.34	8.46	0.03	0.11	4	3.41
	七星底灯鱼	1.78	2.92	1.64	0.06	0.04	5	2.86
	星康吉鳗	0.12	6.17	52.88	0.00	0.08	4	2.06
	白姑鱼	0.05	10.11	202.00	0.00	0.14	2	1.63
	鳓	0.08	5.63	66.76	0.00	0.08	3	1.40
	半滑舌鳎	0.14	8.38	59.86	0.00	0.11	2	1.39
	短鳍红娘鱼	0.63	2.25	3.56	0.02	0.03	4	1.20
少见种	长蛇鲻	0.03	10.51	350.00	0.00	0.14	1	0.84
	细条天竺鱼	0.43	1.61	3.70	0.01	0.02	4	0.84
	小带鱼	0.27	6.69	25.00	0.01	0.09	1	0.59
	海鳗	0.06	3.13	54.44	0.00	0.04	2	0.52
	油魣	0.03	5.25	175.00	0.00	0.07	1	0.43
	高眼鲽	0.05	4.76	87.50	0.00	0.06	1	0.39
	短吻三线舌鳎	0.02	4.00	200.00	0.00	0.05	1	0.32
	鲱	0.40	2.38	6.00	0.01	0.03	1	0.27

续表 9.10

	Sp	NED	BED	平均个体大小	N/%	W/%	F	IRI
少见种	黄姑鱼	0.03	2.78	102.00	0.00	0.04	1	0.23
	花斑短鳍蓑鲉	0.03	1.02	32.49	0.00	0.01	2	0.17
	麦氏犀鳕	0.40	1.01	2.50	0.01	0.01	1	0.16
	前肛鳗	0.04	1.50	37.50	0.00	0.02	1	0.13
	鲬	0.02	1.47	76.00	0.00	0.02	1	0.12
	斑鳍红娘鱼	0.05	1.36	25.00	0.00	0.02	1	0.12
	绯䲗	0.03	1.01	37.00	0.00	0.01	1	0.09
	三齿躄鱼	0.12	0.36	3.00	0.00	0.00	1	0.05
	赤鲑	0.01	0.04	3.00	0.00	0.00	1	0.01

表 9.11　2001 年春长江口区无脊椎动物重要种成分

	Sp	NED	BED	平均个体大小	N/%	W/%	F	IRI
优势种	三疣梭子蟹	1.26	250.75	198.50	0.04	3.40	10	202.63
	日本枪乌贼	14.42	185.16	12.84	0.47	2.51	10	175.22
普通种	细巧仿对虾	35.72	47.31	1.32	1.15	0.64	9	95.02
	双斑蟳	15.06	49.13	3.26	0.49	0.67	14	94.95
	口虾蛄	7.13	122.36	17.15	0.23	1.66	8	89.00
	葛氏长臂虾	25.13	76.43	3.04	0.81	1.04	8	86.99
	细螯虾	27.16	23.47	0.86	0.88	0.32	7	49.20
	双喙耳乌贼	14.20	33.65	2.37	0.46	0.46	9	48.44
	鹰爪虾	11.27	32.71	2.90	0.36	0.44	9	42.75
	中国毛虾	17.14	7.14	0.42	0.55	0.10	7	26.76
	细点圆指蟹	0.54	50.55	94.20	0.02	0.69	5	20.69
	长蛸	0.12	55.54	455.49	0.00	0.75	3	13.38
次要种	脉红螺	0.17	58.12	333.33	0.01	0.79	1	4.67
	中华管鞭虾	1.91	12.92	6.77	0.06	0.18	3	4.18
	周氏新对虾	1.22	7.22	5.91	0.04	0.10	5	4.04
	哈氏仿对虾	0.90	7.40	8.24	0.03	0.10	5	3.81
	戴氏赤虾	2.61	5.33	2.05	0.08	0.07	4	3.68
	日本蟳	1.02	3.21	3.15	0.03	0.04	4	1.80
	鲜明鼓虾	1.60	3.40	2.13	0.05	0.05	3	1.72
	鞭腕虾	0.99	2.74	2.78	0.03	0.04	4	1.63
少见种	脊尾白虾	1.99	1.02	0.51	0.06	0.01	2	0.92
	短蛸	0.02	8.37	350.00	0.00	0.11	1	0.67
	红星梭子蟹	0.05	3.08	56.88	0.00	0.04	2	0.51

续表 9.11

	Sp	NED	BED	平均个体大小	N/%	W/%	F	IRI
少见种	角贝	0.02	4.84	250.00	0.00	0.07	1	0.39
	绵蟹	0.02	2.94	160.00	0.00	0.04	1	0.24
	秀丽白虾	0.37	0.73	2.00	0.01	0.01	1	0.13
	细肋蕾螺	0.03	1.36	50.00	0.00	0.02	1	0.11
	日本关公蟹	0.03	0.25	10.00	0.00	0.00	1	0.03
	红线黎明蟹	0.03	0.13	5.00	0.00	0.00	1	0.01
	日本鼓虾	0.03	0.08	3.00	0.00	0.00	1	0.01
	纤细梭子蟹	0.02	0.09	5.00	0.00	0.00	1	0.01

9.3.3 优势种演替

秋季

2000 年秋季鱼类资源种类明显少于 1998 年（表 9.2，表 9.4 和表 9.6），并且优势种由原来的 6 种减少到 3 种，其中除龙头鱼和黄鲫保持优势地位外，小黄鱼、赤鼻棱鳀和七星底灯鱼由优势种成为普通种，而银鲳演变为次要种；2000 年，细条天竺鱼由普通种上升为优势种，2002 年，带鱼成为第一优势种。1998 年和 2000 年秋季龙头鱼的优势地位非常显著，尤其是 2000 年，龙头鱼 IRI 值比排在第二位的黄鲫高出 4 倍，并且，数量和重量在资源中的比例接近一半，个体大小变化不大，2002 年。龙头鱼优势度迅速减少。黄鲫的优势度逐年下降。

1998 年，栖息密度较高的鱼类资源种类有龙头鱼、七星底灯鱼、黄鲫和赤鼻棱鳀，2000 年龙头鱼仍保持最高的栖息密度，其次为细条天竺鱼，栖息密度比例高达 20.66%，2002 年，带鱼的栖息密度为最高，其次为龙头鱼和黄鲫。1998 年和 2000 年生物量密度居前三位的种类保持不变，均为龙头鱼、黄鲫和小黄鱼，2002 年，带鱼成为生物量密度最高的种类。

1998 年到 2002 年，无脊椎动物资源种类数量逐渐减少。2000 年，三疣梭子蟹取代双斑蟳成为优势度最高的种类。口虾姑和葛氏长臂虾还保持优势地位，但口虾姑的 IRI 值增加了一倍，葛氏长臂虾的优势度略有降低。中华管鞭虾由原来的优势种演变为次要种；2002 年，霞水母成为绝对优势种。1998 年无脊椎动物资源栖息密度较高的是双斑蟳和中国毛虾，2000 年为口虾姑和葛氏长臂虾，2002 年为中国毛虾、双斑蟳和枪乌贼；1998 年生物量密度最高的是双斑蟳，2000 年和 2002 年演替为霞水母。

春季

2001 年与 1999 年相比，鱼类资源中，银鲳的优势度迅速增加，小黄鱼与黄鲫仍占据优势地位，龙头鱼由优势种成为普通种；带鱼由 1999 年春季的重要种演变为 2001 年春季次要种，与之相反，棘头梅童鱼和黄鮟鱇由次要种提升为重要种。应当指出的是，1999 年春季鱼类资源的优势种有 4 种，且小黄鱼占优势度最大，主要表现在其生物量密度占绝对优势；到 2001 年春季，优势种减为 3 种，且银鲳优势度与其他两种优势种类相差悬殊，主要表现在其栖息密度上。

1999 年春季，栖息密度较高的鱼类资源种类有小黄鱼、银鲳、龙头鱼和黄鲫，占资源数量比例分别为 12.09%、11.01%、8.57% 和 8.12%；2001 年春季银鲳的 NED 占群体数量的 79.51%，其次为皮氏叫姑鱼，占资源数量的7.59%，而其他43种鱼类和31种无脊椎动物资源种类仅占18.90%。

1999年生物量密度较高的有小黄鱼、龙头鱼、银鲳、黄鲫和凤鲚，分别占总生物量的32.17%、14.84%、13.62%、7.69%和7.23%；2001年生物量密度依次为：银鲳、小黄鱼、黄鲫、龙头鱼和皮氏叫姑鱼，分别为33.38%、14.22%、13.52%、7.53%和6.60%。

1999年无脊椎动物资源有5种优势种，而2001年仅为2种，且优势度明显降低。三疣梭子蟹取代葛氏长臂虾成为主要优势种，但优势度仅为后者的1/10。2001年春季，日本枪乌贼保持优势地位，葛氏长臂虾、中国毛虾和双斑蟳降为普通种，而脊腹褐虾未捕获。1999年栖息密度较高的无脊椎动物资源种类有葛氏长臂虾、中国毛虾、脊腹褐虾和日本枪乌贼，2001年为细巧仿对虾、细螯虾和葛氏长臂虾，但所占资源数量比例很小，在0.81%～1.15%之间；葛氏长臂虾、日本枪乌贼和三疣梭子蟹依次为1999年春季生物量密度较高种类，2001年为三疣梭子蟹、日本枪乌贼和口虾姑。

季节变化

由以上分析可以看出，春季长江口区鱼类生物群落优势种为银鲳、小黄鱼、黄鲫和龙头鱼等4种，秋季为龙头鱼、黄鲫和小黄鱼等3种。无脊椎动物群落中，三疣梭子蟹、葛氏长臂虾和日本枪乌贼等3种为春季优势种，口虾蛄和双斑蟳等2种为秋季优势种。

9.4 群落多样性特征

本文选用如下生物多样性指标描述1998—2001年长江口渔业生物多样性特征：种类数、种类丰度（*D*）、Shannon－wiener多样性指数（*H'*）、均匀度指数（*J'*）、栖息密度（*NED*）、生物量密度（*BED*）、丰盛度指数（*IWB*）和相遇率指数（*PIE*）结果见表9.12。

表9.12　1998—2001年长江口渔业生物多样性指数

	N_{sp}	D	H'_n	H'_w	J'_n	J'_w	*NED*	*BED*	*IWB*	*PIE*
1998年：										
平均值 Mean	27.07	2.92	1.54	1.77	0.47	0.54	628.40	5 625.73	10.37	0.94
最大值 Max	50.00	5.00	2.17	2.22	0.62	0.71	1 797.24	32 751.18	12.18	1.01
最小值 Min	18.00	1.87	0.38	1.42	0.12	0.44	83.41	413.70	7.52	0.75
标准差 SD	7.89	0.79	0.51	0.30	0.14	0.09	505.52	8 211.72	1.34	0.07
变异系数 CV/%	29.17	27.13	32.76	16.99	29.64	15.98	80.45	145.97	12.94	6.96
2000年：										
平均值 Mean	27.29	3.03	1.54	1.62	0.48	0.50	466.61	3 856.39	9.96	0.94
最大值 Max	44.00	4.38	2.34	2.39	0.65	0.67	2 138.89	11 629.40	11.38	1.03
最小值 Min	14.00	1.67	0.82	1.11	0.23	0.36	25.89	385.94	7.76	0.77
标准差 SD	8.58	0.69	0.46	0.31	0.13	0.08	539.63	3 158.67	1.03	0.08

续表 9.12

	N_{sp}	D	H'_n	H'_w	J'_n	J'_w	*NED*	*BED*	*IWB*	*PIE*
变异系数 CV/%	31.43	22.59	29.61	19.04	28.01	16.28	115.65	81.91	10.31	8.11
2002 年:										
平均值 Mean	17.44	2.03	1.63	1.65	0.62	0.60	485.62	6 815.38	10.09	9.46
最大值 Max	39.00	4.75	3.51	3.84	1.46	1.60	1361.13	23 443.16	15.73	17.96
最小值 Min	5.00	0.73	0.09	0.15	0.03	0.06	0.11	3.49	0.25	0.96
标准差 SD	9.73	1.07	1.02	1.16	0.41	0.40	453.55	5942.11	3.69	5.34
变异系数 CV/%	55.78	52.61	62.58	70.35	66.19	66.68	93.40	87.19	36.57	56.43
1999 年:										
平均值 Mean	21.67	3.05	1.67	1.68	0.55	0.55	60.39	669.14	8.23	0.96
最大值 Max	33.00	5.25	2.50	2.53	0.80	0.78	169.79	2 452.08	9.45	1.14
最小值 Min	12.00	1.59	0.82	0.75	0.33	0.30	5.57	40.41	6.80	0.71
标准差 SD	7.21	1.07	0.51	0.47	0.13	0.13	57.39	636.97	1.05	0.12
变异系数 CV/%	33.30	34.98	30.32	28.23	24.38	22.80	95.03	95.19	12.78	12.46
2001 年:										
平均值 Mean	24.21	3.17	1.79	1.90	0.57	0.60	330.60	764.89	8.88	0.96
最大值 Max	37.00	4.68	2.52	2.83	0.83	0.83	3 516.90	3 844.19	10.39	1.12
最小值 Min	13.00	1.44	0.24	1.25	0.08	0.43	7.64	46.22	7.29	0.32
标准差 SD	7.28	0.96	0.60	0.48	0.20	0.12	922.16	980.81	1.04	0.19
变异系数 CV/%	30.05	30.38	33.70	25.20	34.61	20.73	278.93	128.23	11.65	20.21

9.4.1　年际变化

1998 年、2000 年和 2002 秋季种类数平均值分别为 27.07 和 27.29，无显著性差异（$p>0.05$），但显著高于 2002 年（$p<0.05$）；1998 年、2000 年和 2002 年秋季的种类丰度（*D*）、Shannon - wiener 多样性指数（*H'*）、均匀度指数（*J'*）、丰盛度指数（*IWB*）和相遇率指数（*PIE*）相差甚微，亦无显著性差异（$p>0.05$）；1998 年栖息密度（*NED*）高于 2000 年，但差异不显著（$p>0.05$）；1998 年生物量密度（*BED*）显著高于 2000 年（$p<0.05$）。

1999 年和 2001 年秋季种类数平均值分别为 21.67 和 24.21，2001 年略高于 1999 年，但无显著性差异（$p>0.05$）；2001 年秋季的 *D*、H'_n、H'_n 平均值高于 1999 年，但差异不显著；1999 年和 2001 年春季的 J'_n、J'_w、*IWB* 和 *PIE* 值相差甚微，无显著性差异（$p>0.05$）；2001 年栖息密度（*NED*）显著高于 1999 年（$p<0.05$），*BED* 差异不显著（$p>0.05$）。

9.4.2　季节变化

1998—2002 年秋季和春季渔业生物多样性特征见表 9.13。

春季和秋季的种类数量无显著差异，但秋季的种类丰度（D）显著高于秋季（$p<0.05$）；表现在数量上的 Shannon - Weiner 指数（H'_n）和均匀度指数（J'_n），春季和秋季无显著差异（$p>0.05$），但春季和秋季的生物量多样性 Shannon - Weiner 指数（H'_w）和均匀度指数（J'_w）差异显著（$p<0.05$）；春季和秋季的栖息密度和生物量密度存在着显著差异（$p>0.05$），群落丰盛度指数季节间无显著差异（$p>0.05$），相遇率指数差异显著（$p<0.05$）

表 9.13　1998—2002 年春季和秋季长江口渔业生物多样性指数

	N_{sp}	D	H'_n	H'_w	J'_n	J'_w	*NED*	*BED*	*IWB*	*PIE*
秋季：										
平均值 Mean	27.17	2.97	1.54	1.69	0.47	0.52	550.29	4 771.56	10.17	0.94
最大值 Max	50.00	5.00	2.34	2.39	0.65	0.71	2 138.89	32 751.18	12.18	1.03
最小值 Min	14.00	1.67	0.38	1.11	0.12	0.36	25.89	385.94	7.52	0.75
标准差 SD	8.33	0.75	0.48	0.31	0.14	0.09	519.37	6 257.64	1.20	0.07
变异系数 CV/%	30.66	25.23	31.12	18.30	29.61	17.31	94.38	131.14	11.80	7.46
春季：										
平均值 Mean	23.04	3.12	1.74	1.80	0.56	0.58	205.89	720.70	8.58	0.96
最大值 Max	37.00	5.25	2.52	2.83	0.83	0.83	3 516.90	3 844.19	10.39	1.14
最小值 Min	13.00	1.44	0.24	1.25	0.08	0.43	7.64	46.22	7.29	0.32
标准差 SD	7.36	1.02	0.56	0.49	0.17	0.13	680.08	825.31	1.07	0.16
变异系数 CV/%	31.95	32.72	32.22	27.28	30.27	22.50	330.31	114.52	12.47	16.71

9.5　群落多样性指数的空间分布特征

本文选用种类丰度（D）和以生物量计算的 Shannon - wiener 多样性指数（H'）、均匀度指数（J'）作成等值线分布图，以示 1998—2002 年长江口渔业生物群落多样性空间分布特征，见图 9.1 ~图 9.6。

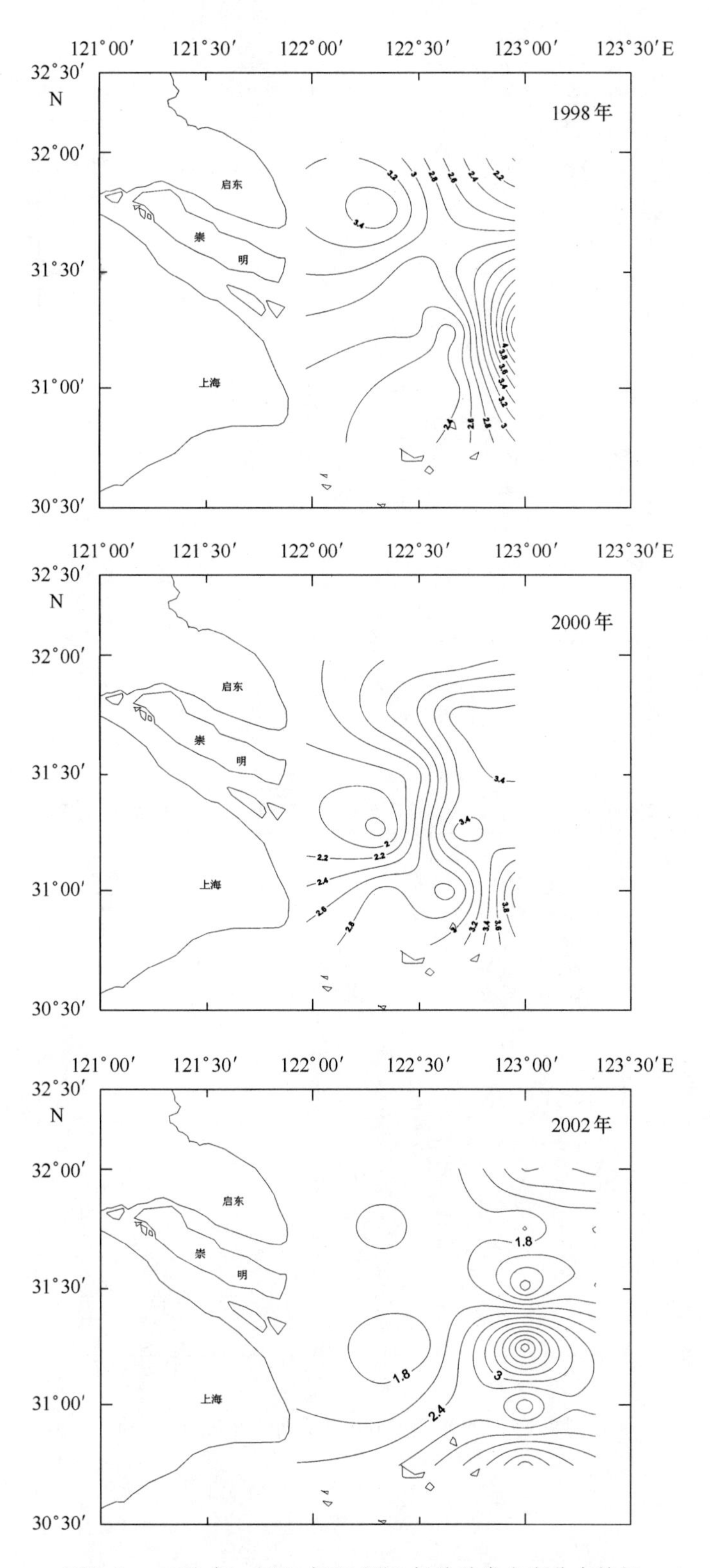

图9.1 1998年、2000年和2002年秋种类丰度分布特征

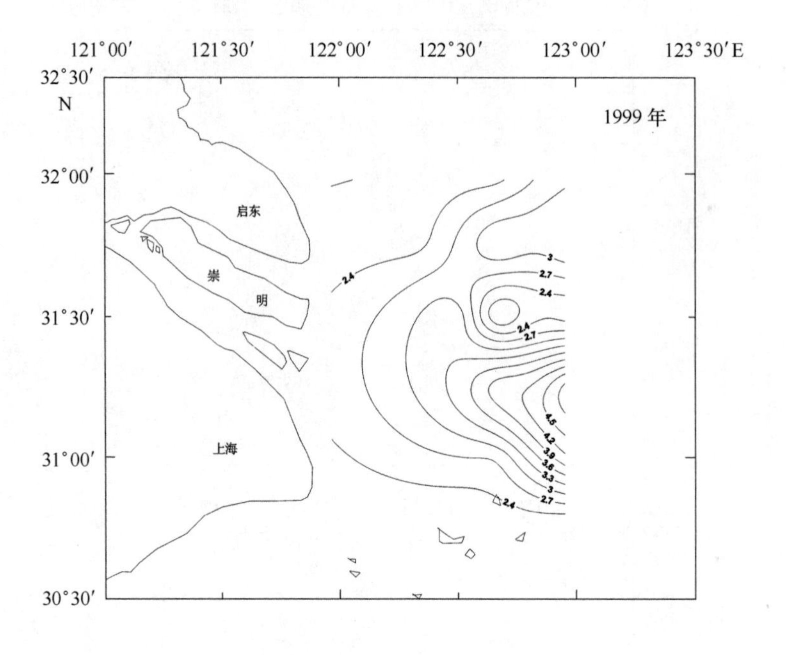

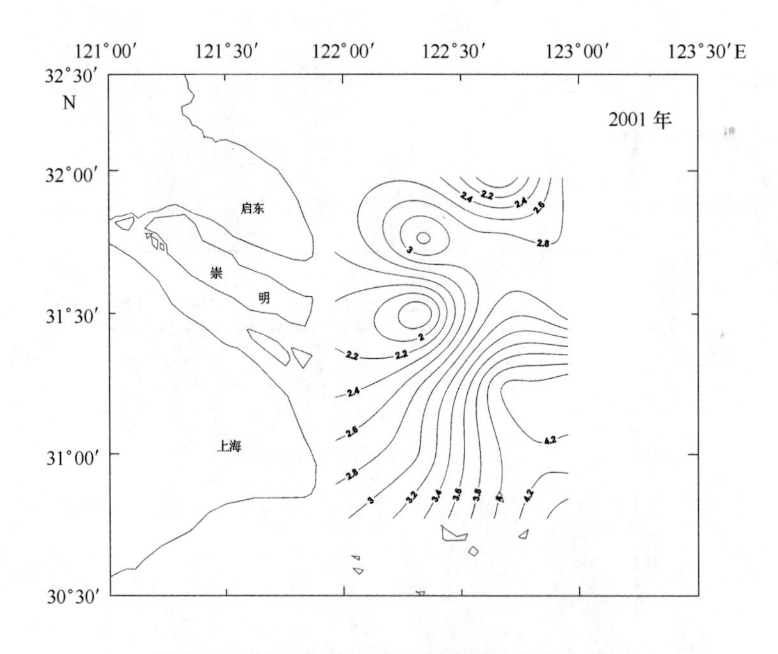

图 9.2　1999 年和 2001 年春种类丰度分布特征

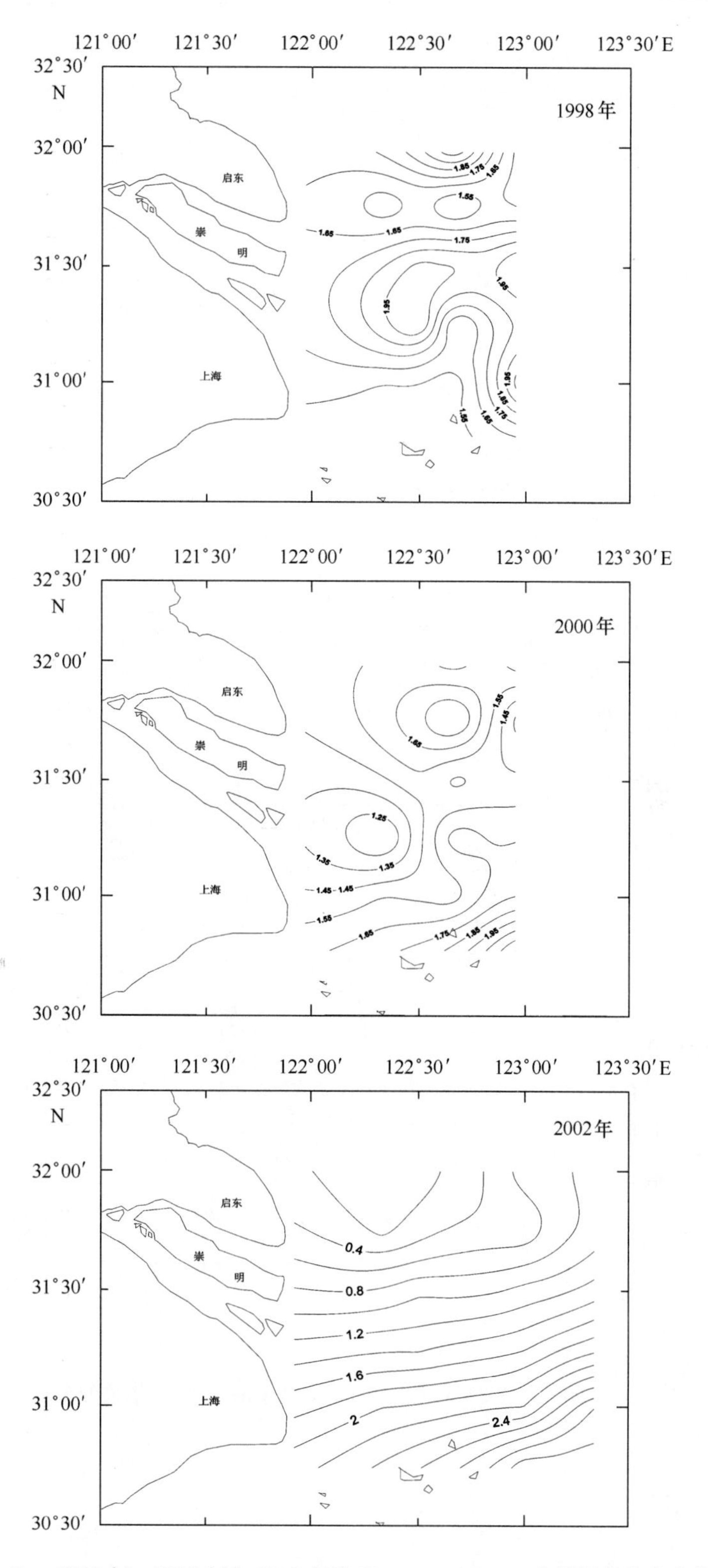

图9.3 1998年、2000年和2002年秋Shannon－Weiner多样性指数分布特征

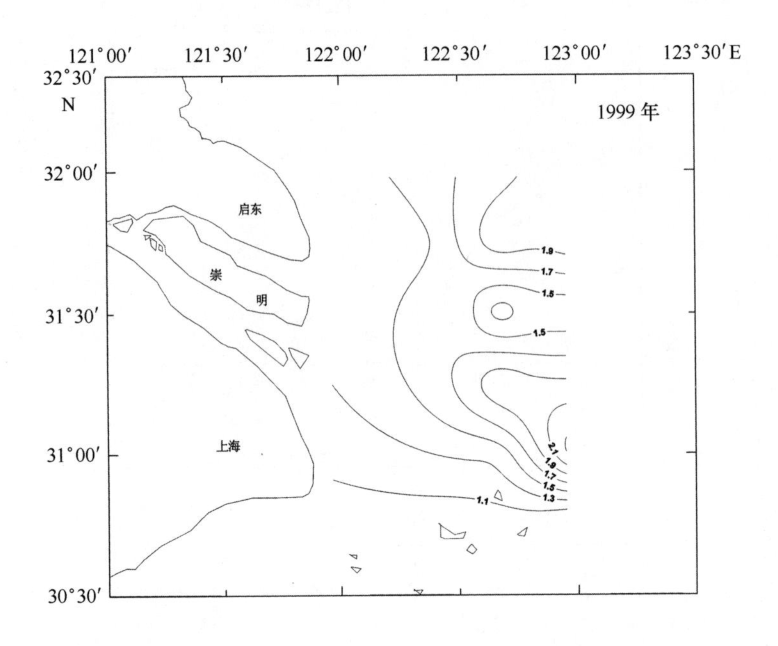

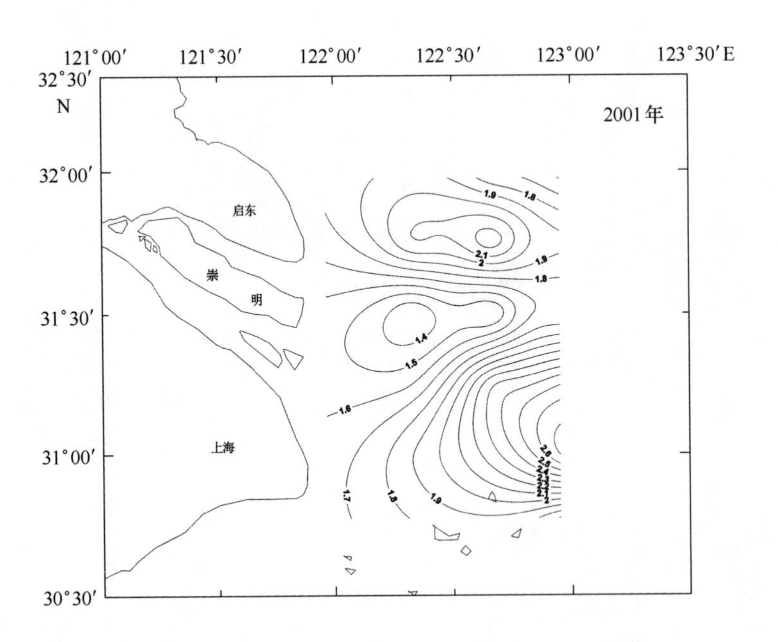

图 9.4　1999 年和 2001 年春 Shannon – Weiner 多样性指数分布特征

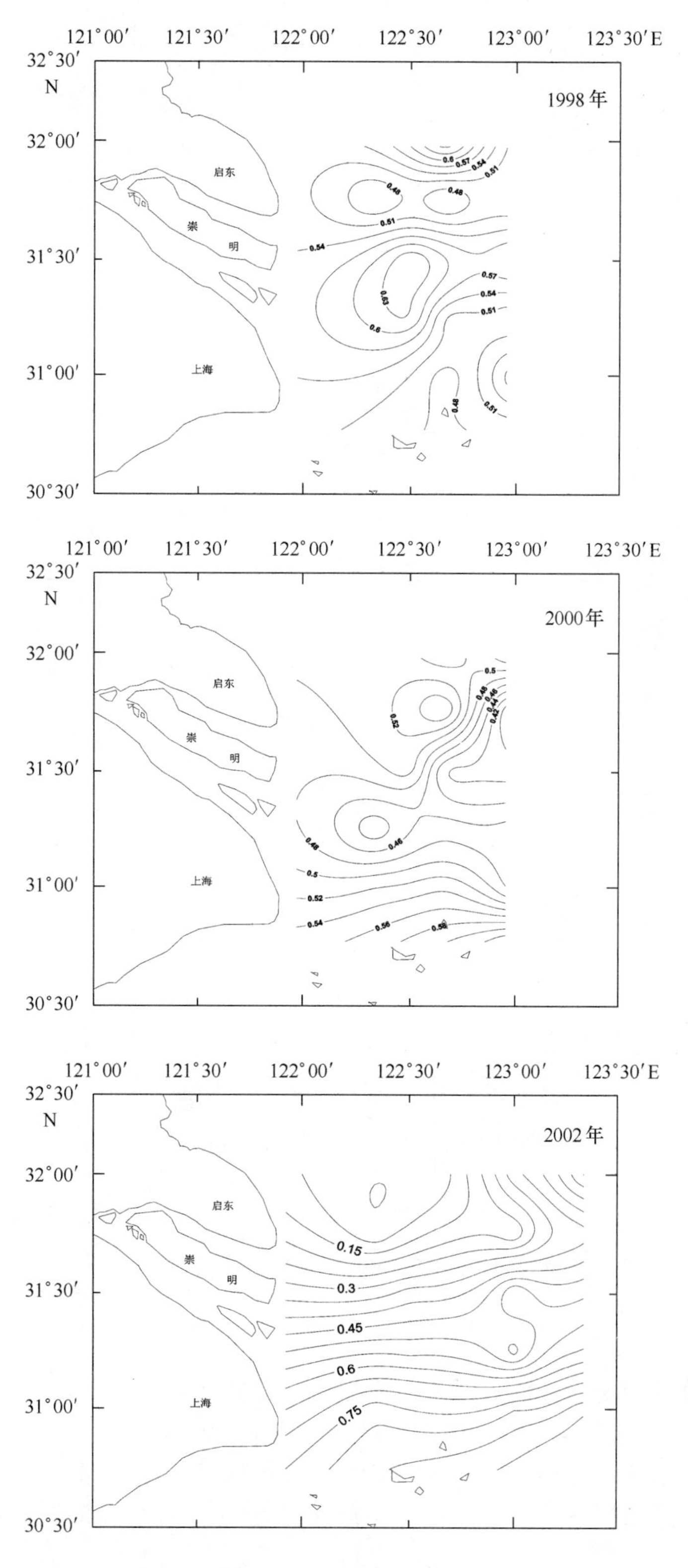

图9.5 1998年和2000年、2002年秋均匀度指数分布特征

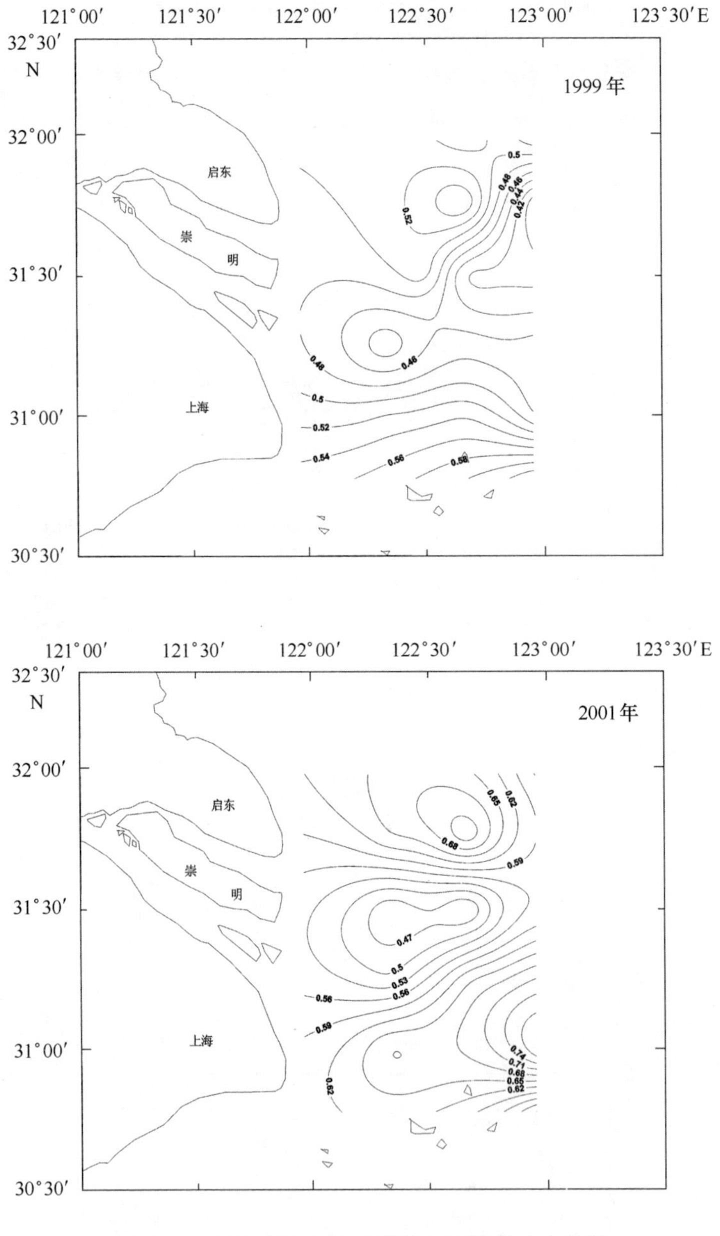

图 9.6　1999 年和 2001 年春均匀度指数分布特征

9.5.1　秋季

122°30′E 以东的大部分水域的 D 值在 2.8 以上，尤其调查区东南部水域为主要高值分布区，从该水域向河口临近水域递减（图 9.1）。1998 年 D 值以 19、13、5 站为最高，分别为 5.00（50 种）、3.78（31 种）和 3.63（29 种），2000 年秋季 33 站区为最高，3.81（36 种），其次为 18、6、7 和 12 站区，分别为 3.55（38 种）、3.52（29 种）、3.52（32 种）和 3.20（31 种），2002 年以 19 和 33 站区为最高。

1998 年和 2000 年秋季群落多样性指数 H' 等值线平面分布（图 9.3），大致可分为 2 个小区，即位于31°30′N以北水域和31°30′N以南水域。1998年，31°30′N以北水域的高值区在其北侧，并向南递减，31°30′N以南水域高值区在其中部偏东侧，并向河口临近水域递减，1998年*H*’值超过2的测站有2、26、13和17站；2000年，31°30′N以北水域的高值区在其中北部，并向西南和东北方向递减，31°30′N以南水域高值区在其东侧，*H*’值超过2，最高为33站，达2.39，并从该水域向河口临近水域递减。2002年秋季群落多样性指数*H*’分布由调查水域的西北部沿东南向递增，高值区亦分布在东部偏南部水域。

各年的均匀度指数*J*’分布趋势不同（图9.5）。1998年秋季，*J*’分布的高值区在调查水域的北侧和中部，并沿西南和东北方向递减，以2站为最高，其次为11、17和13站区，*J*’值均超过了0.6；2000年*J*’分布从调查区中部水域向南和西北方向递增，向东北方向递减，高值区在调查区的南部偏东水域，*J*’值以33站为最高，达0.67，其次为6、3和25站区，*J*’值分别为0.57、0.56和0.54；2002年秋季均匀度指数*J*’分布由调查水域的北部向递增，高值区亦分布南部在偏东部水域。

9.5.2 春季

122°30′E以东的偏南部水域的*D*值大都在3以上，从该水域向河口临近水域递减（图9.2）。1999年*D*值以19、26、18站为最高，分别为5.24（33种）、4.35（26种）和4.15（31种），2001年春季33站区为最高，4.68（31种），其次为19、18站区，分别为4.44（34种）、4.29（37种）。

春季群落多样性指数*H*’等值线平面分布（图9.4），大致可分为2个小区，即位于31°30′N以北水域和31°30′N以南水域。1999年，31°30′N以北水域的高值区在其东北北侧，但*H*’最高值未超过2，并向河口方向递减，31°30′N以南水域高值区在其南部偏东水域，并向河口临近水域递减，1999年*H*’值超过2的测站有26、18、6和7站；2001年，31°30′N以北水域的高值区在其中北部，并向西南和东北方向递减，31°30′N以南水域高值区在其东侧，*H*’值超过2，最高为26站，达2.83，并从该水域向河口临近水域递减。

春季均匀度指数*J*’分布亦可分为2个小区（图9.6），即位于31°30′N以北水域和31°30′N以南水域。31°30′N以北水域*J*’分布高值区位于其中部偏北水域，并沿西南和东北方向递减；31°30′N以南水域*J*’分布高值区在其南部偏东水域，并向河口临近水域递减，1999年春季，以26站为最高，其次为7、2和6站区，*J*’值均超过了0.6；2001年*J*’值以26站为最高，达0.83，其次为6和站区，*J*’值均超过了0.7。

如上所述，长江口水域渔业生物群落多样性的基本特征：一是位于长江口外海（即122°E以东）水域总体显示，群落多样性指数*D*、*H*’及*J*’值较高，但11月和5月该水域的生物多样性分布有季节差异。秋季（11月）枯水期群落多样性指数高值平面分布图明显向外海水域集中，而5月汛期来临加上水温回升，多样性指数高值分布区向长江口附近延伸。二是位于长江口122°E以东水域的群落多样性指数*H*’、丰度指数*D*及均匀度指数*J*’普遍高于河口附近水域。这充分反映了长江口渔业生物群落分布动态的基本格局，同时又说明河口渔业生物分布与该水域理化环境要素变化有关。

9.6 群落多样性参数与环境因子的相关性

根据河口水域物理环境因素的高度异质性的特点，根据调查中的环境监测统计数据，依 Pearson 相关系数对 5 相环境要素（水深、表层温度、表层盐度、底层温度和底层盐度）和 10 项多样性参数（种类数 *N*sp、种类丰度 *D*、Shannon - wiener 多样性指数 *H'*、均匀度指数 *J'*、栖息密度 *NED*、生物量密度 *BED*、丰盛度指数 *IWB*、相遇率指数 *PIE*），作单一匹配因子间的相关分析，结果见表 9.14 ~ 表 9.17。

1998 年秋季，*N*sp、*D* 和 *IWB* 与水深呈显著的相关关系（$p<0.10$），与其他环境因子相关关系不显著（$p>0.10$）。2000 年秋季，长江口渔业生物种类数量和种类丰度与水深呈显著的相关关系（$p<0.01$），并且还受到环境温度和盐度的影响（$p<0.10$）；H'_w 与水域表层盐度和底层温度密切相关（$p<0.10$），种类丰度（*D*）与底层盐度呈显著的正相关关系，*IWB* 主要受底层温度的影响（$p<0.10$）。

1999 年春季，长江口渔业资源多样性指数 *D*、H'_n、J'_n 和 *PIE* 与水深显著正相关（$p<0.10$），而 2001 年春季水深显著影响 Shannon - wiener 多样性指数 *H'*，H'_n、*NED*、*BED* 和 *PIE* 与表层温度密切相关（$p<0.10$）。

从以上分析可以看出，水深是影响长江口渔业资源群落多样性的最为重要的环境因子。除此之外，秋季的渔业资源多样性还受到表层盐度和底层温、盐的影响，而春季，表层温度成为影响渔业资源生物多样性环境因子之一。

表 9.14　1998 年长江口渔业资源群落生态多样性指数与环境因素间相关分析

	Nsp	D	H'_n	H'_w	J'_n	J'_w	NED	BED	IWB	PIE	水深	表温	表盐	底温	底盐
Nsp		0.964 7	0.740 7	0.587 8	0.564 3	0.322 8	0.248 6	0.119 6	0.689 0	0.469 6	0.785 2	0.471 2	0.225 2	0.598 7	0.643 8
D	* *		0.777 4	0.624 3	0.637 6	0.141 5	0.210 6	0.390 4	0.6199	0.308 9	0.689 0	0.489 3	0.273 6	0.574 5	0.563 9
H'_n	*	*		0.748 3	0.982 7	0.576 5	0.332 9	0.161 2	0.855 6	0.301 3	0.585 7	0.539 6	0.508 1	0.487 3	0.635 4
H'_w			*		0.720 9	0.943 7	0.195 0	0.464 6	0.699 6	0.404 4	0.458 2	0.171 1	0.439 9	0.622 8	0.342 1
J'_n			* *	*		0.625 8	0.288 7	0.147 9	0.812 8	0.424 8	0.423 4	0.651 0	0.556 8	0.382 1	0.578 7
J'_w				* *			0.342 9	0.504 3	0.502 1	0.546 4	0.316 9	0.397 5	0.485 0	0.473 0	0.307 7
NED								0.905 8	0.826 9	0.664 2	0.495 1	0.522 3	0.596 2	0.227 8	0.383 7
BED							* *		0.717 6	0.699 4	0.403 7	0.457 2	0.655 2	0.268 5	0.241 0
IWB			* *	*	* *		* *	* *		0.577 8	0.703 8	0.219 8	0.266 8	0.547 4	0.592 8
PIE							* *				0.377 0	0.365 4	0.114 8	0.429 0	0.411 9
水深	*	*							*			0.671 2	0.379 6	0.834 7	0.736 1
表温											*		0.798 7	0.601 6	0.494 8
表盐												*		0.274 6	0.425 9
底温											*				0.787 6
底盐											*			*	

表 9.15　1999 年长江口渔业资源群落生态多样性指数与环境因素间相关分析

	Nsp	*D*	H'_n	H'_w	J'_n	J'_w	*NED*	*BED*	*IWB*	*PIE*	水深	表温	表盐	底温	底盐
Nsp		0.939 7	0.822 0	0.817 8	0.628 5	0.605 6	0.546 3	0.351 1	0.903 9	0.482 3	0.564 6	0.416 4	0.570 3	0.598 7	0.576 8
D	* *		0.941 9	0.877 7	0.840 9	0.737 7	0.344 3	0.437 0	0.750 2	0.480 7	0.761 2	0.448 8	0.393 7	0.690 4	0.620 5
H'_n	*	* *		0.869 0	0.970 4	0.784 6	0.456 6	0.425 2	0.681 2	0.610 6	0.790 1	0.282 8	0.418 7	0.626 6	0.624 5
H'_w	*	* *	* *		0.794 2	0.966 4	0.430 2	0.623 7	0.690 7	0.485 5	0.611 7	0.636 6	0.196 7	0.467 3	0.442 8
J'_n		* *	* *	*		0.766 9	0.604 5	0.521 8	0.459 8	0.752 5	0.794 9	0.177 4	0.609 4	0.571 3	0.552 2
J'_w		*	*	*	*		0.611 6	0.745 9	0.432 0	0.628 6	0.530 9	0.692 5	0.308 4	0.300 0	0.262 3
NED								0.905 2	0.794 0	0.961 0	0.626 7	0.429 4	0.293 3	0.415 0	0.057 4
BED					*	*	* *		0.706 3	0.895 0	0.348 1	0.583 4	0.102 0	0.446 8	0.430 0
IWB	* *	*	*				*	*		0.744 0	0.479 4	0.361 4	0.517 2	0.408 3	0.647 6
PIE							* *	* *	*		0.710 4	0.344 5	0.473 2	0.551 0	0.243 7
水深		*	*		*					*		0.155 9	0.484 7	0.652 3	0.852 7
表温													0.617 4	0.382 2	0.100 0
表盐														0.506 2	0.668 8
底温															0.715 3
底盐											* *			*	

表 9.16　2000 年长江口渔业资源群落生态多样性指数与环境因素间相关分析

	Nsp	D	H'_n	H'_w	J'_n	J'_w	NED	BED	IWB	PIE	水深	表温	表盐	底温	底盐
Nsp		0.963 4	0.312 6	0.706 3	0.488 0	0.191 6	0.771 1	0.611 9	0.877 2	0.805 7	0.947 9	0.647 3	0.808 7	0.778 1	0.728 3
D	* *		0.537 6	0.764 2	0.175 5	0.337 0	0.646 8	0.480 9	0.826 3	0.599 4	0.897 9	0.497 8	0.799 2	0.791 8	0.729 2
H'_n				0.672 6	0.968 9	0.669 2	0.591 4	0.063 2	0.623 9	0.702 9	0.527 8	0.613 4	0.484 3	0.635 2	0.390 3
H'_w		*	*		0.519 0	0.918 2	0.126 1	0.600 0	0.645 1	0.359 0	0.751 9	0.431 6	0.763 4	0.714 5	0.631 0
J'_n			* *			0.671 5	0.727 0	0.353 4	0.312 2	0.831 7	0.112 2	0.469 0	0.173 8	0.458 3	0.545 5
J'_w	*			* *			0.587 3	0.816 1	0.181 7	0.510 3	0.320 0	0.288 3	0.532 9	0.463 9	0.421 5
NED	*				*			0.813 6	0.732 1	0.873 4	0.631 7	0.090 6	0.487 1	0.538 8	0.599 9
BED						*	*		0.794 4	0.622 9	0.509 5	0.516 7	0.136 4	0.417 3	0.175 5
IWB	* *	*					*			0.673 2	0.843 5	0.751 0	0.585 0	0.745 3	0.263 4
PIE	*		*		*		*				0.774 6	0.571 1	0.669 7	0.555 5	0.649 8
水深	* *	* *		*					*			0.802 2	0.875 3	0.863 9	0.681 9
表温									*		*		0.577 1	0.649 1	0.403 1
表盐	*	*		*							* *			0.717 4	0.896 4
底温	*	*		*					*		* *		*		0.325 1
底盐		*									*		* *		

表 9.17　2001 年长江口渔业资源群落生态多样性指数与环境因素间相关分析

	Nsp	*D*	H'_n	H'_w	J'_n	J'_w	*NED*	*BED*	*IWB*	*PIE*	水深	表温	表盐	底温	底盐
Nsp		0.916 5	0.450 7	0.769 4	0.321 6	0.473 1	0.504 7	0.420 7	0.704 8	0.388 2	0.786 6	0.668 5	0.239 8	0.657 2	0.554 0
D	* *		0.692 7	0.731 4	0.483 8	0.495 7	0.726 1	0.760 3	0.166 1	0.726 2	0.801 6	0.741 3	0.482 3	0.487 5	0.681 4
H'_n		*		0.504 6	0.972 8	0.492 3	0.880 2	0.902 8	0.362 4	0.885 3	0.586 5	0.721 1	0.359 2	0.417 4	0.270 7
H'_w	*	*			0.313 7	0.955 8	0.608 7	0.609 2	0.696 9	0.558 9	0.686 9	0.665 4	0.547 6	0.317 0	0.473 7
J'_n			* *			0.459 0	0.866 8	0.897 1	0.555 9	0.889 3	0.436 1	0.657 8	0.376 4	0.172 9	0.135 6
J'_w				* *			0.609 8	0.627 5	0.573 6	0.585 2	0.520 0	0.582 5	0.575 3	0.335 1	0.406 8
NED		*	* *		*			0.969 9	0.531 5	0.985 5	0.631 3	0.824 5	0.441 5	0.238 3	0.268 0
BED		*	* *		* *		* *		0.647 5	0.988 2	0.574 4	0.763 9	0.485 0	0.208 1	0.341 9
IWB	*			*						0.668 2	0.415 9	0.160 6	0.401 2	0.627 9	0.218 2
PIE		*	*		*		* *	* *			0.570 4	0.775 6	0.465 9	0.289 3	0.382 2
水深				*								0.914 2	0.845 8	0.846 0	0.050 0
表温			*				*	*		*	* *		0.796 4	0.781 5	39.076 8
表盐											*	*		0.671 4	0.385 0
底温											*	*			0.689 3
底盐														*	

9.7 与历史资料的对比分析

中国科学院海洋研究所受原国家科学技术委员会委托，为执行“三峡工程对长江口区生态与环境的影响和对策”课题，于1985年9月至1986年8月，在长江口及临近水域进行了周年多学科综合调查。本节根据本次调查的资料与1985年11和1986年5月相比较，讨论长江口及临近海域渔业资源群落结构特征的时空变化。

9.7.1 种类组成变化

表9.18～表9.21显示1985—1986长江口调查秋季和春季渔业资源群落种类组成。

图9.7和图9.8显示1985—1986年和1998—2002年秋季和春季长江口鱼类的类群结构。可以看出，长江口鱼类以鲈形目种类为最多，鲱形目次之。1985—1986年5月和11月在长江口捕到一定数量的软骨鱼类Chondrichtnyes，但在本调查中未见。1985年秋季共捕获10目，32科，69种鱼类，1986年春季捕获11目，31科，59种鱼类，鱼类资源种类数量显著高于本调查秋季和春季种类数量。由此可见，1998—2002年鱼类资源成员组成已发生了显著变化，其特点是种类数量减少，多样性降低，这在后面的章节中将作详细讨论。

图9.9～9.11显示长江口无脊椎动物以及无脊椎动物中的甲壳动物和软体动物的种类数量、数量百分比（*N*%）和重量百分比（*W*%）变动分析。

从1985年、1998年、2000年和2002年秋季调查结果可以看出，长江口无脊椎种类数量以1998年为最高，1985年和2000年秋季的种类数量相近，2002年种类有所减少，甲壳动物和软体动物秋季种类数量变动与无脊椎动物相一致。

与1985年相比，本调查中，无脊椎动物生物量占全部渔业生物样品重量（*W*%）的比例1998年下降到最低点，2000年和2002年有所回复，甲壳动物与此相同，软体动物生物量占全部渔业生物样品重量（*W*%）的比例显著降低，2002年略有增加。无脊椎动物的数量百分比（*N*%）略有增加，其中，甲壳动物的*N*%呈波动状态，且变化幅度不大，软体动物*N*%以1985年为最低，1998年略有提高，2000年显著增加，2002年有所回落。

由此可见，与20世纪80年代相比，无脊椎种类数量和数量百分比变化不大，但占全部渔业生物重量百分比显著降低，说明无脊椎生物个体生物量显著减小，其中，以软体动物表现最明显。

春季，与1986年相比，本调查无脊椎种类数量变化不大，但是占全部渔业生物重量和数量的比例显著降低，其中以甲壳动物变化最为显著。由此可见，与80年代相比，本调查春季无脊椎动物无论是在数量还是在重量上均显著减少，主要表现为甲壳动物的生物量和栖息密度大幅度降低。

表 9.18 1985 年秋长江口区鱼类群落重要种成分

	Sp	*NED*	*BED*	平均个体大小	*N*/%	*W*/%	F	*IRI*
优势种	龙头鱼	1 612.21	5 066.25	3.14	45.07	12.18	14	4 217.95
	棘头梅童	756.89	6 907.23	9.13	21.16	16.60	16	3 179.66
普通种	皮氏叫姑	204.30	2 382.32	11.66	5.71	5.73	14	842.70
	凤鲚	302.47	1 990.22	6.58	8.46	4.78	11	766.43
	黄鲫	111.14	2 439.74	21.95	3.11	5.86	15	708.19
	海鳗	4.36	2 843.44	652.52	0.12	6.83	11	402.70
	小黄鱼	56.01	1 870.43	33.39	1.57	4.50	12	382.80
	鲚	49.93	1 197.20	23.98	1.40	2.88	15	337.35
	带鱼	68.03	589.72	8.67	1.90	1.42	10	174.68
	银鲳	17.66	593.98	33.63	0.49	1.43	16	161.79
	鳓	3.53	334.95	94.77	0.10	0.81	14	66.60
	短吻三线舌鳎	5.35	298.46	55.77	0.15	0.72	13	59.31
	细条天竺鱼	37.84	77.63	2.05	1.06	0.19	8	52.40
	鮸	0.47	272.10	573.97	0.01	0.65	8	28.09
	青鳞小沙丁鱼	20.00	146.72	7.34	0.56	0.35	5	23.99
	灰鲳	2.41	49.72	20.59	0.07	0.12	11	10.83
次要种	中国魟	0.09	163.09	1 802.50	0.00	0.39	4	8.31
	孔鳐	0.28	146.93	526.65	0.01	0.35	4	7.60
	白姑鱼	2.91	56.50	19.40	0.08	0.14	5	5.72
	赤鼻棱鳀	2.41	26.37	10.95	0.07	0.06	7	4.82
	双斑东方鲀	0.18	55.89	308.88	0.01	0.13	6	4.40
	中华海鲶	1.91	45.76	23.99	0.05	0.11	5	4.30
	大鳞舌鳎	0.39	62.94	159.90	0.01	0.15	5	4.27
	短吻红舌鳎	0.58	12.96	22.27	0.02	0.03	13	3.25
	黄姑鱼	0.32	38.82	120.86	0.01	0.09	6	3.23
	暗纹东方鲀	0.23	79.47	351.33	0.01	0.19	3	3.12
	蜂鲉	1.49	9.66	6.49	0.04	0.02	9	3.07
	大黄鱼	0.51	49.99	97.93	0.01	0.12	4	2.83
	光魟	0.42	85.20	201.79	0.01	0.20	2	2.28
	鹿斑鲾	1.73	6.13	3.55	0.05	0.01	6	1.99
	红狼牙鰕虎鱼	1.58	8.23	5.20	0.04	0.02	5	1.69
	鲬	0.09	31.74	350.83	0.00	0.08	4	1.66
	菊黄东方鲀	0.08	32.99	397.73	0.00	0.08	3	1.29
	带纹条鳎	0.28	30.21	108.07	0.01	0.07	3	1.27
	七星底灯鱼	2.26	2.59	1.15	0.06	0.01	3	1.10

续表 9.18

	Sp	*NED*	*BED*	平均个体大小	*N/%*	*W/%*	F	*IRI*
少见种	绿鳍马面鲀	0.07	33.05	487.00	0.00	0.08	2	0.86
	沟鲹	0.15	6.27	41.60	0.00	0.02	5	0.51
	油魣	0.13	8.11	62.97	0.00	0.02	4	0.49
	金色小沙丁鱼	0.08	5.41	68.33	0.00	0.01	4	0.32
	尖头斜齿鲨	0.03	6.33	206.32	0.00	0.02	2	0.17
	黑腮梅童	0.34	2.47	7.19	0.01	0.01	2	0.16
	中国团扇鳐	0.02	12.44	825.00	0.00	0.03	1	0.16
	多鳞鱚	0.07	3.37	50.84	0.00	0.01	3	0.16
	裘氏小沙丁鱼	0.08	4.33	53.11	0.00	0.01	2	0.13
	丝鳍虎鲉	0.18	1.31	7.37	0.00	0.00	3	0.13
	发光鲷	0.33	1.03	3.09	0.01	0.00	2	0.12
	青騰	0.09	1.73	19.08	0.00	0.00	3	0.11
	短尾大眼鲷	0.08	1.63	19.52	0.00	0.00	3	0.10
	条纹东方鲀	0.03	7.39	245.00	0.00	0.02	1	0.10
	斑鰶	0.11	2.50	23.64	0.00	0.01	2	0.09
	窄体舌鳎	0.04	2.11	56.00	0.00	0.01	2	0.06
	鲥	0.03	1.76	58.50	0.00	0.00	2	0.05
	刺鲳	0.05	1.43	27.14	0.00	0.00	2	0.05
	半滑舌鳎	0.01	3.83	635.00	0.00	0.01	1	0.05
	横带髭鲷	0.07	1.00	14.57	0.00	0.00	2	0.05
	花斑蛇鲻	0.15	1.21	8.00	0.00	0.00	1	0.04
	杜氏叫姑鱼	0.02	2.49	165.00	0.00	0.01	1	0.03
	褐菖鲉	0.02	1.49	99.00	0.00	0.00	1	0.02
	丁氏域	0.03	0.75	25.00	0.00	0.00	1	0.01
	光兔鲀	0.02	0.72	32.00	0.00	0.00	1	0.01
	铅点东方鲀	0.02	0.54	24.00	0.00	0.00	1	0.01
	矛尾鰕虎鱼	0.02	0.38	25.00	0.00	0.00	1	0.01
	单指虎鲉	0.02	0.23	9.50	0.00	0.00	1	0.01
	棕腹刺鲀	0.02	0.30	20.00	0.00	0.00	1	0.01
	大甲鲹	0.01	0.35	43.00	0.00	0.00	1	0.01
	条尾绯鲤	0.02	0.23	15.00	0.00	0.00	1	0.01
	中颌棱鳀	0.02	0.23	15.00	0.00	0.00	1	0.01
	绯衔	0.02	0.09	6.00	0.00	0.00	1	0.00
	日本騰	0.02	0.08	5.00	0.00	0.00	1	0.00

表 9.19　1985 年秋长江口区无脊椎动物群落重要种成分

	Sp	*NED*	*BED*	平均个体大小	*N*/%	*W*/%	F	*IRI*
优势种	三疣梭子蟹	111.01	8 895.35	80.13	3.10	21.38	16.00	2 448.21
	哈氏仿对虾	64.87	155.64	2.40	1.81	0.37	10.00	136.71
	周氏新对虾	60.04	206.29	3.44	1.68	0.50	10.00	135.89
普通种	栉江珧	0.02	3 845.46	170 000.00	0.00	9.24	1.00	57.77
	刀额仿对虾	23.40	123.36	5.27	0.65	0.30	9.00	53.47
	双斑蟳	15.78	31.43	1.99	0.44	0.08	10.00	32.29
	中华管鞭虾	7.43	22.75	3.06	0.21	0.05	12.00	19.67
	口虾蛄	4.00	27.15	6.78	0.11	0.07	12.00	13.29
	葛氏长臂虾	5.01	6.35	1.27	0.14	0.02	11.00	10.68
	鹰爪虾	7.86	20.63	2.62	0.22	0.05	6.00	10.10
次要种	细巧仿对虾	1.91	1.47	0.77	0.05	0.00	9.00	3.21
	霞水母	0.02	113.10	7 500.00	0.00	0.27	1.00	1.70
	日本蟳	0.57	5.06	8.83	0.02	0.01	8.00	1.41
	矛形梭子蟹	1.11	2.39	2.16	0.03	0.01	6.00	1.38
少见种	枪乌贼	0.34	1.52	4.43	0.01	0.00	7.00	0.58
	曼氏无针乌贼	0.06	5.39	94.48	0.00	0.01	4.00	0.36
	细点圆趾蟹	0.26	4.05	15.37	0.01	0.01	3.00	0.32
	长蛸	0.05	8.26	182.50	0.00	0.02	2.00	0.26
	鞭腕虾	0.35	1.00	2.87	0.01	0.00	3.00	0.23
	红线黎明蟹	0.13	0.84	6.51	0.00	0.00	4.00	0.14
	锔缘青蟹	0.08	3.51	46.60	0.00	0.01	2.00	0.13
	海仙人掌	0.06	1.09	18.00	0.00	0.00	2.00	0.05
	中国对虾	0.03	1.84	61.00	0.00	0.00	1.00	0.03
	哈氏刻肋海胆	0.03	0.28	8.33	0.00	0.00	2.00	0.02
	脊尾白虾	0.09	0.15	1.67	0.00	0.00	1.00	0.02
	短蛸	0.02	0.75	50.00	0.00	0.00	1.00	0.01
	脉红螺	0.02	0.30	20.00	0.00	0.00	1.00	0.01
	纤形梭子蟹	0.02	0.12	5.00	0.00	0.00	1.00	0.01
	鲜明鼓虾	0.02	0.06	3.00	0.00	0.00	1.00	0.00
	红星梭子蟹	0.01	0.12	20.00	0.00	0.00	1.00	0.00
	绒毛细足蟹	0.02	0.02	1.00	0.00	0.00	1.00	0.00
	旋刺寄居蟹	0.01	0.04	5.00	0.00	0.00	1.00	0.00
	绵蟹	0.01	0.06	10.00	0.00	0.00	1.00	0.00

表 9.20 1986 年春长江口区鱼类群落重要种成分

	Sp	*NED*	*BED*	平均个体大小	*N*/%	*W*/%	F	*IRI*
优势种	皮氏叫姑	139.96	2 988.82	21.35	26.76	17.57	12.00	2 799.80
普通种	鳀	30.20	298.92	9.90	5.77	1.76	11.00	436.04
	银鲳	4.47	549.27	122.85	0.85	3.23	17.00	365.34
	鲚	14.75	157.31	10.66	2.82	0.92	9.00	177.44
	凤鲚	8.85	91.44	10.33	1.69	0.54	10.00	117.34
	带鱼	7.44	70.14	9.43	1.42	0.41	12.00	115.92
次要种	细条天竺鱼	9.79	49.13	5.02	1.87	0.29	8.00	90.97
	黄鮟鱇	0.26	455.79	1 721.32	0.05	2.68	6.00	86.19
	白姑鱼	8.42	109.73	13.03	1.61	0.64	7.00	83.07
	黄鲫	4.70	69.15	14.72	0.90	0.41	12.00	82.41
	棘头梅童	4.56	61.51	13.47	0.87	0.36	12.00	77.96
	日本螣	1.69	206.41	121.94	0.32	1.21	6.00	48.53
	灰鲳	0.65	255.16	391.01	0.12	1.50	5.00	42.75
	矛尾鰕虎鱼	9.13	146.43	16.04	1.75	0.86	3.00	41.15
	短吻三线舌鳎	1.03	101.88	98.51	0.20	0.60	9.00	37.73
	小黄鱼	1.11	75.76	68.51	0.21	0.45	7.00	24.19
	蜂鲉	1.08	7.15	6.61	0.21	0.04	9.00	11.80
	单指虎鲉	1.64	18.60	11.37	0.31	0.11	5.00	11.11
	龙头鱼	1.34	24.87	18.58	0.26	0.15	5.00	10.58
	大鳞舌鳎	1.94	28.91	14.92	0.37	0.17	3.00	8.53
	半滑舌鳎	0.23	28.20	124.67	0.04	0.17	3.00	3.30
	条纹东方鲀	0.08	21.18	263.49	0.02	0.12	4.00	2.94
	带纹条鳎	0.16	13.39	83.56	0.03	0.08	5.00	2.88
	鳓	0.24	10.45	43.85	0.05	0.06	5.00	2.81
	小带鱼	0.42	5.82	13.78	0.08	0.03	3.00	1.82
	黄姑鱼	0.11	22.54	213.57	0.02	0.13	2.00	1.61
	绿鳍马面鲀	0.16	12.03	75.95	0.03	0.07	3.00	1.59
	无斑圆鲹	0.62	3.55	5.75	0.12	0.02	2.00	1.46
	斑鰶	0.28	6.30	22.42	0.05	0.04	3.00	1.43
	角木叶鲽	0.09	10.04	108.67	0.02	0.06	3.00	1.21
	鮸	0.02	36.72	2 435.00	0.00	0.22	1.00	1.15
	油魣	0.07	9.46	138.32	0.01	0.06	3.00	1.08
	大黄鱼	0.14	12.08	85.45	0.03	0.07	2.00	1.03

续表 9.20

	Sp	*NED*	*BED*	平均个体大小	*N*/%	*W*/%	F	*IRI*
少见种	斑点马鲛	0.03	14.10	467.50	0.01	0.08	2.00	0.93
	海鳗	0.03	14.10	467.50	0.01	0.08	2.00	0.93
	七星底灯鱼	0.71	6.44	9.09	0.14	0.04	1.00	0.91
	赤鼻棱鳀	0.21	0.67	3.27	0.04	0.00	4.00	0.91
	青鳞小沙丁鱼	0.29	3.79	13.21	0.05	0.02	2.00	0.81
	中国魟	0.02	19.70	1 161.00	0.00	0.12	1.00	0.63
	长吻鮠	0.08	11.79	139.00	0.02	0.07	1.00	0.45
	少鳞鱚	0.14	2.58	19.00	0.03	0.02	2.00	0.43
	横带髭鲷	0.10	3.21	32.77	0.02	0.02	2.00	0.40
	鲬	0.03	3.38	105.53	0.01	0.02	2.00	0.27
	桂皮斑鲆	0.03	2.07	64.71	0.01	0.01	2.00	0.19
	孔鳐	0.02	5.58	370.00	0.00	0.03	1.00	0.19
	斜带髭鲷	0.03	4.67	137.50	0.01	0.03	1.00	0.18
	长蛇鲻	0.03	1.89	62.50	0.01	0.01	2.00	0.18
	红狼牙鰕虎鱼	0.11	1.81	16.00	0.02	0.01	1.00	0.17
	黑鳃梅童	0.09	1.36	15.00	0.02	0.01	1.00	0.13
	带状条鳎	0.02	2.64	175.00	0.00	0.02	1.00	0.10
	杜氏叫姑鱼	0.02	2.22	131.00	0.00	0.01	1.00	0.09
	发光鲷	0.05	0.31	6.00	0.01	0.00	1.00	0.06
	绯衔	0.03	0.57	19.00	0.01	0.00	1.00	0.05
	华鳐	0.02	0.83	55.00	0.00	0.00	1.00	0.04
	赤鯥	0.03	0.10	3.00	0.01	0.00	1.00	0.04
	鲐	0.02	0.35	23.00	0.00	0.00	1.00	0.03
	断线舌鳎	0.02	0.25	15.00	0.00	0.00	1.00	0.02
	鳄齿鱼	0.02	0.10	6.00	0.00	0.00	1.00	0.02
	及达叶鲹	0.02	0.03	2.00	0.00	0.00	1.00	0.02

表 9.21　1986 年春长江口区无脊椎动物群落重要种成分

	Sp	NED	BED	平均个体大小	N/%	W/%	F	IRI
优势种	细点圆趾蟹	176.03	6 116.49	34.75	33.66	35.95	9.00	3 915.53
	三疣梭子蟹	38.85	4 340.93	111.74	7.43	25.51	14.00	2 882.41
	鹰爪虾	31.45	107.05	3.40	6.01	0.63	7.00	290.65
	枪乌贼	4.03	98.34	24.43	0.77	0.58	12.00	101.08
普通种	曼氏无针乌贼	0.62	231.20	373.71	0.12	1.36	8.00	73.86
	葛氏长臂虾	4.63	11.05	2.39	0.88	0.06	6.00	35.62
	脊腹褐虾	5.06	7.36	1.45	0.97	0.04	4.00	25.29
	哈氏仿对虾	1.91	5.19	2.73	0.36	0.03	6.00	14.81
次要种	刀额仿对虾	0.89	3.27	3.69	0.17	0.02	3.00	3.54
	日本蟳	0.14	8.37	59.52	0.03	0.05	5.00	2.38
	金乌贼	0.05	11.72	259.00	0.01	0.07	3.00	1.45
	口虾蛄	0.16	2.66	16.67	0.03	0.02	5.00	1.44
	戴氏赤虾	0.51	0.44	0.85	0.10	0.00	2.00	1.26
少见种	细巧仿对虾	0.36	0.15	0.42	0.07	0.00	2.00	0.88
	周氏新对虾	0.11	0.71	6.13	0.02	0.00	5.00	0.82
	双斑蟳	0.14	0.39	2.89	0.03	0.00	2.00	0.35
	海仙人掌	0.05	0.74	15.00	0.01	0.00	2.00	0.17
	拟目乌贼	0.05	2.80	62.00	0.01	0.02	1.00	0.16
	栉江珧	0.02	2.49	165.00	0.00	0.01	1.00	0.11
	脊尾白虾	0.06	0.20	3.25	0.01	0.00	1.00	0.08
	红线黎明蟹	0.03	0.08	2.50	0.01	0.00	1.00	0.04
	柏氏四盘耳乌贼	0.02	0.06	4.00	0.00	0.00	1.00	0.02
	鲜明鼓虾	0.02	0.05	3.00	0.00	0.00	1.00	0.02

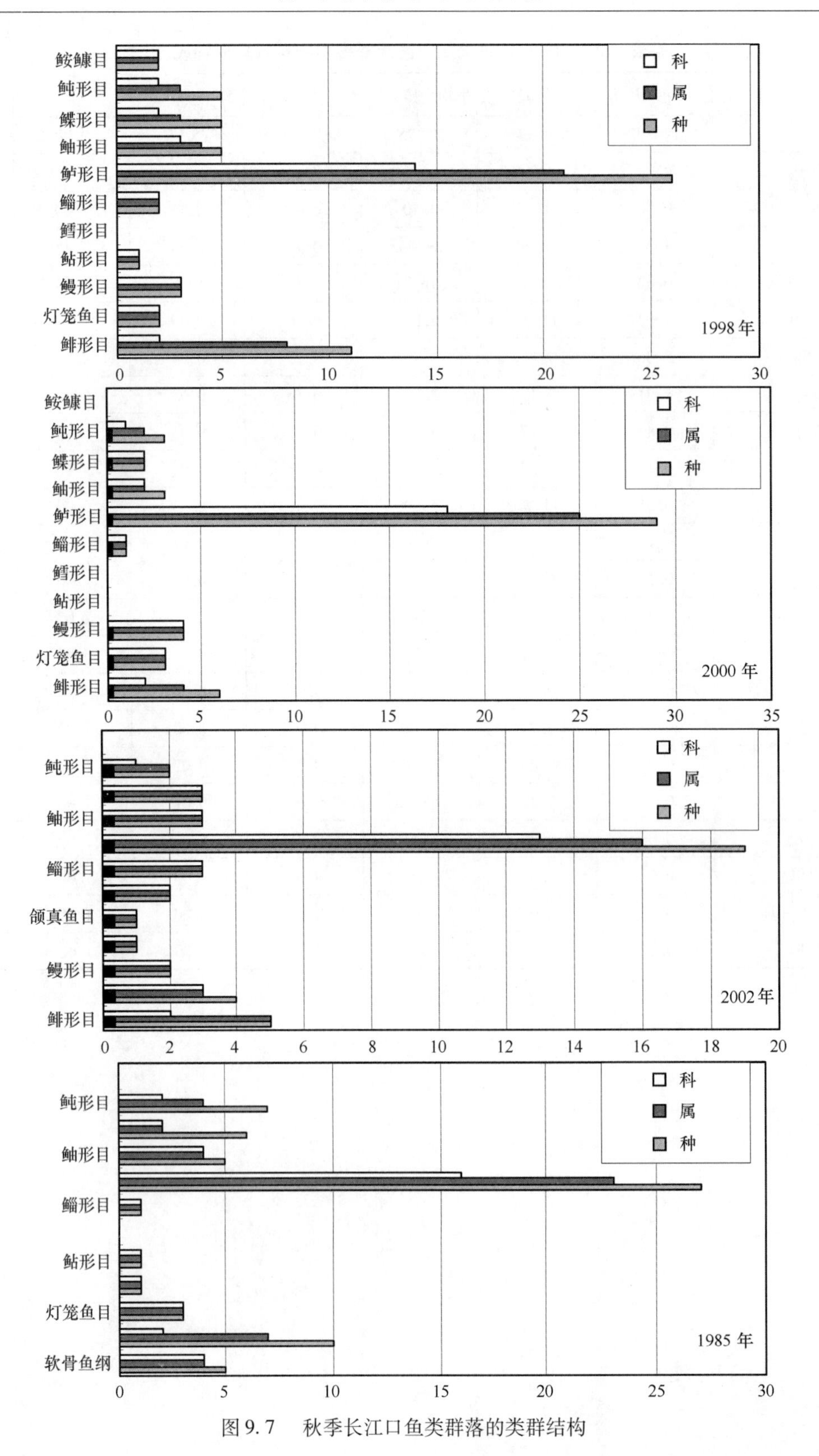

图 9.7　秋季长江口鱼类群落的类群结构

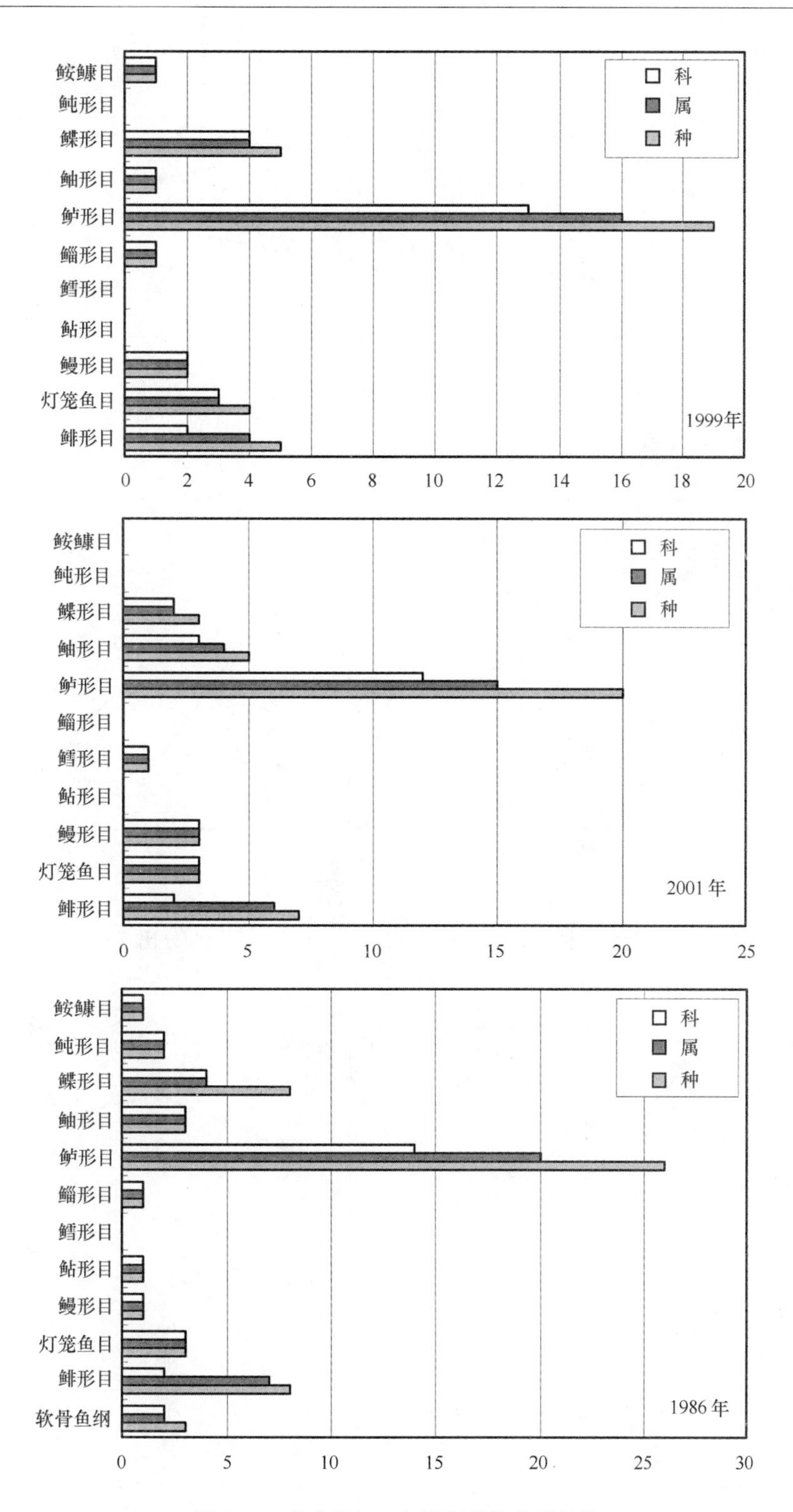

图 9.8 春季长江口鱼类群落的类群结构

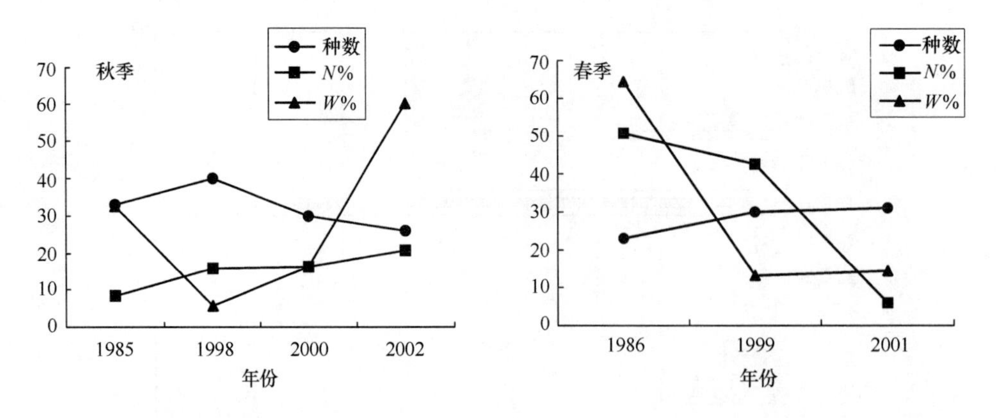

图 9.9　长江口无脊椎动物种类数量、数量百分比（N%）、重量百分比（W%）变动分析

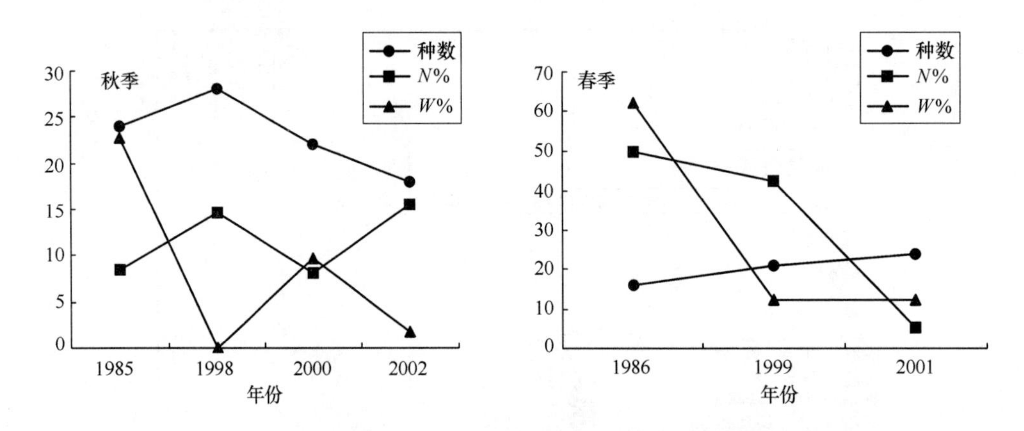

图 9.10　长江口甲壳动物种类数量、数量百分比（N%）、重量百分比（W%）变动分析

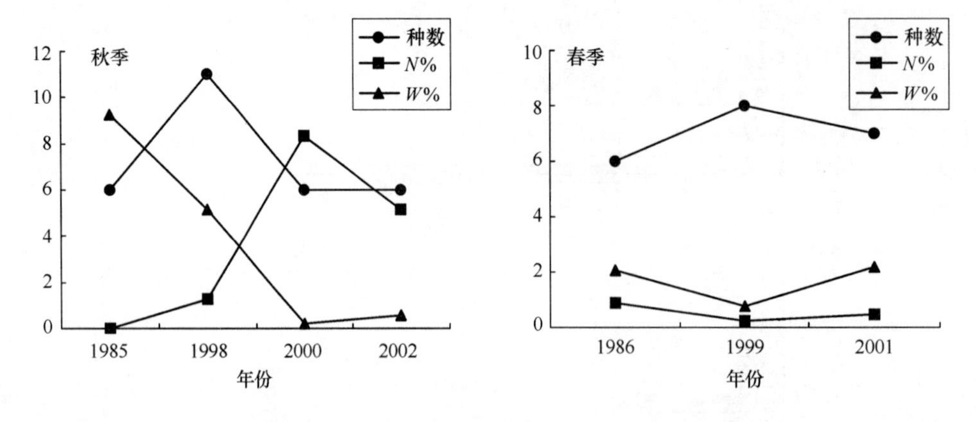

图 9.11　长江口软体动物种类数量、数量百分比（N%）、重量百分比（W%）变动分析

9.7.2 鱼类资源结构变化

1）鱼类资源空间结构

根据鱼类栖息水域的特点，可将鱼类资源划分为中上层鱼类和底层、近底层鱼类资源。

从图9.12中可以看出，与20世纪80年代调查资料相比较，长江口中上层鱼类春季种类数量变化不大，秋季以1998年为最高，2000年为最低。长江口中上层鱼类数量和重量占整个渔业资源的比重发生了显著变化，秋季数量百分比以2002年为最高，重量百分比以1998年为最高；春季以2001年为最高，分别为1986年的10.7倍和2.6倍。由此可见，与80年代相比，对中上层鱼类资源的开发加强，中上层鱼类在长江口渔业资源中的地位显著提升。

图9.13显示长江口底层、近底层鱼类种类数量、数量百分比和重量百分比的变化。从中可以看出，与80年代相比，本调查底层、近底层鱼类种类数量降低，秋季的数量百分比变化不大，重量百分比以1998年和2000年略高于1985年，2002迅速降低；春季的数量百分比显著降低，而重量百分比显著增加。由此可见，与80年代相比，底层、近底层鱼类的种类数量的减少是其变化的显著特征；其次，春季长江口底层、近底层鱼类数量占渔业资源比重的显著降低和重量百分比的显著增加，证明长江口底层、近底层鱼类的个体大小有显著的提高。

2）鱼类资源营养结构

根据鱼类食性，鱼类资源营养结构划可分为三个层次：底栖生物食性鱼类资源、游泳动物食性鱼类资源和浮游生物食性鱼类资源。图9.14～图9.16显示长江口渔业资源不同食性鱼类营养结构变化。

从图9.14中可以看出，长江口底栖生物食性的鱼类种类明显减少。秋季，营该食性的鱼类种类在渔业资源的数量百分比在1998年达最低值，2000年显著回升，2002年又迅速回落到最低点；重量百分比逐年减少。春季，1999年和2001年底栖生物食性鱼类种类在渔业资源中的数量百分比持平，但比1986年春季下降了57%；重量百分比三年间相差不大。由此可见，营底栖生物食性的鱼类资源种类最显著的变化特点是种类数量减少，与80年代相比，秋季个体明显减小，春季在渔业资源的优势地位降低。

与80年代相比，营游泳动物食性鱼类资源种类数量变化不大（图9.15）。与1985年秋季相比，该食性的鱼类种类在渔业资源数量百分比比2000年前逐年降低，2002又迅速增加，但重量百分比变化趋势与之相反。1999年春季的游泳动物食性鱼类资源种类的数量和重量为最高。可以看出，与80年代相比，游泳动物食性的鱼类资源种类秋季的优势地位变化不大，但个体大小增加迅速；春季，1999年游泳动物食性鱼类的优势地位有了明显的提升，但2001年又迅速回落，波动较大。

从图9.16中可以看出，长江口浮游生物食性鱼类种类数量变化不大，与80年代相比，无论是数量百分比还是重量百分比都有了迅速的增加，尤其是在春季，这说明，长江口浮游生物食性的鱼类资源在整个渔业资源中的优势地位迅速提高，其代表种类如银鲳等。

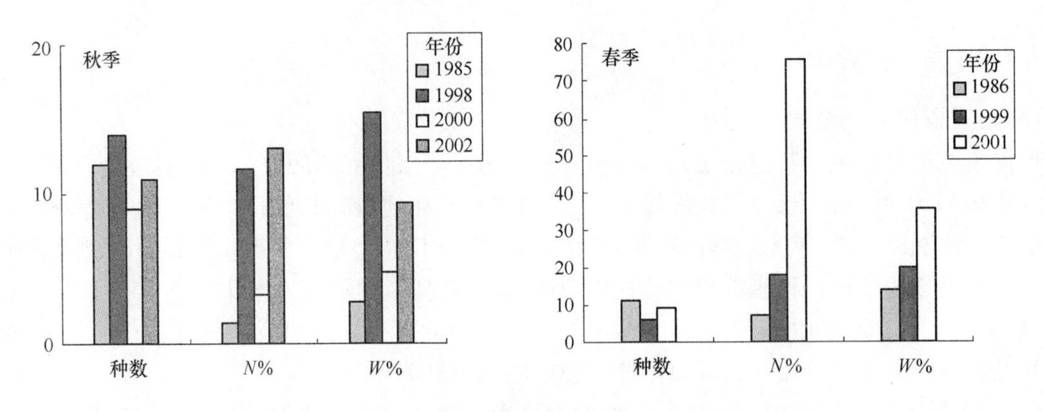

图9.12 长江口中上层鱼类种类数量、数量百分比

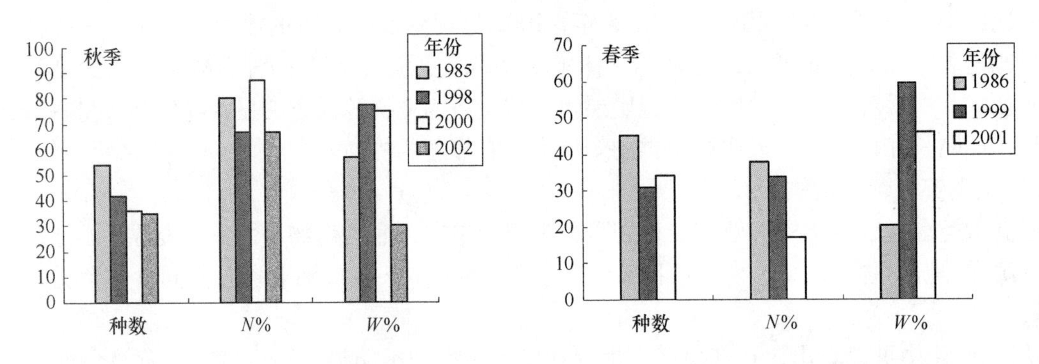

图9.13 长江口底层、近底层鱼类种类数量、数量百分比（N%）、重量百分比（W%）变动分析

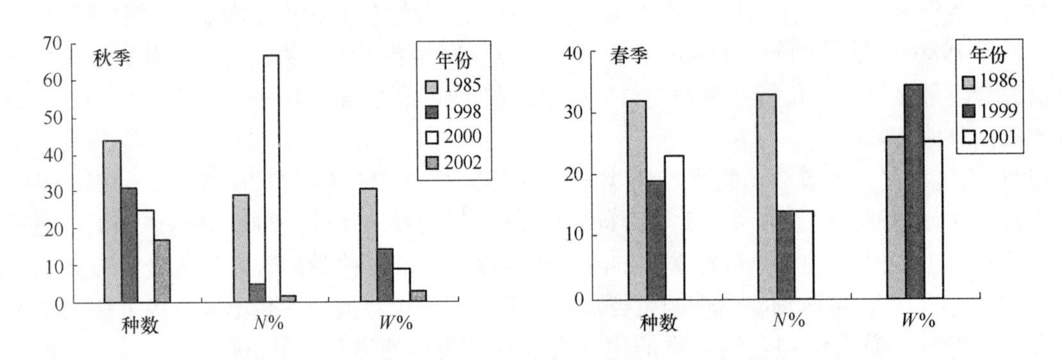

图9.14 长江口底栖生物食性鱼类种类数量、数量百分比（N%）、重量百分比（W%）变动分析

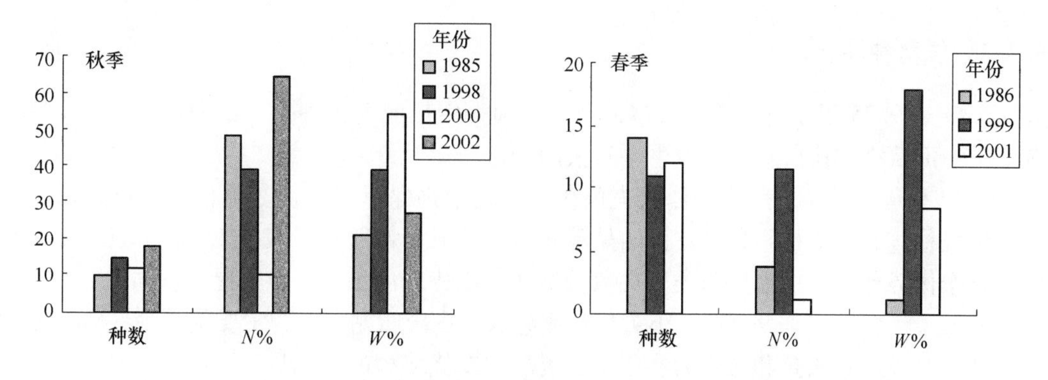

图 9.15 长江口游泳动物食性鱼类种类数量、数量百分比（N%）、重量百分比（W%）变动分析

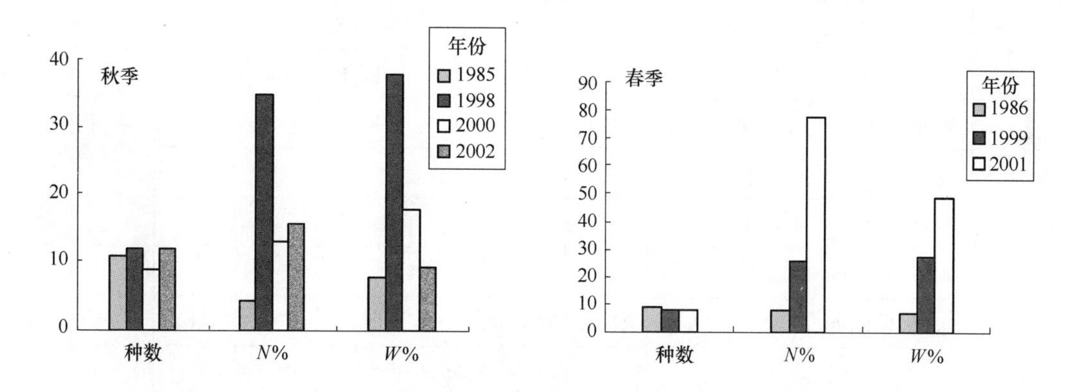

图 9.16 长江口浮游生物食性鱼类种类数量、数量百分比（N%）、重量百分比（W%）变动分析

9.7.3 优势种演替

表9.22～表9.25显示各时期长江口渔业资源调查中位前5位种类。从中可以看出，在2个时期的调查中，渔获物中优势种组成发生了较大的变化。

1985年秋季鱼类资源群落优势种龙头鱼在本调查中仍保持绝对优势地位，而黄鲫取代棘头梅童鱼成为优势种，而棘头梅童鱼、皮氏叫姑鱼和凤鲚已成为普通种（表9.22）。可以看出，长江口鱼类资源秋季优势种中，中上层鱼类种类数量增加，优势地位也有了大幅提升。同样，在春季，优势种成分亦发生了变异（表9.23）：小黄鱼和银鲳取代皮氏叫姑鱼成为主要优势种，鳀和鲚已经降为普通种和次要种，龙头鱼和黄鲫为春季鱼类资源主要优势种的新成员。

表9.22 秋季长江口区鱼类群落优势种变动分析

	1985年			1998年			2000年			2002年		
Sp	*N/%*	*W/%*	*IRI*	*N/%*	*W/%*	*IRI*	*N/%*	*W/%*	*IRI*	*N/%*	*W/%*	*IRI*
龙头鱼	45.07	12.18	4 217.95	33.29	33.70	6 699.44	46.59	46.29	8 741.61	13.44	14.17	2 761.34
棘头梅童鱼	21.16	16.60	3 179.66									
皮氏叫姑鱼	5.71	5.73	842.70									
凤鲚	8.46	4.78	766.43									
黄鲫	3.11	5.86	708.19	10.16	21.67	2 808.18	6.00	12.88	1 777.04	8.83	5.55	1 438.12
细条天竺鱼							20.66	5.01	1359.26			
小黄鱼				3.67	12.17	1304.94	1.17	5.50	471.04	1.77	2.38	253.89
赤鼻棱鳀				8.40	5.96	1 097.63						
银鲳				2.36	8.31	1 066.64				0.80	2.83	362.77
带鱼							3.20	2.72	452.82	44.70	12.15	5 369.24

表9.23 春季长江口区鱼类群落优势种变动分析

	1986年			1999年			2001年		
Sp	*N/%*	*W/%*	*IRI*	*N/%*	*W/%*	*IRI*	*N/%*	*W/%*	*IRI*
皮氏叫姑	26.76	17.57	2 799.80				7.59	6.60	583.96
鳀	5.77	1.76	436.04						
小黄鱼				12.09	32.27	4 436.56	1.10	14.22	1 351.66
银鲳	0.85	3.23	365.34	11.01	13.62	2 173.15	73.51	33.38	10 059.87
鲚	2.82	0.92	177.44						
龙头鱼				8.57	14.84	1 927.64	1.07	7.53	607.16
黄鲫				8.12	7.69	1 116.06	2.96	13.52	1 259.94
凤鲚	1.69	0.54	117.34	5.93	7.23	696.55			

无脊椎生物优势种（表9.24和表9.25），除三疣梭子蟹在2000年秋季和2001年春季恢复其优势地位外，其他4种已被其他种类取代，优势种充分发生了重大变化。其中，昔日秋季优势种枻江珧和春季优势种曼氏无针乌贼，分别在本调查的秋季和春季已失去踪迹，原经济价值略低的口虾姑和霞水母一跃成为现今长江口无脊椎生物春季和秋季的重要种，并且，食物链较低经济价值较低的霞水母2000年秋成为重要种，2002年一跃成为优势度最高的资源种类，这已成为长江口生态系统功能退化的特征之一。并且，无脊椎生物经济种在优势度上明显低于20世纪80年代，对长江口渔业资源的贡献逊色了许多。

表9.24 秋季长江口区无脊椎生物群落优势种变动分析

	1985年			1998年			2000年			2002年		
Sp	*N/%*	*W/%*	*IRI*	*N/%*	*W/%*	*IRI*	*N/%*	*W/%*	*IRI*	*N/%*	*W/%*	*IRI*
三疣梭子蟹	3.10	21.38	2 448.21				0.18	5.25	478.69			
哈氏仿对虾	1.81	0.37	136.71									
周氏新对虾	1.68	0.50	135.89									
枻江珧	0.00	9.24	57.77									
刀額仿对虾	0.65	0.30	53.47									
双斑蟳				3.61	0.99	378.61	0.94	0.34	75.33	4.17	0.31	248.60
中华管鞭虾				2.24	0.60	200.51						
葛氏长臂虾				2.26	0.31	181.56	1.58	0.30	143.76	1.60	0.17	98.54
口虾蛄				0.72	0.71	117.69	2.27	1.56	293.03			
中国毛虾				2.75	0.09	83.29				6.08	0.07	170.85
日本枪乌贼							0.98	0.21	55.70	3.74	0.44	255.38
霞水母										1.77	2.38	1 291.57

表9.25 春季长江口区无脊椎生物群落优势种变动分析

	1986年			1999年			2001年		
Sp	*N/%*	*W/%*	*IRI*	*N/%*	*W/%*	*IRI*	*N/%*	*W/%*	*IRI*
细点圆趾蟹	33.66	35.95	3 915.53						
三疣梭子蟹	7.43	25.51	2 882.41				0.04	3.40	202.63
鹰爪虾	6.01	0.63	290.65						
枪乌贼	0.77	0.58	101.08						
曼氏无针乌贼	0.12	1.36	73.86						
葛氏长臂虾				27.91	4.32	2 085.68			
日本枪乌贼				2.41	3.27	567.94	0.47	2.51	175.22
中国毛虾				4.32	0.23	214.13			
脊腹褐虾				3.44	0.60	166.37			

续表 9.25

	1986 年			1999 年			2001 年		
Sp	*N*/%	*W*/%	*IRI*	*N*/%	*W*/%	*IRI*	*N*/%	*W*/%	*IRI*
细巧仿对虾							1.15	0.64	95.02
双斑蟳				1.29	0.53	150.11	0.49	0.67	94.95
口虾蛄							0.23	1.66	89.00

9.7.4 群落多样性的变化

表 9.26 显示 1985—1986 年间长江口渔业资源群落秋季和春季多样性指数，包括种类数（N_{sp}）、种类丰度（*D*）、Shannon - wiener 多样性指数（*H'*）、均匀度指数（*J'*）、栖息密度（*NED*）、生物量密度（*BED*）、丰盛度指数（*IWB*）和相遇率指数（*PIE*）。

与 1998—2002 年间长江口渔业资源群落多样性特征相比较（表 9.11），可以看出，秋季与春季某些多样性指数，如种类数（N_{sp}）、种类丰度（*D*）、Shannon - wiener 多样性指数（*H'*）、均匀度指数（*J'*），变动趋势恰好相反：秋季呈下降趋势，而春季是增加趋势。这说明，与 20 世纪 80 年代相比，长江口渔业资源生物群落的种类数、均匀度、丰度和多样性秋季偏低，特别是种类数量和丰度变化尤为显著（$p<0.10$），而春季的多样性则有所好转。

与 1985—1986 年间相比，丰盛度指数（*IWB*）呈增加趋势，而相遇率指数（*PIE*）秋季持平，春季降低。

表 9.26 1985—1986 年春季和秋季长江口渔业生物多样性指数

	N_{sp}	D	H'_n	H'_w	J'_n	J'_w	*NED*	*BED*	*IWB*	*PIE*
秋季：										
平均值 Mean	32.38	3.55	1.66	1.83	0.48	0.54	223.61	2 361.44	9.50	0.94
最大值 Max	42.00	4.96	2.31	2.24	0.66	0.65	1 623.99	7 151.46	10.49	1.01
最小值 Min	15.00	2.01	0.53	1.41	0.15	0.39	16.15	257.42	7.26	0.61
标准差 SD	7.50	0.79	0.48	0.28	0.13	0.09	415.81	2 059.07	0.89	0.10
变异系数 CV（%）	23.17	22.24	28.92	15.26	26.96	16.80	185.95	87.20	9.37	10.59
春季：										
平均值 Mean	18.88	2.72	1.32	1.37	0.47	0.48	31.31	1 030.71	7.00	1.00
最大值 Max	35.00	4.32	2.21	2.27	0.91	0.71	205.18	4 012.05	9.13	1.37
最小值 Min	6.00	1.22	0.40	0.68	0.15	0.22	0.50	21.26	4.65	0.60
标准差 SD	7.16	0.76	0.67	0.50	0.25	0.17	51.33	1 190.53	1.11	0.17
变异系数 CV（%）	37.93	27.95	50.78	36.61	52.82	35.27	163.92	115.51	15.86	16.92

表现在生物量密度（*BED*）上，秋季增加了 102%，春季则减少 30%；栖息密度（*NED*）是

递增趋势，但秋季和春季的增长速度不同：在秋季亦增加了146%，递增趋势超过了 *BED*，春季增长了6.6倍。由此可见，与80年代相比，长江口渔业资源生物群落在数量密度上增长较快，这与渔船和网具的性能的提升密不可分，但生物量密度或降低或增长水平低于 *NED*，表现在渔业资源种类的平均个体大小降低，即“小型化”，特别是在春季尤为显著。

9.7.5　群落多样性指数的空间分布变化特征

选用1985年11月和1986年5月长江口渔业资源群落种类丰度（*D*）和以生物量计算的 Shannon－wiener 多样性指数（*H*’）、均匀度指数（*J*’）作成等值线分布图，以示该期间长江口渔业生物群落多样性空间分布特征（图9.17～图9.19），并与1998—2001年度相比较（图9.1～图9.6），探讨长江口渔业资源群落多样性指数空间分布变化特征。

1985年11月长江口渔业资源种类丰度高值区主要集中在调查水域的中部，与之相比，本调查秋季种类丰度分布高值区更集中在调查水域的外测水域；春季分布，北部水域的高值区已不明显，而南部水域的高值区略向北扩散。

1985年秋季群落多样性指数 *H*’ 分布由近岸向东部递增，以调查水域东侧为最高分布区，与之相比，本调查 *H*’ 分布河口向东北和西南两个方向递增，高值区更偏水域的中部；春季河口附近水域的高值区不复存在，而北部水域出现了 *H*’ 高值分布区。

1985年11月长江口渔业资源群落均匀度指数（*J*’）分布由近岸向外海递增，高值区在调查水域的东侧，与之不同的是，本调查 *J*’ 分布比较分散，调查水域的北部、中部和南部偏东均出现过高值区。春季 *J*’ 分布，河口水域的高值区已消失，而北部水域出现了 *J*’ 高分布区。

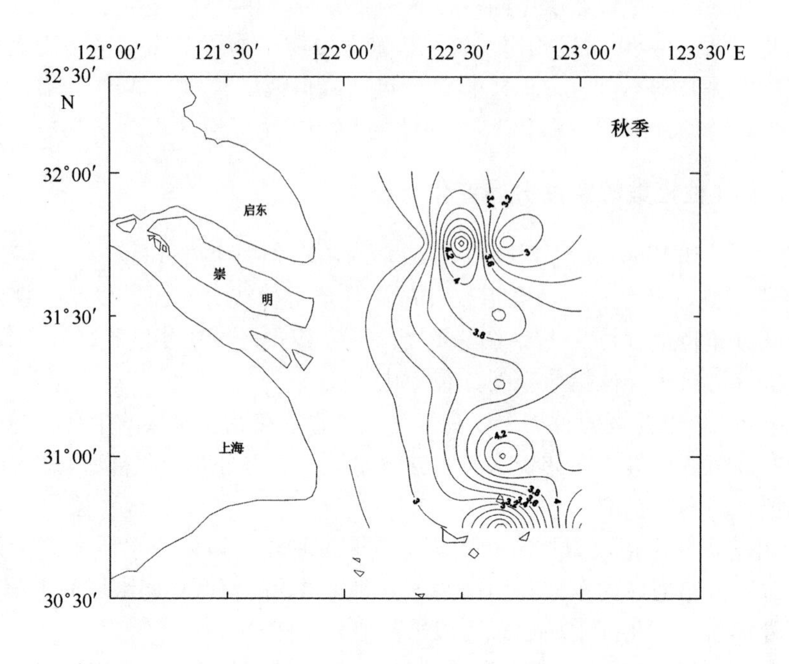

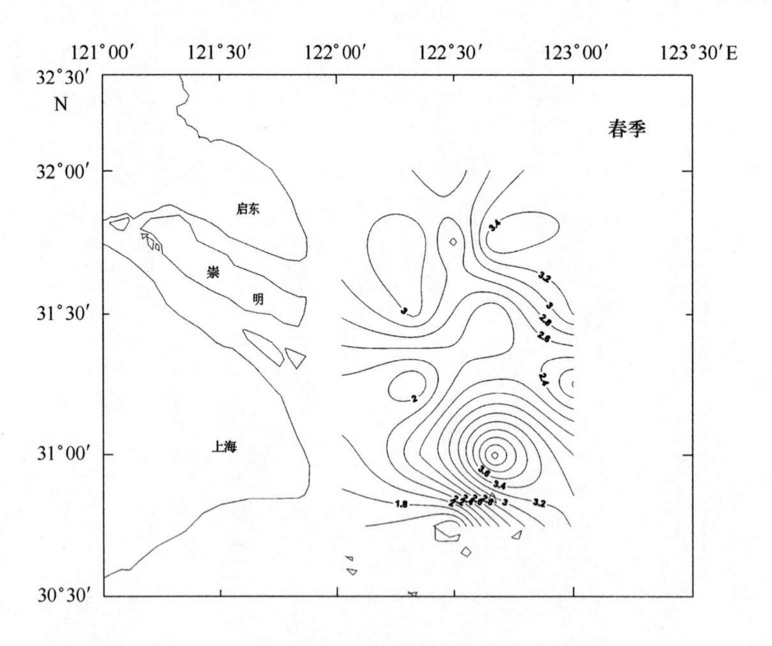

图 9.17　1985—1986 年群落种类丰度分布特征

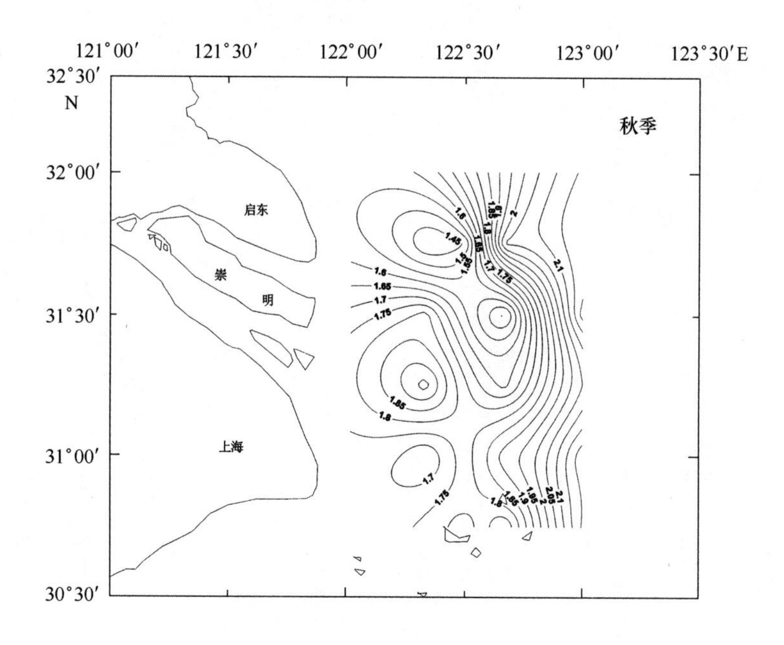

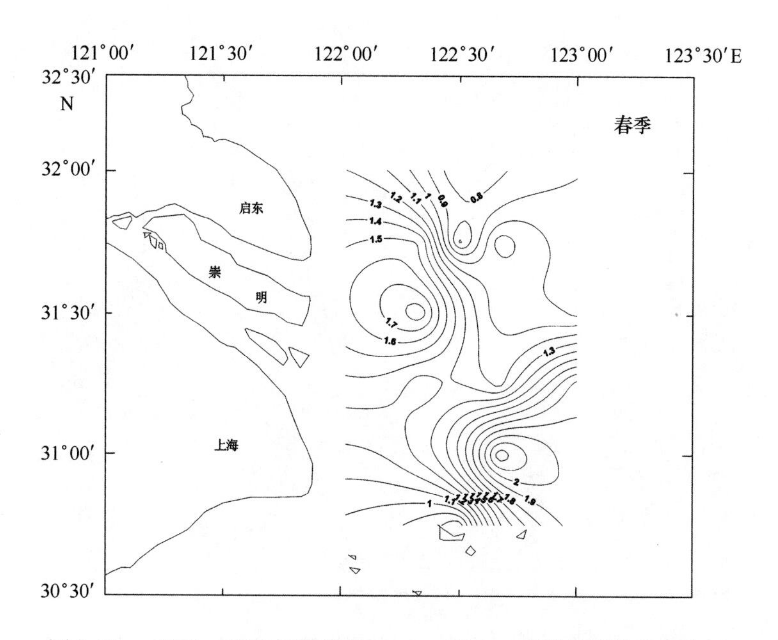

图 9.18　1985—1986 年群落 Shannon - Weiner 多样性指数分布特征

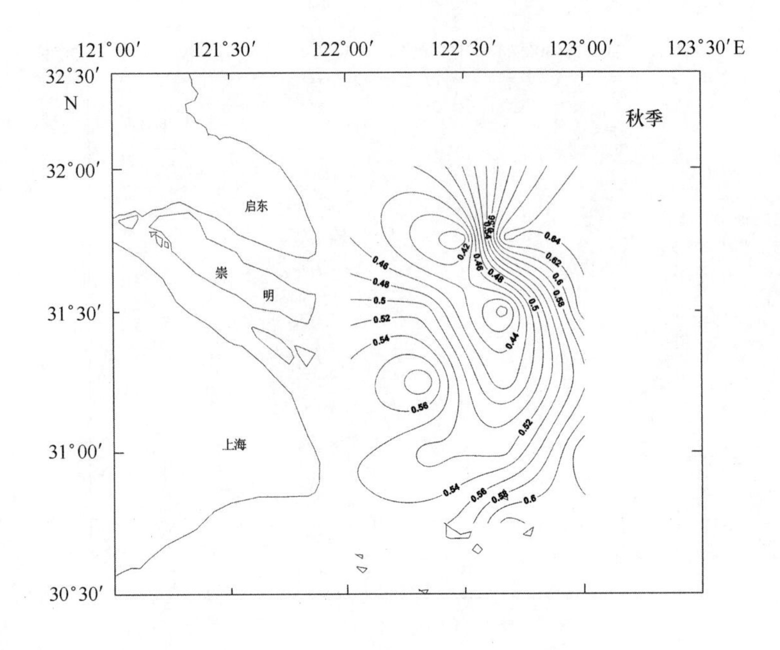

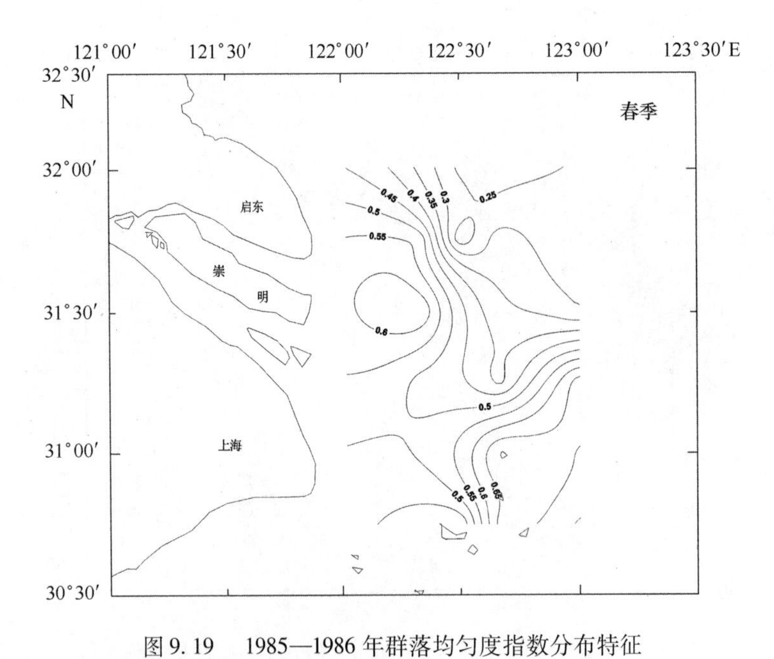

图 9.19　1985—1986 年群落均匀度指数分布特征

10 长江口渔业资源数量变动

10.1 空间分布

以栖息密度（*NED*）和生物量（*BED*）为渔业资源量的衡量指标，研究长江口及邻近海域渔业资源的动态变化特征。

10.1.1 秋季

1）1998 年 11 月

资源生物量（*BED*）高分布区位于调查区的东部偏南水域，水温和盐度变化较小的外测海区高于温盐度相对变化较大的近岸半咸水浅水水域（图 10.1）。

高 *BED* 的站区 7、25、33 和 13 站的生物量为 32 751 kg/km^2、13 754.93 kg/km^2、6 654.42 kg/km^2、6 050.11 kg/km^2，分别占全部调查区总生物量的 37.7%、15.8%、7.7% 和 7.0%，合计为 68.2%，其他站区仅占 31.8%。低于 1 000 kg/km^2 生物量站区有 6、11 和 23 站，仅占总生物量的 2.0%。高低站区生物量之差较为显著，达 79 倍。

其中，鱼类资源生物量占总 *BED* 的 94.4%，平均 *BED* 为 4 825.67 kg/km^2，分布趋势与总资源生物量分布趋势相一致（图 10.2），超过生物量为 4 000 kg/km^2 的站区有 7、13、25 和 33 站，最高生物量站区为 7 站，达 32 527.07 kg/km^2；最低生物量站区为 6 站，仅 384.13 kg/km^2。无脊椎动物 *BED* 为 24.29 ~ 744.28 kg/km^2，平均为 286.38 kg/km^2，仅占总资源生物量的 5.6%，分布趋势长江口东部高于沿岸（图 10.3）。

调查区内资源生物数量密度（*NED*）分布也很不均匀，长江口东部高于近岸水域，数量相差悬殊（图 10.4）。栖息密度高的站区有 7、25、13 和 12 站，高达 1 797.24 千尾/km^2、1 321.93 千尾/km^2、1 303.50 千尾/km^2 和 1 012.57 千尾/km^2，而靠近近岸的 23 和 11 站每平方千米仅分布 83 405尾和 188 305 尾。

鱼类 *NED* 占总 *NED* 的 84.9%，与总资源生物数量密度分布趋势一致（图 10.5），以 7 站为最高，达 1 788.1 千尾/km^2，其次是 25 站 1 301.37 千尾/km^2；鱼类 *NED* 较低的站位有 23、11 和 30 站，分别为 80.58 千尾/km^2、157.04 千尾/km^2 和 170.97 千尾/km^2。无脊椎生物数量密度以长江口东部和河口外南部岛礁水域为最高，包括 13、26、33 和 30 站，超过 150 千尾/km^2；23、6、7 站无脊椎栖息密度最低，分别为 2.82 千尾/km^2、8.02 千尾/km^2、9.14 千尾/km^2（图 10.6）。

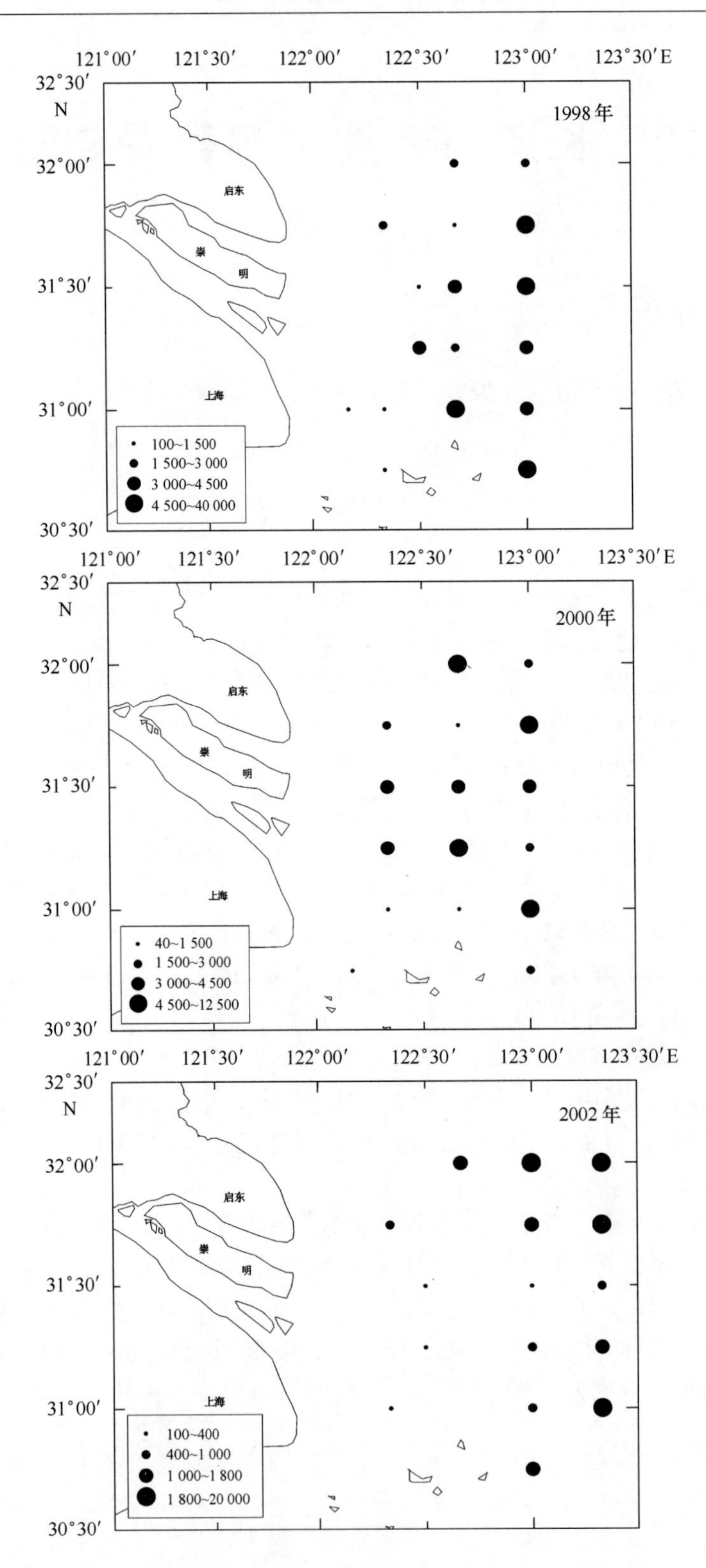

图 10.1　秋季长江口资源生物量密度分布图（kg/km²）

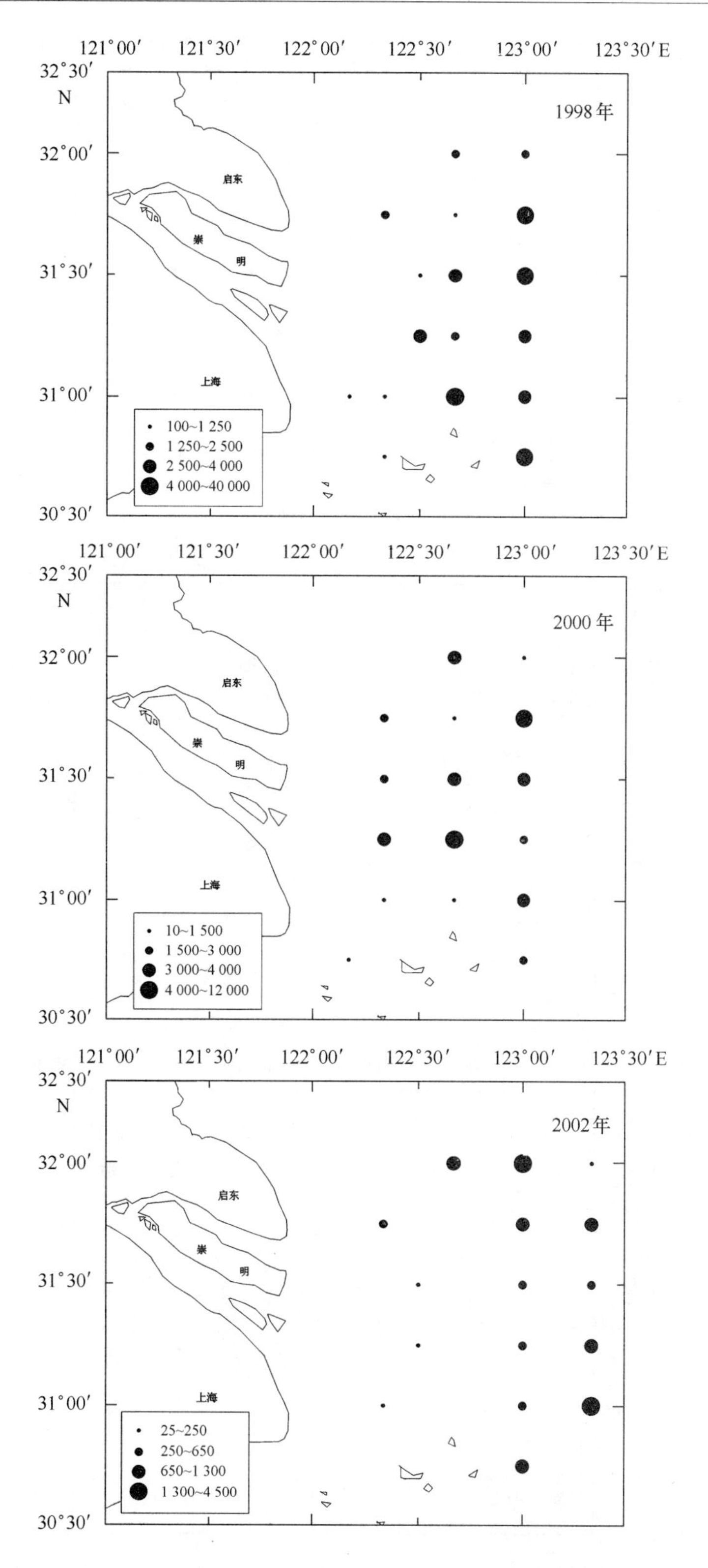

图 10.2 秋季长江口鱼类生物量密度分布图（kg/km²）

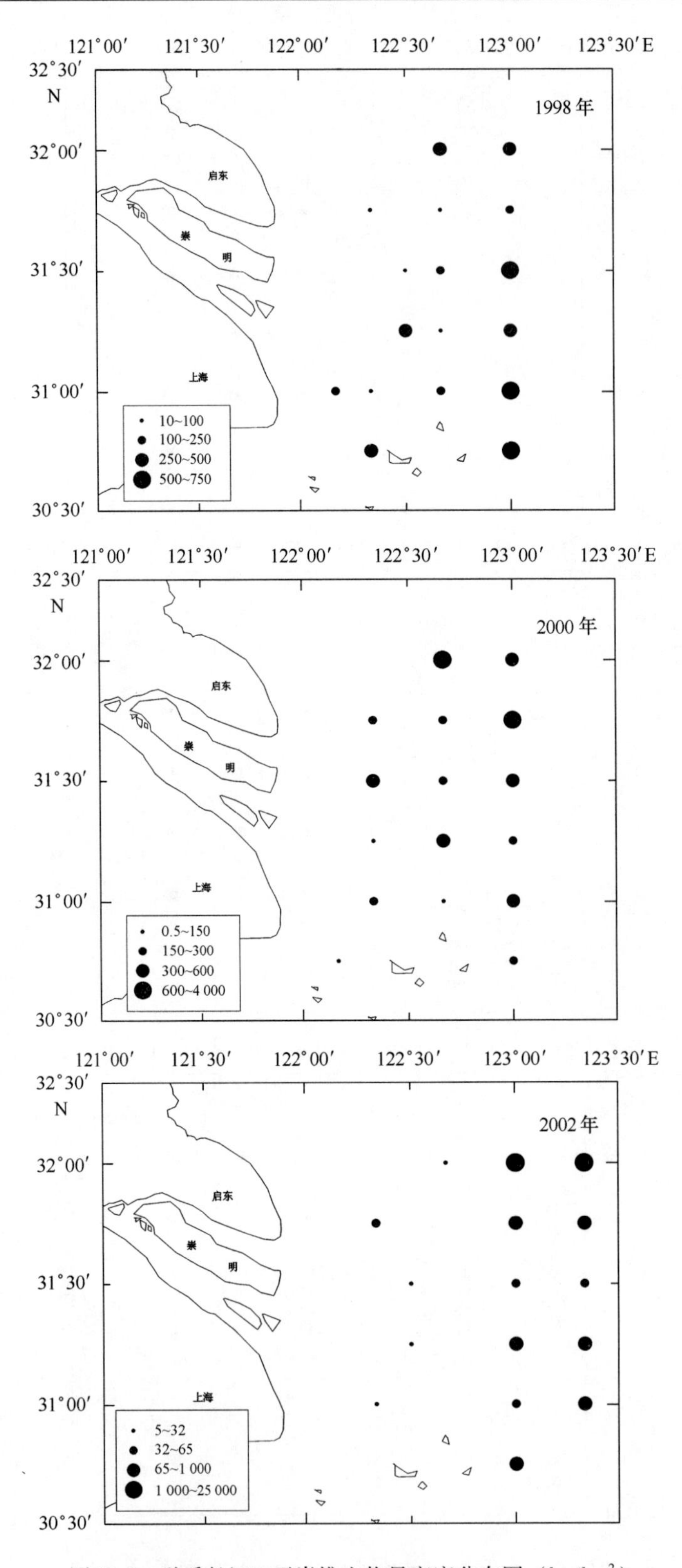

图 10.3　秋季长江口无脊椎生物量密度分布图（kg/km^2）

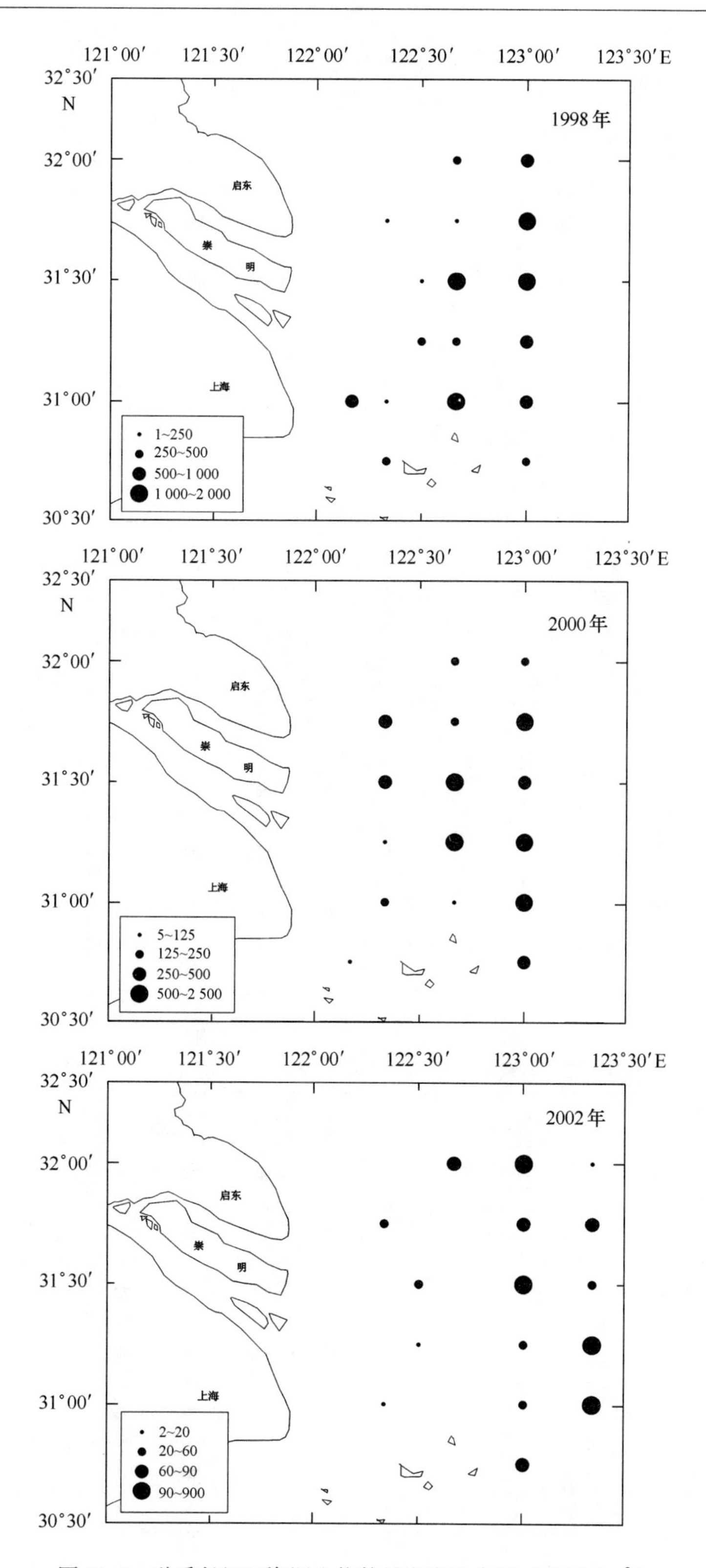

图 10.4　秋季长江口资源生物数量密度分布图（千尾/km²）

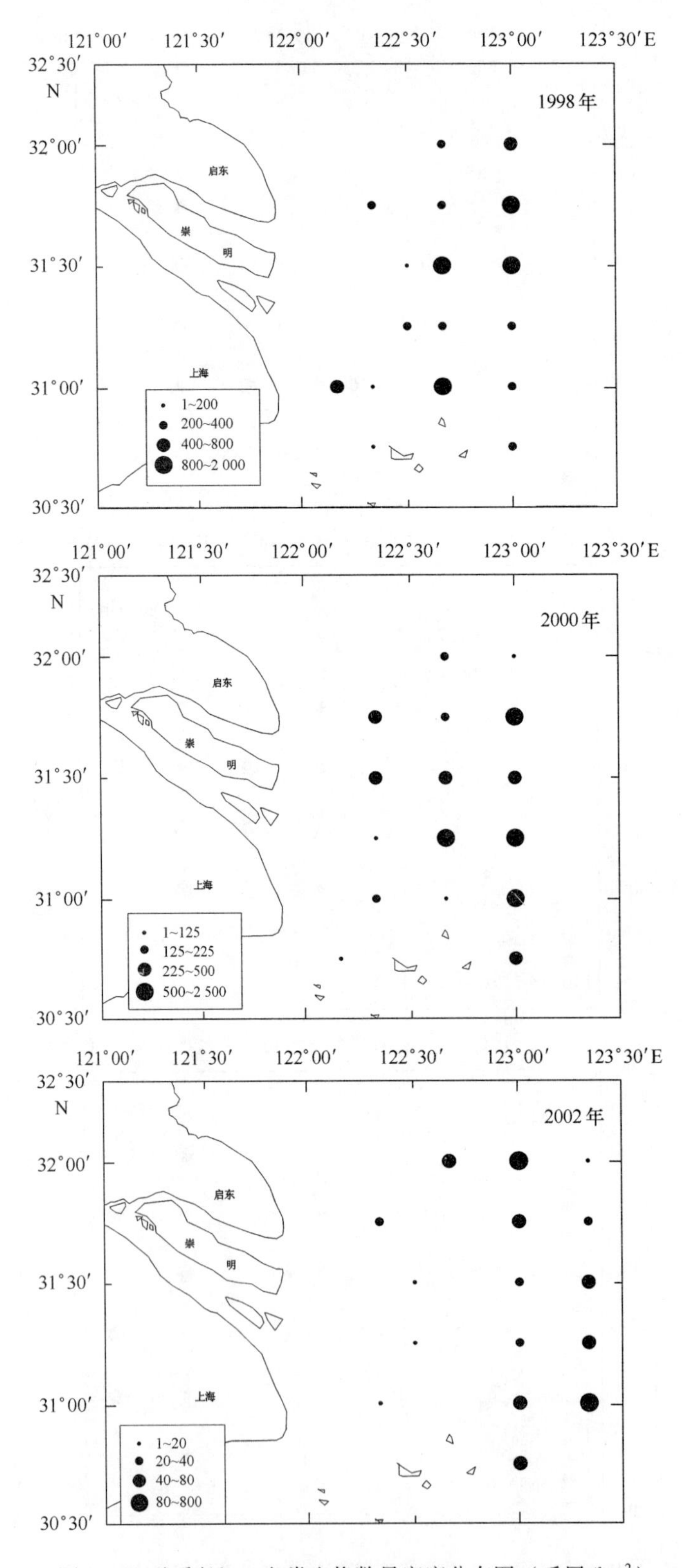

图 10.5 秋季长江口鱼类生物数量密度分布图（千尾/km²）

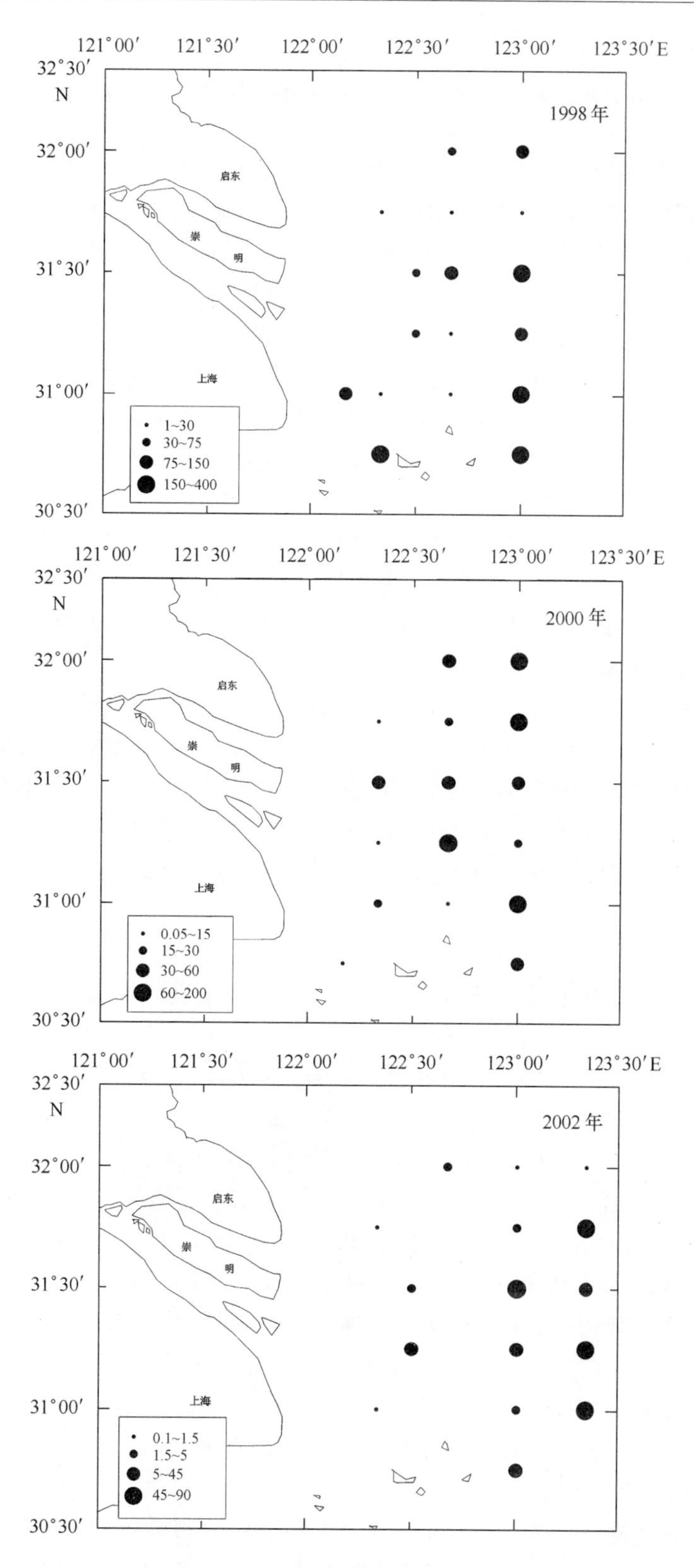

图 10.6　秋季长江口无脊椎生物数量密度分布图（千尾/km²）

2）2000 年 11 月

资源生物量（*BED*）高分布区位于调查区的东部偏北水域，外测海域高于近岸和南部岛礁水域（图 10.1）。

高 *BED* 的站区 7、18、2 和 26 站的生物量为 11 629.40 kg/km^2、8 533.95 kg/km^2、6 911.93 kg/km^2、4 509.16 kg/km^2，分别站全部调查区总生物量的 20.08%、14.73%、11.93% 和 7.78%，合计为 54.53%。最低 *BED* 站区为 29 站，44.74 kg/km^2，其次为 23 站，为 984.38 kg/km^2。

其中，鱼类资源生物量占总 *BED* 的 83.6%，平均 *BED* 为 3 034.03 kg/km^2，分布趋势与总资源生物量分布趋势相一致（图 10.2），超过生物量为 4 000 kg/km^2 的站区有 7 和 18 站，最高生物量站区为 7 站，达 10 034.5 kg/km^2；低生物量站区位于河口外南部岛礁浅水带，包括 29、25 和 23 站，*BED* 在 1 000 kg/km^2 以下。无脊椎 *BED* 值在 0.94 ~ 3 877.99 kg/km^2，平均为 584.87 kg/km^2，占总资源生物量的 16.2 %，分布趋势调查区东北部为高密度区，以 2 和 7 站为最高（图 10.3），*BED* 最低站区为 29 站。

调查区内资源生物数量密度（*NED*）分布也很不均匀（10.4），高 *NED* 区位于调查区的中东部，包括 18、7、19、26 和 12 站，*NED* 分别为 2 138.90 千尾/km^2、878.45 千尾/km^2、722.31 千尾/km^2、564.09 千尾/km^2 和 502.84 千尾/km^2，而靠近南部岛礁水域的 29 和 25 站最低，*NED* 分别为 5.63 千尾/km^2 和 25.89 千尾/km^2。

鱼类 *NED* 占总 *NED* 的 84.9%，与总资源生物数量密度分布趋势一致（图 10.5），以 7 站为最高，达 1 788.1 千尾/km^2，其次是 25 站 1 301.37 千尾/km^2；鱼类 *NED* 较低的站位有 23、11 和 30 站，分别为 80.58 千尾/km^2、157.04 千尾/km^2 和 170.97 千尾/km^2。无脊椎生物数量密度占总 *NED* 的 15.1%，以长江口东部和河口外南部岛礁水域为最高，包括 13、26、33 和 30 站，超过 150 千尾/km^2；23、6、7 站无脊椎栖息密度最低，分别为 2.82 千尾/km^2、8.02 千尾/km^2、9.14 千尾/km^2（图 10.6）。

3）2002 年 11 月

资源生物量（*BED*）高分布区位于调查区的东部偏北部水域，外测海域高于近岸和南部岛礁水域（图 10.1）。

高 *BED* 的站区 4、27 和 3 站的生物量为 18 641.69 kg/km^2、4 538.10 kg/km^2 和 3 667.30 kg/km^2，最低 *BED* 站区为 23 站，119.59 kg/km^2。

其中，鱼类资源生物量占总 *BED* 的 37.31%，平均 *BED* 为 843.15 kg/km^2，调查水域的东南两侧高于调查水域的中部（图 10.2），超过生物量 1 300 kg/km^2 的站区有 27 和 3 站，最高生物量站区为 27 站，达 4 386.05 kg/km^2；低生物量站区位于河口外冲淡水带，以 4 站为最低，26.99 kg/km^2。无脊椎 *BED* 值在 5.89 ~ 18 614.69 kg/km^2，平均为 1 416.58 kg/km^2，占总资源生物量的 62.69 %，分布趋势调查区东北部为高密度区，以 4 和 3 站为最高（图 10.3），*BED* 最低站区为 23 站。

调查区内资源生物数量密度（*NED*）分布也很不均匀（10.4），高 *NED* 区位于调查区的东偏南部水域，包括 27、20 和 13 站，*NED* 分别为 562.64 千尾/km^2、117.56 千尾/km^2 和 110.97 千尾/km^2，而东北部的 4 站最低，2.75 千尾/km^2。

鱼类 *NED* 占总 *NED* 的 78.5%，与总资源生物数量密度分布趋势一致（图 10.5），以 27 站为最高，达 515.44 千尾/km^2。无脊椎生物数量密度占总 *NED* 的 21.5%，以长江口东部偏南部为最高，包括 13、8、27 和 20 站，超过 45 千尾/km^2，3 站无脊椎栖息密度最低，0.40 千尾/km^2（图

10.6)。

10.1.2 春季

1) 1999 年 5 月

资源生物量(*BED*)高值区主要分布在近岸和南部岛礁水域,近岸高于长江口东部(图 10.7)。

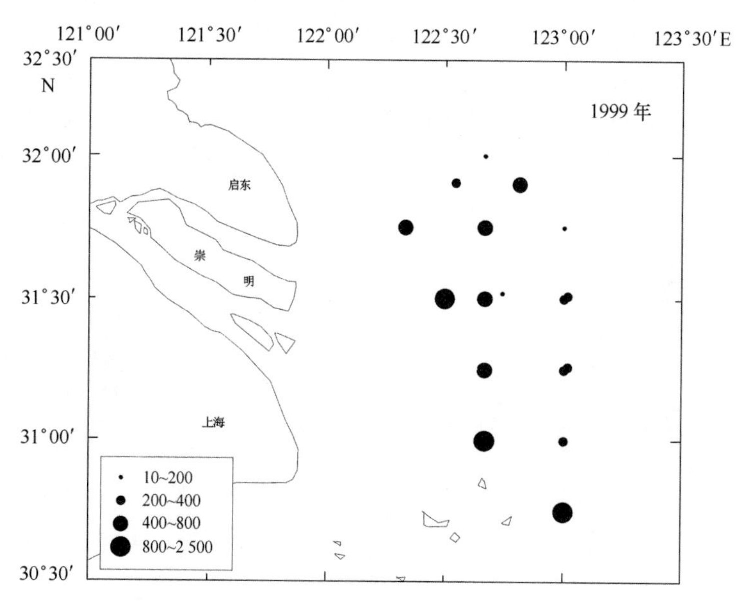

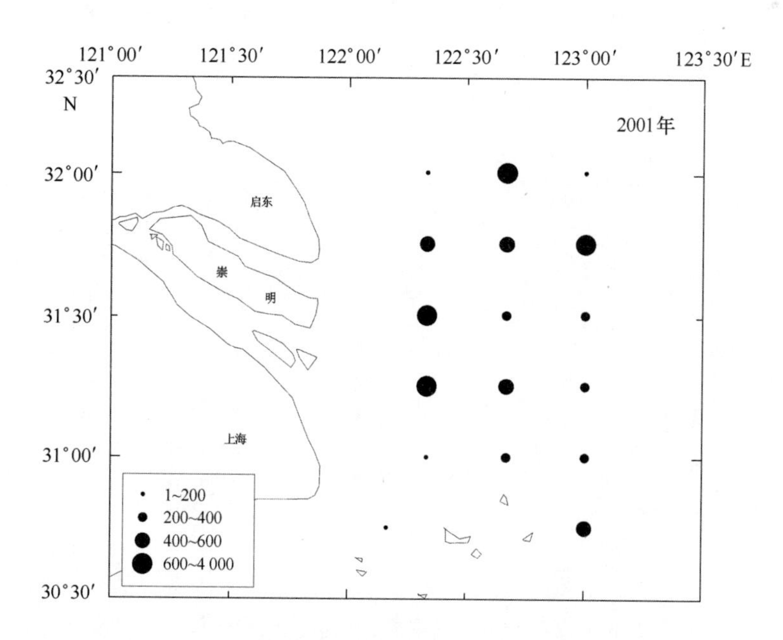

图 10.7 春季长江口资源生物量密度分布图(kg/km^2)

高 *BED* 的站区 7、11 和 33 站的生物量分别为 2 452.08 kg/km^2、1 015.74 kg/km^2、

994.78 kg/km^2，分别占全部调查区总生物量的26.08%、10.80%和10.58%，合计为47.46%。最低 *BED* 站区为7站，40.41 kg/km^2，其次为43站，为190.58 kg/km^2。*BED* 高低站区生物量之差较为显著，达60.8倍

鱼类资源生物量占总 *BED* 的86.9%，平均 *BED* 为480.39 kg/km^2，分布趋势与总资源生物量分布趋势相一致（图10.8），超过生物量600 kg/km^2 的站区有25、33和11站，最高生物量站区为25站，达2 392.93 kg/km^2；低生物量站区位于长江口东部偏北水域，*BED* 在150 kg/km^2 以下。无脊椎 *BED* 值在5.00～139.72 kg/km^2，平均为72.60 kg/km^2，占总资源生物量的13.1 %，分布趋势调查区北部偏外测水域为高密度区，以7、10和6站为最高（图10.9），*BED* 分别为364.35 kg/km^2、220.77 kg/km^2 和165.59 kg/km^2；*BED* 最低站区为29、23和3站，*BED* 值低于25 kg/km^2。

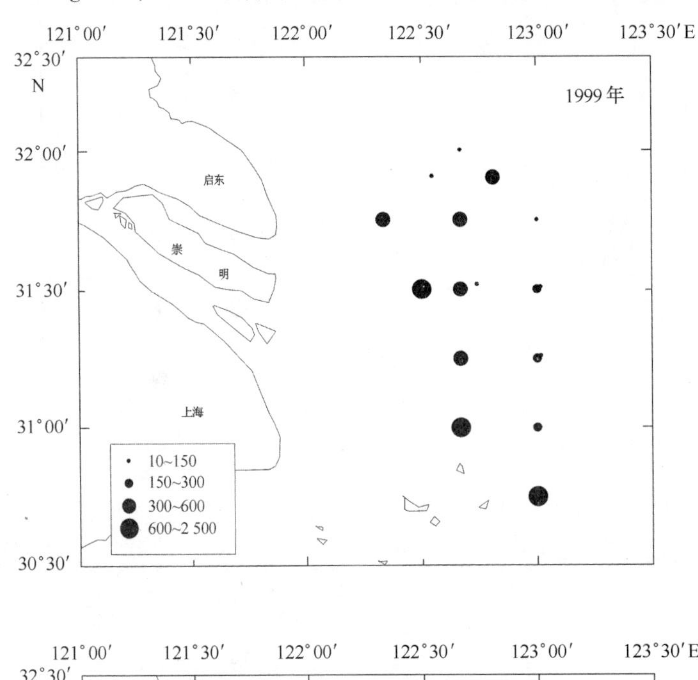

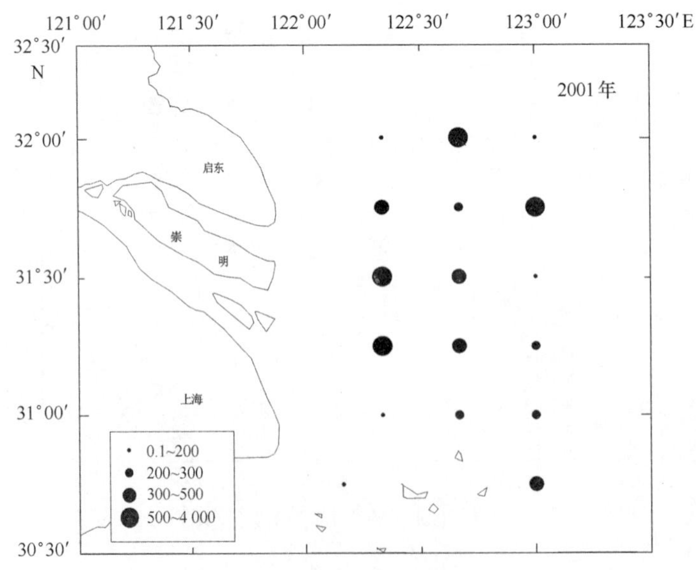

图10.8　春季长江口鱼类生物量密度分布图（kg/km^2）

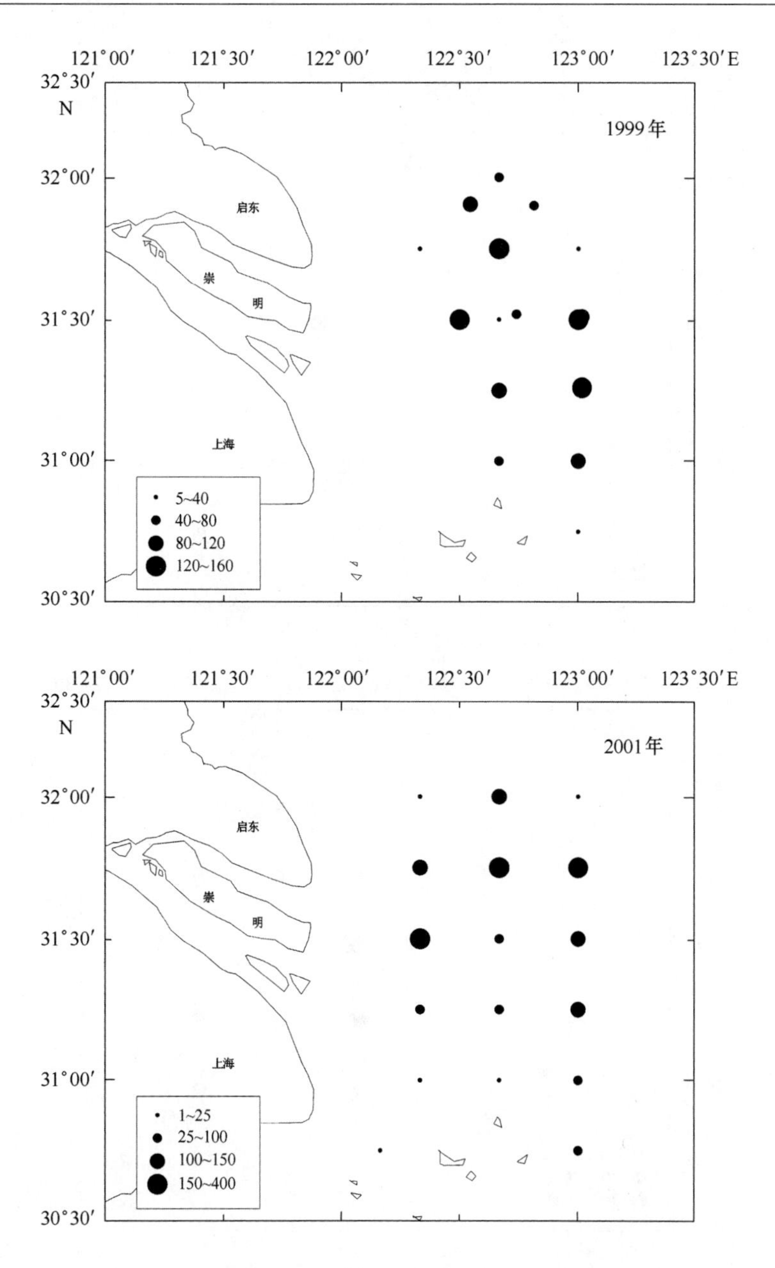

图 10.9　春季长江口无脊椎生物量密度分布图（kg/km^2）

调查区内资源生物数量密度（*NED*）高值区位于近岸和南部岛礁水域（图 10.10），*NED* 较高的站区依次为 25、11、6 和 43 站，分别为 169.79 千尾/km^2、163.63 千尾/km^2、113.21 千尾/km^2 和 113.10 千尾/km^2；长江口东部水域的 7 和 19 站 *NED* 最低，分别为 5.57 千尾/km^2 和11.64 千尾/km^2。

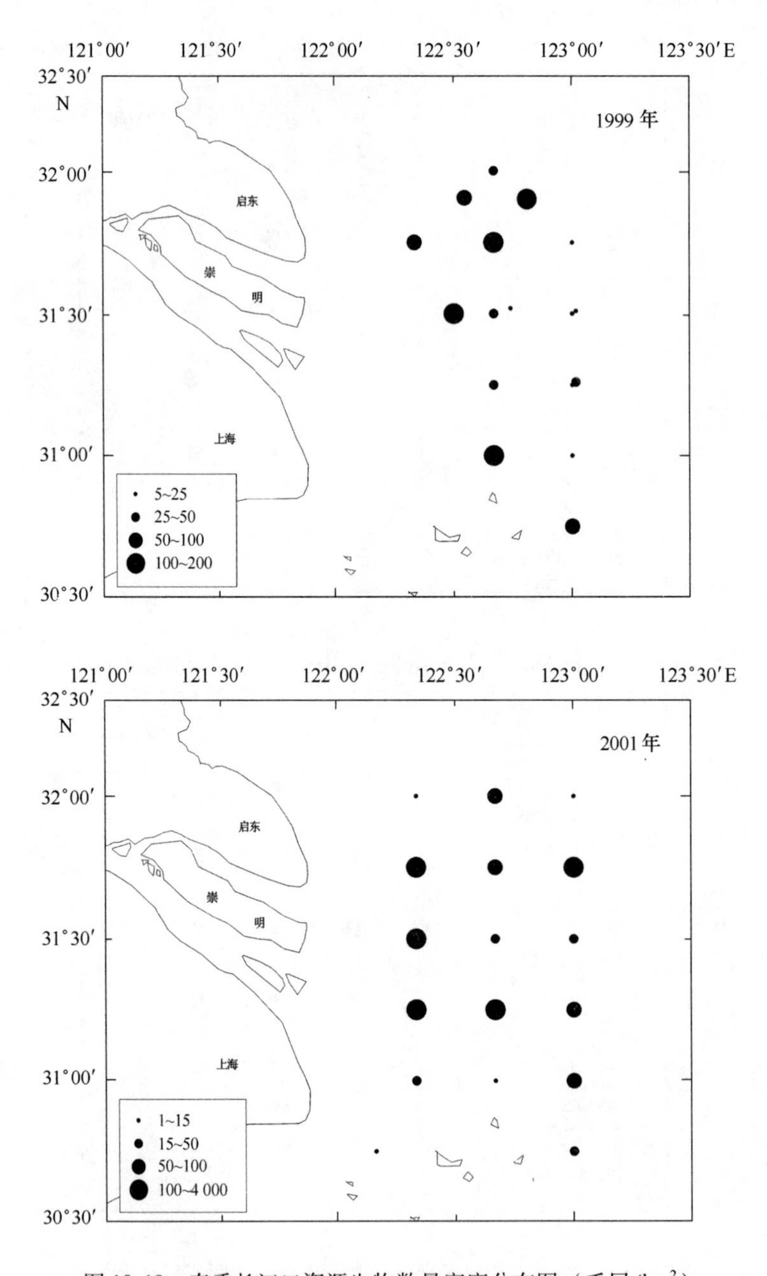

图 10.10　春季长江口资源生物数量密度分布图（千尾/km^2）

鱼类 *NED* 占总 *NED* 的 57.4%，全区分布（图 10.11），以 25、41、11 和 5 站为最高，超过 50 千尾/km^2；*NED* 低于 5 千尾/km^2 站位有 45 和 7 站。无脊椎生物数量高密度区位于调查区中部偏北水域，近岸高于长江口东部和南部岛礁水域，*NED* 包较高的站位依次为 10、16 和 7 站，超过 100 千尾/km^2，1、29、24 站无脊椎栖息密度最低，分别为 0.13 千尾/km^2、1.80 千尾/km^2、5.48 千尾/km^2（图 10.12）。

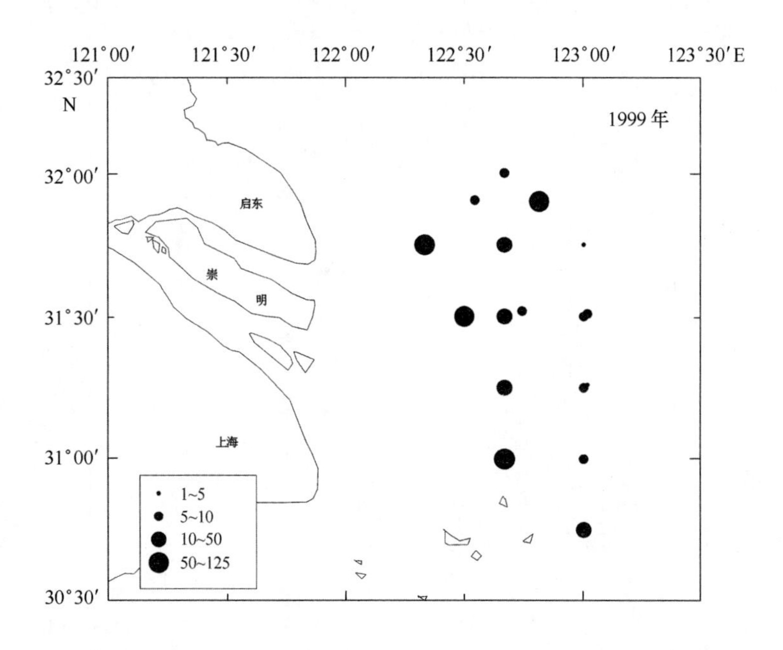

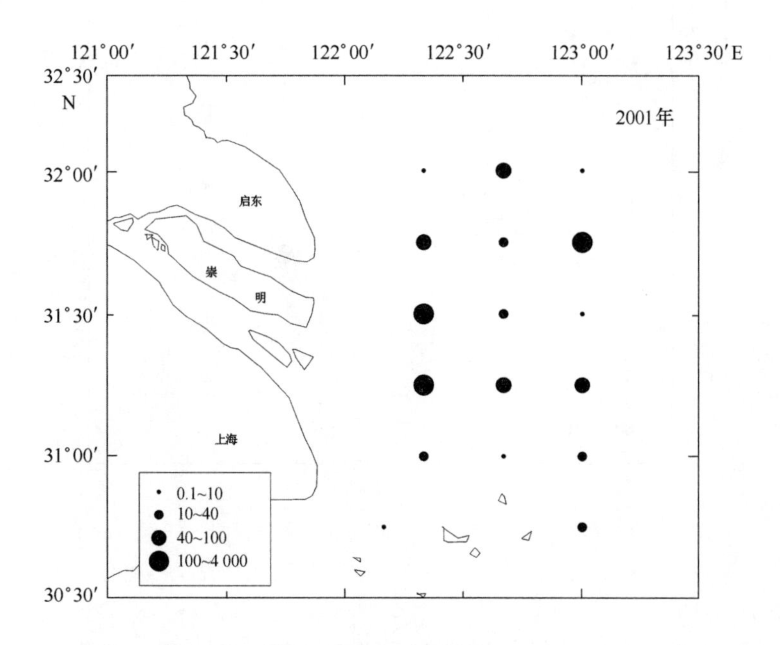

图 10.11 春季长江口鱼类生物数量密度分布图（千尾/km^2）

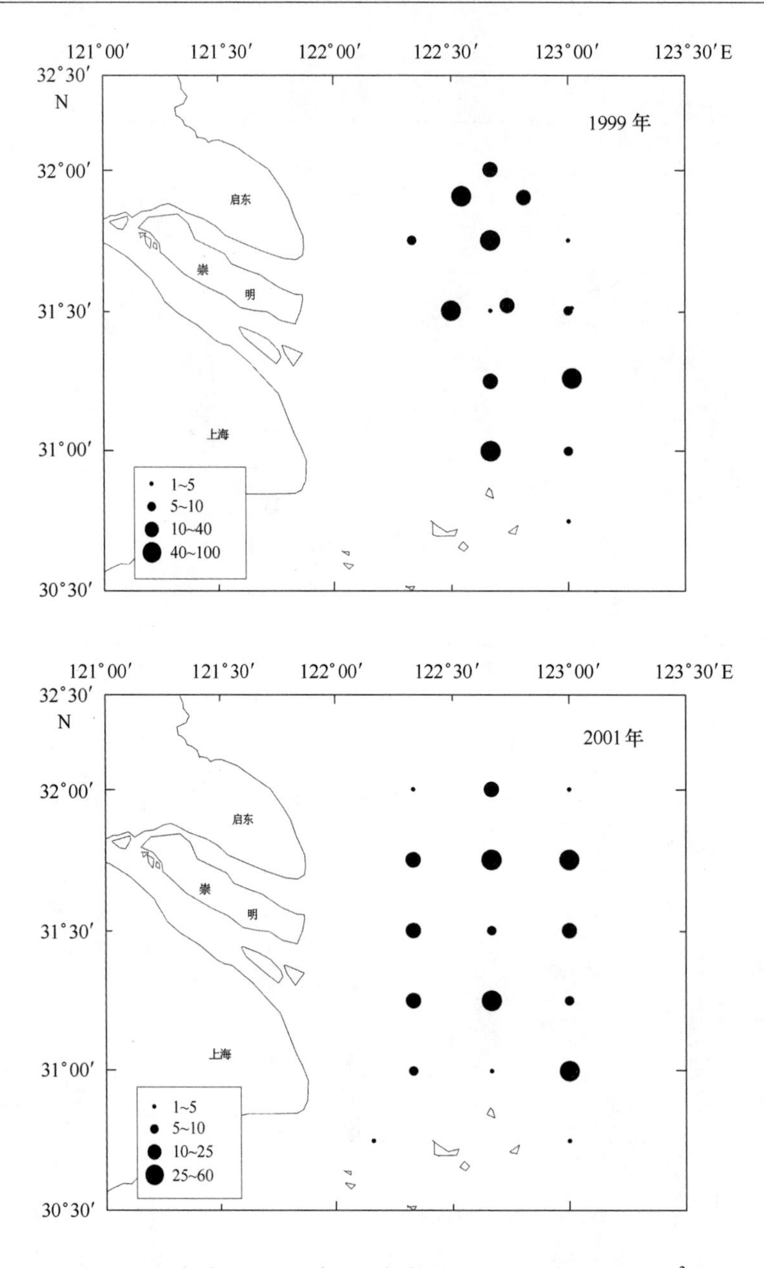

图 10.12　春季长江口无脊椎生物数量密度分布图（千尾/km²）

2）2001 年 5 月

资源生物量（*BED*）高值区主要分布在近岸和调查区北部水域（图 10.7）。

高 *BED* 站区依次为 10、7、16 和 2 站的生物量为 3 844.19 kg/km²、1 794.12 kg/km²、835.93 kg/km² 和 735.76 kg/km²，分别站全部调查区总生物量的 34.79%、16.24%、7.57% 和 6.66%，合计为 65.26%。最低 *BED* 站区为 29 站，1.80 kg/km²，其次为 23 站，为 46.22 kg/km²。*BED* 高低站区生物量之差非常显著。

鱼类资源生物量占总 *BED* 的 79.0%，平均 *BED* 为 356.95 kg/km²，分布趋势与总资源生物量分布趋势相一致（图 10.8），超过生物量 500 kg/km² 的站区有 10、7、16 和 2 站，最高生物量站区为10站，达3 623.42 kg/km^2；*BED*低生物量站区为1和29站，分别为0.27 kg/km^{2}和0.60 kg/km^2。无脊椎*BED*值在1.20~364.35 kg/km^2，平均为94.79 kg/km^2，占总资源生物量的21.0%，分布趋势调查区北部为高密度区，以7、10和6站为最高（图10.9），*BED*分别为364.35 kg/km^2、220.77 kg/km^{2}和165.59 kg/km^2；*BED*最低站区为29、23和3站，*BED*值低于25 kg/km^2。

调查区内资源生物数量密度（*NED*）全区分布（图10.10），*NED*较高的站区依次为10、7、16和5站，超过100千尾/km^2；南部岛礁水域的*NED*最低，2.99千尾/km^2。

鱼类*NED*占总*NED*的75.1%，分布趋势与总*NED*分布趋势一致（图10.11），以10、16和7站为最高，超过100千尾/km^2；*NED*低于10千尾/km^{2}站位有1、24和29站。无脊椎生物数量全区分布，占总*NED*的24.9%，*NED*较高的站位依次为18、7、6和26站，超过25千尾/km^2，24、29、3和33站无脊椎栖息密度最低，分别为1.10千尾/km^2、1.20千尾/km^2、1.64和3.30千尾/km^2（图10.12）。

10.2 数量变动

10.2.1 年际变化

1）秋季

2000年秋的渔业总资源*BED*比1998年秋降低（表10.1），减少19.4%，2002年仅为1998年44.2%。其中，2000年鱼类*BED*下降了28.7%，但无脊椎*BED*比1998年秋增加了1.4倍；2000年鱼类*BED*仅为1998年17.5%，但无脊椎*BED*比1998年的5倍；从分布趋势上，南部岛礁靠近岸水域均为*BED*最低分布区，但是，2000年秋调查海区内的总资源*BED*分布更趋均匀，2002年更偏外海水域。

渔业总资源*NED*，2000年比1998年减少了18.3%，2002年仅为1998年的14.4%。其中，2000年鱼类*NED*下降了13.1%，无脊椎减少了48.0%；2002年鱼类*NED*下降了82.5%，无脊椎为1998年的19.6%。从分布趋势上，调查区中部靠外侧海域均为高分布区。

表10.1 1998—2001年长江口及临近海域渔业*NED*，*BED*、平均资源个体大小及资源量

		1998年秋	2000年秋	2002年秋	1999年春	2001春
NED /（千尾/km^2）	无脊椎动物	90.99	47.32	17.87	24.09	17.65
	鱼类	513.68	446.46	69.25	32.51	53.20
	合计	604.67	493.78	87.12	56.60	60.85
BED /（kg/km^2）	无脊椎动物	286.38	676.81	1 416.58	72.60	94.79
	鱼类	4 825.67	3 442.94	843.15	480.39	356.95
	合计	5 112.05	4 119.75	2 259.73	552.99	451.74
平均资源个体大小（g/尾）		7.15	10.44	25.94	11.97	11.78
资源量 /（10^4 kg）	无脊椎动物	406.8	961.4	1 197.69	103.1	134.6
	鱼类	6 854.9	4 890.7	2 012.25	682.4	507.0
	合计	7 261.7	5 852.1	3 209.94	785.5	641.6

2002年和2000年的平均资源个体大小比1998年偏大，特别是无脊椎资源，这里主要是霞水母在无脊椎动物资源中的地位越加提升，数量上虽不多，但个体生物量很大，将平均资源个体大小数值提高。

资源量上，从1998年到2000年，再到2002年是逐年下降的趋势，2000年减少了19.4%。2002年减少了55.8%，主要表现在鱼类资源量的减少，但是，无脊椎的资源量有明显增加的趋势。

2）春季：

2001年春的渔业总资源 *BED* 比1999年春减少了18.3%（表10.1），其中，鱼类 *BED* 下降了25.7%，而2001年春的无脊椎 *BED* 比1999年春增加了30.6%；从分布趋势上，2001年的渔业总资源 *BED* 高值区分布更靠近近岸，与1999年相比，有向北迁移的趋势。

渔业总资源 *NED*，2001年比1999年增加了25.2%，其中，鱼类 *NED* 增加了34.8%，无脊椎减少了26.7%。从分布趋势上，与1999年相比，2001年 *NED* 高值区主要分布在近岸水域。

2001年的平均资源个体大小比1999年略偏小。特别是鱼类资源，虽然数量密度有所增加，但生物量密度减少，说明个体大小有明显的减小。

资源量上，2001年比1999年总资源量和鱼类资源量略有降低，无脊椎资源量增加了30.6%。

10.2.2 季节变化

从表10.1可以看出，长江口及临近海域的总资源、鱼类和无脊椎的 *BED* 和 *NED* 分布秋季明显高于春季，最高相差10倍余。

值得注意的是，生物量和栖息密度高的只是少数种类，这是长江口渔业资源分布的显著特点。如，1998年秋，龙头鱼、黄鲫、小黄鱼和银鲳占全部渔业资源样品总重量的75.9%，占全部总尾数的49.7%；2001年春该4种鱼种占全部渔业资源样品总重量的68.6%，占全部总尾数的78.6%。

10.3 与历史资料比较

受原国家科委委托，为执行“三峡工程对长江口区生态与环境的影响和对策”课题，中国科学院院海洋研究所于1985年9月至1986年8月，在长江口及临近水域进行了周年多学科调查。本节根据本次调查的资料与1985年11月和1986年5月，主要讨论渔业资源的空间分布和数量变动。

10.3.1 空间分布

1）秋季

1985年秋季的调查资料显示（图10.13），渔业资源高 *BED* 的站区分布于调查水域的中部水域，以18站区为中心向东南部和近岸水域延伸。与其相比较，本调查中，秋季 *BED* 分布高值区偏调查水域的外测。本调查的 *NED* 分布与20世纪80年代调查结果相比较（图10.13），亦得到类似结果。

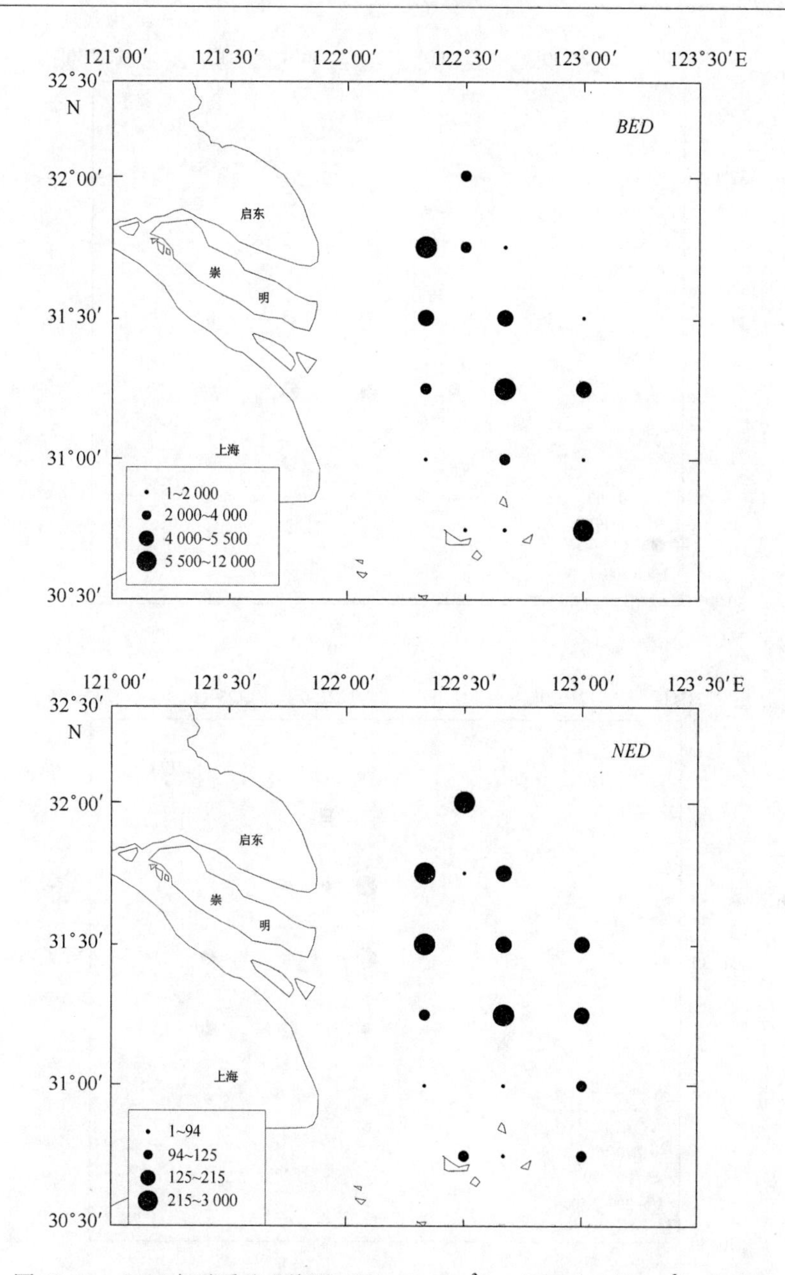

图 10.13　1985 年秋季渔业资源 *BED*（kg/km^2）、*NED*（千尾/km^2）分布图

1985 年秋季鱼类资源 *BED* 和 *NED* 分布（图 10.14），近岸高于长江口东部，高值区集中在调查水域中部偏近岸水域。而本调查的结果显示，秋季鱼类资源分布趋势是长江口东部高于近岸，与 80 年代调查结果相反。

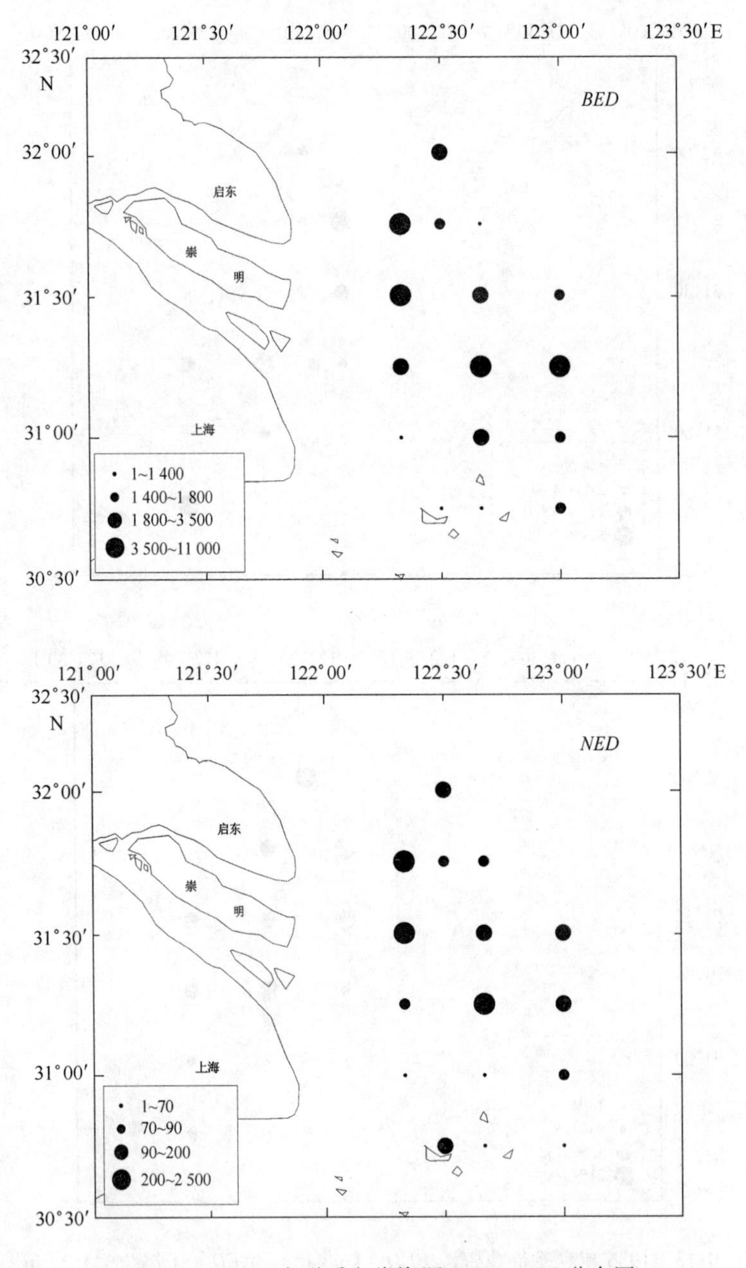

图 10.14　1985 年秋季鱼类资源 *BED*、*NED* 分布图

与 20 世纪 80 年代调查结果相比较，本调查无脊椎生物的 *BED* 分布更偏外测海域，而 1985 年秋的无脊椎生物 *BED* 高值区分布集中于长江口南部岛礁水域（图 10.15）。无脊椎生物 *NED* 分布，本调查结果与 80 年代差异不显著。

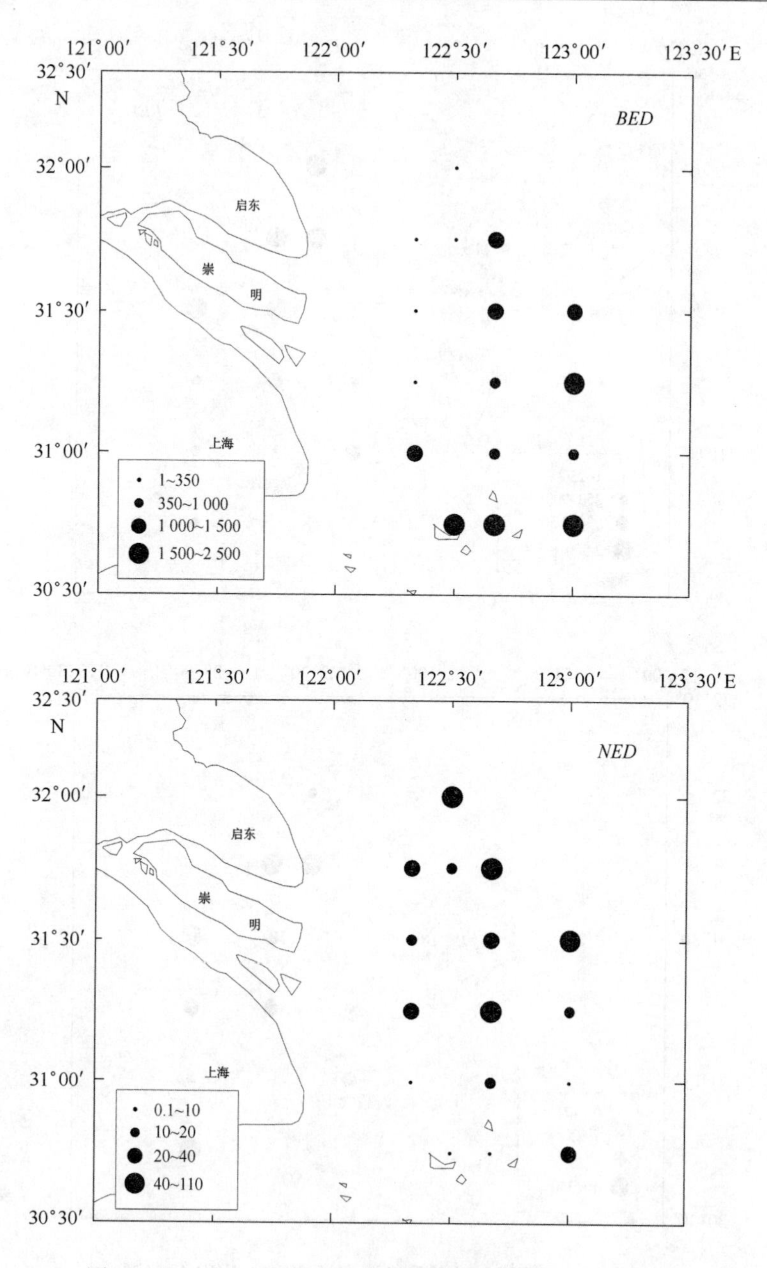

图 10.15　1985 年秋季无脊椎生物资源 *BED*、*NED* 分布图

2）春季

1986 年 5 月的渔业资源 *BED* 分布偏东北部水域（图 10.16），与其相比，2001 年 5 月和 1999 年 5 月 *BED* 分布，近岸水域所占比重更大一些。1986 年春季 *NED* 全区分布，本调查结果与其相类似。

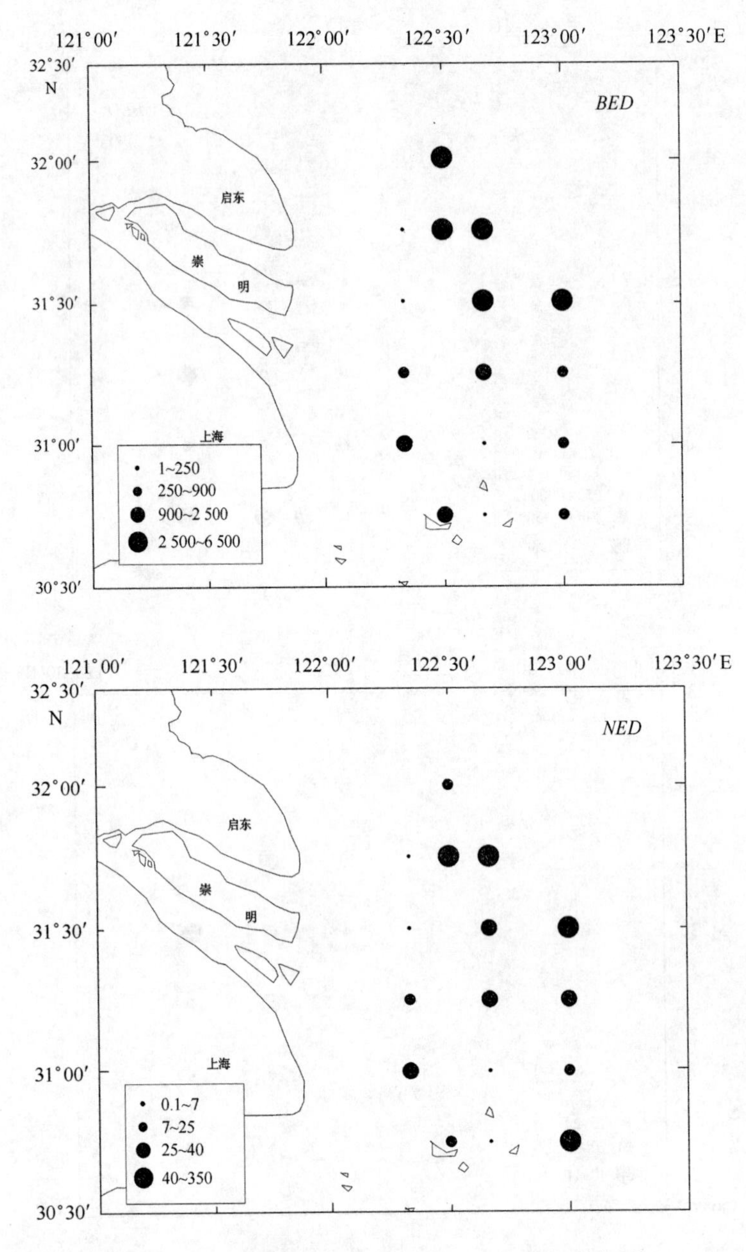

图 10.16　1986 年春季渔业资源 *BED*、*NED* 分布图

在鱼类资 *BED*、*NED* 分布上，本调查结果与 1986 年春季调查结果（图 10.17）差异不显著。

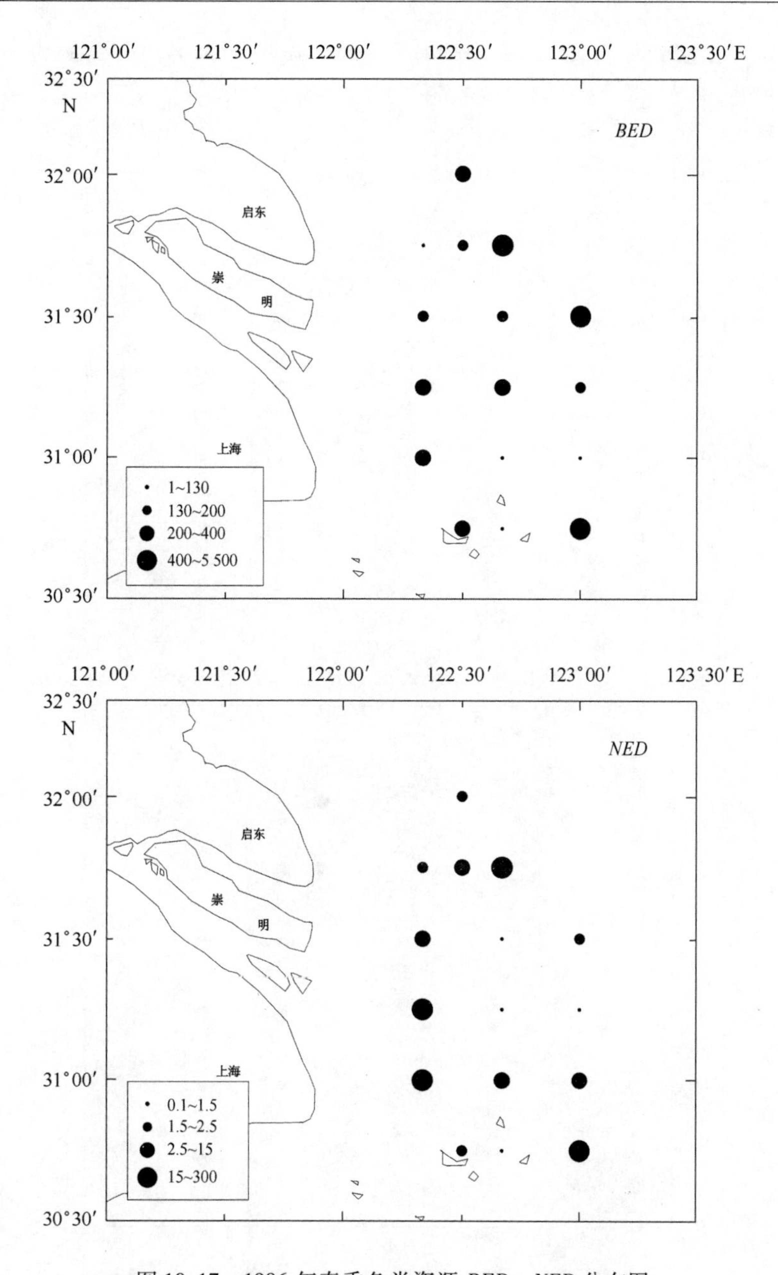

图 10.17　1986 年春季鱼类资源 *BED*、*NED* 分布图

1986 年春季长江口无脊椎生物 *BED* 高值区分布于调查水域中北部水域（图 10.18），而 *NED* 分布偏调查水域的外测。与其相比较，本调查的无脊椎生物的 *BED* 分布与其相类似，而 *NED* 分布属全区分布。

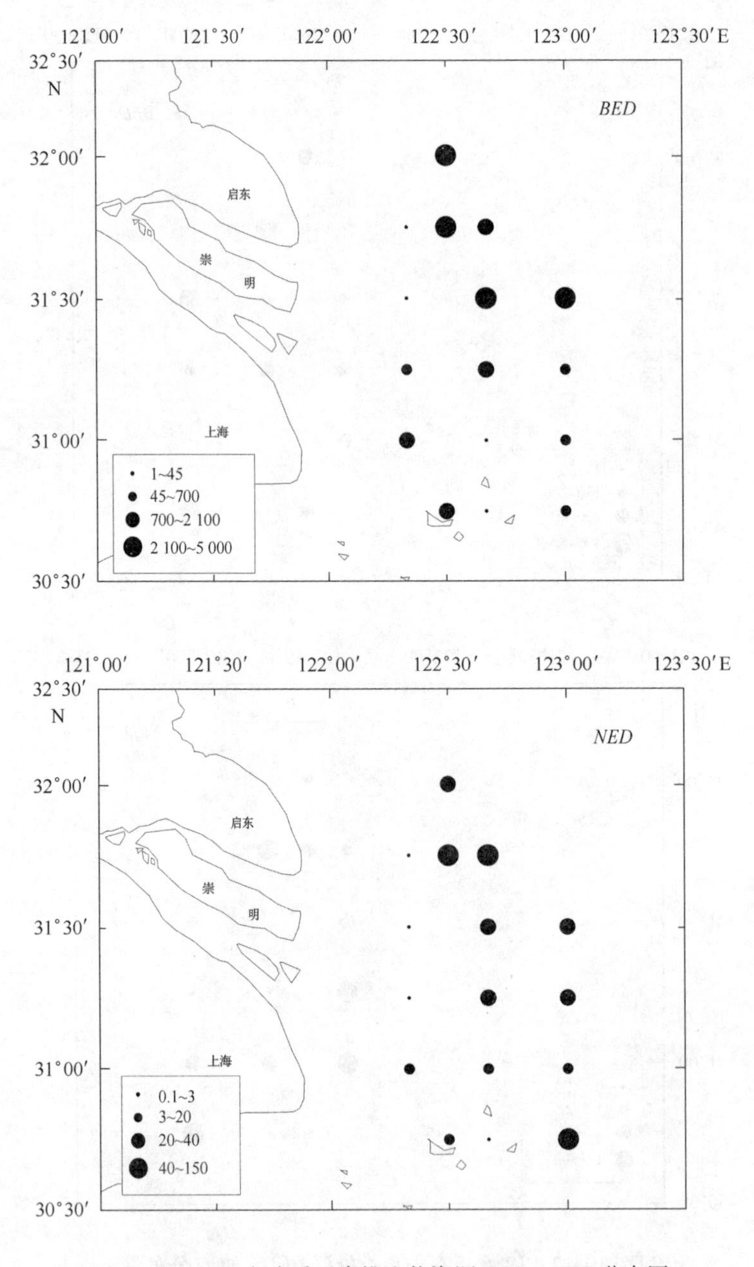

图 10.18　1986 年春季无脊椎生物资源 *BED*、*NED* 分布图

10.3.2　数量变动

与 20 世纪 80 年代调查数据结果（表 10.2）相比较，1998 年和 2000 年秋季渔业资源、鱼类和无脊椎生物 *NED* 值均匀不同程度的增加（表 10.1）；1998 年和 2000 年秋季渔业资源值比 1985 年秋分别增加了 25.3% 和 1%，其中鱼类 *BED* 值增加了 87.1% 和 33.5%，而无脊椎生物 *BED* 值则大幅度减少，仅为 1985 年秋季的 30.3% 和 71.6%；在总资源量上，1998 年和 2000 年比 80 年代略有增加，主要表现为鱼类资源量的增加和无脊椎生物资源量的大幅度降低。分析其中原因，现在的捕

捞强度与80年代相比有显著提高，无论是从渔船的性能上，还是从网具水平上。虽然与80年代相比资源量略有增加，但是从表10.2和表10.1中可以看出，1998年和2000年平均资源个体大小仅为1985年的29.4%和43.0%，资源小型化趋势严重。到2002年秋季，除无脊椎生物*BED*值高于1985秋，渔业资源、鱼类和无脊椎生物*NED*、*BED*和总资源量显著低于1985年秋。

表10.2 1985年秋与1986年春长江口及临近海域渔业资源*NED*，*BED*、平均资源个体大小及资源量

		1985年秋	1986年春
NED /（千尾/km^2）	无脊椎动物	29.87	26.00
	鱼类	320.89	23.12
	合计	350.76	49.12
BED /（kg/km^2）	无脊椎动物	945.52	1 073.70
	鱼类	2 578.70	543.10
	合计	4 080.85	1 616.80
平均资源个体大小/（g/尾）		24.29	47.48
资源量 /（10^4 kg）	无脊椎动物	1 343.1	1 525.2
	鱼类	3 663.0	771.5
	合计	5 796.8	2 296.7

1995年和2001年春季比1986年春季的总资源量大幅度减少，尤其是无脊椎生物资源量表现更为显著，仅为1986年的6.8%和8.8%，并且，资源亦趋于小型化。在资源栖息密度上，变化不显著；而资源生物量密度则大幅度降低，特别是无脊椎生物资源。

11 结 论

长江河口及邻近海域由于渔业的发展，渔业资源的演变过程，既是渔业开发利用的过程，也是渔业资源结构不断调整和变化的过程。在持续增长的高强度捕捞压力下，主要经济价值较高的渔业资源遭受破坏是过度捕捞的直接结果。渔获资源不断向低值劣质转化，渔获日趋小型化，短生命周期，低营养级，是过度利用的重要表征。产量的增加并不表明资源状况的良好，而是资源向劣质转化，渐趋恶化的结果。海洋生物与环境之间维持着一定的生态平衡，捕捞活动会使原有的生态平衡被打破，渔业资源出现此彼消长，是海洋生物种间结构和自身生物学性状的被动适应。生态系统是一个具有热力学特征的耗散结构。它是一个通过自组织作用形成的系统，能够自动地从无序状态转为有序状态。当干扰小时，系统处于良性循环和进化状态，系统结构表现最为复杂而有序，各种要素排列规则而有序，从而使生态系统达到相对稳定。如果干扰增强时，系统各成分间的协调有序结构和功能将受到影响甚至遭到破坏。对渔业的开发利用而言，合理科学的捕捞，可以使渔业资源得到充分和持续利用，从而取得经济、社会和生态效益。

长江河口及邻近海域的渔业资源处于持续的变动中，资源的营养级不断向低级发展，资源结构发生很大变化，虾蟹类和低值的小型鱼比重越趋加重。在20世纪70年代以前，高、中级肉食种类占总产量达60.1%，营养级水平总体达到2.87级，由于捕捞强度日益加强，高、中级肉食种渔业数量减少为43.1%，此后，其营养级水平也下降为2.71级。优质渔业处于枯竭状态。根据东海的初级生产力生产量以34种经济鱼类的平均营养级为2.61级，以生态效率15%转换资源的数量，东海区潜在鱼类年生产量为616.9 $\times 10^4$ t，最大持续渔获量308.09 $\times 10^4$ t。然而，东海区捕捞渔获量在90年代末已达到550 $\times 10^4$ t，远远超过资源的承载能力。此外，东海渔场生态环境也承受着严重压力，随着工农业的发展，大量污染物排至河口及邻近海，不断加重海域污染。许多化学物超标，导致海域富营养化，赤潮屡屡发生。近年浮游动物等饵料生物数量也远高于历史时期，这可能是由于食浮游动物种类利用不足而导致的结果。生态环境恶化影响着渔业资源正常繁殖和生长。综上所述，长江河口生态系统由于人类的严重干扰其结构与功能已发生很大变化，正由复杂向简单的方向发展，从高级向低级发展，生态系统已处较严重的退化状态，应引起人类足够的重视。

我国正在兴建的三峡工程，是世界最大的水利枢纽工程。坝高180 m，蓄水位175 m，装机容量1 768 $\times 10^4$ kw，比目前世界最大的巴西伊泰普水电站（装机容量1 620 $\times 10^4$ kw）还大，是阿斯旺水电站的8倍多。因此，三峡工程对生态环境的影响引起国际上极大关注。三峡水库蓄水后，径流总量变化不大，仅是改变径流量原有的季节分配，据预测建库后枯、平、丰水三种典型年，10月份河口大通流量与天然流量相比，分别减少32%、20%、17%，对河口径流产生一定影响，尤其是枯水年，影响较大；2月份水库增加下泄量，不同典型年比天然流量分别提高24%、20%、5%，这一变化在一定程度上匀化了自然径流量的季节变化。它不像世界某些水电工程，水库蓄水系为多年调节，建坝后几乎无淡水下泄至下游及河口邻近海域，从而给河口生态环境与渔业资源带来严重后果。三峡工程虽属季节调水，但它在一定程度上改变了水循环的自然规律。从对河口影响的预测可看出，流量改变后对河口产生的直接影响首先表现在水文情势、化学组成和含沙量的变化上。通过生态阀门可能是放大、缩小、反馈或叠加等相互作用，影响生物群落的生命活动（繁殖、发育、生长、死亡、数量和时空分布等)、种间关系、种群动态乃至整个生态系统。这是一个相互联系的众多因子相互作用的极为复杂的过程,其生态学效应,需要长时期才能表现出来。据研究,水库蓄水后将导致河口盐度的增高(枯、平、丰水三个典型年分别增高4.0、2.3、1.3),冲淡水范围也会缩小(据1985年10月径流量计算缩小4 550 km^2),锋面减弱,盐水入侵强度将有所增强,河口岸滩土壤盐渍化程度加重。与此同时,由于河口输沙量减少(每年约减少0.67×10^8 ~ 1.7×10^8 t),河口沉积速率将降低且范围缩小,沉积物组成与化学特性也发生相应变化。环境条件改变,将导致生物群落组成特点的变化,一些适应低沉积速率环境的底栖生物将向多样性发展,许多种产卵场、育幼场的位置将向河口推移或外移。一些种将受到限制,另一些种将得到发展。这些变化对河口生态系的功能机制产生何种影响,目前尚难推测。新的研究工作应当强调河口生态系在控制物种多样性过程的重要性,以及在不同时空尺度上大坝对各种生态过程的影响研究。

目前,研究大坝的影响,一般进行概念性探讨,或以时序资料进行相关性分析。大多数采用后者,相关分析在一定程度上可以反映生物与环境因子关系,但难以了解其生态过程的因果关系。我们在过去的研究中,对河口及邻近海域的主要捕捞对象渔获量与长江径流量的关系进行了多年时序资料的相关分析,表明渔获量与径流量之间存在着一定关系,但其结果既有正相关,也有负相关。对这样涉及环境要素和影响因子众多、利弊交织、因果关系错综复杂的问题,需要长期积累资料和深入研究。国际上特别强调以下两方面:① 由于科学技术的进步,现阶段已有可能解决和实现保护环境的措施;② 必须在水利工程技术及其邻近科学领域内,根据自然保护大纲的要求,广泛开展综合性科学研究,从应用技术转向基础理论研究。

综上所述,大型水电工程和水利建设对自然环境的影响,已成为当代科学研究的重要方向。一个工程必须在经济、社会和生态三方面取得统一的效益才是一个成功的工程。因此,解决当代重大问题,必须开展以经济-社会-生态三结合的复合生态系统的研究。

参考文献

孙儒泳 . 1981. 生态学基础 . 人民教育出版社，320 - 356

浜健夫，半田畅彦 . 1984. 海洋・湖沼有机物生产过程 . 海洋科学，16（2）：70 - 76

蔡秉及 . 1980. 南黄海和东海粮虾类的初步研究 . 海洋科技，16：39 - 56

蔡秉及，郑重 . 1965. 中国东南沿海虾类的分类研究 . 厦门大学学报，12（2）：111 - 112

曹欣中 . 1986. 浙江近海上升流季节过程的初步研究 . 水产学报，10（1）：51 - 69

陈大刚 . 1991. 黄渤海渔业生态学 . 北京：海洋出版社 . 71 - 111

陈国阶，等 . 1995. 三峡工程对生态与环境的影响及对策研究 . 北京：科学出版社 . 137 - 148

陈国珍 . 1961. 海水分析化学 . 北京：科学出版社，61

陈清潮，章淑珍 . 1965. 黄海和东海的浮游桡足类 I. 哲水蚤目 . 海洋科学集刊，7：20 - 122

陈清潮，等 . 1965. 黄海和东海的桡足类 I. 哲水蚤目 . 海洋科学集刊，（7）：20 - 131

陈亚瞿 . 1985. 长江口区浮游动物初步研究 . 东海海洋，2（3）：53 - 61

陈亚瞿 . 1988. 东海大陆架外缘和大陆坡深海渔场浮游动物研究 . 生态学报 I. 生物量 Vol. 8，No. 2 111 - 116

陈亚瞿，郑国兴，朱启琴 . 1985. 长江口区浮游动物初步研究 . 东海海洋 Vol. 3，No. 3

陈亚瞿，等 . 1980. 东海浮游动物量的分布特征 . 海洋学报，2（4）：115 - 120

戴国樑 . 1989. 长江河口南岸污染对底栖生物的影响 . 海洋环境科学，8（3）：32 - 35

刁焕祥 . 1983. 自动分析仪次溴酸钠氧化法测定海水中氨氮的研究 . 海洋科学，1：25 - 28

刁焕祥 . 1986. 黄海冷水溶解氧垂直分布最大值的进一步研究 . 海洋科学，6：33

刁焕祥，刘兴俊 . 1985. BSPB 自动分析法测定海水中硝酸盐的研究 . 海洋学报，7（3）：374 - 377

费鸿年，等 . 1981. 南海北部大陆架底栖鱼类群落的多样度及优势种区域和季节变化 . 水产学报 5（1）：1 - 20

高明德，等 . 1982. 长江水下三角洲的基本特征，黄东海地质 . 科学出版社，208 - 219

高尚武 . 1994. 长江口区及邻近海域的生物群落 三峡工程与河口生态环境 . 北京：科学出版社，208 - 224

高尚武，张河清 . 1992. 长江口区浮游动物生态研究 . 海洋科学集刊，Vol. 33，201 - 216 三峡工程对长江河口区生态与环境影响调查研究专辑

顾宏堪，等 . 1973. 物理涂汞电极单池示差反向极谱 . 分析化学，1：15 - 23

顾宏堪，等 . 1980. 电极防吸附膜研究 . 化学学报，38（4）：381 - 386

顾宏堪，等 . 1981. 长江口附近氮的地球化学 I. 长江口附近海水中的硝酸盐 . 山东海洋学院学报，11（4）：37 - 46

顾宏堪，等 . 1985. 天山及青藏高原天然水中的痕量金属离子——天然水痕量金属离子均匀分布规律的证实 . 海洋与湖沼，16（5）：364 - 370

管秉贤 . 1985. 黄、东海浅海水文学的主要特征 . 黄渤海海洋，3（4）：1 - 9

郭玉洁，杨则禹 . 1982. 1976 年夏季东海陆架区浮游植物生态的研究 . 海洋科学集刊，19：11 - 32

郭玉洁，杨则禹 . 1992. 胶州湾的浮游植物 . 胶州湾生态学 . 北京：科学出版社

郭玉洁，叶嘉松，周汉秋 . 1978. 西沙、中沙群岛附近海域浮游硅藻类分类的研究 . 中国中沙、中沙群岛海域海洋生物调查研究报告集，北京：科学出版社，11 - 54

韩其为 . 1980. 丹江水库淤积及下游河道的变化 . 河流泥沙国际学术会议论文集（第二卷）. 光华出版社，727 - 736

湖北省水生生物研究所 . 1972. 长江鱼类 . 北京：科学出版社，1 - 278

黄海水产研究所 . 1960. 海洋水产资源调查手册 . 上海：上海科学技术出版社，294

乐肯堂 . 1986. 关于长江冲淡水路径的若干问题 . 海洋科学集刊，27：221 - 228

乐肯堂 . 1987. 长江三峡工程对长江口区流场的影响 . 海洋科学集刊，33
乐肯堂，于振娟，张法高 . 1987. 长江口外海流结构及其季节变化的初步研究 . 海洋科学集刊，33
李保如，等 . 1980. 三门峡水库拦沙期下游河道的变化 . 河流泥沙国际学术会议论文集（第二卷）. 光华出版社，407 – 416
林新濯 . 1987. 三峡工程对长江口生态环境与渔业资源影响及其对策研究 . 长江三峡工程对生态与环境影响及其对策研究论文集 . 科学出版社，403 – 446
刘瑞玉，罗秉征 . 1988. 三峡工程对河及邻近海域生态与环境的影响 . 长江三峡工程对生态与环境的影响及对策研究 . 科学出版社，116 – 140
刘瑞玉，等 . 1964. 浙江近海底栖生物生态的研究 . 浙江近海渔业资源调查报告 . 浙江省水产资源调查委员会，267 – 302
刘瑞玉，等 . 1986. 黄海、东生活费底栖生物的生态特点 . 海洋科学集刊 27：154 – 173
刘瑞玉，等 . 1987. 三峡工程对河口生物及渔业资源的影响 . 长江三峡工程对生态与环境影响及其对策研究论文集 . 科学出版社，403 – 446
刘瑞玉，等 . 1992. 长江口区底栖生物及三峡工程对其影响的预测 . 海洋科学集刊 33：237 – 248
刘英俊，等 . 1984. 元素地球化学 . 科学出版社，154 – 366
罗秉征，等 . 1994. 三峡工程与河口生态环境 . 北京：科学出版社 . 224 – 238
钱迎倩，马克平 . 生物多样性的原理与方法，北京：中国科学技术出版社，141 – 165
毛汉礼，甘子钧，蓝淑芳 . 1963. 长江冲淡水及其混合问题的初步探讨 . 海洋与湖沼，5（3）：183 – 206
秦蕴珊，等 . 1987. 东海地质 . 北京：科学出版社，152
全德祥，等 . 1965. 温度和盐度对三种海洋浮游硅藻生长繁殖的影响 . 海洋与湖沼，7（4）：373 – 384
任广法 . 1987. 黄河口区及其附近海域溶解氧的分布变化 . 海洋科学，3：37
阮洪超 . 1984. 鳀卵子和仔稚鱼的形态发育及其在黄海、渤海的分布 . 海洋科学集刊，22：29 – 60
沈志良，刘兴俊，陆家平 . 1987. 长江下游无机氮和磷酸盐的分布及其在河口的转移过程 . 海洋科学集刊，28：69 – 77
沈志良，陆家平，刘兴俊 . 1989. 黄河口及其附近海域的无机氮和磷酸盐 . 海洋科学集刊，30：51 – 79
苏育嵩 . 1986. 黄、东海地理环境与环流系统与中心渔场 . 山东海洋学院学报，16（1）：12 – 27
苏育嵩，喻祖祥，李凤岐 . 1983. 聚类分析法在浅海水团分析中的应用及黄、东海变性水团的分析 . 海洋与湖沼，14（1）：1 – 13
孙道元、董永庭 . 1986. 长江口及其邻近水域多毛类生态特点 . 海洋科学集刊，27：175 – 185
孙道元，等 . 1992. 长江口区枯、丰水期后底栖生物分布特点 . 海洋科学集刊，33：217 – 235
孙作庆，杨鹤鸣 . 1983. 海水中颗粒有机碳的测定方法 . 海洋湖沼通报，1：27 – 30
王幼槐，倪勇 . 1984. 上海市长江口区渔业资源及其利用 . 水产学报，8（2）：147 – 159
吴景阳，李健博，等 . 1987. 海河口区阴离子表面活性剂的地球化学及环境信息 . 科学通报，32（10）：768 – 772
吴耀泉 . 1995. 莱州湾主要无脊椎动物资源及其群落多样性特征 . 海洋与湖沼 26（6）：606 – 609
吴瑜端，等 . 1982，长江口海域有害金属转移机理 II. 海洋学报，4（3）：303 – 314
肖贻昌 . 1992. 中国海洋科学研究及开发 I. 13 海洋浮游动物研究 . 青岛：青岛出版社，69 – 80
杨东莱，等 . 1990. 长江口及其邻近海区的浮性鱼卵和仔稚鱼的生态研究 . 海洋与湖沼，21（4）：346 – 355
杨光复，等 . 1980. 东海大陆架晚更新世末期以来的沉积特征 . 黄东海地质 . 北京：科学出版社，61 – 81
杨光复，等 . 1992. 三峡工程对长江口外海区沉积结构及地球化学特征的影响 . 海洋科学集刊，33
杨鹤鸣，孙作庆 . 1984. 海水中溶解有机碳的测定方法 . 海洋科学，1：19 – 23
杨纪明 . 1983. 渤海底层的鱼类生物量估计及其方法 . 科学通报，20：1263 – 1266
杨纪明，等 . 1986. 1983 年夏季渤海上层鱼类生物量的估计 . 海洋科学，10（1）：63
尤联元，等 . 1987. 三峡工程修建后下游河道变化预估 . 长江三峡工程对生态环境影响及其对策研究论文文集 . 北京：科学出版社，260 – 270

于洪华，苗育田 . 1989. 东海西北部海域盐度锋的分布特征及其变化 . 东海海洋，7（3）：1－11

袁兴中，等 . 2002. 长江口新生沙洲底栖生物群落多样性组成及多样性特征 . 海洋学报，24（2）：133－139

张波，等 . 1998. 芝罘湾底质环境因子对底栖动物群落结构的影响 . 海洋与湖沼，29（1）：53－60

杨伟祥，等 . 1992. 长江口区鱼类资源调查与研究 . 海洋科学集刊，33：281－302

张法高，杨光复，沈志良 . 1987. 三峡工程对长江口水文、水化学和沉积环境的影响 . 长江三峡工程对生态与环境影响及其对策研究论文集 . 北京：科学出版社，373

张启龙，翁学传 . 1985. 应用对应分析法划分夏季东海水团的初步研究 . 海洋科学，9（2）：14－18

赵保仁 . 1982. 局地风对黄海和东海近海浅海海流影响的研究 . 海洋与湖沼，13（6）：479－489

赵保仁，乐肯堂，朱兰部 . 1992. 长江口调查海区温、盐分布基本特征 . 海洋科学集刊，33

赵保仁，等 . 1992. 长江口海域温、盐度分布的基本特征和上升流现象 . 海洋科学集刊，33：15－26

赵传絪，张仁斋，等 . 1985. 中国近海鱼卵仔鱼 . 上海：上海科学技术出版社.

赵传絪 . 1990. 中国海洋渔业资源 . 浙江：浙江科学技术出版社.

郑重 . 1987. 郑重文集，我国海洋浮游桡足类的生态习性和分布 . 北京：海洋出版社，101－133

郑重，陈孝麟 . 1966. 中国海洋枝角类的初步研究 I. 分类，海洋与湖沼，8（2）：168－174

中国科学院《中国自然地理》编辑委员会 . 1981. 中国自然地理・地表水 . 北京：科学出版社

中国科学院海洋研究所浮游生物组 . 1963. 渤、黄、东海浮游生物 . 全国海洋综合调查图集，第 6 册 . 北京：中华人民共和国科学技术委员会海洋组海洋综合调查办公室

朱启琴 . 1988. 长江口、杭州湾浮游动物生态调查报告 . 水产学报，Vol. 12，No. 2

朱启琴 . 1988. 长江口、杭州湾浮游动物生态调查报告 . 水产学报，12（3）：111－120

朱元鼎，张春霖，成庆泰 . 1963. 东海鱼类志 . 北京：科学出版社，1－642

祝茜 . 1998. 中国海海洋鱼类种类名录 . 北京：学苑出版社

庄世德，陈孝麟 . 1978. 中国南黄海、东海毛颚类分类的初步研究 . 海洋科技，9：1－44

Barnes, R. S. K. 1984. Nature of the Fauna and Flora. In: Estuarine Biology, 2nd, Edward Aruold (Publishers) Ltd, 12.

Baturin, G. N. (translated by D. B. Vitaliano). 1982. Phosphorites on the Sea Floor, Elsevier Scientific Publishing Company. Amsterdam－Oxford－New York, 9－12.

Beardsley, R. C. *et al.*, 1983. Structure of the Changjiang River Plume in the East China Sea during June. 1980, In: Proceedings of International Symposium on Sedimentation on the Continental Shelf, with Special Reference to the East China Sea, China Ocean Press, 265－284.

Blaber, S. J. M. Farmer, M. J. Milton, et al., 1997. The Ichthyoplankton of selected estuaries in sarawak and sabah: Composition, Distribution, and habitat affinities. Estuarine Coastal and Shelf Science, 45: 197－208.

Boesch, D. F. *et al.*, 1976. The dynamics of estuarine benthic communities. Estuarine Processes, Academic Press, New York, San Francisco and London, Vol. 1, 177－196.

Boesch. D. F. *et al.*, 1983. Macrobenthos and biogenic structures in sediments of the East China Sea Continental Shelf. Proc. of SSCS, China Ocean Press, 819－829.

Brinton, E. 1975. Euphausiids of southeast Asian water. In: Naga Report Vol. 4. part, 5: 1－287 (scientific Results of Marine Investigations of the South China Sea & the Gulf of Thailand 1959－1961)

Butler, E. I. And S. Tibbitts. 1972. Chemical Survey of the Tamar estuary I. Properties of the Waters. *J. Mar. Biol. Ass. U. K.*, 52: 681－699.

Cannon, G. A., Pashinski, D. J. et al., 1983. Circulation in the Changjiang River entrance region: estuary－shelf interactions. In: Proceedings of International Symposium on Sedimentation on the Continental Shelf, with Special Reference to the East China Sea, China Ocean Press, 328－336.

Carritt, D. E., S. Goodgal. 1954. Sorption reactions and some ecological implications. *Deep－sea Research*, 1: 224－243.

Chambers, R. C., Rose, K. A., et al. 1995. Recruitment and recruitment processes of winter flounder. Pleuronectes americanus, at different latitudes: implications of an individual – based simulation model. Neth. J. Sea Res., 34 (1 – 3): 19 – 43.

Chandran, R. 1982. Ecology of macrobenthos in the Vellar estuary. *India Journal of Marine Sciences*, 11: 122 – 127.

Chen, Y. H., Shaw, P. T., et al.. 1997. Enhancing estuarine retention of planktonic larvae by tidal currents. Estu. Coast. Shelf Sci. 45: 525 – 533.

Chu, S, P. 1942. The influence of the mineral composition of the medium on the growth of planktonic algae. Part I Method and culture media, *J. Ecology*, 30: 284 – 352.

Codee, G. C., J. Hegemen. 1974. Primary production of phytoplankton in the Dutch Wadden Sea, *Neth. J. Sea Res.*, 8 (2 – 3): 240 – 259.

Daskalov, G. 1999. Relating fish recruitment to stock biomass and physical environment in the black sea using generalized additive models. Fisheries Research. 41: 1 – 23.

Davies, B. R., Walker, K. F., 1986. The Ecology of River Systems, Dr W. Junk Publishers. Dordrecht, the Netherlands, 493 – 512.

Enmoto, Y. 1963. Studies on the food base in the Yellow Sea and East China Sea IV. Note on some indicator plankton species, *Bull. Japan Soc. Sci. Fish*, 29 (2): 114 – 117.

Fancet M S, Kimmerer W J. 1985. Vertical migration of demersal copepod as a means of predator avoidance.. *J. exp. Mar. Biol. Ecol.* 88: 31 – 43.

Garvine, R. W., Epifanio, C. E., et al., 1997. Transport and recruitment of blue crab larvae: a Model with advection and mortality. Estu. Coast. Shelf Sci. 45: 99 – 111.

Gordon, D. C., 1979. Delailed observations on the distribution and composition of particulate organic material at two stations in the Sargasso Sea. *Deep – sea Research*, 26: 1083 – 1092.

Grioche, A., Koubbi, P. 1997. A preliminary study of the influence of a coastal frontal structure on ichthyoplankton assemblages in the english channel. ICES J. Mar. Sci. 54: 93 – 104.

Guo Yujie, Yang Zeyu. 1983. Ecological studies on the phytoplankton of the Kuroshio in the East China Sea during the summer 1978, In: Proceedings of the joint China – U. S. Phycology Symposium, 275 – 290.

Haedrich, R. L. 1983. Estuaries and Enclosed Seas, In: Estuarine Fishes (Ecosystem of the World, 26). Elsevier Scientific Publishing Company, 183 – 207.

Ichikawa, T. 1982. Particulate organic carbon and nitrogen in the adjacent seas of the Pacific Ocean. *Marine Biology*, 68 (1 – 3): 49 – 60.

Jeffrey, S. W., G. F. Humphrey. 1975. New spectrophotometric equations for determining chlorophylls a, b, c_1 and c_2 in high plants, algae and natural phytoplankton, *Biochem. Physiol. Pflanzen*, 167: 191 – 194.

Jeffrey, S. W., Humphrey, G. F. 1975. New spectrophotometric equations for determining chlorophylls a, b, c_1 and c_2 in higher plants, algae and natural phytoplankton, *Biochem. Pysiol · Pflanzen*, 107: 191 – 194.

Joyeux, J. C. 1998. Spatial and temporal entry patterns of fish larvae into north carolina estuaries: comparisons among one pelagic and two demersal species. Estu. Coast. Shelf Sci. 47: 731 – 752.

Kanau Matsuike, Kuniaki Okuda, Kengo Uehara. 1983. Turbidity distributions near oceanic fronts in the coastal area of the East China Sea, *La mer.*, 21 (3): 133 – 144.

Kingsford, M. J., Suthers, I. M. 1996. The influence of tidal phase on patterns of ichthyoplankton abundance in the vicinity of an estuarine front, botany bay, Australia. Estu. Coast. Shelf Sci. 43: 33 – 54.

Kramp, P. L. 1961. Synopsis of the Medusae of the world, *J. Mar. Biol. Assoc. U. K.*, 40: 1 – 469.

Le Kentang. 1988. A preliminary study of the basic hydrographic feature and the current structures off the Changjiang River mouth in the dry season, *Prog. Occanog.*, 21: 387 – 400.

Le Kentang. 1990. Influence of ECSCC and TWC on CDW, In: Physics of Shallow Seas, China Ocean Press, 231 – 241.

Liu Ruiyu *et al.*, 1983. Ecology of macrobenthos of the East China Sea and adjacent waters, Sedimentation on the Continental Shelf, with Special Reference to the East China Sea, China Ocean Press, Vol. 2, 879 – 903.

Margalef, R. 1968. Perspectives in Ecological Theory, Univ. Chicago Press, 111pp.

Mulholland, P J., Matts, J. A. 1980. Transport of organic carbon to the oceans by rivers of North America: a synthesis of existing data. *Tellus*, 34: 176 – 186.

Oozeki, Y. 2000. Mechanism causing the variability of the Japanese sardine population: Achievements of the Bio – Cosmos project in Japan. PICES press. 8 (1): 20 – 23

Panly, D., Murphy G. I. 1982. Theory and Management of Tropical Fisheries, ICLARM/CSIRO, Cronulla, Australia, 99 – 231.

Pielou, E. C. 1975. Ecological Diversity, Wiley – Inters (new York), 163pp.

Pomeroy, L. R., E. E. Smith, et al.. 1965. The exchange of phosphate between estuarine water and sediments *Limnol. Oceanogr.*, 10 (2): 167 – 172.

Rakocinski, C. F.; Lyczkowski – shultz, J., et al., 1996. Ichthyoplankton assemblage structure in mississippi sound as revealed by canonical correspondence analysis. Estu. Coast. Shelf Sci. 43: 237 – 257.

Rhoads, D. C., Huang Liqiang. 1983. Sedimentary fabrics and facies on the Changjiang Delta platform and adjacent continental shelf, East China Sea, Proc. of SSCS, China Ocean Press, 838 – 848.

Rhoads, D. C. *et al.*, 1985. Macrobenthos and sedimentary facies on the Changjiang delta platform and adjacent continental shelf, East China Sea, *Continental Shelf Research*, 4 (1/2): 189 – 213.

Ryther, J. H. 1969. Phytosynthesis and fish production in the sea, *Science*, 166: 72 – 76.

Secor, D. H., Houde, E. D. 1998. Use of larval stocking in restoration of chesapeake bay striped bass. ICES J. Mar. Sci. 55: 228 – 239.

Su Xianze *et al.*, 1983. The recent sedimentation rate and process in the Changjiang estuary and its'adjacent continental shelf area, Proceedings of SSCS, 606 – 616.

Sun Daoyuan, Dong Yongting. 1985. Ecological control of polychaete distribution in the Changjiang estuary and adjacent waters, *Continental Shelf Research*, 4 (1/2): 215 – 225.

Thompson B. A., W. Forman. 1987. The Ecology of Barataria Basin, Louisiana: An estuarine profile, *Biological Report*, 85 (7, 13): 80 – 90.

Thompson, H. 1948. Pelagic Tunicata of Australia, Commonwealth Council Sci. Ind. Rea., Melbourne, 1 – 196.

Totton, A. K., Bargmann, H. E., 1965, A synopsis of the Siphonophora, Trustees of the British Museum (Natural History), London, 1 – 230

Uye S, Huang C, Onbe T. 1990. Ontogenetic diel vertical migration of the planktonic copepod Calanus sinicus in the Inland Sea of Japan. *Mar. Biol.*, 104: 389 – 396.

Wangersky, P. J. 1976. Particulate organic carbon in the Atlantic and Pacific Ocean, *Deep – Sea Research*, 23: 457 – 466.

Werner, D. 1977. The biology of diatoms, In: Botanical Monographs Vol. 13, Blackwell Sci. Publ., 1 – 498.

Whitfield, A. K. 1999. Ichthyofaunal assemblages in estuaries: A south african case study. Reviews in Fish Biology and Fisheries, 9: 151 – 186.

You Kanyuan. 1983. Modern sedimentation rate in the vicinity of the Changjiang estuary and adjacent shelf, Proceedings of SSCS, 590 – 605.

Zaret T M, Suffern J S. 1976. vertical migration in zooplankton as a predator avoidance mechanism. *Limnol. Oceanogr.* 21: 804 – 813.

Zhao Jinsan *et al.*, 1983. An analysis of current conditions in the investigation area of the East China Sea. In: Proceedings of International Symposium on Sedimentation on the Continental Shelf, with Special Reference to the East China Sea, China Ocean Press, 314 – 327.